Dortmunder Beiträge zur Entwicklung und Erforschung des Mathematikunterrichts
Band 9

Herausgegeben von
H.-W. Henn,
S. Hußmann,
M. Nührenbörger,
S. Prediger,
C. Selter,
Dortmund, Deutschland

Eines der zentralen Anliegen der Entwicklung und Erforschung des Mathematikunterrichts stellt die Verbindung von konstruktiven Entwicklungsarbeiten und rekonstruktiven empirischen Analysen der Besonderheiten, Voraussetzungen und Strukturen von Lehr- und Lernprozessen dar. Dieses Wechselspiel findet Ausdruck in der sorgsamen Konzeption von mathematischen Aufgabenformaten und Unterrichtsszenarien und der genauen Analyse dadurch initiierter Lernprozesse.

Die Reihe „Dortmunder Beiträge zur Entwicklung und Erforschung des Mathematikunterrichts" trägt dazu bei, ausgewählte Themen und Charakteristika des Lehrens und Lernens von Mathematik – von der Kita bis zur Hochschule – unter theoretisch vielfältigen Perspektiven besser zu verstehen.

Herausgegeben von
Prof. Dr. Hans-Wolfgang Henn,
Prof. Dr. Stephan Hußmann,
Prof. Dr. Marcus Nührenbörger,
Prof. Dr. Susanne Prediger,
Prof. Dr. Christoph Selter,
Institut für Entwicklung und Erforschung
des Mathematikunterrichts,
Technische Universität Dortmund

Andrea Schink

Flexibler Umgang mit Brüchen

Empirische Erhebung individueller Strukturierungen zu Teil, Anteil und Ganzem

Mit einem Geleitwort von Prof. Dr. Susanne Prediger

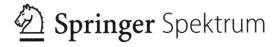

Andrea Schink
Moers, Deutschland

Dissertation Technische Universität Dortmund, 2012

Tag der Disputation: 18.04.2012

Erstgutachter: Prof. Dr. Susanne Prediger
Zweitgutachter: Prof. Dr. Stephan Hußmann

ISBN 978-3-658-00920-5   ISBN 978-3-658-00921-2 (eBook)
DOI 10.1007/978-3-658-00921-2

Die Deutsche Nationalbibliothek verzeichnet diese Publikation in der Deutschen National-bibliografie; detaillierte bibliografische Daten sind im Internet über http://dnb.d-nb.de abrufbar.

Springer Spektrum
© Springer Fachmedien Wiesbaden 2013
Das Werk einschließlich aller seiner Teile ist urheberrechtlich geschützt. Jede Verwertung, die nicht ausdrücklich vom Urheberrechtsgesetz zugelassen ist, bedarf der vorherigen Zustimmung des Verlags. Das gilt insbesondere für Vervielfältigungen, Bearbeitungen, Übersetzungen, Mikroverfilmungen und die Einspeicherung und Verarbeitung in elektronischen Systemen.

Die Wiedergabe von Gebrauchsnamen, Handelsnamen, Warenbezeichnungen usw. in diesem Werk berechtigt auch ohne besondere Kennzeichnung nicht zu der Annahme, dass solche Namen im Sinne der Warenzeichen- und Markenschutz-Gesetzgebung als frei zu betrachten wären und daher von jedermann benutzt werden dürften.

Gedruckt auf säurefreiem und chlorfrei gebleichtem Papier

Springer Spektrum ist eine Marke von Springer DE. Springer DE ist Teil der Fachverlagsgruppe Springer Science+Business Media
www.springer-spektrum.de

Geleitwort

In der Didaktik der Bruchrechnung werden seit vielen Jahren Vorstellungen und Vorgehensweisen von Lernenden mit Brüchen analysiert mit dem Ziel, Defizite aufzudecken und sie durch geeignete Unterrichtsvorschläge zu überwinden. Dabei wurden zwar viele Fehlvorstellungen und typische Fehler identifiziert, doch eine ressourcenorientierte Sichtweise auf die Denk- und Vorgehensweisen der Lernenden ist dagegen bislang nur rudimentär entwickelt, ebenso wie eine Beschreibungssprache, um diese Denk- und Vorgehensweisen in ihrem strukturellen Kern zu erfassen.

Andrea Schink hat in ihrer empirischen Erhebung für beides ein aufschlussreiches Modell geliefert, indem sie in schriftlichen Tests und Interviews die Denk- und Vorgehensweisen von Lernenden in ihrer Eigenlogik erfasst und mit einer neu entwickelten Systematik beschreibt. Entstanden ist dabei ein tiefgehendes, facettenreiches Bild, das die Bedeutung der Beziehung zwischen Teil, Anteil und Ganzem, der flexiblen Strukturierungen und des Aufeinanderbeziehens dieser Bestandteile für einen flexiblen Umgang mit Brüchen herausarbeitet. Damit geht die Autorin weit über bestehende Kategorisierungen durch Grundvorstellungen hinaus und entfaltet ein tiefergehendes Bild vom Denken mit Brüchen.

Die Arbeit sensibilisiert in erheblichem Maße für die Komplexität des mathematischen Feldes, indem sie die komplexen Ansprüche unterschiedlicher Aufgaben aufzeigt, vor allem aber die ungeheure Vielfalt der Denk- und Vorgehensweisen, mit denen die Lernenden die Zusammenhänge zwischen Teil, Anteil und Ganzem strukturieren. Überzeugend aufgezeigt wird in den umfassenden Analysen der Mehrgewinn des ausgearbeiteten theoretischen Rahmens für das Nachvollziehen komplexer individueller Denk- und Vorgehensweisen.

Wie diese empirischen Erkenntnisse in die Gestaltung von Lernarrangements einfließen können, macht die Autorin ausblickartig auf den letzten Seiten ihrer Arbeit deutlich. Die Ausblicke zeigen, welches konstruktive Potential in den Befunden steckt, die in Zukunft weiter fruchtbar gemacht werden.

Susanne Prediger, IEEM, TU Dortmund

Danksagung

Die Fertigstellung der Dissertation ist ein guter Zeitpunkt, um auf den Prozess zurück zu blicken: Ich habe meine Promotionszeit in Dortmund als eine sehr spannende und gewinnbringende Zeit erlebt und bin stolz und dankbar, dass ich diese Erfahrung machen durfte!

Die Fertigstellung der Dissertation ist damit auch der Zeitpunkt, mich ganz herzlich bei den Menschen zu bedanken, die mich auf diesem Weg begleitet und unterstützt haben und ohne die der Prozess nicht möglich gewesen wäre:

Prof. Dr. Susanne Prediger danke ich für die großartige Betreuung der Arbeit: Als meine Doktormutter hat sie mich für mathematikdidaktische Forschungsfragen begeistert und mich darin unterstützt, mein eigenes Forschungsinteresse zu entwickeln und auszuschärfen. Sie hat mich stets mit Rat und Tat unterstützt, mir zugehört und sie beriet mich in allen „Lebenslagen der Diss". Die vielen konstruktiven Gespräche mit ihr haben mich in meinem Arbeitsprozess immer weiter getragen.

Prof. Dr. Stephan Hußmann danke ich für die vielen Gespräche und kritischen Rückmeldungen: Er hat sich stets für meine Fragen Zeit genommen und mich in den Höhen und auch Tiefen meiner Arbeit unterstützt und bestärkt und dazu beigetragen, Schwierigkeiten im Prozess stets wieder konstruktiv zu wenden. Ich habe viel von seiner Art, mathematikdidaktische Forschung zu betreiben, gelernt.

Prof. Dr. Lisa Hefendehl-Hebeker danke ich, dass sie während meines Studiums mein Interesse an und meine Begeisterung für Mathematikdidaktik bestärkt hat und mich auch über das Studium hinausgehend mit ihrem Interesse begleitet hat. Sie hat damit letztendlich den Grundstein für meinen weiteren Weg in der Mathematikdidaktik gelegt, wofür ich ihr sehr dankbar bin.

Larissa Zwetzschler danke ich für die vielen Stunden, in denen sie mich in meiner Datenauswertung unterstützt und mir konstruktive Rückmeldungen gegeben hat.

Dr. Kathrin Akinwunmi und Dr. Theresa Deutscher danke ich für die spannende Zeit, in der wir uns gemeinsam den Herausforderungen des Promovierens gestellt haben und in der beide auch über Fragen der Promotion hinausgehend immer freundschaftlich für mich da waren.

Susanne Schnell und Ina Matull danke ich für die vielen produktiven Gespräche und Rückmeldungen, die sie mir zu meiner Arbeit gaben. Über die Promotion hinausgehend habe ich in ihnen wunderbare Freunde gewonnen.

Prof. Dr. Katrin Rolka danke ich für ihre freundschaftliche Unterstützung. Sie hat mir oft bei Fragen zur Promotion zur Seite gestanden und stets Interesse für meine Arbeit gezeigt.

Prof. Dr. Michael Meyer hat mir viele wertvolle Rückmeldungen zu meiner Arbeit gegeben. Dafür vielen Dank!

Der *AG Hußmann-Prediger* am IEEM danke ich für die vielen Gelegenheiten, die sie mir bot, mich und meine Arbeit einer stets konstruktiven Kritik zu stellen. Die Rückmeldungen, die ich in diesem Umfeld bekommen habe, haben mich in meiner Arbeit weiter getragen. Letztendlich danke ich der AG aber auch für das freundschaftliche Umfeld, in dem ich mich sehr wohl gefühlt habe. Es war eine tolle und spannende Zeit, die ich sehr genossen habe!

Allen IEEMlern danke ich für die vielen Gespräche und die Unterstützung in meiner Promotionszeit. Sie alle haben auf ihre Art dazu beigetragen, dass diese für mich eine Zeit bleiben wird, an die ich immer gerne zurückdenken werde. Ihr seid eine tolle Truppe!

Meinen MLLP-Seminaren danke ich für die Unterstützung bei der Datenerhebung und für das Interesse, das sie dem Denken der Schülerinnen und Schüler entgegengebracht haben.

An dieser Stelle danke ich auch den *Lehrerinnen und Lehrern*, die sich auf mein Projekt eingelassen haben und mir ihre Klassen für empirische Erhebungen zur Verfügung gestellt haben. Besonders aber den *Schülerinnen und Schülern*, die mir in ihren schriftlichen Produkten, aber vor allem in Interviews Einblicke in ihr Denken gewährten, möchte ich an dieser Stelle danken.

Mein größter Dank gilt schließlich *meiner lieben Familie*, die mich in jeder Lebenslage unterstützt hat. Ich bin unendlich dankbar für den Halt, den sie mir gegeben hat, und das Interesse, mit dem sie meine Arbeit verfolgt hat!

Andrea Schink

Inhaltsverzeichnis

Einleitung 1

1 Flexibler Umgang mit Brüchen 9
  1.1 Didaktische Rekonstruktion als integrierendes Forschungsprogramm 10
    1.1.1 Lernen aus konstruktivistischer Sicht 10
    1.1.2 Individuelle Vorstellungen und ihre Bedeutung 10
    1.1.3 Auf Vorstellungen aufbauen – Didaktische Rekonstruktion 13
  1.2 Zusammenhänge von Teil, Anteil und Ganzem erfassen 18
    1.2.1 Grundvorstellungen als präskriptive fachliche Vorstellungen 19
    1.2.2 Komplexität der Grundvorstellungen: Brüche und Operationen 22
    1.2.3 Bruch als Teil eines Ganzen – Bruch als Relativer Anteil 25
    1.2.4 Erweitern, Kürzen und Addieren 27
  1.3 Schwierigkeiten beim Umgang mit Brüchen 30
    1.3.1 Schwierigkeiten in verschiedenen Ebenen und Schichten 31
    1.3.2 Ausgewählte Befunde zu intuitiven Gesetzen und Regeln 33
    1.3.3 Ausgewählte Befunde zu individuellen Vorstellungen 34
    1.3.4 Zusammenhänge zwischen verschiedenen Schichten 36
  1.4 Flexibel mit Brüchen umgehen – Grundlegung 37
    1.4.1 Flexibilität und flexible Strategien 38
    1.4.2 Im Fokus: Zusammenhänge von Teil, Anteil und Ganzem 39
  1.5 Mit verschiedenen Ganzen arbeiten 41
    1.5.1 Die Bedeutung des Ganzen als Bezugsgröße 41
    1.5.2 Mit verschiedenen Qualitäten des Ganzen arbeiten 42
    1.5.3 Schwierigkeiten mit dem Ganzen 47
  1.6 Einheiten bilden und umbilden 48

1.6.1 Multiplikatives Denken und multiplikative Situationen.................. 48

1.6.2 Einheiten nutzen: Bilden und Umbilden von Einheiten.................. 51

1.7 Verschiedene Konstellationen bewältigen.. 54

1.7.1 Drei Konstellationen als Ausdruck von Zusammenhängen.............. 54

1.7.2 Teil eines Ganzen – Realisierung in drei Konstellationen............... 56

1.7.3 Relativer Anteil – Realisierung in drei Konstellationen.................. 58

1.7.4 Flexibel mit Konstellationen umgehen 59

1.7.5 Zusammenhänge in und zwischen Konstellationen........................ 61

1.8 Operative Vorgehensweisen nutzen... 62

1.8.1 Aufgabeninitiierte operative Vorgehensweisen............................... 62

1.8.2 Selbstinitiierte operative Vorgehensweisen.................................... 68

1.9 Forschungsfragen zum flexiblen Umgang mit Brüchen............................ 71

2 Hintergrund und Realisierung des Forschungsdesigns 75

2.1 Methodologische Vorüberlegungen zur empirischen Erfassung individueller Vorstellungen 75

2.1.1 Produkt- und Prozessperspektive 76

2.1.2 Quantitative und qualitative Forschungsansätze und ihre Kombination 77

2.1.3 Qualitätskriterien empirischer Forschung....................................... 81

2.2 Design im Modell der Didaktischen Rekonstruktion................................ 82

2.3 Realisierung der Interviewstudie (Phasen IV-VI)..................................... 85

2.3.1 Design der Interviewstudie 85

2.3.2 Interviewstudie: Rahmenbedingungen und Durchführung 88

2.4 Realisierung der Paper-Pencil-Test-Studie (Phasen VII-IX).................... 90

2.4.1 Design der Paper-Pencil-Test-Studie 90

2.4.2 Paper-Pencil-Test-Studie: Rahmenbedingungen und Durchführung.. 92

2.5 Datenauswahl für die vertiefte Analyse ... 92

    2.5.1 Auswahl der Interviewepisoden für die vertiefte Analyse ... 93

    2.5.2 Auswahl der Test-Items für die vertiefte Analyse ... 97

2.6 Sachanalysen der vertieft ausgewerteten Aufgaben ... 99

    2.6.1 Einzeichnen bzw. Ablesen von Anteilen bzw. Teilen im Kreis ... 99

    2.6.2 Bestimmen des Teils bzw. des Ganzen für Mengen ... 103

    2.6.3 Zeichnerisches Ergänzen eines flächigen Teils zum Ganzen (Quadrat) ... 113

    2.6.4 Zeichnerisches Ergänzen eines flächigen Teils zum Ganzen (Dreieck) ... 119

2.7 Datenanalyse ... 120

    2.7.1 Methodologische Überlegungen ... 121

    2.7.2 Verschränkung der Interviewdaten und der Testdaten ... 123

    2.7.3 Analyse der Interviewstudie ... 124

    2.7.4 Analyse der Paper-Pencil-Test-Studie ... 125

    2.7.5 Verortung der vertieft analysierten Daten in den Kapiteln 3 bis 8 ... 128

3 Warum der Blick auf den flexiblen Umgang mit Brüchen? – Eine Vorstudie ... 129

3.1 Ausgangspunkt ... 130

3.2 Design und Forschungsfragen ... 130

3.3 Fallbeispiel eines ausgewählten Prozesses ... 131

3.4 Diskussion der empirischen Befunde ... 142

4 Quantitative Überblicksauswertung des schriftlichen Tests ... 145

4.1 Quantitativer Überblick in vier Stufen ... 145

    4.1.1 Stufe 1: Gesamtpunktzahlen ... 145

    4.1.2 Stufe 2: Punkteverteilung nach Aufgaben ... 148

4.1.3 Stufe 3: Punkteverteilung nach Konstellationen 149

4.1.4 Stufe 4: Punkteverteilung nach Items für die Konstellationen 151

4.1.5 Zusammenfassung der quantitativen Überblicksanalyse 155

4.2 Voraborientierung zu den Kapiteln 5 bis 8 156

5 Vorstellungen und Strukturierungen beim Bestimmen des Teils 157

5.1 Konkretisierung der übergeordneten Forschungsfragen 157

5.2 Analysen der schriftlichen Produkte zum Bestimmen des Teils
(kontinuierliches Ganzes) 158

5.2.1 Auflistung der Codierung der Lösungen für die Items 1a und 1b 159

5.2.2 Ergebnisse und Interpretation 161

5.3 Analysen der schriftlichen Produkte zum Bestimmen des Teils
(diskretes Ganzes) 169

5.3.1 Auflistung der Codierung der Rechenwege und Bilder für Item 2a . 170

5.3.2 Ergebnisse und Interpretation 175

5.4 Diskussion der empirischen Befunde 186

6 Vorstellungen und Strukturierungen beim Bestimmen des Anteils 193

6.1 Konkretisierung der übergeordneten Forschungsfragen 193

6.2 Analysen der schriftlichen Produkte zum Bestimmen des Anteils 194

6.2.1 Auflistung der Codierung der Lösungen für Item 1c 194

6.2.2 Ergebnisse und Interpretation 196

6.3 Diskussion der empirischen Befunde 203

7 Vorstellungen und Strukturierungen beim Bestimmen des Ganzen 207

7.1 Konkretisierung der übergeordneten Forschungsfragen 207

7.2 Analysen der schriftlichen Produkte zum Bestimmen des Ganzen
(diskreter Teil) 208

Inhaltsverzeichnis   XIII

7.2.1 Auflistung der Codierung der Rechenwege und Bilder für die
      Items 2b und 2c 209

7.2.2 Ergebnisse und Interpretation zu Item 2b und 2c 215

7.3 Analysen der Prozesse zum Bestimmen des Ganzen (diskreter Teil) 224

7.3.1 Simon und Akin bearbeiten die *Bonbonaufgabe I*:
      Multiplizieren von Teil und Nenner (1:14 – 12:06) 225

7.3.2 Simon und Akin bearbeiten die Bonbonaufgabe II:
      Stammbruchganzes nehmen oder Verdoppeln (36:37 – 48:22)? 230

7.3.3 Laura und Melanie bearbeiten die Bonbonaufgabe I:
      Einheiten bilden (0:41 – 7:01) 246

7.3.4 Laura und Melanie bearbeiten die Bonbonaufgabe II:
      Zusammenhänge operativ erschließen (30:33 – 37:35) 251

7.4 Verdichtung: *Konstellation III* mit diskretem Teil 267

7.5 Analysen der schriftlichen Produkte zur Bestimmung des Ganzen
    (flächiger Teil) 270

7.5.1 Auflistung der Codierung der Lösungen für die Items 3a und 3b 270

7.5.2 Ergebnisse und Interpretation zu den Items 3a und 3b 274

7.5.3 Auflistung der Codierung der Lösungen für die Items 4a und 4b 280

7.5.4 Ergebnisse und Interpretation zu den Items 4a und 4b 285

7.5.5 Vergleich zwischen den Items 3a, 3b, 4a und 4b 290

7.6 Analysen der Prozesse zur Bestimmung des Ganzen (flächiger Teil) 292

7.6.1 Ramona und Jule ergänzen zum Ganzen:
      Form des Ganzen und strukturelle Beziehungen (11:22 – 22:06) 292

7.6.2 Simon und Akin ergänzen zum Ganzen:
      Form des Ganzen in Welt und Mathematik (12:07 – 20:14) 299

7.6.3 Laura und Melanie ergänzen zum Ganzen:
      Anzahl der Quadrate (7:11 – 18:02) 306

7.7 Diskussion der empirischen Befunde 313

8. Zusammenhänge zwischen Konstellationen 321

8.1 Konkretisierung der übergeordneten Forschungsfragen 322

8.2 Simon und Akin bearbeiten Merves Problem:
Der wachsende Kuchen (29:37 – 36:35) 323

8.3 Analyse einiger Beispiele aus dem schriftlichen Test 330

8.4 Diskussion der empirischen Befunde 335

9 Diskussion der Ergebnisse 339

9.1 Zusammenschau der Kapitel 4 bis 8 339

9.2 Konsequenzen für die Fachliche Klärung 348

9.3 Konsequenzen für die Didaktische Strukturierung 349

10 Zusammenfassung und Ausblick 351

10.1 Fazit 352

10.2 Forschungsmethodische Grenzen 353

10.3 Reflexion möglicher Anschlussfragen 354

Schluss 356

Literatur 357

Einleitung

„Ich kann mit dem Bruch nicht umgehen. Textaufgaben von Brüchen waren schon immer schwer."
„Wir können nur normale Aufgaben"
„[...] und man vergisst schnell, Brüche zu rechnen."
(Nimeth [GeS_149, 2009])

Nimeth, eine Schülerin der siebten Klasse, hat an einem Test zu Brüchen teilgenommen, der der vorliegenden Arbeit zugrunde liegt.

Mit diesen Bemerkungen kommentiert sie zunächst die Aufgaben – die Testleiterinnen und -leiter hatten die Lernenden dazu aufgefordert, alles, was ihnen zu den Aufgaben einfällt, mit aufzuschreiben.

In ihren Äußerungen scheinen dabei aber auch noch grundsätzlichere Feststellungen im Hinblick auf Brüche allgemein zu stecken, denn sie äußert hier implizit auch ihren Unmut, was das Thema Bruchrechnung angeht. Dabei kommt sie auf mehrere für diese Arbeit wesentliche Punkte zu sprechen:

„Ich kann mit dem Bruch nicht umgehen"

In diesem Satz ist das *Umgehen mit Brüchen* zentral: Nimeth stellt für sich fest, dass sie mit Brüchen nicht umgehen kann. Diesen Kommentar schreibt sie an eine Aufgabe, in der sie 5/8 von 16 Bonbons bestimmen soll (s. Abb. 0-1).

Abb. 0-1: Nimeths [GeS_149] Bearbeitung der Bonbonaufgabe

Was dabei erstaunlich ist, ist, dass Nimeth insgesamt im Test recht erfolgreich ist: So kann sie die Aufgabe, das Ganze zu 1/4 zu bestimmen, wenn 1/4 sechs

Bonbons sind, richtig lösen und löst auch eine strukturgleiche weitere Aufgabe richtig, in der sie das Ganze zum Anteil 2/3 und zum Teil 6 berechnen soll. Auch weitere Aufgaben, bei denen das Ganze zeichnerisch zu einem gegebenen Teil und Anteil bestimmt werden soll, kann sie richtig lösen. Lediglich wenige Stellen des Tests bearbeitet sie aus fachlicher Sicht nicht vollständig tragfähig.

Dieser Widerspruch zwischen ihrer eigenen Bewertung und der Einschätzung ihrer Bearbeitungen aus fachlicher Sicht ist bemerkenswert. Es stellt sich die Frage, wie Nimeth zu der Aussage gelangt, „mit dem Bruch" nicht umgehen zu können. Was versteht Nimeth unter dem Umgehen mit Brüchen? Und bezieht sich ihre Aussage nur auf den einen konkreten Aufgabenteil? Dafür spricht die Tatsache, dass sie im nächsten Satz direkt auf das vorliegende Aufgabenformat zu sprechen kommt: „*Textaufgaben von Brüchen waren schon immer schwer*".

Allerdings erklärt dies nicht die Tatsache, dass Nimeth trotz des Verweises auf die Schwierigkeiten, die ihr Textaufgaben bereiten, die folgende Aufgabe – ebenfalls eine Textaufgabe – richtig bearbeitet.

„Wir können nur normale Aufgaben"

Diesen Satz schreibt Nimeth ganz unten groß auf die erste Seite des Tests. Es ist nicht eindeutig, ob sie sich damit lediglich auf die letzte Aufgabe oder auch auf weitere bezieht.

Wenn sich dieser Satz auf die letzte Aufgabe bezieht, könnte er sich auf die *Aufgabenstruktur* beziehen: In der Aufgabe geht es um das Bestimmen des Ganzen zum Teil und Anteil und nicht um die meist häufiger im Unterricht anzutreffende Variante des Bestimmens des Teils zum Ganzen. Das Bestimmen des Ganzen zum Teil ist dabei eine Anforderung, die zwar strukturell nicht unbedingt schwieriger ist, die aber ein Umdenken erfordert. Andererseits könnte sich die Aussage auch auf das *Aufgabenformat* beziehen, d. h. zum Beispiel Textaufgaben im Vergleich zu „Rechenaufgaben". Bei Textaufgaben müssen die relevanten Daten erst aus dem Text erschlossen werden und es muss die geeignete Operation ausgewählt werden. Erst im Anschluss kann die Aufgabe z. B. über ein verfügbares oder eingeübtes Verfahren rechnerisch gelöst werden. Das inhaltliche Interpretieren von „Textaufgaben" kann damit den Umgang mit Brüchen erschweren.

Nimeth stellt für die zweite Bonbonaufgabe (vermutlich im ersten Anlauf) den Term 1/4 · 6 auf und berechnet als Ergebnis richtig 6/4. Diese Mathematisierung ist jedoch für die vorliegende Textaufgabe ungeeignet: Mit der Multiplikation der beiden in der Aufgabenstellung gegebenen Zahlen kann man nicht die gefragte Gesamtanzahl der Bonbons errechnen.

Einleitung

Aber auch wenn man weiß, welche Operation für die vorliegende Aufgabe hilfreich ist, können sich Schwierigkeiten ergeben, die Nimeth in einem weiteren Kommentar anspricht:

„[...] und man vergisst schnell, Brüche zu rechnen."
Diese Aussage bezieht sich ebenso wie ihre erste Äußerung auf den Umgang mit Brüchen, spricht hier aber den Kalkül als einen speziellen Aspekt an. Nimeth schreibt den Satz zwar unter eine an anderer Stelle im Test vorkommende Aufgabe, doch er gewinnt auch über die lokale Stelle hinweg Bedeutung: Das Rechnen mit Brüchen kann schwer fallen, denn Rechenregeln können schnell vergessen werden, wenn sie nicht mit *inhaltlichen Vorstellungen* verbunden werden.

In Nimeths Bearbeitungen lassen sich keine direkten Hinweise auf einen fehlerhaften Kalkül finden. Im Gegenteil kann sie z. T. sehr gut inhaltlich argumentieren und löst auf diese Weise auch die bereits angesprochene zweite Bonbonaufgabe, indem sie über die Anzahl der zu einem Ganzen benötigten Viertel argumentiert und die Gesamtanzahl als 4·6 berechnet.

Nimeths Anmerkungen zum schriftlichen Test spannen einen Bogen über zentrale Inhalte dieser Arbeit.

Flexibler Umgang mit Brüchen

Brüche und Bruchrechnung sind ein zentrales Thema im Mathematikunterricht der Sekundarstufe I. Auch später in der Algebra (z. B. bei der Umformung von Gleichungen), kommt Brüchen eine wichtige Rolle zu (vgl. Ministerium für Schule, Jugend und Kinder des Landes Nordrhein-Westfalen 2004).
Internationale und deutsche empirische Studien stellen jedoch immer wieder fest, dass Lernende häufig Probleme mit diesem Bereich der Mathematik haben (z. B. Wartha 2007, Padberg 2009, Prediger 2008a, Fischbein et al. 1985 und viele weitere): Schülerinnen und Schüler können zwar im Allgemeinen den *Kalkül* durchführen, aber sie können häufig nicht die damit verbundenen *inhaltlichen Vorstellungen* aktivieren und der Kalkül bleibt daher für viele inhaltsleer, unverstanden und damit potenziell auch fehleranfällig (z. B. Hasemann 1981, Padberg 2009, Prediger 2009a). Der Aufbau von *tragfähigen Vorstellungen* für Brüche und für den Umgang mit ihnen wird indessen immer wieder gefordert (z. B. Malle 2004, Grassmann 1993a / 1993c, Prediger 2009b, Lesh 1979, Streefland 1991, Aksu 1997).

Von der Vorstudie zur Hauptstudie –
Von der Multiplikation zum flexiblen Umgang mit Brüchen

Gestartet ist das Promotionsprojekt, das der vorliegenden Arbeit zugrunde liegt, ursprünglich mit der Absicht, den mathematischen Hintergrund der Multiplikation von Brüchen, Forschungsbefunde und individuelle Sichtweisen der Lernenden fachlich zu erfassen bzw. empirisch zu erheben. Das Ziel bestand – der Didaktischen Rekonstruktion folgend (Kattmann et al. 1997) – darin, aus diesen Erkenntnissen Handlungsmöglichkeiten für die Praxis abzuleiten: Wie könnte ein Lernweg zur Multiplikation von Brüchen aussehen, der ausgehend von den Vorkenntnissen und Annahmen der Lernenden anschaulich zum mathematisch tragfähigen Konzept hinführen kann (Prediger 2009b)? Zu diesem Zweck wurde ein bereits existierender Zugang zur Multiplikation als Anteil-vom-Anteil-Nehmen über Falten als Ausgangspunkt gewählt (Affolter et al. 2004).

Die Vorstudie zeigte jedoch, dass ein Vorstellungsaufbau zur Multiplikation weitere zuvor aufgebaute Vorstellungen und Fähigkeiten voraussetzt. Als ein wichtiges epistemologisches Hindernis zum Verständnis der Multiplikation als Anteil-vom-Anteil-Nehmen stellten sich die Wahl und Interpretation der Bezugsgröße (des Ganzen) heraus: Die Prozesse der Lernenden in den Interviews zeigten, dass das Herstellen von Zusammenhängen zwischen Teil, Anteil und Ganzem – speziell die Wahl des Ganzen für den Bruch – auch für starke Schülerinnen und Schüler eine Herausforderung darstellen kann. Gleichzeitig sensibilisierten die Prozesse auch für die Vielfalt der Strategien und Vorgehensweisen, die Lernende nutzen, um sich die Strukturen zu erschließen.

Die Bezugsgröße erhält ihre Bedeutung für die Bruchrechnung allerdings nicht erst bei der Multiplikation: Das Herstellen von Zusammenhängen zwischen Teil, Anteil und Ganzem ist für einen flexiblen Umgang mit Brüchen schon zu Beginn der Bruchrechnung wichtig. Um eine Frage wie „Gib den Anteil an!" beantworten zu können, muss man sich unwillkürlich die Frage stellen „Wovon denn?". Demnach ist die Frage nach dem Herstellen von Zusammenhängen bereits ganz zu Beginn des Umgehens mit Brüchen eine berechtigte Perspektive, denn schon bei Aufgaben, bei denen Anteile von Flächen eingefärbt oder abgelesen werden sollen, muss man z. B. das Ganze – das dort meist noch „offensichtlich", d. h. meist gegenständlich konkret ist – identifizieren und strukturieren. Der umgekehrte Weg, ein Ganzes zu einem Teil und Anteil zu bestimmen, ist dabei nicht minder wichtig im Hinblick auf das Herstellen und Erkunden von strukturellen Zusammenhängen zwischen Teil, Anteil und Ganzem:

Wie strukturieren Schülerinnen und Schüler Zusammenhänge? Wie denken sie überhaupt über das Ganze? Wie finden sie das Ganze? Was ändert sich bei Teil und Anteil, wenn das Ganze größer oder kleiner wird?

Einleitung

Hier ist es wichtig, neben der *fachlichen Klärung* auch die *Lernendenvorstellungen* gleichberechtigt mit in die Analyse einzubeziehen: Was denken Lernende anders, als es die Mathematik formal standardmäßig vorgibt? Warum denken sie das anders und wie kann das Wissen um diese Differenz oder Andersartigkeit zum einen Fehler erklären helfen, aber dann auch zum anderen umgekehrt produktiv für die fachliche Klärung und die Konzeption von Lernumgebungen genutzt werden?

Aus diesen Fragestellungen hat sich der Forschungsfokus zum flexiblen Umgang mit Brüchen herausgeschärft: In der Hauptuntersuchung der vorliegenden Arbeit wird der Umgang mit Brüchen von Lernenden einer sechsten Klasse zu Beginn der Bruchrechnung in Interviews bzw. in acht siebten Klassen nach der Behandlung der Bruchrechnung in einer schriftlichen Erhebung untersucht, wobei Aufgaben der schriftlichen Erhebung für sieben dieser Klassen vertieft ausgewertet wurden. Dabei liegt der Schwerpunkt der Untersuchung auf einem flexiblen Umgang mit Brüchen. Damit ergeben sich folgende Forschungsfragen, die in den einzelnen Kapiteln für die verschiedenen Konstellationen von Teil, Anteil und Ganzem weiter konkretisiert werden:

1. *Wie gehen Lernende in unterschiedlichen Konstellationen mit Teil, Anteil und Ganzem um?*

    a) Wie strukturieren Lernende in unterschiedlichen Konstellationen Zusammenhänge zwischen Teil, Anteil und Ganzem?

    b) Welche Vorstellungen vom Ganzen aktivieren Lernende und inwiefern haben diese einen Einfluss auf die Strukturierung der Konstellationen?

2. *Wie können Schwierigkeiten und Hürden von Lernenden beim Umgang mit Brüchen überwunden werden?*

Aufbau der Arbeit

In *Kapitel 1* wird der theoretische Hintergrund für diese Arbeit dargestellt:

Als Grundlage für die Sichtweise auf Lernen in dieser Arbeit wird Lernen aus konstruktivistischer Sicht erläutert. Dazu gehören Konzepte wie individuelle Vorstellungen und ihre Bedeutung für das Lernen.

In dieser Sichtweise auf Lernen verortet sich das Forschungsprogramm der Didaktischen Rekonstruktion, dem die vorliegende Arbeit in ihrem Forschungs- und Entwicklungsprozess folgt.

Im Anschluss werden sowohl empirische Befunde zum Umgang von Lernenden mit Brüchen als auch das hier entwickelte Konzept eines flexiblen Umgangs mit Brüchen dargestellt.

„Ich kann mit dem Bruch nicht umgehen": Zu einem flexiblen Umgang mit Brüchen gehören in dem dieser Arbeit zugrunde liegenden Verständnis folgende Aspekte:

- *Vorstellungen* zu den Brüchen und ihren Operationen, denn *„man vergisst schnell, Brüche zu rechnen"*: Damit das Umgehen mit Brüchen nicht inhaltsleer bleibt, müssen inhaltliche Vorstellungen von Brüchen und ihren Operationen erworben werden. Für die Beschreibung der präskriptiven Vorstellungen aus stoffdidaktischer Sicht wird das Modell der Grundvorstellungen (vom Hofe 1992, vom Hofe 1995) herangezogen und für die Brüche konkretisiert.
- Nutzen *operativer Vorgehensweisen* beim Umgehen mit Brüchen in *verschiedenen Konstellationen und mit verschiedenen Qualitäten des Ganzen (z. B. diskret oder kontinuierlich)* sowie *Einheiten bilden und umbilden*, damit Schülerinnen und Schüler nicht nur *„normale Aufgaben"* mit dem Umgehen mit Brüchen verbinden: Das Umgehen mit Brüchen bedeutet, dass man Teil, Anteil und Ganzes aus verschiedenen Perspektiven sehen kann und nicht nur den Teil vom Ganzen bestimmt. Dabei liegt der Fokus nicht auf der Ebene einzelner „typischer" Aufgaben: Für das Umgehen mit Brüchen ist das Durchdringen von strukturellen Zusammenhängen zwischen Teil, Anteil und Ganzem essentiell. Hier können sich operative Vorgehensweisen als fruchtbar erweisen, um z. B. strukturelle Einheiten vom Ganzen zu bilden.

In *Kapitel 2* werden die methodologischen Entscheidungen für das dieser Arbeit zugrunde liegende Forschungsprojekt dargelegt. Es werden sowohl die Erhebungs- und Auswertungsmethoden dargestellt und methodisch verortet als auch die eingesetzten Aufgaben stoffdidaktisch eingeordnet.
Diese Beschreibung wird durch einen Überblick über den Ablauf der Erhebungen und ihr Einfließen in die Analyse ergänzt.
Kapitel 3 stellt knapp die Vorstudie vor, die zur Herausbildung des Forschungsfokus in der Hauptuntersuchung geführt hat. Es werden das Design und der Ablauf dargestellt sowie ein Einblick in einen für die Ausschärfung des Forschungsfokus der Hauptuntersuchung entscheidenden Datenausschnitt der empirischen Erhebung gegeben. Damit nimmt dieses Kapitel einen Sonderstatus ein, da es zwar den Ausgangspunkt für die hauptsächlich geschilderte Untersuchung darstellt, sich ansonsten aber vom Forschungsfokus her insofern unterscheidet, als es sich explizit auf die Multiplikation von Brüchen bezieht. Es stellt in sich einen

Einleitung

abgeschlossenen Teil der Arbeit dar und kann unabhängig vom Rest gelesen werden. *Kapitel 4* bildet einen quantitativen Überblick über die im Haupttest erhobenen schriftlichen Testdaten und leitet über zur vertieften Analyse ausgewählter Interviewsequenzen und Testaufgaben in den *Kapiteln 5 bis 8*. Die Breite der Daten aus Tests und Interviews werden in *Kapitel 5 bis 8* nach fachlichen Gesichtspunkten gegliedert dargestellt, nämlich nach den unterschiedlichen Konstellationen von Teil, Anteil und Ganzem unter dem Fokus der Forschungsfragen: In *Kapitel 5* steht *Konstellation I – „Gegeben sind Ganzes und Anteil, gesucht ist der Teil"*, in *Kapitel 6 Konstellation II – „Gegeben sind Teil und Ganzes, gesucht ist der Anteil"* und in *Kapitel 7 Konstellation III – „Gegeben sind Teil und Anteil, gesucht ist das Ganze"* im Fokus. Hier werden die unterschiedlichen Strukturierungen, die Lernende vornehmen, anhand der schriftlichen Produkte und Bearbeitungsprozesse in den Interviews analysiert und zur Beantwortung der konkretisierten, auf die jeweilige Konstellation bezogenen Forschungsfragen herangezogen:

- Für *Kapitel 5* liegt der Schwerpunkt auf der Identifikation und Interpretation des Ganzen beim Herstellen von Zusammenhängen zwischen Anteil und Ganzem zum Bestimmen des Teils.
- Für *Kapitel 6* liegt der Schwerpunkt auf der Interpretation des Anteils als Ausdruck von strukturellen Zusammenhängen zwischen Teil und Ganzem.
- Für *Kapitel 7* liegt der Schwerpunkt darauf, wie Lernende Teil und Anteil strukturell in einen Zusammenhang bringen und zur Rekonstruktion des Ganzen nutzen. Darüber hinaus werden auch die (außermathematischen) Vorstellungen, die Lernende mit dem Konzept des Ganzen verbinden, vertieft analysiert.

Kapitel 8 schließlich stellt die Untersuchung des Umgangs mit dem Ganzen in verschiedenen Konstellationen, d. h. in der Inter-Perspektive, dar. Hier müssen alle drei Objekte, durch die Aufgabenstellung initiiert, gleichzeitig berücksichtigt und miteinander in Beziehung gesetzt werden. So ergibt sich als konkretisierte Forschungsfrage, wie Lernende Zusammenhänge zwischen verschiedenen Konstellationen herstellen und worauf sie dabei ihre Argumentation stützen.

Die Arbeit schließt mit der konstellationsübergreifenden Diskussion der Ergebnisse der Kapitel 4-8 in *Kapitel 9* und einer Zusammenfassung sowie einem Ausblick in *Kapitel 10*.

Verankerung der Arbeit innerhalb des Projekts KOSIMA

Ebenso wie viele wissenschaftliche Arbeiten ist auch diese Studie in einem größeren Forschungskontext entstanden, der die Arbeit immer mitbeeinflusst hat in ihrem Forschungs- und Entwicklungsparadigma und ihren Forschungsfragen, auch wenn sie einen eigenen spezifischen Fokus hat.

Diese Arbeit ist im Forschungskontext des zehnjährigen Forschungs- und Entwicklungsprojekts KOSIMA – Kontexte für sinnstiftendes Mathematiklernen verankert, das von Bärbel Barzel, Stephan Hußmann, Timo Leuders und Susanne Prediger geleitet wird. In diesem langfristig angelegten Projekt werden Lernumgebungen für den Mathematikunterricht der Sekundarstufe I entwickelt, erprobt und hinsichtlich ihrer Voraussetzungen und Wirkungen beforscht (vgl. Hußmann et al. 2011, Prediger 2011a). Prägend für diese Arbeit waren der intensive Blick auf die inhaltlichen Vorstellungen der Kinder und die Möglichkeit, im nicht immer methodisch kontrollierten Umfeld der Arbeit informell Aufgabenstellungen und Lernumgebungen erproben zu können. Wie Ergebnisse dieser Arbeit wiederum in das große Entwicklungsprojekt eingeflossen sind, wird in Abschnitt 9.3 angedeutet.

1 Flexibler Umgang mit Brüchen

In diesem Kapitel werden ausgehend von einer lerntheoretischen Verortung (Abschnitt 1.1) der *theoretische (fachliche bzw. fachdidaktische) Hintergrund* und der für diese Arbeit relevante *Forschungsstand* zum Umgang mit Brüchen dargestellt: Im empirischen Teil in Abschnitt 1.3 wird deutlich, dass – obwohl es sich bei der Bruchrechnung um ein zentrales Thema der Sekundarstufenmathematik handelt – viele Studien *Schwierigkeiten von Lernenden im Zusammenhang mit Brüchen* aufzeigen (vgl. Abschnitt 1.3), insbesondere beim Aufbau bzw. bei der adäquaten Aktivierung von fachlich tragfähigen Vorstellungen. Die Zusammenfassung der existierenden didaktischen Konzepte in der deutschsprachigen und internationalen Diskussion in Abschnitt 1.2 zeigt dagegen, dass gerade der Aufbau von Grundvorstellungen immer wieder gefordert wird.

Im Folgenden werden diese curricularen Forderungen weiter ausspezifiziert und durch neue, bislang in der deutschsprachigen Diskussion wenig beachtete Aspekte ergänzt: Ausgangspunkt ist die Überlegung, dass Vorstellungen zu Brüchen auch flexibel aktivier- und nutzbar sein sollen. Der Kontrast zwischen inhaltlichem Denken und Kalkül wird hier also weiter ausdifferenziert zur Forderung eines flexiblen Umgangs mit Brüchen im Sinne eines *flexiblen und einsichtsvollen Nutzens von Strukturen* beim Mathematisieren und Rechnen mit Brüchen. Dazu wird zunächst in Abschnitt 1.4 kurz auf den Diskussionsstand zur Flexibilität Bezug genommen und dann in den Abschnitten 1.5-1.8 *das Konstrukt des flexiblen Umgangs mit Büchen* sukzessive erläutert, das zentraler Gegenstand dieser Arbeit ist.

Der Schwerpunkt des flexiblen Umgangs mit Brüchen ergab sich aus den Ergebnissen des ersten empirischen Zugriffs der Autorin, der die Interpretation des Ganzen / der Bezugsgröße als epistemologisches Hindernis für Lernende deutlich zu Tage treten ließ (s. Kapitel 3): Die Prozesse der interviewten Lernenden zeigten zum einen eindrucksvoll die vielfältigen Strukturierungen, die Lernende vornehmen, zum anderen aber auch die damit verbundenen Schwierigkeiten. Damit ergibt sich das folgende, für diese Arbeit in Abschnitt 1.9 noch weiter zu Forschungsfragen auszuschärfende *Forschungsinteresse*, mit dem bisherige Untersuchungen und Konzeptualisierungen zum Aufbau tragfähiger Grundvorstellungen vertieft und ausdifferenziert werden sollen:

Wie gehen Lernende (flexibel) mit Brüchen um?

- *Wie stellen Lernende welche Zusammenhänge zwischen Teil, Anteil und Ganzem her?*

- Welche Vorstellungen vom Ganzen aktivieren sie dabei?

1.1 Didaktische Rekonstruktion als integrierendes Forschungsprogramm

In diesem Abschnitt wird ganz knapp auf die (als bekannt vorausgesetzte) *lerntheoretische Basis* verwiesen und etwas ausführlicher der *forschungsprogrammatische Rahmen der vorliegenden Arbeit* dargestellt.

1.1.1 Lernen aus konstruktivistischer Sicht

In der vorliegenden Arbeit wird Lernen vor dem Hintergrund einer *konstruktivistischen Grundposition* verstanden, d. h. Lernen wird als ein *aktiver Konstruktionsprozess* des Individuums in der Auseinandersetzung mit dem Lerngegenstand beschrieben (Tobinski / Fritz 2010, Steiner 2006, Reinmann / Mandl 2006). Dabei ist Lernen nicht nur ein bloßes *additives Dazulernen*, sondern zeichnet sich auch durch das *Vernetzen von neuem Wissen* mit bereits vorhandenem Wissen aus: Werden neue Erfahrungen gemacht, so wird nach Möglichkeit versucht, diese vor dem Hintergrund der eigenen individuell konstruierten Schemata so zu interpretieren, dass sie in diese passen und letztere nicht verändert werden müssen (Tobinski / Fritz 2010, S. 233). Diesen Prozess des Anpassens bezeichnet man nach Piaget (1974) als *Assimilation* (Angleichung).

Wenn Erfahrungen nicht zu vorhandenen Schemata passen, kommt es zu einem *kognitiven Konflikt* (Tobinski / Fritz 2010): Da die Erfahrungen nicht angeglichen werden können, müssen bereits vorhandene Schemata erweitert und verändert werden (*Akkomodation*). Damit geht Lernen immer mit einer *Veränderung der kognitiven Strukturen* einher (Tobinski / Fritz 2010, S. 233): Lernen ist ein „individueller Aufbauprozess" (Steiner 2006, S. 166, Reinmann / Mandl 2006).

Hier wird von einer *sozialkonstruktivistischen Position* ausgegangen, die die Lernendenperspektive, d. h. individuelle Lernendenvorstellungen, fokussiert und Lernende als selbstbestimmte Individuen betrachtet. Dabei sind Lernen und Lehren stets in einen sozialen Kontext eingebunden (s. Mietzel 2001; für einen lehr- / lerntheoretischen Ansatz, der auf diesen Grundannahmen basiert, s. Hußmann 2001, 2003).

1.1.2 Individuelle Vorstellungen und ihre Bedeutung

Aus der eingenommenen (sozial-)konstruktivistischen Perspektive auf Lernen ergibt sich die Bedeutung individueller Vorstellungen von Lernenden für Lernprozesse und deren Gestaltung: Lernende nutzen Vorstellungen, um ihre Erfahrungen zu deuten und Situationen mental zu strukturieren (Kattmann /

1.1 Didaktische Rekonstruktion

Gropengießer 1996, S. 188, Lengnink et al. 2011). Diese Vorstellungen werden in der didaktischen Literatur unter verschiedenen Bezeichnungen gefasst (z. B. *students' misconceptions, students' alternative frameworks, mental models, subjektive Theorien, informal knowledge*; siehe auch Confrey 1990, Duit 1995). Dabei gehen die unterschiedlichen Bezeichnungen oft mit unterschiedlichen *Bedeutungszuschreibungen dieser Vorstellungen für Lehr- und Lernprozesse* einher (für die unterschiedliche Konzeptualisierung von Vorstellungen siehe auch Gropengießer 2008, S. 12 f.).

Die vorliegende Arbeit folgt Gropengießer, der unter dem *Begriff Vorstellungen „subjektive gedankliche Prozesse"* (Gropengießer 2008, S. 13) versteht, *die sowohl Begriffe, Konzepte, Denkfiguren als auch Theorien darstellen können* und sich damit auf verschiedenen Ebenen verorten (Gropengießer 2001, S. 30 ff.) bzw. „kognitive Konstrukte, die Schüler zur Deutung ihrer Erfahrungen anwenden" (Kattmann / Gropengießer 1996, S. 188). Mit Konzepten meint er dabei miteinander relational verknüpfte Begriffe, die Teile komplexerer Vorstellungen darstellen können (Gropengießer 2001, S. 13). Mit Theorie bezeichnet Gropengießer die angesprochene höhere Komplexitätsebene von Vorstellungen (ebd.).

Die für die vorliegende Arbeit entscheidende Ebene der Lernendenvorstellungen zur Mathematik stellen *Konzepte* dar, womit mathematische Begriffe, deren „Interpretationen, zentrale[n] Gesetzmäßigkeiten und Verwendungszwecke" (Hahn / Prediger 2008, S. 167) gemeint sind.

Von diesem Vorstellungsbegriff sind *Grundvorstellungen* abzugrenzen, die sich zwar auch auf die Interpretation mathematischer Begriffe und Operationen beziehen, jedoch meist präskriptiv aus fachlicher Perspektive verwendet werden (s. vom Hofe 1995). Sie werden daher in der vorliegenden Arbeit zur Fachlichen Klärung des Gegenstandsbereichs „Brüche" herangezogen (vgl. Abschnitt 1.2).

Individuelle Vorstellungen

Das (oft intuitive) Wissen von Lernenden deckt sich nicht immer mit dem fachlich intendierten Wissen: Es wird häufig festgestellt, dass individuelle Vorstellungen nicht immer in fachlich tragfähige überführt werden können und dass alltagsbasierte Vorstellungen, aber auch unterrichtliche Vorerfahrungen, z. T. mit neuen fachlichen Sichtweisen in einigen Aspekten verbunden werden oder kontextgebundene Vorstellungen entstehen (z. B. Duit 1995, Mietzel 2001). Für die Mathematik lassen sich beispielhaft Arbeiten zur Stochastik nennen, in denen die Alltagsvorstellungen von Lernenden zu Zufall und Wahrscheinlichkeit untersucht werden (z. B. Konold 1989): Die alltagsgebundenen, aus der Erfahrung der Lernenden stammenden und dort oft tief verankerten Überzeugungen und Vorstellungen (Duit 1995, S. 908, Duit 1996, S. 152) konkurrieren hier z. T. mit den fachlich tragfähigen (Prediger 2008c, Krauthausen / Scherer 2003, S. 126 f.; für

Studien zu Brüchen und Dezimalzahlen, die von individuellen Vorstellungen von Lernenden ausgehen bzw. diese untersuchen, siehe z. B. Fischbein et al. 1985, Mack 1990, Mack 1993, Mack 2000, Mack 2001). Im Zusammenhang mit der Zahlbereichserweiterung von den natürlichen Zahlen zu den Brüchen lassen sich Lernendenvorstellungen zu Regeln und Gesetzmäßigkeiten nachweisen, die für die neue Art der Zahlen nicht mehr gültig sind, aber von Lernenden übertragen werden (für diese Diskontinuitäten vgl. z. B. Prediger 2008a, Swan 2001, Greer 1994, Fischbein et al. 1985, Fischbein 1989). Die Erklärung von Lernendenschwierigkeiten mit Diskontinuitäten im Lerngegenstand liegt Conceptual Change Ansätzen zugrunde, die entweder ausschließlich auf der Ebene intuitiver Regeln und Gesetze (Duit 1996, Vamvakoussi / Vosniadou 2004 und Stafylidou / Vosniadou 2004) oder auch der inhaltlichen Vorstellungen (Prediger 2008a) verortet werden. Die z. T. alltagsbasierten Vorstellungen geben Lernenden Sicherheit bei der Deutung und Vorhersage von Phänomenen des Alltags (Mietzel 2001) und können auch für fachliche Konzepte oder Verfahren tragend sein (z. B. Mack 1990); jedoch ist für das Verständnis vieler Begriffe und Konzepte häufig ein Wechsel der Sichtweise nötig (Duit 1996, S. 145).

Während individuelle Vorstellungen z. T. als *Fehlvorstellungen oder misconceptions* behandelt werden, die von den fachlich tragfähigen Vorstellungen abweichen und „überwunden" oder gegen fachlich tragfähige „ausgetauscht" werden müssen, werden sie aus der hier eingenommenen konstruktivistischen Perspektive als Ausgangsbasis und Ressource für den weiteren Lernprozess gesehen (s. diSessa 1993, Smith et al. 1993, Swan 2001, Prediger / Schnell 2012, Lengnink et al. 2011; für die Sichtweise der Einbeziehung von Lernendenvorstellungen in der Stochastik siehe z. B. Konold 1989; für die Brüche siehe z. B. Greer 1992, Mack 1990, Mack 2001, Steffe 1994).

Für die vorliegende Arbeit sollen individuelle Vorstellungen von Lernenden beim Umgehen mit Brüchen, d. h. beim Mathematisieren, Rechnen und Strukturieren von Zusammenhängen zwischen Teil, Anteil und Ganzem, empirisch untersucht werden. Dabei ergibt sich als Forschungsfrage, *welche individuellen Vorstellungen Lernende mit dem Ganzen verbinden bzw. zum Strukturieren von Zusammenhängen aktivieren.* Diese Vorstellungen sollen aus verschiedenen Perspektiven untersucht werden:

Lernstände in Produkten und Prozessen

Im Hinblick auf individuelle Vorstellungen können verschiedene Fokusse gesetzt werden: auf Lernprozesse und Lernstände in Produkten und Prozessen, zu unterschiedlichen Zeitpunkten im Lernprozess.

Der Blick auf individuelle Vorstellungen von den fertigen mathematischen Konzepten aus (d. h. die Rückschau von den Grundvorstellungen ausgehend; vgl.

1.1 Didaktische Rekonstruktion

Abschnitt 1.2) ist hilfreich, um *nach* der Erarbeitung von Konzepten den tatsächlichen Lernstand von Lernenden zu erfassen (vom Hofe 1995).

Aus konstruktivistischer Perspektive stellt sich für die Gestaltung von Lernumgebungen jedoch die Frage, wie vorunterrichtliche individuelle Konzepte zu fachlich tragfähigen ausgeweitet werden können (s. a. Confrey 1990, S. 15) bzw. wie es gelingen kann, dass Lernende Konzepte jeweils situationsadäquat aktivieren (Prediger 2008c, Mack 1995, Niedderer 1996 für die Physik). Dazu sind zunächst die Lernausgangslagen der Lernenden zu erfassen, also die vorunterrichtlichen Vorstellungen (Duit 1996, Confrey 1990, S. 15) und die situativen Kontexte, in denen bestimmte Vorstellungen (situationsadäquat) aktiviert werden (Duit 1996, Prediger 2008c, Prediger / Schnell 2012).

Für die vorliegende Arbeit ist eine zentrale Fragestellung, welche Vorstellungen Lernende zum Ganzen aktivieren und wie sie diese nutzen. Diese Vorstellungen werden im Zusammenhang mit den Strukturierungen von Teil, Anteil und Ganzem untersucht, die Lernende vornehmen. Dabei werden nicht nur (schriftliche) *Produkte* von Lernenden untersucht, sondern auch *Bearbeitungsprozesse* für komplexe Aufgaben, weil dieser Fokus auf die Prozesse gerade zur Frage der unterschiedlichen situativen Aktivierungsbedingungen von Vorstellungen mehr beitragen kann, was schriftlichen Produkten nicht mehr zu entnehmen ist. Der Blick auf *situative Kontexte* wird dabei realisiert, indem die Strukturierungen von Zusammenhängen durch Lernende auf verschiedene Konstellationen von Zusammenhängen und Qualitäten des Ganzen (z. B. diskrete Menge) bezogen werden (vgl. Abschnitt 1.5, 1.6 bzw. 1.7). Das Ziel ist dabei, erste systematischere Befunde zu Strukturierungen von diesen Zusammenhängen durch Lernende zu gewinnen. Die systematische Beforschung von gezielt angeregten Lernprozessen (wie in Prediger 2011a) würde dabei einen zweiten Schritt darstellen, der sich der hier unternommenen Erforschung der Grundlagen anschließen kann.

Im Folgenden wird mit der Didaktischen Rekonstruktion (Kattmann / Gropengießer 1996) ein Forschungsprogramm dargestellt, das in konsequenter Weise die Lernendenvorstellungen, die fachlichen Inhalte und die Didaktische Strukturierung von Lernumgebungen aufeinander bezieht. Es bildet gleichzeitig den Rahmen für den Forschungsprozess der vorliegenden Arbeit.

1.1.3 Auf Vorstellungen aufbauen – Didaktische Rekonstruktion

Der aus der konstruktivistischen Sichtweise resultierende Blick auf individuelle Vorstellungen und deren Einbeziehung in Lernprozesse hat in der Naturwissenschaftsdidaktik und der internationalen mathematikdidaktischen Diskussion bereits eine längere Tradition (Hahn / Prediger 2008). So gibt es für den naturwissenschaftlichen Unterricht bereits zahlreiche *Untersuchungen zu individuellen Vorstellungen von Lernenden*, die diese mit in den Unterricht bringen (Duit

1996, für eine Auflistung von entsprechenden Studien vgl. Duits Datenbank): In der Biologie- und Physikdidaktik wurde vor dem Hintergrund einer konstruktivistischen Lerntheorie das Forschungsprogramm der Didaktischen Rekonstruktion entwickelt: Es soll als methodischer und theoretischer Rahmen für Forschungsarbeiten den Forschungs- und Entwicklungsprozess zur sinnvollen und fruchtbaren Aufbereitung von Lerninhalten operationalisieren und fundieren (Kattmann / Gropengießer 1996). Seither findet es auch in der Didaktik anderer (naturwissenschaftlicher) Disziplinen – auch der der Mathematik – zunehmend Anwendung (Kattmann / Gropengießer 1996 und Kattmann et al. 1997; für die Anwendung in der Mathematikdidaktik siehe z. B. Prediger 2005 für die Stochastik und Hahn 2008 für die Analysis).

Ziel und Vorgehen der Didaktischen Rekonstruktion

Das Ziel der Didaktischen Rekonstruktion besteht darin, Bezüge zwischen dem fachlichen und interdisziplinären Wissen auf der einen und den individuellen Erfahrungen und Vorstellungen aus der Lebenswelt der Lernenden auf der anderen Seite herzustellen (Kattmann / Gropengießer 1996, Kattmann et al. 1997):

„Die Kernidee des Ansatzes ist, durch konsequentes Gegenüberstellen von fachlichen und individuellen Perspektiven auf spezifische mathematische Inhalte wichtige Erkenntnisse über Bedeutungen, Zwecke, Ziele und Hindernisse der Inhalte zu erhalten." (Prediger 2005, S. 23)

Die Klärung der fachlichen Inhalte ist wichtig, um die Hürden und Schwierigkeiten in der Sachstruktur zu erkennen und den Lerngegenstand zu erfassen (Kattmann / Gropengießer 1996). Die Erfassung der Lernendenperspektive wiederum ist im Zuge konstruktivistischer Theorien notwendig, um an den individuellen Vorstellungen und Wissensstrukturen der Lernenden ansetzen zu können und geeignete Lernumgebungen konzipieren zu können, die es Lernenden ermöglichen, Vorstellungen zu entwickeln und auszuschärfen. Daher werden im Rahmen dieses Programms die *Fachliche Klärung*, die *Erhebung von Lernendenperspektiven* und die *Didaktische Strukturierung von Lernumgebungen* konsequent iterativ aufeinander bezogen (Kattmann / Gropengießer 1996, S. 180). Diese drei Perspektiven werden auch als fachdidaktisches Triplett (Gropengießer 2008, S. 10) bezeichnet.

In der konsequenten Einbindung der Lernendenperspektive liegt ein entscheidender Unterschied zu einem Vorgehen, bei dem die wissenschaftlichen Inhalte nur innerfachlich geklärt werden, d. h. zunächst die Sachanalyse durchgeführt wird und erst im Anschluss daran pädagogische Aspekte einbezogen werden (Kattmann / Gropengießer 1996; für Ausführungen zur Trennung der traditionellen Stoffdidaktik und der empirischen Unterrichts- und Lehr-Lern-Forschung siehe auch Prediger 2005, S. 23 / S. 28). Im Vergleich zu Design-Research-

Ansätzen (z. B. Cobb et al. 2003; siehe auch Kapitel 3) ergeben sich sowohl Berührungspunkte als auch Unterschiede: Design Research untersucht vorrangig die Entwicklung von Lernprozessen in gezielt dazu entwickelten Lernumgebungen, während im Programm der Didaktischen Rekonstruktion einerseits nicht notwendig Lernprozesse untersucht werden, sondern vorrangig Lernstände, und andererseits die Fachliche Klärung in der Regel stärker gewichtet wird.

Fachliche Klärung

Unter der *Fachlichen Klärung* versteht man die gründliche Inhalts- bzw. stoffdidaktische Sachanalyse des betrachteten mathematischen Gebiets. Hier interessieren die Konzepte, die grundlegend für die jeweiligen Inhaltsbereiche sind, d. h. Konzepte, die man für ein Verständnis der Inhalte und Begriffe und für eine kompetente Beherrschung der Verfahren erwerben bzw. aktivieren muss (Kattmann / Gropengießer 1996). Damit ist die Fachliche Klärung im Bereich der präskriptiv gesetzten und konsensuellen Aspekte eines Gegenstands verortet (ebd.). In diesen Kontext gehören im Fall der Bruchrechnung die Grundvorstellungen zu Brüchen und ihren Operationen (vgl. Abschnitt 1.2). Darüber hinaus gehört zur Fachlichen Klärung auch das Wissen darüber, wie diese grundlegenden Konzepte im Fach verortet sind, d. h. das Wissen über die interne Struktur des Gegenstandsbereichs (Kattmann / Gropengießer 1996). Ohne eine Fachliche Klärung des Gegenstands wäre eine Strukturierung von Lernarrangements nicht möglich.

Die Didaktische Rekonstruktion ist nun nicht als reine Vereinfachung zu verstehen (vgl. auch Gropengießer 2008, S. 12):

„Die Didaktische Rekonstruktion umfasst hier sowohl das Herstellen pädagogisch bedeutsamer Zusammenhänge, das Wiederherstellen von im Wissenschafts- und Lehrbetrieb verlorengegangenen Sinnbezügen, wie auch den Rückbezug auf Primärerfahrungen sowie originäre Aussagen der Bezugswissenschaften." (Kattmann / Gropengießer 1996, S. 182)

Mit dieser Auffassung der Beziehungen von Mathematik, Lernenden und Lernprozessen, schließt sich das Modell an die Forderungen einer genetischen Sichtweise auf Mathematik an (Freudenthal 1991).

Lernendenperspektive

Unter der Erfassung der *Lernendenperspektive* versteht man die Erfassung und genaue Analyse von individuellen Konzepten und Vorstellungen von Lernenden, „von Lernbedingungen und Lernvoraussetzungen [...] insbesondere [von] alltägliche[m] oder lebensweltliche[m] Wissen, [von] Vorstellungen, Interessen und Lernprozesse[n]" (Gropengießer 2008, S. 10; vgl. Abschnitt 1.1.2). Die Notwendigkeit der Einbeziehung der Lernendenperspektive ergibt sich vor konstruktivistischem Hintergrund: Nur wer weiß, wo sich die Lernenden in ihrem Lernprozess gerade verorten, was ihre Vorkenntnisse, Überzeugungen und individuellen Herangehensweisen sind, kann an ihrem Wissensstand und ihren Vorstellungen anknüpfen und sie auf ihren individuellen Lernprozessen zu neuen Konzepten und Inhalten begleiten.

Dabei werden im Modell der Didaktischen Rekonstruktion die von den fachlich tragfähigen abweichenden Vorstellungen der Lernenden nicht als Fehlvorstellungen (misconceptions) betrachtet. Vielmehr werden Vorstellungen „jeweils in ihren eigenen für die Schüler sinnmachenden Kontexten interpretiert" (Kattmann / Gropengießer 1996, S. 180; vgl. auch Gropengießer 2008, S. 12). Es lassen sich Vorstellungen dahingehend unterscheiden, ob sie lebensweltlich oder wissenschaftsorientiert sind (Gropengießer 2008, S. 12). Damit besteht „die entscheidende Leistung des Modells darin, Schülervorstellungen und fachlich geklärte wissenschaftliche Aussagen gleichwertig für die Didaktische Rekonstruktion von Unterrichtsinhalten zu nutzen" (Kattmann / Gropengießer 1996, S. 180).

Didaktische Strukturierung

Die Bezüge, die zwischen der Sachanalyse und der Analyse von Lernendenvorstellungen hergestellt werden, ermöglichen *in ihrer Verbindung die Entwicklung eines Unterrichtsgegenstands* (Didaktische Strukturierung; Kattmann et al. 1997, S. 3; Beziehungen zwischen den drei Bereichen werden in Abb. 1-1 nach Kattmann et al. 1997 bzw. Kattmann / Gropengießer 1996 und Prediger 2005 durch Pfeile verdeutlicht). Somit wird zum einen das Fachliche berücksichtigt und zum anderen wird von den individuellen Lernständen und Lernprozessen der Schülerinnen und Schüler ausgegangen. Aus dieser konsequenten Bezugnahme können Richtlinien für die Entwicklung von Lernumgebungen entwickelt werden, die einen konsequenten Vorstellungsaufbau ermöglichen können (Prediger 2005).

Zusammenfassung

Zusammenfassend ist der *Kern des Modells der Didaktischen Rekonstruktion*, dass die drei Elemente des fachdidaktischen Tripletts in ihren Funktionen nie vollständig voneinander losgelöst gedacht werden dürfen: So ist die Fachliche Klärung Basis für die Gestaltung von Lernarrangements und wird durch Ergebnisse aus der Empirie (Lernendenperspektive) neu strukturiert und rekonstruiert. Die Lernenden wiederum interagieren in und reagieren auf die Lernumgebung. Erkenntnisse über Vorstellungen von Lernenden und ihre möglichen Schwierigkeiten mit den fachmathematischen Inhalten fließen wiederum in die Konzeption von Lernarrangements ein (vgl. Kattmann / Gropengießer 1996).

1.1 Didaktische Rekonstruktion

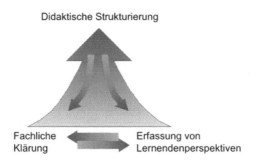

Abb. 1-1: Das fachdidaktische Triplett
(nach Kattmann / Gropengießer 1996 und Prediger 2005)

Bedeutung des Modells für die vorliegende Arbeit

Die vorliegende Arbeit hat sich in ihrem Forschungs- und Entwicklungsprozess am Forschungsprogramm der Didaktischen Rekonstruktion als strukturierenden Rahmen orientiert. Dabei wurden in mehreren Phasen immer wieder einzelne Bereiche des fachdidaktischen Tripletts aufeinander bezogen (s. auch Kapitel 2): Für die Vorstudie wurde ein bereits existierender modifizierter Zugang zur Multiplikation von Brüchen als Anteil-vom-Anteil-Nehmen genutzt (aus Affolter et al. 2004; ähnlich auch bei Sinicrope / Mick 1992), um die Lernendenvorstellungen zu diesem Zugang zu erheben. Gleichzeitig sollten die Wirkungsweisen des Zugangs auf Lernprozesse untersucht werden (Nutzen des Ergebnisses einer Didaktischen Strukturierung zur Erfassung der *Lernendenperspektive* in Form eines Design-Experiments). Die dabei zu Tage tretende Hürde für Lernende, die Wahl des richtigen Ganzen (vgl. Kapitel 3), ist zwar als Phänomen bereits vereinzelt identifiziert worden (z. B. Mack 2001), stellt aber eine wenig thematisierte Schwierigkeit für den Vorstellungsaufbau der Multiplikation als Anteil-vom-Anteil-Nehmen dar, die insbesondere im deutschen Sprachraum bislang nicht untersucht ist.

Aufgaben zur vertieften Untersuchung der Vorstellungen und Strukturierungen von Lernenden wurden im Rahmen der vorliegenden Hauptstudie in weiteren Interviews und Tests genutzt, um die *Lernendenperspektive* über die Analyse von Bearbeitungsprozessen zu erfassen.

Erkenntnisse der Hauptstudie sind schließlich im Rahmen des größeren Forschungsrahmens des langfristigen Forschungs- und Entwicklungsprojekts *KOSIMA* (*Kontexte für sinnstiftendes Mathematiklernen*, vgl. Hußmann et al. 2011) in die Konzipierung von Lernarrangements eingeflossen (s. Prediger et al. 2012; *Didaktische Strukturierung*).

Auch wenn also die Didaktische Strukturierung bereits bei der Erfassung der Lernendenperspektive und der Fachlichen Klärung stets mitgedacht wurde, liegt der Schwerpunkt der Arbeit auf den Arbeitsbereichen Erfassung der Lernendenperspektive (als dem größten Arbeitsbereich) und einer (im Umfang geringeren, aber nicht minder wichtigen) Fachlichen Klärung. Eine darauf basierende Didaktische Strukturierung und deren Evaluation im Rahmen des KOSIMA-Projekts ist nicht mehr explizit Teil dieser Arbeit.

In den folgenden Abschnitten werden die Handlungsfelder der Didaktischen Rekonstruktion auf den Themenbereich „Brüche" hin präzisiert: Zunächst wird mit dem *Konstrukt der Grundvorstellungen der präskriptive Teil Fachlicher Klärung* dargestellt und für die für diese Arbeit relevanten Vorstellungen präzisiert.

1.2 Zusammenhänge von Teil, Anteil und Ganzem erfassen

In diesem Abschnitt wird die präskriptive Sicht auf den Umgang mit Brüchen, d. h. auf *die fachlichen Vorstellungen zum Lerngegenstand*, konkretisiert: *Fachliche Vorstellungen* stellen die präskriptiven, aus Sicht der fertigen Mathematik zu erwerbenden und zu beherrschenden Konzepte dar, mit denen die mathematischen Objekte und Operationen gedeutet und mit Sinn belegt werden (sollen): Ohne ein Verständnis der Objekte, mit denen man umgeht, bleibt das Handeln sinnentleert (vgl. Malle 2004); Verständnis und Verstehen sind zentrale Voraussetzungen, um mit Objekten, hier den Brüchen, letztendlich auch flexibel umgehen zu können:

„When educators say that the goal of fraction instruction is to *understand the rational numbers*, we mean that by providing students with experiences with non-negative rational numbers (fractions), we want them to recognize nuances in meaning: to associate each meaning with appropriate situations and operations, and, in general, to develop insight, comfort, and flexibility in dealing with the rational numbers. [...] Students who have developed *rational number sense* have an intuitive feel for the relative sizes of rational numbers and the ability to estimate, to think qualitatively and multiplicatively, to solve proportions and to solve problems, to move flexibly between interpretations and representations, to make sense, and to make sound decisions and reasonable judgments." (Lamon 2007, S. 636)

Lamon spricht hier die unterschiedlichen Bedeutungen an, die Brüche in verschiedenen Kontexten haben können: Lernende sollten demnach diese Bedeutungen kennen und situativ die jeweils angemessene Deutung auswählen können. Dabei ist das Ziel von Unterricht, Einsichten in die mathematischen Objekte zu vermitteln, um mit ihnen sinnvoll und flexibel umgehen zu können: Verfügen

1.2 Zusammenhänge von Teil, Anteil und Ganzem erfassen   19

Lernende über den „rational number sense", d. h. ein tieferes Verständnis davon, was Brüche sind und wie mit ihnen umgegangen werden muss, so können sie sie flexibel und situationsangemessen nutzen. Damit beschreibt Lamon anschaulich die Bedeutung inhaltlicher Vorstellungen. Mit dem zweiten Teil ihrer Ausführung ist die Flexibilität im Umgang mit Brüchen angesprochen. Diese wird in Abschnitt 1.4 wieder aufgegriffen und für die vorliegende Arbeit präzisiert.

Im Folgenden wird zunächst als Konkretisierung dieses inhaltlichen Verständnisses aus fachlich-normativer Sicht das *Konstrukt der Grundvorstellungen* nach vom Hofe (1995) dargestellt und für die Brüche und ihre Operationen an Beispielen erläutert.

1.2.1 Grundvorstellungen als präskriptive fachliche Vorstellungen

Der Mathematikunterricht wird häufig als zu sehr auf algorithmische Standardverfahren fokussiert und zu wenig an konkreten Vorstellungen und Erfahrungen der Lernenden anknüpfend beschrieben (z. B. Borneleit et al. 2001).

Nebeneinander von Inhalt und Kalkül

Hasemann (1981) stellte so in einer Studie fest, dass manche Schülerinnen und Schüler Aufgaben unterschiedlich lösen, wenn sie ihnen in verschiedenen Darstellungsformen, einmal als reine Kalkülaufgabe und einmal als Textaufgabe oder bildlich, dargeboten werden. Dabei erscheinen inhaltliches Denken und Kalkül z. T. unverbunden genutzt zu werden. Ein viel zitiertes Beispiel im Zusammenhang mit Vorstellungen zu Brüchen ist das der Schülerin Anke (vgl. Hasemann 1986a, S. 4, Hasemann 1986b, S. 16): Sie bearbeitet die Aufgabe, 1/4 und 1/6 in einem in zwölf Teile eingeteilten Kreis zu markieren und den insgesamt gefärbten Anteil anzugeben. Anschließend soll sie die symbolisch repräsentierte Additionsaufgabe 1/4 + 1/6 lösen. Beim Einzeichnen kommt sie über das Einfärben von insgesamt vier bzw. sechs der zwölf Kreisteile zum Ergebnis 1/10, beim Rechnen mathematisch korrekt zu 5/12. Diesen Widerspruch löst sie für sich, indem sie darauf verweist, dass sie in beiden Fällen ein anderes Verfahren genutzt hat (Hasemann 1986a, S. 4, Hasemann 1986b, S. 16). Dieses Phänomen zeigte sich auch bei anderen Schülerinnen und Schülern, die an dieser Untersuchung teilnahmen und wird auch in weiteren Untersuchungen belegt (z. B. Wartha 2007, S. 189 ff.).

Diese Studien verweisen somit auf Gefahren, die durch einen zu starken Fokus auf den Kalkül entstehen können: Verfügen Schülerinnen und Schüler nicht über die fachlich tragfähigen und notwendigen Vorstellungen, um erfolgreich Mathematik betreiben und verstehen zu können, so kann dies dazu führen, dass sie es aufgeben, die für sie bedeutungslosen Zeichen mit Sinn zu füllen (vom Hofe

1996, S. 4): Dann besteht die Gefahr, dass sie sich allein an syntaktischen Verfahren orientieren und somit inhaltsleer (und daher häufig auch sehr fehleranfällig) mit den für sie unverstandenen Objekten operieren (vom Hofe 1995, S. 10; siehe spezifisch für Brüche auch Malle 2004, S. 8, Padberg 2009). So kann es sogar so weit kommen, dass Rechenverfahren und Vorstellungen gänzlich losgelöst voneinander erscheinen und formales Handeln und inhaltliche Vorstellungen von Lernenden als getrennte Welten erfahren werden (z. B. Hasemann 1986a, S. 122 f.).

So stellt sich die Aufgabe, die mathematischen Inhalte vorstellungsorientiert aufzubereiten, damit Lernende den Begriffen und Verfahren Sinn zuschreiben, sie reflektiert anwenden und an ihre Vorstellungen anknüpfen können: Es wird die Forderung gestellt, zunächst inhaltliche Vorstellungen aufzubauen und erst im Anschluss den Kalkül als Denkentlastung einzuführen und auch im weiteren Unterrichtsverlauf immer wieder inhaltliche Rückbindungen vorzunehmen (z. B. Winter 1999, Prediger 2009b; konkrete Vorschläge für die Umsetzung eines gezielteren Aufbaus von Vorstellungen zu Brüchen finden sich z. B. bei Streefland 1991, Hefendehl-Hebeker 1996, van Galen et al. 2008, Winter 1999).

Diese fachlich tragfähigen inhaltlichen Vorstellungen können in der deutschsprachigen Mathematikdidaktik stoffdidaktisch mit dem Begriff der *Grundvorstellungen* gefasst werden (Bender 1991, vom Hofe 1992, vom Hofe 1995). In der internationalen Diskussion werden vergleichbare Konzepte als (mental) models (Usiskin 2008, Fischbein 1989) konzeptualisiert. Z. T. werden sie auch als subconstructs, d. h. als Teilaspekte bzw. -konzepte eines übergreifenden Konzepts, thematisiert (z. B. bei Kieren 1976, Behr et al. 1992 für Brüche).

Charakteristika von Grundvorstellungen

Bei Grundvorstellungen handelt es sich um komplexe Konstrukte mit einer „Vielfalt von Beziehungszusammenhängen zu mathematischen, pädagogischen, psychologischen und philosophischen Problemfeldern" (vom Hofe 1995, S. 13, siehe auch Bender 1991): Sie stellen eine Systematisierung lokaler Bedeutungen der Inhalte eines mathematischen Themengebiets dar. Dabei werden sie sowohl für die mathematischen Objekte an sich als auch für Operationen formuliert (z. B. Bender 1991 S. 51, S. 55 f.; Konkretisierungen bezogen auf Brüche geben z. B. Malle 2004, Padberg 2009). Dabei wird ein Begriff häufig auch durch mehrere Grundvorstellungen erfasst (vom Hofe 1995, vom Hofe 2003, S. 6).

Entwickelt hat sich das Konstrukt der Grundvorstellungen vor allem aus der Mathematik der Volksschulen (s. vom Hofe 1992, vom Hofe 1995, S. 101); jedoch wurde es seither auch für zentrale Bereiche der Sekundarstufen-Mathematik herausgearbeitet (z. B. Blum / Kirsch 1979, Bender 1991, Griesel 1973, Malle 2004). Dabei gibt es verschiedene Kataloge von Grundvorstellungen, die sich zwar in Details unterscheiden können, aber im Kern große Gemeinsamkeiten aufweisen (s. Abschnitt 1.2.2). Heute verbindet man Grundvorstellungen meist mit der Formulierung und Systematisierung durch vom Hofe (z. B. vom Hofe 1995); zentrale Grundgedanken dieses Konzepts gehen aber auf bereits früher entwickelte Ideen zurück (z. B. bei Griesel 1973 und Blum / Kirsch 1979; international z. B. mental models bei Fischbein 1989; siehe auch Usiskin 1991, Usiskin 2008).

Grundvorstellungen als Mittler zwischen Mathematik und Welt

Grundvorstellungen sind immer dann wichtig, wenn Übersetzungsprozesse im Rahmen von Modellierungen zwischen realen Situationen und der „Welt der Mathematik" notwendig werden (vom Hofe 1995, Wartha / Wittmann 2009): In der „Welt der Mathematik" werden Terme umgeformt, Daten verarbeitet und Rechnungen gelöst. Dem gegenüber steht die reale Welt, d. h. die (Alltags-)Wirklichkeit, die man im täglichen Leben antrifft, in Form von (realen) Problemstellungen und Situationen (vgl. Abb. 1-2, Modellierungskreislauf). Grundvorstellungen stellen gewissermaßen das vermittelnde Scharnier zwischen diesen beiden Bereichen dar: Sie belegen die mathematischen Begriffe mit Sinn, indem „an bekannte Sach- oder Handlungszusammenhänge angeknüpft wird" (vom Hofe 1995, S. 97). So kann z. B. die Operation des Dividierens konkret als Verteilungsvorgang interpretiert und inhaltlich gelöst werden. Umgekehrt kann eine Verteilungssituation mathematisch durch eine Division beschrieben werden.

Darüber hinaus werden durch Grundvorstellungen „(visuelle) Repräsentationen" (vom Hofe 1995, S. 98) aufgebaut, die es Lernenden ermöglichen, Strukturen in der Wirklichkeit zu identifizieren, auf die die Begriffe angewendet werden können (ebd.). Grundvorstellungen selbst können dabei in unterschiedlicher Weise repräsentiert sein: so z. B. als konkrete Situationen, abstrakt oder auch graphisch (Bender 1991, S. 50 ff., siehe auch Prediger 2008a, S. 7). Sie werden auch als Vermittler zwischen der Welt der Mathematik und der „individuellen Begriffswelt der Lernenden" (vom Hofe 1995, S. 98, auch vom Hofe 1992, S. 347) bezeichnet. Damit wird den Grundvorstellungen neben ihrem präskriptiven auch ein deskriptiver Aspekt in Bezug auf individuelle Vorstellungen zugeschrieben.

In der vorliegenden Arbeit wird der Begriff der Grundvorstellungen ausschließlich als normative Konzeptualisierung der fachlichen Inhalte genutzt: Grundvorstellungen stellen einen Katalog von für einen mathematischen Inhaltsbereich wichtigen Vorstellungen dar, die aus einer *Sachanalyse* des betrachteten Gegenstandsbereichs entwickelt werden. Für die Beschreibung bzw. Analyse individueller, nicht immer mit den fachlichen Konzepten übereinstimmender, tatsächlich aktvierter Lernendenvorstellungen (deskriptive Ebene) wird – in Übereinstimmung mit Prediger (2008a) – der Begriff der *individuellen Vorstellungen* verwendet (vgl. Abschnitt 1.1.2).

Im folgenden Abschnitt wird das Konstrukt der Grundvorstellungen für Brüche konkretisiert. Damit wird das Feld möglicher fachlich tragfähiger Vorstellungen aufgespannt, um dessen Komplexität (für Lernende) zu verdeutlichen. Dieses Feld wird dann in den beiden darauffolgenden Abschnitten wieder auf den Forschungsfokus der vorliegenden Arbeit hin eingegrenzt.

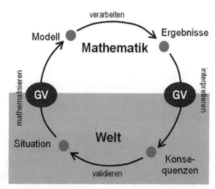

Abb. 1-2: Der Modellierungskreislauf (nach vom Hofe et al. 2006)

1.2.2 Komplexität der Grundvorstellungen: Brüche und Operationen

„Brüche haben viele Gesichter. Wer Bruchrechnung verstehen und Brüche nicht nur nach (fehleranfälligen!) Regeln handhaben will, muss diese Gesichter angeschaut und ihre Verwandtschaft erkannt haben. Welches Gesicht ein Bruch zeigt, hängt auch vom Standpunkt des Betrachters ab." (Hefendehl-Hebeker 1996, S. 20)

Das Zitat zeigt, ähnlich wie das eingangs aufgeführte Zitat von Lamon, anschaulich die Thematik der Grundvorstellungen in ihrer Konkretisierung für Brüche: Vorstellungen zu Brüchen und zum Umgang mit ihnen sind unabdingbar für ein inhaltliches Verständnis. Dabei sind Brüche sehr vielseitig, wobei es zwischen verschiedenen Vorstellungen auch Berührungspunkte gibt, die flexible Umdeutungen ermöglichen.

In der fachdidaktischen Literatur werden verschiedene Vorstellungen von Brüchen unterschieden (international als „subconstructs" z. B. bei Kieren 1976, Behr et al. 1992 und Lamon 2007, S. 636). Für den deutschsprachigen Raum gibt es verschiedene Kataloge von Grundvorstellungen (bzw. Aspekten) zu Brüchen

1.2 Zusammenhänge von Teil, Anteil und Ganzem erfassen 23

(z. B. bei Malle 2004, Padberg 2009 als die wohl aktuellsten, aber auch ältere Systematisierungen z. B. von Griesel 1973).

Grundvorstellungen für Brüche und Operationen
Beispielhaft werden hier für die Grundvorstellungen für Brüche die Systematisierungen von Malle (2004, S. 4 f.) und Padberg (2009, S. 29 f.) aufgeführt, wobei beide Kataloge keinen Anspruch auf Vollständigkeit erheben.

Malle unterscheidet acht Grundvorstellungen zu Brüchen: Bruchzahl als Teil (eines Ganzen), relativer Anteil, Vergleichsoperator, Resultat einer Division, Verhältnis, Quasikardinalzahl, Quasiordinalzahl, absoluter Anteil.

Padberg unterscheidet acht Bruchzahlaspekte: Teil vom Ganzen, Maßzahl, Operator, Verhältnis, Quotient, Lösung der linearen Gleichung n · x = m mit n und m aus IN, Skalenwert, Quasikardinalität.

Diese Auflistungen zeigen bereits, dass die verschiedenen Systematisierungen sich zwar ähneln, z. T. aber auch leicht andere Schwerpunkte setzen. Darüber hinaus unterscheiden sich z. T. auch gleichbezeichnete Grundvorstellungen in ihrer Nuancierung (z. B. „Teil (eines Ganzen)" und „Teil vom Ganzen"; bei letzterem werden auch mehrere Objekte – z. B. drei Pizzen – als ein Ganzes gefasst). In den Abschnitten 1.2.3 und 1.2.4 werden daher die aus fachdidaktischer Perspektive für den empirischen Teil der vorliegenden Studie zentralen Grundvorstellungen *Teil eines Ganzen* und *Relativer Anteil / Multiplikative Teil-Ganzes-Relation* konkretisiert, um die in ihnen angelegte Komplexität zu verdeutlichen: Da Grundvorstellungen Konstrukte zur Beschreibung z. T. komplexer Zusammenhänge sind und sie als ein Bündel von Vorstellungen einen Gegenstandsbereich in seinen Facetten strukturieren und erfassen sollen, sind sie selbst bereits facettenreich. Zwischen manchen Grundvorstellungen gibt es auch Überschneidungen (Neumann 1997, S. 33, Padberg 2009, S. 30 f.; vgl. auch die Kataloge von Malle und Padberg) und es lassen sich noch weitere Interpretationen denken: So werden Brüche z. B. auch zur Angabe von Wahrscheinlichkeiten verwendet (dieser Aspekt findet sich z. B. bei Griesel 1973 und Grassmann 1993c).

Diese Komplexität stellt an Lernende den Anspruch, situationsangemessen eine geeignete Repräsentation auszuwählen bzw. in einer Situation die geeignete Grundvorstellung zu deren mathematischen Modellierung zu aktivieren. Dabei ist die Qualität des Ganzen ein wichtiger Faktor, der in der Konzeptualisierung der Grundvorstellungen z. T. implizit angelegt ist (vgl. Abschnitt 1.5). Es ist nicht ausreichend, eine *beliebige* Grundvorstellung aus dem Katalog möglicher Vorstellungen für einen mathematischen Begriff auszuwählen: So hilft z. B. die Vorstellung vom Bruch als Teil eines Ganzen nicht bei der Interpretation der

Multiplikation von Brüchen. Allerdings lassen sich auch Verbindungen zwischen verschiedenen Grundvorstellungen finden.

Neben der potenziellen Deutungsvielfalt erschwert im Hinblick auf Brüche auch die Zahlbereichserweiterung eine Interpretation: Beim Übergang von den natürlichen Zahlen zu den Brüchen müssen einige Eigenschaften für Zahlen und Operationen um- bzw. neu gedeutet werden, was auch die Identifikation geeigneter Operationen erschweren kann (vgl. die „N-Verführer" bei Streefland 1991, Streefland 1984). Diese Diskontinuitäten sind Gegenstand von Conceptual Change Ansätzen (s. Abschnitt 1.1.2). Die Darstellung der konkreten Diskontinuitäten für Brüche ist jedoch nicht Teil der vorliegenden Arbeit (für Beispiele für Vorstellungsumbrüche im Bereich der Brüche siehe z. B. Barash / Klein 1996, Winter 1999, S. 18 f., Stafylidou / Vosniadou 2004, S. 505, Prediger 2008a und 2008b): Der Fokus der Darstellung liegt auf den internen Strukturierungen von Zusammenhängen zwischen Teil, Anteil und Ganzem und verortet sich damit auf einer tieferliegenden Schicht elementarer mathematischer Strukturen, während die Diskontinuitäten selbst z. T. wieder komplexer sind.

Im Hinblick auf die Operationen sind für den empirischen Teil der vorliegenden Arbeit die Addition sowie das Erweitern / Kürzen relevant. Die ebenfalls vorkommenden multiplikativen Situationen lassen sich auf den Bruch als Relativer Anteil / Multiplikative Teil-Ganzes-Relation zurückführen (z. B. 5/8 von 16).

Modifizierter Blick auf Grundvorstellungen: Teil, Anteil und Ganzes

Dieser kurze Überblick zu Grundvorstellungen für Brüche verdeutlicht zweierlei:

1. Der Erwerb von und die Orientierung über geeignete Grundvorstellungen kann für Lernende komplex sein: Lernende müssen verschiedene Grundvorstellungen erwerben, um vielfältige Situationen modellieren zu können. Umgekehrt müssen sie aus dieser Vielzahl anhand der situativen Bedingungen auch wieder die geeignete Grundvorstellung auswählen. Dabei bleibt die Frage offen, wie Lernende genau die geeignete Grundvorstellung auswählen, d. h. wie die Auswahlkriterien operationalisierbar werden.
2. Die Grundvorstellungen stellen in der hier dargestellten Form komplexe Konstrukte dar: Sie stellen eine (oftmals prototypische) Vorstellung dar, die auf die konkret vorgefundene Situation angewendet werden muss. Dabei ergibt sich die Frage, wie Lernende diesen Schritt vollziehen und die Beispiel-Situation auf die konkrete Situation beziehen.

Damit wird eine modifizierte Sicht auf Grundvorstellungen notwendig, die die strukturellen Zusammenhänge, die quasi prototypisch in diesen komplexen Konstrukten angelegt sind, fokussiert: Grundvorstellungen zu Brüchen umfassen jeweils spezifische inhaltliche Deutungen der Zusammenhänge zwischen Teil,

1.2 Zusammenhänge von Teil, Anteil und Ganzem erfassen

Anteil und Ganzem. Diese strukturellen Zusammenhänge, die implizit immer mitgedacht werden, werden im Folgenden für die Grundvorstellungen *Teil eines Ganzen* und *Relativer Anteil / Multiplikative Teil-Ganzes-Relation* sowie die Operationen *Erweitern / Kürzen* und *Addieren* expliziert und konkretisiert. Die Darstellung ist eine Grundlage für die in Kapitel 2 vorgenommenen Sachanalysen der für die eigene Empirie genutzten Aufgaben.

1.2.3 Bruch als Teil eines Ganzen – Bruch als Relativer Anteil

Für den Umgang mit natürlichen Zahlen ist das Erfassen des Teile-Ganzes-Schemas zentral, denn es ist Grundlage fortgeschrittener Zähl- und Rechenstrategien (Weißhaupt / Peucker 2009, S. 52; siehe auch Steffe 1994, S. 24 ff., Singer / Resnick 1992): Das Teile-Ganzes-Schema ermöglicht das Verstehen von Zusammenhängen zwischen Zahlen bzw. Mengen („sechs ist eins mehr als fünf", Weißhaupt / Peucker 2009, S. 66) und deren Zerlegungen („sechs ist fünf und eins", ebd.). Betrachtet man ein konkretes Ganzes und seine Teile, z. B. die 4, die 1 und die 3, ergeben sich folgende Zerlegungen bzw. Zusammenhänge: $4 - 3 = 1$, $3 + 1 = 4$, $4 - 1 = 3$.

Neben dem Erfassen der hier beschriebenen *additiven Zahlbezüge* ist auch das Erfassen von *Relationen* zentral (vgl. Singer / Resnick 1992). Singer und Resnick (1992) unterscheiden dabei zwei verschiedene Sichtweisen auf das Teile-Ganzes-Konzept: die Teil-Ganzes Beziehung, die (multiplikative) Zusammenhänge zwischen einem Teil und einem Ganzen ausdrückt, und die Teil-Teil-Beziehung, die (multiplikative) Zusammenhänge zwischen zwei Teilen beschreibt.

Für Brüche müssen Zusammenhänge zwischen dem Teil (bzw. mehreren Teilen), dem Anteil und dem Ganzen hergestellt werden. Dabei stellt der Anteil eine Zahl dar, die selbst einen Zusammenhang / eine Relation (nämlich zwischen Teil und Ganzem) ausdrückt. Im Folgenden werden die beiden für die vorliegende Studie zentralen Vorstellungen *Teil eines Ganzen* und *Relativer Anteil / Multiplikative Teil-Ganzes-Relation* mit Fokus auf diese Zusammenhänge dargestellt.

Bruch als Teil eines Ganzen

Die Grundvorstellung *Bruch als Teil eines Ganzen* ist eine zentrale und im Unterricht häufig auch zur Einführung von Brüchen genutzte Vorstellung (siehe auch Padberg 2009, S. 29). Zu ihrer Erläuterung soll das folgende Beispiel dienen:

> *Auf einem Teller liegt ein Kuchen. Von diesem Kuchen bekommt Lea ein Stück, das 2/3 vom ganzen Kuchen ist (vgl. Abb. 1-3).*

Das Ganze besteht aus *einem* Objekt – in diesem Beispiel dem Kuchen. Es kann verschiedene konkrete Realisierungen haben; unter anderem ist seine äußere Form nicht festgelegt: So wird die Grundvorstellung Teil eines Ganzen in Abb. 1-3 an zwei verschiedenen (für die Unterrichtspraxis prototypischen) Darstellungen des Ganzen verdeutlicht.

Abb. 1-3: 2/3 als Teil eines Ganzen: Das Ganze ist eins (z. B. Kreis oder Rechteck)

Von diesem Ganzen wird ein Anteil betrachtet: Dieser entspricht hier 2/3 vom Ganzen. Den Teil erhält man, indem man sich das Ganze in drei gleich große Stücke geteilt vorstellt, von denen man zwei nimmt: Zwei von drei Teilen entsprechen dem Anteil 2/3 vom Ganzen. Das Ganze ergibt sich als Vereinigung des zu 2/3 gehörigen Teils und dem Rest, der in diesem Fall 1/3 ist. Diese Grundvorstellung ist sehr wichtig, allerdings lassen sich in empirischen Studien Hinweise für die Gefahr einer einseitigen Fokussierung auf den Teil eines Ganzen finden (z. B. bei Stafylidou / Vosniadou 2004, Prediger 2008a): So ist bei der Multiplikation von Brüchen als Anteil-vom-Anteil-Nehmen die Fähigkeit, mit dem Anteil Bezug auf verschiedene Ganze zu nehmen, eine notwendige Voraussetzung (vgl. Kapitel 3).

Bruch als Relativer Anteil bzw. Multiplikative Teil-Ganzes-Relation

Die Grundvorstellung *Bruch als Relativer Anteil / Multiplikative Teil-Ganzes-Relation* ist ebenfalls eine zentrale Vorstellung für Brüche (vgl. hier die „von-Interpretation der Multiplikation" Padberg 2009, S. 106; dort bezieht sich der Bruch lediglich nicht auf eine natürliche Zahl, sondern auf einen weiteren Bruch; siehe auch Greer 1992, S. 278 „multiplicative part-whole relationship"):

> *In einer Schale liegen neun Bonbons. 2/3 von diesen Bonbons, also sechs Stück, bekommt Tim (vgl. Abb. 1-4).*

Abb. 1-4: 2/3 als Relativer Anteil: Das Ganze ist eine Menge

1.2 Zusammenhänge von Teil, Anteil und Ganzem erfassen 27

Hier ist das Ganze nicht ein Objekt, sondern es besteht aus mehreren diskreten Objekten, in diesem Fall neun Bonbons. Das bedeutet, dass das Ganze durch eine Menge repräsentiert wird. Von dieser Menge wird nun ein Anteil, 2/3, bestimmt: Das Ganze kann dazu in drei Teilmengen zerlegt werden, die jeweils aus drei Bonbons bestehen. Zwei dieser Teilmengen ergeben den Teil zum Anteil 2/3.

Für Lernende können sich bei dieser Grundvorstellung u. U. Schwierigkeiten dadurch ergeben, dass das Ganze gleichzeitig eins ist (9/9) und neun (neun Bonbons; s. a. Abschnitte 1.3 und 1.6): Während beim Teil eines Ganzen das Ganze als eine zusammenhängende Einheit gesehen werden kann, ist das Ganze beim Relativen Anteil / bei der Multiplikativen Teil-Ganzes-Relation optisch nicht „ganz". Vielmehr setzt es sich aus einzelnen Objekten zusammen, die als Einheiten zusammengefasst und auf das Ganze bezogen werden müssen. So ergeben sich grundsätzlich zwei Sichtweisen: zum einen der Fokus auf die Einteilung des Ganzen (die Anzahl der Teilmengen) und zum anderen auf die Mächtigkeit der Teilmengen. Damit ist die Diskretheit des Ganzen hier ein wichtiger Aspekt für das Herstellen von Zusammenhängen zwischen Teil, Anteil und Ganzem.

Die hier neben dem in der deutschsprachigen Diskussion verwendeten Begriff *Relativer Anteil* genutzte Bezeichnung *Multiplikative Teil-Ganzes-Relation* drückt anschaulich die eingangs beschriebene relationale Beziehung aus, die der Anteil zwischen Teil und Ganzem herstellt: Im Vergleich zum Teile-Ganzes-Konzept für natürliche Zahlen wird das Ganze aus dem Beispiel nicht nur als additive Zusammensetzung aus einer Menge mit drei und einer Menge mit sechs Bonbons beschrieben, sondern es wird hier auch der relative Bezug der Menge zum Ganzen in Form des Anteils ausgedrückt. Somit werden hier sowohl die Gemeinsamkeiten als auch die Unterschiede zum Teile-Ganzes-Konzept der natürlichen Zahlen durch die Diskretheit des Ganzen besonders deutlich.

1.2.4 Erweitern, Kürzen und Addieren

Erweitern und Kürzen sind mit den Brüchen neu eingeführte Operationen. Generell kann *Erweitern als eine Verfeinerung* und *Kürzen als eine Vergröberung* einer Strukturierung des Ganzen in Einheiten durch den Anteil verstanden werden (vgl. Malle 2004, S. 5 f.), d. h. es werden Einheiten in kleinere gleich große Einheiten zerlegt bzw. zu größeren Einheiten zusammengefasst:

Erweitern und Kürzen: Teil eines Ganzen

Beim Bruch als *Teil eines Ganzen* wird die *Einteilung des Ganzen, d. h. die Anzahl der Stücke*, in die das Ganze zerteilt wird, verändert. Die Größe des Ganzen selbst wird nicht verändert. Beim *Erweitern* werden aus dem Ganzen mehr Stücke gebildet, d. h. die Einteilung wird verfeinert: Bei einem Kuchen wird vom

Übergang von 2/3 zu 6/9 jedes einzelne der drei Kuchenstücke in drei gleich große Stücke geteilt (vgl. Abb. 1-5). Beim *Kürzen* wird die Einteilung vergröbert: Das Ganze wird entweder in weniger Stücke geteilt (wenn man ein neues, noch ungeteiltes, gleichwertiges Ganzes hat) oder es werden Teile zu neuen Teilen zusammengefasst (wenn man von einer bereits vorgegebenen Aufteilung des Ganzen ausgeht). Vom Anteil her ist es egal, ob man vom Kuchen zwei Stücke bekommt oder ob man vom selben Kuchen sechs Stücke bekommt, die dafür nur jeweils ein Drittel so groß sind.

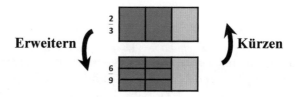

Abb. 1-5: Erweitern und Kürzen: Das Ganze ist eins

Erweitern und Kürzen:
Relativer Anteil bzw. Multiplikative Teil-Ganzes-Relation

Beim *Relativen Anteil / der Multiplikativen Teil-Ganzes-Relation* besteht das Ganze selbst bereits aus mehreren Objekten, ist also eine Menge. Beim Erweitern und Kürzen *werden dann die einzelnen Teilmengen zu neuen Teilmengen umgebildet*. Beim *Erweitern* werden die Teilmengen kleiner, beim *Kürzen* werden sie größer: Es ist vom Anteil her egal, ob man zwei von insgesamt drei Tütchen mit jeweils drei Bonbons bekommt oder sechs von insgesamt neun einzelnen Bonbons (s. Abb. 1-6).

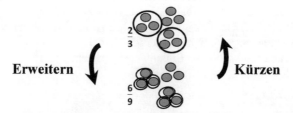

Abb. 1-6: Erweitern und Kürzen: Das Ganze ist eine Menge

Mit dem Fokus auf Teil, Anteil und Ganzes wird auch der Unterschied des Kürzens / Erweiterns zum Dividieren / Multiplizieren sehr greifbar: Während die ersten beiden Operationen das Ganze neu strukturieren, verändern die beiden anderen Operationen nicht die Strukturierung des Ganzen an sich, sondern nur die Größe des Anteils und damit des Teils.

Addieren

Die Addition lässt sich von den natürlichen Zahlen ohne Schwierigkeiten auf die Brüche übertragen (Malle 2004): Man unterscheidet zwischen Addieren als Zusammenfügen und als Hinzufügen. Addieren als Voranschreiten (auf dem Zahlenstrahl) ist für die vorliegende Arbeit keine zentrale Vorstellung.

Das *Zusammenfügen* ist eine „zweistellige Operation" (zwei Objekte werden zusammengefasst zu einem neuen Objekt); das Hinzufügen ist eine „einstellige Operation" (es kommt etwas zu etwas Vorhandenem hinzu; Malle 2004, S. 6).

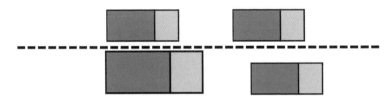

Abb. 1-7: 2/3 vom einen und 2/3 vom anderen Kuchen

Wichtig für die Brüche ist die *Beachtung der Bezugsgröße*: Es können nur Anteile addiert werden, die sich auf das selbe Ganze / ein gleichartiges Ganzes beziehen (Abb. 1-7). Das Zusammenfügen der dunklen Schokokuchenstücke im oberen Bildteil als 2/3 + 2/3 macht Sinn, denn beide Kuchen sind gleichartig und die dunklen Stücke zusammen sind somit 4/3 von einem Kuchen. Im unteren Bildteil macht die Addition keinen Sinn, denn die Kuchen sind unterschiedlich groß.

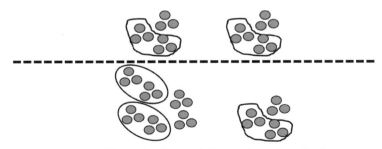

Abb. 1-8: 2/3 von der einen und 2/3 von der anderen Bonbontüte

Darüber hinaus muss auch beim Bestimmen des Ergebnisses wieder das richtige Ganze angegeben werden: In diesem Fall wäre das Ergebnis 4/3 der Anteil des dunklen Schokokuchenstücks von *einem* Kuchen (nicht von zwei!). Dieser Wechsel des Ganzen kann dabei für Lernende subtil sein. Der Analysefokus auf Teil, Anteil und Ganzes lässt diese in der Grundvorstellung nicht explizierte Schwierigkeit dabei deutlich zu Tage treten (vgl. auch Abschnitt 1.5).

Ähnliches gilt für den Anteil als Relativer Anteil bzw. Multiplikative Teil-Ganzes-Relation: Sind die Bonbonmengen unterschiedlich groß, so macht das Addieren der Anteile keinen Sinn, um den Gesamtanteil der Bonbons an einer Tüte zu bestimmen (s. Abb. 1-8 unten).

Resümee und Ausblick

Die Darstellung der ausgewählten Grundvorstellungen zu Brüchen und Operationen sollte die in ihnen für Lernende angelegte Komplexität verdeutlichen: Grundvorstellungen können als prototypische Situationen formuliert werden, die die Zusammenhänge zwischen Teil, Anteil und Ganzem auf eine je spezifische Art und Weise umsetzen. Dabei gehen sie auch stets von einem spezifischen (z. B. kontinuierlichen) Ganzen aus. Jede (alltägliche) Situation kann jedoch aus verschiedenen Perspektiven betrachtet werden. Diese verschiedenen Blickwinkel auf Teil, Anteil und Ganzes bleiben in den Grundvorstellungen implizit. Auch die genauen Zusammenhänge zwischen Teil, Anteil und Ganzem, wie sie hier beschrieben wurden, werden durch die Grundvorstellungen nur implizit thematisiert. Insbesondere wird das Strukturieren des Ganzen durch Teil und Anteil meist nicht operationalisiert.

Die verschiedenen Perspektiven, Strukturierungen und deren Bezug zum Ganzen werden in den folgenden Abschnitten als Facetten eines flexiblen Umgangs mit Brüchen dargestellt (Abschnitte 1.4 bis 1.8). Zunächst wird jedoch in Abschnitt 1.3 ein Überblick über spezifische empirische Befunde zu individuellen Vorstellungen von und zum Umgang mit Brüchen gegeben, um für dessen Komplexität zu sensibilisieren und die Bedeutung geeigneter Strukturierungen der Zusammenhänge zwischen Teil, Anteil und Ganzem für das Arbeiten mit Brüchen zu verdeutlichen. Zur Strukturierung der Befunde wird das Schichtenmodell nach Prediger (2008a) genutzt.

1.3 Schwierigkeiten beim Umgang mit Brüchen

Nicht tragfähige inhaltliche Vorstellungen werden gerade in der deutschsprachigen Didaktik immer wieder als Ursachen für Schwierigkeiten mit Brüchen beim

1.3 Schwierigkeiten beim Umgang mit Brüchen

Mathematisieren, Interpretieren und innermathematischen Rechnen angeführt (z. B. Hasemann 1981, vom Hofe / Wartha 2004, Wartha 2007, Prediger 2008a, Wartha / Wittmann 2009). In einem zweiten Forschungsstrang zur Erklärung von Lernendenschwierigkeiten werden Conceptual Change Ansätze favorisiert, die diese in der Struktur des Lerngegenstands bei der Zahlbereichserweiterung durch falsche Übertragungen von den natürlichen Zahlen erklären (z. B. Vamvakoussi / Vosniadou 2004, Prediger 2008a).

Kombinierbar sind beide Ansätze in einem Schichtenmodell von Prediger (2008a), mit dem sich die in internationalen Studien festgestellten Schwierigkeiten von Lernenden auf verschiedenen Schichten strukturieren, erklären und miteinander in Beziehung bringen lassen.

1.3.1 Schwierigkeiten in verschiedenen Ebenen und Schichten

Prediger unterscheidet in Anlehnung an Fischbein et al. (1985) drei Ebenen, die sich auf verschiedene Arten von Wissen beziehen: die formale, die algorithmische und die intuitive Ebene (s. Abb. 1-9, konkretisiert für die Multiplikation von Brüchen): Die *formale Ebene* ist die Ebene der Definitionen, Regeln und Gesetzmäßigkeiten. Dazu gehören neben den expliziten Definitionen der Begriffe, Operationen und Strukturen auch die für das Themengebiet relevanten Sätze und Beweise (Prediger 2008b, S. 30).

Die *algorithmische Ebene* umfasst das prozedurale Wissen, d. h. vor allem das Wissen um Rechenfertigkeiten wie z. B. das Durchführen der Multiplikation von Brüchen, d. h. den Kalkül (Prediger 2008b, S. 30). In dieser Ebene verorten sich die Befunde der (klassischen) Fehleranalysen zum Operieren mit Brüchen (z. B. Padberg 1986, Padberg 2009): Dabei werden in den Bearbeitungen der Schülerinnen und Schüler verschiedene Fehlerphänomene und Fehlermuster nachgewiesen, wie z. B. das komponentenweise getrennte Addieren von Zählern und Nennern beim Addieren von Brüchen oder das alleinige Multiplizieren des Zählers, wenn Brüche erweitert werden sollen. In internationalen Studien zeigt sich dabei, dass Lernende im Allgemeinen den Kalkül besser beherrschen, als dass sie über inhaltliche Vorstellungen zu Brüchen und Operationen verfügen (z. B. Aksu 1997, Prediger 2008a, Wartha 2007, Prediger 2009a, Prediger 2011b). In dieser Schicht werden Schwierigkeiten von Lernenden beim Herstellen von Zusammenhängen zwischen Teil, Anteil und Ganzem über einen fehlerhaften Kalkül somit zwar sichtbar, jedoch bleiben sie ein Stück weit Phänomen: Die ihnen zugrunde liegenden individuellen Vorstellungen zur *Wirkung und Art der Operationen* und – noch eine Schicht tiefer – zu *Begriffen* (hier Brüche), die schließlich zur konkreten Ausführung der Operation geführt haben können, werden erst in der für diese Arbeit zentralen *tiefer liegenden Ebene des intuitiven Wissens* deutlich (Prediger 2008a).

Das intuitive Wissen ist meist implizit und wird als selbstverständlich und ohne Beweisbedürfnis akzeptiert (Prediger 2008a, S. 6). In diesen Punkten unterscheidet sich der im Modell verwendete Vorstellungsbegriff von dem in der vorliegenden Arbeit genutzten breiteren Verständnis von Vorstellungen: Letzteres umfasst Begriffe, Interpretationen, Gesetzmäßigkeiten und Verwendungszwecke und damit auch komplexe Konzepte. Im Modell von Prediger ist die Ebene des intuitiven Wissens in weitere Schichten unterteilbar (siehe auch Abb. 1-9): Diese beziehen sich auf zwei Arten des intuitiven Wissens, nämlich zum einen Gesetze und Regeln, zum anderen die Bedeutung von mathematischen Konzepten und Operationen (Prediger 2008a; s. Tab. 1-1). Die vertikale Unterscheidung in der Tabelle bezieht sich auf die bereits erläuterten unterschiedlichen Sichtweisen auf die Phänomene: die präskriptive Sicht der fachlich intendierten Vorstellungen und die deskriptive Sicht der tatsächlichen individuellen Vorstellungen (Prediger 2008a, S. 6; vgl. auch die Abschnitte 1.1.2 und 1.2.1).

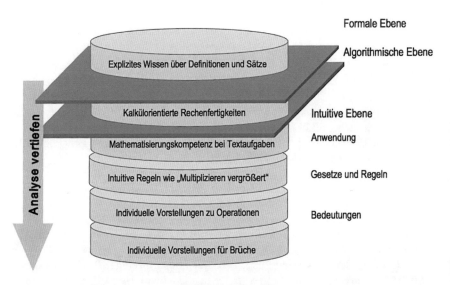

Abb. 1-9: Das Schichtenmodell (entnommen aus Prediger / Matull 2008)

Zur Ebene des intuitiven Wissens gehören letztendlich auch bildliche Repräsentationen, denn teilweise erlauben sie Rückschlüsse auf individuelle Vorstellungen und Interpretationen (Prediger 2008a, S. 7).

1.3 Schwierigkeiten beim Umgang mit Brüchen

	Fachlich intendierte Vorstellungen (Präskriptiver Modus)	Individuelle Vorstellungen der Lernenden (Deskriptiver Modus)
Zusammenhänge, Gesetzmäßigkeiten	Sätze, Gesetze, Regeln (z. B. Eigenschaften von Operationen)	Intuitive Regeln
Bedeutungen / Interpretationen von Begriffen und Operationen	Grundvorstellungen	Individuelle Vorstellungen / Interpretationen

Tabelle 1-1: Begrifflichkeiten (nach Prediger 2008a)

1.3.2 Ausgewählte Befunde zu intuitiven Gesetzen und Regeln

Im Folgenden werden zunächst ausgewählte Befunde zur *Schicht der intuitiven Regeln* im Hinblick auf Brüche (und zuweilen Dezimalzahlen) dargestellt. Hier verorten sich Ergebnisse von Studien, die die *Mathematisierungskompetenz* von Lernenden betreffen (für Dezimalzahlen und Brüche z. B. Bell et al. 1984, Fischbein et al. 1985, Greer 1987, Bell et al. 1989, Wartha 2007, Prediger 2009a und viele weitere). Diese Schicht ist für den Forschungsfokus der vorliegenden Arbeit im Hinblick auf die hier verorteten Annahmen über die *Konsequenzen bestimmter Operationen auf Zusammenhänge* zwischen Teil, Anteil und Ganzem wichtig:

In Studien wird häufig festgestellt, dass Lernenden z. B. das Übersetzen von Textaufgaben in eine Rechnung Schwierigkeiten bereiten kann. So gibt es Hinweise darauf, dass die Vertrautheit mit dem Kontext, die Art der Zahlen, aber auch die Problemstruktur oder Signalwörter einen Einfluss auf den Lösungserfolg von Lernenden haben können (z. B. Bell et al. 1981, Bell et al. 1984, Fischbein et al. 1985, Greer 1994, Prediger 2009a): Lernende lösen z. T. strukturell völlig gleichartige Aufgaben mit unterschiedlichen Rechenoperationen, wenn lediglich die Zahlen verändert werden („nonconservation of operation", z. B. Bell et al. 1984). So multiplizieren sie z. B. in multiplikativen Kontexten häufig richtig, wenn natürliche Zahlen gegeben sind, aber dividieren oder subtrahieren, wenn Zahlen kleiner als eins vorkommen; dennoch können sie z. T. die Lösung mit anderen Strategien recht gut abschätzen (z. B. Swan 2001; siehe auch Wartha 2007 für Brüche). Ein weiterer Befund ist in diesem Zusammenhang, dass Lernende z. T. auch Brüche vermeiden und auf anderen Wegen Lösungen bestimmen oder Probleme umstrukturieren (z. B. Wartha 2007, Prediger 2009a). Das Umstrukturieren ist dabei auch auf Vorstellungen von Lernenden zu Brüchen zurückzuführen (s. Abschnitt 1.3.3).

So aktivieren manche Lernende z. B. im Zusammenhang mit der Auswahl einer geeigneten Operation mit Brüchen und Dezimalzahlen die *intuitive Regel* „Multiplizieren vergrößert" bzw. „Dividieren verkleinert" und folgen der Überzeugung, dass der Dividend stets größer sein muss als der Divisor (sowohl für Brüche als auch für Dezimalzahlen, z. B. Bell et al. 1984, Greer 1994, Barash / Klein 1996, Verschaffel / De Corte 1996, Swan 2001, Prediger 2008a, Prediger 2009a). Die Befunde zu intuitiven Gesetzen und Regeln lassen sich z. T. mit Befunden zu individuellen Vorstellungen und Interpretationen erklären.

1.3.3 Ausgewählte Befunde zu individuellen Vorstellungen

Die *Schicht der individuellen Vorstellungen* befindet sich unterhalb der bereits dargestellten Schicht der intuitiven Regeln und Gesetze. Hier verorten sich die *Vorstellungen zu den Bedeutungen von Operationen und Begriffen* und damit zu den Zusammenhängen zwischen Teil, Anteil und Ganzem und der Beschaffenheit des Ganzen. Diese Vorstellungen können die Wahl geeigneter Rechenregeln beeinflussen.

Zunächst werden ausgewählte Befunde zu den Operationen dargestellt, die die in Abschnitt 1.3.2 beschriebenen Ergebnisse ergänzen. Anschließend wird speziell auf die Ebene der Vorstellungen zu Brüchen eingegangen.

Individuelle Vorstellungen zu Operationen

Ergänzend zu Studien, in denen Lernende Textaufgaben geeignet modellieren bzw. mit einem Term mathematisieren sollen (s. Abschnitt 1.3.2), werden durch weitere Studien inhaltliche Vorstellungen zu den Operationen abgefragt, über die Lernende verfügen. Diese Studien zeigen, dass das Finden geeigneter inhaltlicher Interpretationen für Operationen Lernenden z. T. schwer fällt: So konnten in einer Studie von Prediger (2008a) nur 12 von 81 Lernenden vollständig tragfähige Interpretationen für den Term $3/4 \cdot 1/3 = 1/4$ angeben. Ähnliche Schwierigkeiten (u. a. im Zusammenhang mit Dezimalzahlen) zeigen sich auch in anderen Studien, so z. B. bei Bell et al. (1984) und Hasemann (1981, 1986a). Insgesamt fällt es vielen Lernenden schwerer, für multiplikative Situationen eine Modellierung zu finden, als für additive (z. B. Aksu 1997).

Individuelle Vorstellungen zu Brüchen

Wie in Abschnitt 1.2.3 dargestellt wurde, unterscheiden sich Brüche von den natürlichen Zahlen dadurch, dass verstärkt relative und nicht additive Zusammenhänge in den Fokus rücken: der Bezug vom Teil zum Ganzen und vom Teil zum Teil, d. h. zwischen Teil, Anteil und Ganzem. Dabei ist entscheidend, wie diese Zusammenhänge interpretiert werden, d. h. insbesondere auch, welche Vorstellungen Lernende mit dem Anteil verbinden. In empirischen Studien werden hier vielfältige individuelle Vorstellungen von Lernenden erhoben.

1.3 Schwierigkeiten beim Umgang mit Brüchen

Brüche sind Zahlen, die selbst eine Relation zwischen einem Teil und einem Ganzen ausdrücken (vgl. Abschnitt 1.2.3). Das bedeutet, dass der Anteil eine Strukturierung des Ganzen in Einheiten bewirkt. Dieser Zusammenhang zwischen dem Anteil und den das Ganze strukturierenden Einheiten bereitet Lernenden z. T. Schwierigkeiten: Vielen Lernenden scheint bewusst zu sein, dass man Brüche erhält, wenn man ein Ganzes in mehrere Teile teilt. Dabei wissen viele auch, dass die Anzahl der Teile durch den Nenner angegeben werden kann, da das Ganze durch den Anteil strukturiert wird: 2/3 bedeutet in der Interpretation als Teil eines Ganzen, dass man ein Ganzes in drei Teile teilt und zwei davon nimmt. Dabei müssen alle drei Teile gleich groß sein. Manche Lernende stellen Brüche dar, indem sie ein Ganzes zwar in mehrere Teile – entsprechend der Zahl im Nenner des Bruchs – zerlegen, aber diese Stücke unterschiedlich groß zeichnen (z. B. bei Peck / Jencks 1981; siehe auch Alexander 1997). Diese Lernenden haben bereits verstanden, dass ein Bruch ein Ganzes in einzelne Einheiten strukturiert, jedoch haben sie noch nicht die Zusammenhänge zwischen den einzelnen Einheiten und dem Ganzen berücksichtigt (Peck / Jencks 1981, S. 342 f.): Das Augenmerk scheint ausschließlich auf der Anzahl der erzeugten Stücke zu liegen.

Eine weitere intuitive Vorstellung im Zusammenhang mit bildlichen Darstellungen von Teil, Anteil und Ganzem ist, dass Brüche von Lernenden z. T. mit der Zerlegung des Ganzen identifiziert werden: Soll 1/3 vom Ganzen bestimmt werden, so bezeichnen manche Lernende die gesamte Zerlegung des Ganzen in drei Einheiten als 1/3, d. h. 1/3 wird als „drei Stücke" gedeutet bzw. wenn bereits mehr als drei Einheiten vorhanden sind, werden drei davon markiert und damit 1/n als n identifiziert (siehe z. B. Hasemann 1986a, S. 21). Bei dieser Vorstellung von Brüchen tritt das Ganze, auf das sich der Bruch als Anteil bezieht, in den Hintergrund und Brüche werden wie natürliche Zahlen verwendet. So lässt Hasemann (1981, 1986a) Schülerinnen und Schüler Stammbruch-Anteile von Ganzen einzeichnen, die bereits selbst eine Einteilung aufweisen (z. B. ein Kreis mit zwölf Segmenten; s. a. Testaufgabe 1 der vorliegenden Arbeit; s. a. Hasemann et al. 1997). Hierbei variiert er die Anteile so, dass beim Einzeichnen auch kognitive Konflikte zu Tage treten können, etwa wenn die Anzahl der vorgegebenen Teile vom Ganzen geringer ist, als die Zahl im Nenner des Anteils, der eingezeichnet werden soll (Hasemann 1986a, S. 20 f.).

In diesem Zusammenhang zeigt sich die diagnostische Stärke bildlicher Darstellungen im Hinblick auf die Erhebung individueller Vorstellungen von Lernenden (z. B. Hasemann 1986a, Barash / Klein 1996, S. 38). So lassen sich in einigen Bildern, die Lernende zu Brüchen anfertigen, Hinweise auf die Strukturierungen der Zusammenhänge zwischen Teil, Anteil und Ganzem finden, die diese herstellen. Die diagnostische Kraft wird dabei auch dadurch gestärkt, dass Lernende für die Gestaltung zeichnerischer im Gegensatz zu rechnerischen Lösungen häufig nicht über Algorithmen verfügen (Hasemann 1986a, S. 13). Dieser diagnostische Ansatz zur Erhebung von Lernendenvorstellungen zu Brüchen wird in den vertieften Analysen der vorliegenden Arbeit aufgegriffen (s. Kapitel 7).

Mit dem relationalen Charakter der Brüche hängt neben der strukturierenden Eigenschaft des Anteils im Hinblick auf das Ganze auch zusammen, dass Brüche im Gegensatz zu natürlichen Zahlen aus drei Zeichen bestehen: dem Zähler, dem Nenner und dem Bruchstrich. Dabei scheinen manche Lernende Brüche als zwei voneinander unabhängige natürliche Zahlen zu interpretieren und sie z. B. komponentenweise zu vergleichen. Dieses Vorgehen ist wiederum als Phänomen in der Schicht der intuitiven Gesetze und Regeln verortbar (für die Dokumentation dieses Phänomens siehe z. B. Peck / Jencks 1981, Padberg 1986, Mack 1990, Stafylidou / Vosniadou 2004).

Schwierigkeiten mit der Deutung der relativen Bezugnahme des Anteils auf ein Ganzes äußern sich z. T. auch darin, dass manche Lernende Brüche nur als Teil eines Ganzen interpretieren, auch wenn der Kontext die Aktivierung einer anderen Grundvorstellung verlangt, wenn z. B. der Anteil von einer Menge bestimmt werden soll (z. B. Greer 1992, Prediger 2008a, Payne 1986, Kerslake 1986).

Auf weitere individuelle Vorstellungen zu Brüchen, die sich im Zusammenhang mit der Bezugnahme auf ein Ganzes (Bezugsgröße) bzw. mit dessen Qualität ergeben, wird in Abschnitt 1.5 eingegangen: Dort wird das Konzept des Ganzen als übergreifender Aspekt für einen flexiblen Umgang mit Brüchen im Verständnis der vorliegenden Arbeit konkretisiert.

1.3.4 Zusammenhänge zwischen verschiedenen Schichten

Ein wesentliches Merkmal des Schichten-Modells besteht wie bereits erwähnt darin, dass mit ihm die beiden bisher unabhängig voneinander bestehenden und miteinander konkurrierenden Erklärungsansätze für Lernendenschwierigkeiten – der des Konzeptwechsels und der der inhaltlichen Vorstellungen – ineinander integriert werden können: Es kann gezeigt werden, dass Schwierigkeiten z. T. tiefer in mathematischen Inhalten verortet sein können, als Conceptual Change Ansätze dies annehmen, und sich ihre Ursachen in verschiedenen Schichten verorten können (Prediger 2008b). Das Modell erklärt damit intuitive Regeln wie „Multiplizieren vergrößert" mit nicht vollständig vollzogenen Konzeptwechseln auf der Schicht der *Interpretationen* der Operation (für die Ausweitung des Konzepts der Multiplikation auf weitere Interpretationen allgemein, siehe Greer 1992, Greer 1994).

Die individuellen Interpretationen der Operationen können wiederum darauf zurückgeführt werden, dass die betreffenden Lernenden nur über eingeschränkte Vorstellungen zu den Brüchen selbst verfügen. So kann sich die stabil aufgebaute Vorstellung eines Bruchs als Teil eines Ganzen als hinderlich für eine tragfähige

Interpretation der Multiplikation erweisen: Wer Brüche als Teil von einem Ganzen denkt, der kann die Multiplikation nur als wiederholtes Zusammenfügen der einzelnen Teile denken (z. B. dreimal ein Viertel von einer Pizza). Die Multiplikation von 3/4 und 1/3 macht als „3/4 von der einen Pizza multipliziert mit 1/3 von der anderen Pizza" jedoch keinen Sinn (vgl. Prediger 2008a, S. 11): Den Anteil vom Anteil kann nur derjenige verstehen, der gelernt hat, die Anteile ineinander zu verschachteln, d. h. auf verschiedene Ganze zu beziehen (s. a. Prediger / Schink 2009).

Somit können die empirischen Befunde zu Schwierigkeiten und Vorstellungen von Lernenden als epistemologische Denkhürden in immer tieferen Schichten verortet werden. Da das Modell Verbindungen zwischen den einzelnen Stufen herstellt, dient es nicht nur dazu, Befunde zu Lernendenvorstellungen zu strukturieren, sondern es kann auch dazu herangezogen werden, Schwierigkeiten jeder Schicht durch die darunter liegende Schicht zu erklären. Damit lässt sich zeigen, dass die empirisch nachgewiesenen Schwierigkeiten von Lernenden nicht unbedingt, wie von Conceptual Change Ansätzen angenommen, auf der Schicht der Gesetze und Regeln verortet sein müssen (Prediger 2008a). Vielmehr lassen sie sich auch oftmals auf individuelle Vorstellungen und Deutungen zurückführen.

Im folgenden Abschnitt werden das dieser Arbeit zugrunde liegende Verständnis eines flexiblen Umgangs mit Brüchen und dessen Facetten entwickelt: Um flexibel mit Brüchen umgehen zu können, müssen Vorstellungen angemessen aktiviert und Strukturen genutzt bzw. hergestellt werden können.

1.4 Flexibel mit Brüchen umgehen – Grundlegung

„Students who have developed *rational number sense* have an intuitive feel for the relative sizes of rational numbers and the ability to estimate, to think qualitatively and multiplicatively, to solve proportions and to solve problems, to move flexibly between interpretations and representations, to make sense, and to make sound decisions and reasonable judgments."
(Lamon 2007, S. 636)

Das bereits in Abschnitt 1.2 aufgeführte Zitat zu inhaltlichen Vorstellungen spricht den Begriff der Flexibilität an: Haben Lernende ein Gefühl für Brüche entwickelt, dann können sie auf unterschiedliche Art und Weise vorstellungsorientiert mit Brüchen umgehen. Dieser Umgang wird für die vorliegende Arbeit präzisiert: Zunächst wird auf den Begriff der Flexibilität und seine Verwendung in der mathematikdidaktischen Diskussion eingegangen. Anschließend wird ein Resümee aus den vorangehenden Abschnitten 1.1-1.3 gezogen, anhand dessen das in der vorliegenden Arbeit genutzte Konstrukt eines flexiblen Umgangs mit Brüchen entwickelt und begründet wird.

1.4.1 Flexibilität und flexible Strategien

Die Bedeutung von Flexibilität für problemadäquates Arbeiten wird in der Mathematikdidaktik insbesondere für die Grundschul-Arithmetik hervorgehoben. Beim Erwerb von Rechenkompetenzen sollten nicht ausschließlich Routinen und schriftliche Verfahren im Fokus stehen (vgl. z. B. Rathgeb-Schnierer 2010): Neben standardisierten Rechenverfahren sind weitere Zugänge und Lösungswege möglich, die als flexibles Rechnen bezeichnet werden. Als Kennzeichen flexibler Rechner gelten das Verfügen über Zahlwissen, ein Zahlverständnis, Schätzkompetenzen und Zahlgefühl und „Wissen im Umgang mit Zahlen und Rechenoperationen" (Rathgeb-Schnierer 2010, S. 259).

Flexibles Rechnen wird für mathematisches konzeptionelles Denken als wichtig erachtet (z. B. Marxer / Wittmann 2011, Threlfall 2009, S. 543). Lernende sollten daher nicht nur ein Standardrechenverfahren erlernen, um effektiv rechnen zu können. So werden für die Arithmetik flexibles Rechnen und Problemlösen gegenüber dem mechanischen Anwenden von Verfahren betont (z. B. bei Rathgeb-Schnierer 2010 für natürliche Zahlen im Bereich der Grundschule und Marxer / Wittmann 2011 für Brüche).

Der Begriff der Flexibilität und der flexiblen (Rechen-)Strategien wird z. T. unterschiedlich gebraucht und konzeptualisiert (Threlfall 2009, Selter 2009, Rathgeb-Schnierer 2010). Für das in dieser Arbeit verwendete Verständnis von Flexibilität sind zwei Aspekte zentral: zum einen der Begriff der *Emergenz*, zum anderen die (damit verbundene) *Vielfalt an Vorgehensweisen*.

Der Aspekt der *Emergenz* hebt die individuelle und spontane Generierung von Lösungswegen hervor: Lernende bearbeiten die ihnen gestellten konkreten Aufgaben aus einer bestimmten Situation heraus, mit ihrem eigenen individuellen Vorwissen (Rathgeb-Schnierer 2010 S. 261, Threlfall 2009). Damit grenzt sich das hier genutzte Verständnis von Flexibilität von *Strategieauswahlansätzen* ab, die davon ausgehen, dass Lernende für jede Aufgabe im Vorfeld eine geeignete Strategie aus einem Repertoire auswählen und diese anwenden (vgl. Rathgeb-Schnierer 2010, S. 261, Selter 2009). In diesem zweiten Bündel von Ansätzen wird davon ausgegangen, dass Flexibilität durch das Bereitstellen einer Vielzahl von Strategien erreicht und vergrößert werden kann.

Im Zusammenhang mit der Emergenz ist auch die *Vielfalt der Vorgehensweisen* im Rahmen der vorliegenden Arbeit für den Begriff der Flexibilität zentral: Im Zentrum steht das individuelle Generieren von Lösungen und Bearbeitungswegen, d. h. die *Fähigkeit, sich neuen Anforderungen in Aufgaben anpassen zu können und flexibel auf diese reagieren zu können* und nicht die Auswahl der für die jeweilige Aufgabe geeignetsten *fertigen* Strategie. So könnte man hier auch von Flexibilität im Sinne von *Kreativität* (Modifizierung alter und Erfindung neuer Strategien) sprechen (vgl. Selter 2009). Für die vorliegende Arbeit sind somit auch operative Vorgehensweisen zentral: Durch operatives Variieren und Verändern einzelner Komponenten und das Untersuchen der Konsequenzen dieser Vorgehensweisen wird die Lösung der Aufgabe im Prozess individuell generiert (vgl. Abschnitt 1.8).

Damit grenzt sich das hier verfolgte Verständnis von einer Konzeptualisierung ab, in der als wesentliches Kriterium für Flexibilität die *Adaptivität* genannt wird (z. B. Verschaffel et al. 2009): Bei der Adaptivität steht die Angemessenheit der gewählten Strategien im Hinblick auf Aufgabenmerkmale (z. B. die Art der verwendeten Zahlen) im Vordergrund. Flexibilität äußert sich hier in der Auswahl der für die jeweilige Aufgabe geeignetsten und geschicktesten Strategie. So sehen Marxer / Wittmann (2011) etwa die Förderung eines Zahlenblicks als Grundlegung für das Rechnen mit Brüchen an: Anstelle des Abspulens eines Kalküls betonen die Autoren „das Erkennen und Bewerten der jeweils spezifischen Zahleigenschaften und Zahlbeziehungen einer Aufgabe im Hinblick darauf, ob sie für die Lösung hilfreich sein können" (Marxer / Wittmann 2011, S. 28) sowie die Auswahl von auf diese Zahleigenschaften ausgerichteten Rechenverfahren.

In Abgrenzung vom Konzept der Adaptivität mit seinem Fokus auf Einzelmerkmale von Aufgaben wird in dieser Arbeit der Fokus vorrangig auf Strukturen gelegt: Es steht nicht die aus den Merkmalen der einzelnen Aufgabe resultierende Auswahl fertiger Strategien durch Lernende im Mittelpunkt. Vielmehr liegt der Schwerpunkt auf *dem (prozesshaften) Herstellen von Zusammenhängen* zwischen Teil, Anteil und Ganzem in verschiedenen Konstellationen und mit verschiedenen Qualitäten des Ganzen, wobei das *„Wie?"* des Herstellens von Zusammenhängen entscheidend ist.

1.4.2 Im Fokus: Zusammenhänge von Teil, Anteil und Ganzem

Die präskriptiv aus der Rückschau formulierten Grundvorstellungen sollen die für einen mathematischen Gegenstand grundlegenden Vorstellungen erfassen, die Lernende erwerben und aktivieren sollen: Verfügen Lernende über Grundvorstellungen zu Brüchen und Operationen und können sie diese angemessen auswählen und anwenden, so wird ihnen Kompetenz im Umgang mit Brüchen zugesprochen.

Die Analyse der Grundvorstellungen macht jedoch deutlich, dass diese bereits Konzeptualisierungen und Deutungen komplexer und facettenreicher Zusammenhänge darstellen (Abschnitte 1.2.2 – 1.2.4). Sollen Grundvorstellungen situationsangemessen ausgewählt und angewendet werden, so müssen vielfältige Aspekte berücksichtigt werden: Die Zusammenhänge zwischen Teil, Anteil und Ganzem, die in den Grundvorstellungen auf eine spezifische Art und Weise bereits konzeptualisiert sind, müssen von Lernenden in der zu bearbeitenden Situation zunächst identifiziert werden. Das bedeutet einerseits, dass das Verfügen über eine konkrete Grundvorstellung das Wissen um konkrete Zusammenhänge zwischen Teil, Anteil und Ganzem und deren Nutzung impliziert. Andererseits ergeben sich Grundvorstellungen (als jeweils spezifische Konzeptualisierungen von Zusammenhängen) durch deren Verständnis und Nutzung.

Damit rückt für den flexiblen Umgang mit Brüchen der Umgang mit Teil, Anteil und Ganzem ins Zentrum und muss sowohl für Schülerinnen und Schüler als auch im Hinblick auf die Analyse ihrer Bearbeitungswege operationalisiert und elementarisiert werden (vgl. Abb. 1-10): Für das Herstellen von Zusammenhängen zwischen Teil, Anteil und Ganzem sind zunächst die Identifikation und Beschaffenheit des Ganzen (z. B. kontinuierlich oder diskret; vgl. Abschnitt 1.5) als übergreifende Aspekte entscheidend, denn diese können bestimmte Strategien für Lernende näher legen oder aber auch unbrauchbar machen. Darüber hinaus ist die Art der Zusammenhänge entscheidend: Ob nun der Teil gesucht wird oder das Ganze, ist für die Art der Strukturierung der Zusammenhänge entscheidend; hier umfassen Grundvorstellungen mehrere Sichtweisen auf eine Situation in einer komplexen Konzeptualisierung, indem sie stets alle drei Komponenten Teil, Anteil und Ganzes gemeinsam und aufeinander bezogen darstellen. Operative Vorgehensweisen ermöglichen als Zugang Einblicke in die Variabilität von Strukturen. Das Bilden und Umbilden von Einheiten ist schließlich Ausdruck des konkreten Herstellens von Zusammenhängen zwischen Teil, Anteil und Ganzem und verweist auf die den Rechenverfahren zugrunde liegenden Strukturen.

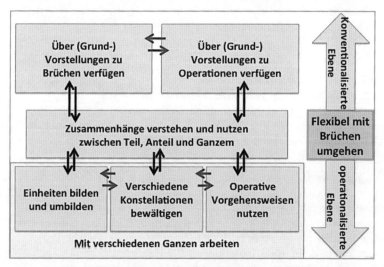

Abb. 1-10: Facetten des flexiblen Umgangs mit Brüchen

Das Verstehen und Nutzen der Zusammenhänge wird in der vorliegenden Arbeit somit operationalisiert durch die Fähigkeit, *verschiedene Konstellationen zu bewältigen, operativ vorzugehen bzw. Einheiten zu bilden und umzubilden.* Dabei schärft sich wiederum das Verstehen und Nutzen der Zusammenhänge für Lernende durch diese Tätigkeiten aus (vgl. die Pfeile in Abbildung 1-10).

1.5 Mit verschiedenen Ganzen arbeiten

In diesem Abschnitt wird das Arbeiten mit dem Ganzen als ein übergreifender Aspekt eines flexiblen Umgangs mit Brüchen dargestellt: Das Ganze ist selbst ein zu klärendes fachliches Konzept; sollen Zusammenhänge zwischen Teil, Anteil und Ganzem hergestellt werden, so ist zunächst die Identifikation und Interpretation des (richtigen) Ganzen essentiell, denn Anteil und Teil beziehen sich auf das Ganze.

Grundvorstellungen erfassen die Qualität des Ganzen oft nur indirekt und lassen sie zu einem gewissen Grad offen (s. a. Malle 2004, S. 4). Darüber hinaus können sich auch Zwischenformen des Ganzen ergeben, die sich nicht immer eindeutig einer Grundvorstellung zuordnen lassen. So kann z. B. das Ganze im Zusammenhang mit der Grundvorstellung vom Teil eines Ganzen ein kontinuierliches, d. h. zusammenhängendes Ganzes, wie ein ungeschnittener Kuchen sein. Es kann allerdings auch ein bereits strukturiertes flächiges Ganzes sein, wie etwa ein geschnittener Kuchen, bei dem die einzelnen Stücke zusammen das Ganze bilden. Im letzten Fall ist die Interpretation des Ganzen grundsätzlich mehrdeutig und kann je nach Interpretation (Blick auf den Kuchen versus Blick auf die Stücke) verschiedene Bearbeitungswege für Lernende nahelegen (vgl. Abschnitt 1.5.2).

Im Folgenden wird sowohl auf die Bedeutung des Ganzen als Bezugsgröße für Teil und Anteil als auch auf dessen Qualität und die damit verbundene Auswahl geeigneter Bearbeitungswege eingegangen. Darüber hinaus werden Schwierigkeiten von Lernenden im Hinblick auf den Umgang mit dem Ganzen dargestellt.

Dieser Abschnitt ist nicht Ausgangspunkt, sondern Zwischenprodukt der empirischen Untersuchungen, der für eine bessere Lesbarkeit dennoch an den Anfang gestellt wird. Die Darstellung wird durch aus der Literatur referierte Befunde zum Ganzen gestützt und mit Beobachtungen aus der eigenen Empirie (vgl. Kap. 3-8) vorgreifend konkretisiert, um das Anliegen deutlich zu machen.

1.5.1 Die Bedeutung des Ganzen als Bezugsgröße

Für das Verständnis von Brüchen ist das Erfassen von Relationen zentral (vgl. Abschnitt 1.2.3): Der Anteil drückt einen multiplikativen Zusammenhang zwischen Teil und Ganzem aus. Umgekehrt muss jeder Anteil, wenn er inhaltlich gedeutet werden soll, auf ein geeignetes Ganzes bezogen und interpretiert werden. Dieses Ganze ist als Bezugsgröße nicht beliebig und muss aus dem jeweiligen Bearbeitungskontext erschlossen werden, denn mit dem Bezug auf ein spezifisches Ganzes ergibt sich jeweils ein spezifischer Teil bzw. Anteil:

„One of the most critical understandings in the fraction world is that the numerical symbol (1/3, for example) can represent different amounts, depending on what the unit or the unit whole happens to be. How many or how much is meant by 1/3 is ambiguous unless we know (among other things) to which whole it refers. The notions of unitizing and norming play a major role in the development of the fraction concept. [...] The ability to reinterpret information in terms of different unit wholes – sometimes several times within the same situation – appears to be essential to understanding ratios."
(Lamon 1994, S. 97 f.)

Lamon spricht hier die notwendige Flexibilität im Interpretieren von Strukturen an. So muss stets geprüft werden, welches Ganze das in der jeweiligen Situation geeignete ist: 1/3 von 60 ergibt einen ganz anderen Teil als 1/3 von 30. Solange kein Bezug zu einem Ganzen hergestellt wird, bleibt die Interpretation des Anteils zunächst uneindeutig.

Die Bezugsgröße oder das Ganze erhalten ihre Bedeutung damit sowohl beim Bestimmen des Teils vom Ganzen als auch in komplexeren Situationen, so z. B. beim Addieren oder Multiplizieren: Beim Addieren zweier Brüche muss zunächst ein gemeinsamer Nenner gefunden werden. Inhaltlich steckt in dem Gleichnamigmachen der Brüche der Rückbezug auf dasselbe Ganze. Beim Multiplizieren wechselt das Ganze sogar mehrmals: Bestimmt man 1/2 von einer 3/4 Schokolade, so bezieht sich der Anteil 3/4 auf die gesamte Schokolade. Der Anteil 1/2 bezieht sich auf den Anteil 3/4. Das Ergebnis 3/8 bezieht sich allerdings nicht auf 3/4 der Schokolade, sondern wieder auf die gesamte Schokolade. (s. a. Mack 2000, S. 309). Für die Kenntnis der Multiplikation von Brüchen ist daher das Erkennen des Ganzen zentral (Mack 2000) und stellt die Anforderung, stets den Überblick über verschiedene Ganze zu behalten.

In der Bedeutung des Ganzen als Bezugsgröße äußert sich die Dynamik der Zusammenhänge zwischen Teil, Anteil und Ganzem: Die Veränderung des Ganzen hat immer eine Auswirkung auf den Teil bzw. den Anteil. Wird das Ganze größer und bleibt der Anteil gleich, so wird der entsprechende Teil auch größer etc. (vgl. auch Abschnitt 1.7.1).

1.5.2 Mit verschiedenen Qualitäten des Ganzen arbeiten

In Abschnitt 1.2 wurde bei der Darstellung der Grundvorstellungen für Brüche bereits darauf hingewiesen, dass diese als Konstrukte aus der Rückschauperspek-

1.5 Mit verschiedenen Ganzen arbeiten

tive selbst vielfältige Vorstellungen vereinen. Das bedeutet, dass sie bereits eine Vergröberung bzw. Zusammenfassung vielfältiger Interpretationen eines (mathematischen) Inhaltsbereichs darstellen. Die Empirie hat dagegen gezeigt, dass individuelle Vorstellungen, die z. T. auch fachlich nicht tragfähige Aspekte umfassen können, viel breiter sein können: So verfügen viele Lernende bereits in Bezug auf das Ganze über vielfältige Vorstellungen. Dabei ist ein Wechsel zwischen diesen für Schülerinnen und Schüler nicht immer selbstverständlich. So können unter anderem bestimmte Formen des Ganzen z. B. auch für manche Lernende bestimmte Sichtweisen näher legen, während andere Qualitäten vom Ganzen sie auch in ihrer Lösungsfindung behindern können (s. Kapitel 5 bis 8 der vorliegenden Arbeit).

Damit wird ein verfeinerter Blick auf die Grundvorstellungen notwendig: Zum einen sind sie in ihrer Komplexität für Lernende teilweise schwer erfassbar, zum anderen ermöglicht der ausdifferenzierte Blick eine feinere Analyse der Vorgehensweisen von Lernenden in Abhängigkeit verschiedener Ganzer.

Im Folgenden werden die in Abschnitt 1.2.3 dargestellten Grundvorstellungen *Relativer Anteil / Multiplikative Teil-Ganzes-Relation* und *Teil eines Ganzen* im Hinblick auf Bedeutungsnuancen und Interpretationsspielräume hin konkretisiert bzw. ausdifferenziert, wobei kein Anspruch auf Vollständigkeit der Darstellung erhoben wird. Andere Ausdifferenzierungen von Vorstellungen zu Brüchen auch z. T. unter Berücksichtigung des Ganzen findet man z. B. bei Lamon (1996), S. 174 und Neumann (1997).

Als eine wichtige Unterscheidung der Qualität des Ganzen kann die Art der Zusammensetzung gesehen werden: kontinuierlich (flächig oder linear) oder diskret bzw. Mischformen. So stellt das *kontinuierliche* Ganze eine Einheit dar, die ohne Aufbrechen dieser Einheit nicht in Teile oder Teilmengen zerlegbar ist. Ein typisches Beispiel für ein solches Ganzes ist ein Kuchen (vgl. Tab. 1-2): Dabei ist der Kuchen ein *flächiges Ganzes* und eine im Unterricht häufig genutzte Repräsentation (neben dem Rechteck). Die Strecke ist hingegen ein *lineares Modell* für ein Ganzes (Es kann auch noch ein räumliches Ganzes geben, jedoch wird dieses hier nicht weiter ausgeführt, da es z. T. in bildlicher Darstellung von Lernenden nicht als dreidimensional gedeutet wird; s. a. Neumann 1997.). Beide aufgeführten Beispiele sind Varianten des Teils eines Ganzen.

Für den *Teil eines diskreten Ganzen* lassen sich ebenfalls verschiedene Bedeutungsnuancen unterscheiden (vgl. Tab. 1-3): Hier stellt das Ganze zwar ebenfalls eine Einheit dar, auf die sich der Anteil bezieht, es besteht aber selbst wiederum aus mehreren gleichartigen Einheiten, die nicht erst durch einen Zerteilungsvorgang geschaffen werden. Es ist also *diskret bzw. eine Menge*. Damit ist das Ganze strenggenommen keine physische Einheit (d. h. „ganz"), sondern eine Vereinigung kleinerer Einheiten. Ein typisches Beispiel ist eine Menge Bonbons.

Teil eines kontinuierlichen Ganzen		
Teil von einem flächigen Ganzen		
	Ganzes:	Kontinuierlich; 1; Bekannt
	Beispiel:	2/3 von 1 Kuchen
Teil von einer Strecke		
	Ganzes:	Kontinuierlich; 1; Bekannt
	Beispiel:	2/3 von 1 Stab

Tabelle 1-2: Teil eines kontinuierlichen Ganzen

Teil eines diskreten Ganzen		
Multiplikative Teil-Ganzes-Relation I (Relativer Anteil)		
	Ganzes:	Diskret; Vielfaches vom Nenner; Bekannt
	Beispiel:	2/3 von 9 Bonbons
Multiplikative Teil-Ganzes-Relation II (abgeschlossenes Teil-Ganzes-System)		
	Ganzes:	Diskret; Entspricht genau dem Nenner (deswegen abgeschlossen); Bekannt
	Beispiel:	2/3 von 3 Bonbons bzw. 2 von genau 3 Bonbons
Quote		
	Ganzes:	Diskret; Unbekannt
	Beispiel:	Immer 2 von 3

Tabelle 1-3: Teil eines diskreten Ganzen

Während bei der *Multiplikativen Teil-Ganzes-Relation I* das Ganze zwar diskret, aber größer als die Zahl im Nenner des Anteils ist (vgl. *Relativer Anteil* in Abschnitt 1.2.3), ist bei der *Multiplikativen Teil-Ganzes-Relation II* das Ganze auf den Nenner des Anteils eingeschränkt: Der Nenner gibt an, aus wie vielen Teilen das Ganze besteht. Deshalb ist das Ganze „abgeschlossen" (vgl. auch die Bezeichnung „*absoluter Anteil*" bei Malle 2004). Im Fall der *Quote* ist das Ganze unbestimmt: Es ergibt sich als Vervielfachung der Beziehung „2 von 3". So ist

1.5 Mit verschiedenen Ganzen arbeiten

das Ganze ein Vielfaches des Nenners und der Teil ein entsprechendes Vielfaches des Zählers (z. B. bei Hochrechnungen; vgl. auch Malle 2004). Schwierigkeiten können sich bei den letzten beiden Vorstellungen ergeben, wenn Lernende auf ihrer Grundlage z. B. addieren: Aus dieser Perspektive lässt sich u. U. der Fehler 3/4 + 2/3 = 5/7 inhaltlich erklären (vgl. Malle 2004 und Peck / Jencks 1981).

Teil mehrerer kontinuierlicher Ganzer		
	Ganzes:	Mehrere kontinuierliche Ganze; >1; Bekannt
	Beispiel:	2/3 von 2 Kuchen
	Ganzes:	Kontinuierlich; 1; Bekannt
	Beispiel:	(2/3 von 2 Kuchen) bezogen auf 1 Kuchen (= 4/3 von 1 Kuchen)
Teil eines kontinuierlichen strukturierten Ganzen		
	Ganzes:	Kontinuierlich, strukturiert; 1; Bekannt
	Beispiel:	2/3 von 1 Kuchen
	Ganzes:	Kontinuierlich, strukturiert; >1; Bekannt
	Beispiel:	2/3 von 12 Kuchenstücken
Teil mehrerer diskreter Ganzer		
	Ganzes:	Diskret in kontinuierlicher Fassung; Kein Vielfaches vom Nenner; Bekannt
	Beispiel:	2/3 von 7 Bonbons (= 4 Bonbons und 2/3 von 1 Bonbon)
	Ganzes:	Diskret in kontinuierlicher Fassung
	Beispiel:	2/3 von einer Bonbontüte

Tabelle 1-4: Mischformen – Es kommt auf den Fokus des Betrachters an

Zwischen diskreten und kontinuierlichen Ganzen (Tab. 1-3 bzw. 1-2) gibt es Übergänge (vgl. Greer 1992, S. 279). Die Darstellungen in Tabelle 1-4 stellen solche Zwischenformen dar und sind potenziell mehrdeutig: Beim *Anteil mehre-*

rer flächiger Ganzer besteht diese Mehrdeutigkeit in der Interpretation beider geometrischer Formen als ein Ganzes zusammen oder als zwei getrennte Ganze.

Im Fall des *kontinuierlichen strukturierten Ganzen* besteht die Mehrdeutigkeit in der möglichen Fokussierung auf zwei Eigenschaften des geometrischen Objekts: Zum einen kann die äußere Form als entscheidend angesehen werden. Dann wird der Teil von einem Ganzen bestimmt. Zum anderen kann aber auch die interne Aufteilung / Strukturierung als relevantes Merkmal fokussiert werden. Damit „zerfällt" das kontinuierliche Kreisganze in eine diskrete Vereinigung einzelner Stücke.

Der *Teil mehrerer diskreter Ganzer* ist ebenfalls eine Symbiose aus diskretem und kontinuierlichem Ganzen: Ist das Ganze, von dem ein Anteil bestimmt werden soll, kein Vielfaches vom Nenner eines Repräsentanten des Anteils, d. h. können die einzelnen diskreten Stücke nicht restlos in einzelne Teilmengen des Ganzen zerlegt werden, so müssen die übrig bleibenden Stücke selbst zerteilt werden. Damit wird allerdings unter die eigentlich vorgegebene kleinste Einheit gegangen, d. h. die diskrete kleinste Einheit wird in gewisser Weise als kontinuierlich behandelt.

Im zweiten Beispiel des Teils mehrerer diskreter Ganzer besteht das Ganze aus einer kontinuierlichen Einheit, die allerdings diskret aufgebrochen werden kann. Der Unterschied zum Anteil von einem strukturierten kontinuierlichem Ganzen besteht dabei darin, dass die kontinuierliche Struktur die diskrete überlagert.

Besonderheiten der Zusammenhänge

In Bezug auf die Qualitäten und den Zusammenhang von Teil und Ganzem lässt sich Folgendes feststellen: Geht man von einem Teil aus, so stellt sich die Schwierigkeit, dass ein kontinuierlicher Teil z. B. kein kontinuierliches Ganzes erzeugen muss. So ist etwa ein Kuchenstück ein kontinuierlicher (flächiger) Teil, da es eine zusammenhängende Einheit darstellt, die auch noch weiter unterteilt werden könnte. Durch das Zusammenfügen mehrerer solcher Stücke entsteht dann ein kontinuierliches *strukturiertes* Ganzes, bei dem die einzelnen Stücke zusammen keine zusammenhängende Einheit ergeben.

Neben dem hier geschilderten Übergang zwischen verschiedenen Qualitäten, ergeben sich in der Praxis viele weitere (so kann etwa ein numerisch repräsentiertes Ganzes auch inhaltlich gedeutet werden; z. B. „2" als „2 Pizzen" oder „2 Bonbons"). Dabei sind sie für Lernende z. T. mit bestimmten Lösungswegen verbunden, bzw. Lernende nehmen hier auch z. T. Umdeutungen vor (s. Kapitel 7).

1.5.3 Schwierigkeiten mit dem Ganzen

Das Ganze ist für das Umgehen mit Brüchen zentral (siehe z. B. Lamon 1994, Mack 2000). Empirische Studien zeigen, dass gerade im Zusammenhang mit der Wahl und Interpretation eines geeigneten Ganzen für Lernende Schwierigkeiten entstehen können. Dabei ist die Beschäftigung mit dem Ganzen in der fachdidaktischen und empirischen Forschung kein grundständig neues Thema: Neben dem Ganzen werden auch die Bedeutung des relativen Anteils und das Operieren mit Einheiten als wichtige Voraussetzungen für einen verständigen und flexiblen Umgang mit Brüchen gesehen (vgl. z. B. Lamon 1996, Mack 2000).

In der eigenen Vorstudie erwiesen sich das inhaltliche Verständnis des Ganzen sowie dessen flexible Interpretation besonders eindringlich als wichtige Voraussetzungen für den Umgang mit Brüchen (vgl. Kapitel 3 und Schink 2008).

Auch in anderen Untersuchungen zeigen sich Schwierigkeiten im Zusammenhang mit dem Ganzen. In einer Studie von Prediger (2008b) erwies sich die Bezugnahme auf ein falsches Ganzes bzw. verschiedene Ganze als häufige Schwierigkeit bei der Formulierung geeigneter Rechengeschichten zu einer Additionsaufgabe: 20 von 269 Lernenden addierten so Teile verschiedener Ganzer (Prediger 2008b, S. 33; s. a. Tichá 2007). Diese Schwierigkeit lässt sich auch in bildlichen Darstellungen von Operationen finden (z. B. Peck / Jencks 1981, Malle / Huber 2004, Prediger 2008a). Beim Multiplizieren treten Schwierigkeiten bei der Interpretation des Ganzen durch den Wechsel der Bezugsgröße auf (s. a. Prediger / Schink 2009).

Im Hinblick auf bildliche Darstellungen bereitet das Identifizieren des Ganzen z. T. Probleme: So besteht eine potenzielle Verwechslungsgefahr im Hinblick auf die Position eines Bruchs als Zahl auf dem Zahlenstrahl und seiner Deutung als Anteil einer Strecke (Payne 1986, S. 54). Ähnliche Schwierigkeiten können sich für Lernende ergeben, wenn es um die bildliche Darstellung unechter Brüche geht (z. B. Nunes / Bryant 1996, Mack 1990).

Wenn das Ganze nicht gegeben ist, sondern aus den gegebenen Daten erschlossen werden soll (vgl. *Konstellation III* in Abschnitt 1.7), können sich ebenfalls Probleme für Lernende bei der Interpretation ergeben. In einer Studie von Hasemann (1986a) wurde den Schülerinnen und Schülern so folgende Aufgabe gestellt: „Auf einem Kindergeburtstag gab es Kuchen zu essen. 2/7 der angebotenen Kuchenstücke sind übrig geblieben, nämlich diese: ▼▼▼▼ Wie viele Kuchenstücke hatte die Mutter gekauft?" (Hasemann 1986a, S. 2; Kuchenstücke nachgebildet). Diese Aufgabe konnte von 13 % der teilnehmenden Hauptschülerinnen und -schüler richtig gelöst werden, wohingegen sie von jeweils 42 % der Lernenden falsch bzw. nicht bearbeitet wurde (ebd., S. 2; über die fehlenden 3 % wird nicht berichtet).

Dieser kurze Überblick zeigt bereits die enorme Vielfalt möglicher Schwierigkeiten im Zusammenhang mit der richtigen Strukturierung des Ganzen und der Zusammenhänge mit Teil und Anteil. Diese Schwierigkeiten sind partiell darauf zurück zu führen, dass die Vorstellungen zu den Beziehungen zwischen Teil, Anteil und Ganzem selbst jenseits der einzelnen Grundvorstellungen vielschichtig sind. Im folgenden Abschnitt wird mit dem Bilden und Umbilden von Einheiten auf eine erste Facette des flexiblen Umgangs mit Brüchen jenseits des übergreifenden Aspekts des Ganzen eingegangen.

1.6 Einheiten bilden und umbilden

Eine erste *Facette* eines flexiblen Umgangs mit Brüchen stellt das Bilden und Umbilden von Einheiten dar. Im vorangehenden Abschnitt wurde bereits die grundsätzliche Notwendigkeit im Umgang mit Brüchen dargestellt, Anteile im Hinblick auf ein jeweils spezifisches Ganzes hin zu interpretieren und zu nutzen. Dabei ist nicht nur dessen Qualität entscheidend für die Interpretation des Anteils, sondern auch seine Strukturierbarkeit durch den Anteil:

Den beiden in Abschnitt 1.2.3 dargestellten Grundvorstellungen *Teil vom Ganzen* und *Relativer Anteil / Multiplikative Teil-Ganzes-Relation* ist gemein, dass drei Komponenten aufeinander bezogen werden müssen. Das Ganze kann in Einheiten zerlegt werden – z. B. acht Pizzastücke, die jeweils 1/8 vom Ganzen sind. Fasst man jeweils zwei dieser Einheiten zusammen, so erhält man eine neue Einheit: Viertel. Auf diese Weise lässt sich die ganze Pizza *auf verschiedene Arten beschreiben*. Einheiten wiederum sind immer auf ein Ganzes – die Bezugsgröße – bezogen, denn sie beschreiben eine Zerlegung dieses Ganzen. So wird der Wert jeder Einheit durch das *Ganze* bestimmt, auf das sie sich bezieht (siehe auch Abschnitt 1.5.1). Dieser Forschungsstrang um das Interpretieren von Strukturen und Einheiten im Zusammenhang mit Brüchen wird international zwar verfolgt, aber in seiner Relevanz für den Umgang mit Brüchen bislang für die wissenschaftliche Diskussion in Deutschland kaum wahrgenommen.

Der Kontext für das Bilden und Umbilden von Einheiten und das Aufeinander-Beziehen sind Kernbestandteile des multiplikativen Denkens.

1.6.1 Multiplikatives Denken und multiplikative Situationen

In Abschnitt 1.2.3 wurde dargestellt, dass für Brüche das Teile-Ganzes-Schema der natürlichen Zahlen eine wesentliche Erweiterung erfährt: Das Arbeiten mit Brüchen erfordert es, nicht nur additive Zahlbezüge zu berücksichtigen, sondern auch relative Zahlbezüge zu nutzen und zu interpretieren. Diese Zahlbezüge sind grundlegend für das multiplikative Denken. Während in Abschnitt 1.2.3 die Bedeutung von relativen Bezügen zwischen Teil, Anteil und Ganzem im Zusam-

1.6 Einheiten bilden und umbilden

menhang mit der Erläuterung der Grundvorstellungen dargestellt wurde, werden in diesem Abschnitt die Art dieser Bezüge und deren Herstellung dargestellt.

Additives Denken und Argumentieren zeichnet sich dadurch aus, dass Situationen betrachtet werden, bei denen es immer um die Gesamtgröße bzw. Gesamtanzahl von Objekten bzw. die Anzahl von Teilen und deren Größe geht. Die genutzten Operationen sind Zusammenfügen, Hinzufügen, Wegnehmen oder Zerlegen (Nunes / Bryant 1996, S. 144; Lamon 2007). Mit diesen Operationen sind Schülerinnen und Schüler von den natürlichen Zahlen her vertraut (Lamon 2007).

Im Zusammenhang mit Brüchen wird demgegenüber die Bedeutung des *multiplikativen Denkens* hervorgehoben. Dieses unterscheidet sich vom additiven Denken dadurch, dass neue Zahlbedeutungen und -beziehungen sowie modellierbare Situationen in den Blick rücken (Nunes / Bryant 1996, S. 144 f., S. 199; siehe auch Lamon 2007, S. 650). Wichtige multiplikative Situationen sind die one-to-many correspondence und die many-to-many correspondence. Sie stellen die Grundlage für das Bilden von Einheiten dar (Nunes / Bryant 1996): Bei der one-to-many correspondence handelt es sich um die einfachste Form der multiplikativen Situationen. Hierbei besteht eine Beziehung zwischen zwei Mengen oder Einheiten, wobei die erste Einheit aus einem Objekt besteht, die zweite jedoch aus mehreren Objekten. Diese werden einander zugeordnet. Ein Beispiel für eine solche one-to-many correspondence ist z. B. „Ein Auto → vier Räder" (1-to-4 / 1 zu 4) (Nunes / Bryant 1996, S. 145). Dementsprechend besteht die many-to-many correspondence aus zwei Mengen, die einander zugeordnet werden. Diese Zuordnungen sind die Basis für Verhältnisse.

In multiplikativen Situationen muss die Beziehung zwischen zwei Mengen konstant sein: Beim Beispiel des Autos zeigt sich das dadurch, dass, wenn ein weiteres Auto hinzukommt, nicht nur ein Reifen hinzu kommt, sondern vier (Nunes / Bryant 1996, S. 145). Damit muss in Einheiten gedacht werden: Anders als bei additiven Situationen, bei denen auf beiden Seiten dieselbe Zahl hinzu kommt, wird hier das *Verhältnis* der beiden Mengen zueinander erhalten. Wenn etwa immer ein Autofahrer genau ein Auto besitzt, dann kommt mit jedem Autofahrer auch immer ein Auto hinzu (additive Situation). Gleichzeitig kommen aber mit jedem Auto nicht ein Reifen, sondern vier Reifen hinzu: Damit kann zu jeder Seite auch nur eine bestimmte Einheit dazu genommen werden; im Fall der Autos für die Räder Vielfache von vier und für die Autos entsprechende Vielfache von eins (Nunes / Bryant 1996, S. 145; s. a. Lamon 2007, S. 650 und Abb. 1-11). Eine neue Einheit entsteht: „Reifen pro Auto".

Während diese Art der Situationen und Zahlbeziehungen eher noch auf natürliche Zahlen bezogen sind, kommt mit dem Zerteilen eine neue Zahlbeziehung hinzu:

"There is a direct relation between total number of sweets and sweets per child but an inverse relation between number of children and sweets per child. Thus there are new relationships to be understood with sharing and successive splits which are not present in the one-to-many correspondence situation, where the ratio is fixed from the outset."
(Nunes / Bryant 1996, S. 150)

Diese Zahlbeziehung, die durch das Zerteilen hinzukommt, ist deswegen anders, weil sich die Richtung der Zusammenhänge ändert: Je mehr Kinder hinzu kommen und von derselben Bonbonanzahl essen, desto weniger Bonbons bekommt jedes einzelne Kind. Das bedeutet, die Zahl der Bonbons pro Kind ist vom Ganzen und von der Anzahl der Kinder abhängig. Bei der one-to-many correspondence ist diese Rate hingegen vorgegeben und unveränderlich: Z. B. pro Auto kommen immer vier Reifen hinzu.

Mit diesen neuen Zahlbeziehungen rücken auch neue Situationen und Tätigkeiten ins Zentrum (s. a. Nunes / Bryant 1996, S. 144 f.): Die Tätigkeiten, die man in diesem Zusammenhang durchführt, sind nicht mehr Zusammenfügen oder Auseinandernehmen (ebd.). Zu multiplikativen Konzepten gehören Messen, Kovariation, Denken in Relationen, Einheiten bilden und Normieren, Teilen und Vergleichen, „reasoning up and down" (z. B. wenn das Ganze nur implizit gegeben ist, auf Einheiten runterrechnen und diese nutzen; Lamon 2007, S. 648) und Interpretationen von rationalen Zahlen (Lamon 2007, S. 652; für weitere Auflistungen für multiplikatives Denken und multiplikative Situationen – auch in Bezug auf Zahlbereichserweiterungen – s. a. Nunes / Bryant 1996, S. 144 f., Greer 1992, Greer 1994, Vergnaud 1994).

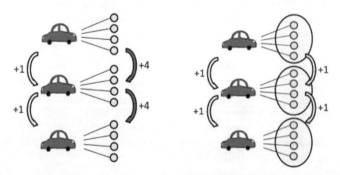

Abb. 1-11: One-to-many: immer ein Auto, vier Räder (nach Nunes / Bryant 1996)

Somit ist das *Multiplikative Denken* eng verbunden mit dem Bilden und Umbilden von Einheiten: Während Additives Denken in Bezug auf Mengen Zu- oder

Abnahmen beschreibt, betont das Multiplikative Denken Mengenvergleiche und Relationen.

1.6.2 Einheiten nutzen: Bilden und Umbilden von Einheiten

Für natürliche Zahlen sind Zählaktivitäten bei diskreten Objekten und Messaktivitäten bei kontinuierlichen Größen grundlegend (Greer 1992, S. 277): Haben Kinder eine Vorstellung von natürlichen Zahlen als Mengen (kardinales Zahlverständnis) entwickelt, so können sie auch Mengen in einzelne Teilmengen zerlegen, Zahlzerlegungen vornehmen und Mengen bilden (vgl. Fritz et al. 2009, S. 18; s. a. Steffe 1988). In den Abschnitten 1.2.3 und 1.6.1 wurde bereits dargestellt, inwiefern das Teil-Ganzes-Schema als Grundlage für das Verständnis von Mengenbeziehungen und Zerlegungen wichtig ist (s. a. Weißhaupt / Peucker 2009). Die Bedeutung des Teil-Ganzes-Schemas ergibt sich für die Brüche im Kontext multiplikativer Zusammenhänge (vgl. Abschnitt 1.6.1).

Das Wissen um Zerlegungen erlaubt es, Mengen über ihre Zerlegungen neu zu beschreiben, indem die so entstehenden Teilmengen als Einheiten zur Beschreibung der ursprünglichen Menge festgelegt werden („unitizing"). Lamon (1996) nennt in diesem Zusammenhang das Beispiel der Cola-Dosen: Wenn man eine Packung Cola mit 24 Cola-Dosen kauft, so kann jede einzelne Dose als eine Einheit verstanden werden. Die Menge Cola besteht dann aus 24 Einheiten, die jeweils durch eine Dose repräsentiert werden. Dabei ist die einzelne Dose die einfachste mögliche Einheit zur Beschreibung des 24er-Packs. Die 24 Cola-Dosen können aber auch in zwei Zwölferpacks gekauft werden. Mit den Zwölferpacks hat man eine neue Einheit geschaffen, mit der man die Menge der 24 Cola-Dosen beschreiben kann: Ein 24er-Pack besteht aus zwei Zwölferpacks. Neben den Zwölferpacks sind noch weitere Packungsgrößen denkbar, wie z. B. Sechserpacks. Damit wird die Cola beschreibbar als zusammengesetzt aus vier Sechserpacks (s. Lamon 1996, S. 171).

Die hier genutzten Einheiten unterscheiden sich voneinander. Während die einzelne Dose nicht in weitere Dosen zerlegbar ist, sind die unterschiedlichen Packungsgrößen jeweils selbst weiter zerlegbar – sowohl in einzelne Dosen als auch in kleinere Packungen: Ein Sechserpack besteht aus sechs einzelnen Dosen oder z. B. zwei Dreierpacks.

Im Fall der einzelnen Cola-Dose wird von einer Einheit „Eins" (singleton unit) gesprochen und im Fall der einzelnen Packungen von zusammengesetzten Einheiten (composite units). Dabei ist eine composite unit „a unit that itself is composed of units" (Steffe 1994, S. 15; neben diesen Einheiten werden noch weitere unterschieden, auf die hier im Einzelnen nicht weiter eingegangen wird).

Das Herstellen und Nutzen von Einheiten wird als wichtig für den Erwerb weiterer mathematischer Konzepte erachtet und als mögliches Bindeglied zwischen ganzen Zahlen und Brüchen gesehen (Behr et al. 1992, Kieren 1993, Lamon 1994, Lamon 1996, Alexander 1997):

„The ability to construct a reference unit or a unit whole, and then to reinterpret a situation in terms of that unit, appears critical to the development of increasingly sophisticated mathematical ideas. This process, which begins in early childhood [...] involves the progressive composition of units to form increasingly complex quantity structures." (Lamon 1994, S. 92)

So ist die Identifikation des Ganzen und dessen Strukturierung fundamental für den Umgang mit Brüchen (siehe auch Abschnitt 1.5.1).

Im Zusammenhang mit Einheiten und dem Beschreiben von Mengen durch ihre Zerlegungen, kommt auch dem Messen eine wichtige Bedeutung zu: Geht man mit kontinuierlichen Größen um, d. h. Größen, die selbst nicht aus kleineren Einheiten bestehen, so können diese durch Ausmessen mit einer anderen Größe charakterisiert werden. Dabei kann man dieselbe Größe durch unterschiedliche Maße ausdrücken: So gibt es z. B. verschiedene Längenmaße wie Inch, Meter, Zoll oder Feet. Dabei dient das Maß auch als eine strukturierende Einheit und schafft damit eine Verbindung zum Einheitenbilden (Lamon 2007, S. 651).

Zerlegen und Ausmessen sind Tätigkeiten, die sich von den natürlichen Zahlen auf die Brüche übertragen lassen. Die Bedeutung des Zerlegens oder Verteilens einer Einheit oder eines Ganzen wird für das Verständnis von Brüchen und ihrer Operationen von einigen Wissenschaftlern als grundlegend erachtet (z. B. Streefland 1991, Alexander 1997, Lamon 2007).

Einen Anteil von einem Ganzen (wie z. B. einem Kuchen) zu nehmen bedeutet, dass man dieses Ganze in mehrere gleich große Stücke oder Mengen unterteilt und von diesen Stücken oder Mengen eine bestimmte Anzahl nimmt (s. Abschnitt 1.2.3). Der Anteil drückt dabei die Beziehung zwischen dem Teil und dem Ganzen aus: Mit dem Anteil 1/3 kann man einen ganzen Kuchen „ausmessen". Andererseits kann man aber auch einen Anteil des Kuchens durch einen kleineren oder auch größeren Anteil beschreiben: 1/3 Kuchen ist die Hälfte von 2/3 Kuchen und das Doppelte von 1/6 Kuchen (wenn immer auf denselben Kuchen Bezug genommen wird). Eine Schwierigkeit, die im Zuge des Messens auftreten kann, ist dabei die Verwechslung von Maß und zu Messendem (z. B. Alexander 1997). Darüber hinaus ist grundlegend, dass das Maß erhalten bleibt (manche Kinder teilen z. B. Ganze ungleichmäßig auf, s. Abschnitt 1.3.3).

Empirische Studien untersuchen diese Teilungs-, Einheitenbildungs- und Messprozesse von Schülerinnen und Schülern auch im Übergang von natürlichen Zahlen zu Brüchen (z. B. Alexander 1997). So verfügen Lernende z. T. im Zusammenhang mit Brüchen bereits im Vorfeld über informelles Wissen zu Zerteilungen (z. B. Mack 1990; in ihrer Untersuchung nutzten die Lernenden Untertei-

1.6 Einheiten bilden und umbilden

lungen, referierten dann aber eher auf die Anzahl der so entstehenden Teile und nicht auf deren Größe).

Mit dem Bilden und Umbilden von Einheiten und dem Ausmessen mit verschiedenen Maßen stehen Strukturen und Zusammenhänge im Zentrum. Entscheidend ist dabei, dass Einheiten immer in Relation zu einer Bezugsgröße gesehen werden müssen: *Flexible Umstrukturierungen und Interpretationen von Teilen und Anteilen haben für den Umgang mit dem Ganzen eine große Bedeutung.* Beim Bilden und Umbilden von Einheiten wird das Ganze auf immer neue Art und Weise als Zusammensetzung dieser Einheiten beschrieben: Bei dem eingangs erwähnten Cola-Beispiel wurde das 24er-Pack mit Dosen in verschiedene Einheiten zerlegt und damit durch verschiedene Arten von Zerlegungen beschreibbar gemacht. Umgekehrt *muss die einzelne Einheit aber auch in Bezug auf verschiedene Ganze beschrieben und gedeutet werden*: Das Sechserpack Cola kann zum einen als Teil des 24er-Packs gesehen werden, zum anderen aber auch als Teil des Zwölferpacks. Je nachdem, zu welcher Packungsgröße man das Sechserpack in Beziehung setzt, ändert sich seine Beziehung zum Ganzen: In Bezug auf das 24er-Pack ist das Sechserpack 1/4, denn vier solcher Packungen ergeben zusammen 24 Dosen. In Bezug auf das Zwölferpack ist es jedoch 1/2.

Dieses Beispiel zeigt eindringlich die komplexen Umdeutungen des Ganzen und dessen Strukturierung. Das Bilden und Umbilden von Einheiten erfordert damit einerseits Einsichten in das Funktionieren von Strukturen und eine gute Orientierung in den Zusammenhängen zwischen Teil, Anteil und Ganzem. Andererseits geht mit dem Umbilden und Interpretieren von Einheiten eine Durchdringung eben dieser Zusammenhänge einher.

Fazit

In diesem Abschnitt wurde das Bilden und Umbilden von Einheiten als eine Facette des hier beschriebenen flexiblen Umgangs mit Brüchen dargestellt. Dabei wird deutlich, dass das Bilden und Umbilden von Einheiten hohe Anforderungen in Bezug auf die Strukturierungsfähigkeit an Lernende stellt: Die Interpretation des Ganzen in Bezug auf die es erzeugenden Teile und die Interpretation der Teile und Anteile im Hinblick auf das Ganze wurden als grundlegende Voraussetzungen für den Umgang mit Brüchen herausgestellt.

Im folgenden Abschnitt wird das Bewältigen verschiedener Konstellationen als weitere Facette eines flexiblen Umgangs mit Brüchen dargestellt: Das Bilden und Umbilden von Einheiten ist stets auf einen konkreten Kontext und eine konkrete Situation bezogen, die durch die Konstellationen beschrieben werden können.

1.7 Verschiedene Konstellationen bewältigen

In Abschnitt 1.7 wird die zweite von drei Facetten eines flexiblen Umgangs mit Brüchen jenseits des übergreifenden Aspekts des Ganzen – das Umgehen mit Brüchen in verschiedenen Konstellationen – dargestellt: In dem in dieser Arbeit entwickelten Verständnis ist eine zweite Facette eines *flexiblen Umgangs mit Brüchen* erreicht, wenn Lernende die in Abschnitt 1.2 beschriebenen Zusammenhänge zwischen Teil, Anteil und Ganzem in unterschiedlichen *Konstellationen* herstellen können. Dabei bezeichnet Konstellation in dem hier zugrunde gelegten Verständnis eine *jeweils spezifische Perspektive auf die Zusammenhänge der drei Komponenten Teil, Anteil und Ganzes*, die strukturell eine Einheit bilden:

Ohne das Ganze gibt es weder Teil noch Anteil und umgekehrt.

Im Folgenden werden die drei Konstellationen dargestellt und beispielhaft konkretisiert.

1.7.1 Drei Konstellationen als Ausdruck von Zusammenhängen

Grundvorstellungen konzeptualisieren die Zusammenhänge zwischen Teil, Anteil und Ganzem. Meist werden sie jedoch so formuliert, dass die jeweilige Perspektive auf die Zusammenhänge nicht explizit thematisiert wird oder aber dass der Teil als die zu bestimmende Größe erscheint.

In Kontexten stoßen Lernende jedoch auch auf Konstellationen, bei denen z. B. das Ganze gar nicht vorgegeben ist, sondern aus Teil und Anteil rekonstruiert werden muss. Hier stehen sie vor der Schwierigkeit, aus diesen Angaben die geeignete Grundvorstellung zur Lösung zu finden, denn dazu müssen sie zunächst auch die Grundvorstellungen, die ihnen bekannt sind, problemangemessen umstrukturieren. Damit kann der Fokus auf eine einzige Sichtweise der Zusammenhänge zwischen Teil, Anteil und Ganzem die Lösungsfindung erschweren, wenn nicht sogar unmöglich machen. So stellt sich die Forderung, die Zusammenhänge nicht statisch aus einer Perspektive zu betrachten, sondern explizit verschiedene Perspektiven zu thematisieren. Damit wird mit den Konstellationen eine Schicht unter die Ebene der Grundvorstellungen gegangen, welche als Konstrukte das Zusammenspiel der drei Komponenten und damit die drei Perspektiven als größere Einheit umfassen.

Konstellationen stellen die möglichen Kombinationen der drei Komponenten Teil, Anteil und Ganzes dar, wenn jeweils zwei von diesen als Ausgangspunkt genommen werden. Für den Umgang mit Brüchen lassen sich damit drei mögliche Konstellationen unterscheiden:

1.7 Verschiedene Konstellationen bewältigen

Konstellation I: Ganzes und Anteil sind gegeben, der Teil ist gesucht.
Konstellation II: Ganzes und Teil sind gegeben, der Anteil ist gesucht.
Konstellation III: Teil und Anteil sind gegeben, das Ganze ist gesucht.

Der Fokus dieser Darstellung liegt damit auf der Strukturierung und den Zusammenhängen zwischen den drei Komponenten aus verschiedenen Perspektiven: Teil, Anteil und Ganzes sind aufeinander bezogen und stellen strukturell eine Einheit dar. Erst ihr Zusammenspiel ergibt die vollständige Situation: Ohne den Teil gibt es keinen Anteil und umgekehrt. Ohne das Ganze macht es wenig Sinn, von einem Teil zu reden. Ein Ganzes setzt sich aus Teilen zusammen bzw. lässt sich in Teile zerlegen. Anteile beziehen sich auf ein Ganzes.

Für die graphische Darstellung der strukturellen Zusammenhänge und Variationen der drei Komponenten Teil, Anteil und Ganzes wird, wenn eine konkrete Konstellation betrachtet wird, ein Dreieck gewählt. Dieses hat gegenüber einer linearen Darstellung den Vorteil, dass *alle Beziehungen* zwischen den drei Größen flexibel *in einer schematischen Abbildung* darstellbar sind. Darüber hinaus eignet sich diese Darstellung z. B. auch dazu, *operative Vorgehensweisen* (vgl. Abschnitt 1.8) in den Prozessen von Lernenden zu verdeutlichen, die an verschiedenen Ecken des Konstellationsdreiecks ansetzen können: Sie lassen sich mit Hilfe der Kanten und Pfeilrichtungen zwischen den Komponenten veranschaulichen.

Die gegebenen Komponenten werden durch eine fettgedruckte Kante miteinander verbunden dargestellt. Die Pfeilspitzen verweisen immer auf das unbekannte oder zu untersuchende Element (vgl. Abb. 1-12).

Zusammenhänge zwischen Konstellationen und operative Vorgehensweisen werden meist durch Folgen von Konstellationsdreiecken dargestellt. Konkrete Beispiele findet man in den Prozessanalysen der Interviews in den Kapiteln 7 und 8. Eine weitere Ergänzung erhält diese Darstellung dort und in der Sachanalyse der genutzten Aufgaben in Kapitel 2 durch das Hinzufügen von Bildern, welche die Art des betrachteten Ganzen, Teils oder Anteils verdeutlichen.

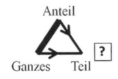

Abb. 1-12: Schematische Darstellung der *Konstellation I*

Zusammenfassung

Die drei Konstellationen stellen drei verschiedene, jeweils spezifische Sichtweisen oder Perspektiven auf die Zusammenhänge zwischen Teil, Anteil und Ganzem dar, die im Folgenden für den *Bruch als Teil eines Ganzen* und *Bruch als Relativer Anteil* – erläutert werden. Die hier zu jeder Konstellation gegebene beispielhafte inhaltliche Fragestellung soll als Erläuterung und Ausschärfung der Perspektiven für die Darstellung der Komplexität verstanden werden.

1.7.2 Teil eines Ganzen – Realisierung in drei Konstellationen

Das in Abschnitt 1.2.3 ohne den Blick auf verschiedene Konstellationen genutzte Beispiel wird im Folgenden erneut aufgegriffen, um die drei Perspektiven für den Bruch als Teil eines Ganzen herauszuarbeiten:

Auf einem Teller liegt ein Kuchen. Von diesem Kuchen bekommt Lea ein Stück, das 2/3 vom ganzen Kuchen ist (vgl. Abb. 1-13, Mitte).

Auf diese „Kuchensituation" können drei Perspektiven eingenommen werden, die hier als drei Konstellationen bezeichnet werden (vgl. Abb. 1-13 außen).

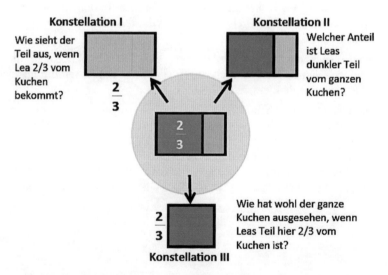

Abb. 1-13: Drei Konstellationen – drei Perspektiven: Teil eines Ganzen

1.7 Verschiedene Konstellationen bewältigen

Konstellation I: Ganzes und Anteil sind gegeben, der Teil ist gesucht.

Weiß Lea nur, wie der ganze Kuchen (Ganzes) aussieht und dass sie 2/3 von diesem Kuchen bekommt (Anteil), so kann sie sich dafür interessieren, *wie groß dieses Kuchenstück ist bzw. wie es aussieht (Teil).* Den Teil kann sie nun durch Ausnutzen der Zusammenhänge zwischen den Komponenten bestimmen: Der Kuchen muss in diesem Fall in drei Stücke geschnitten werden. Zwei davon zusammen genommen sind so groß wie der gesuchte Teil von Lea.

Hierbei ist die Zerlegung des Ganzen entscheidend: Einen Anteil nehmen bedeutet, dass man das Ganze zerlegt und sich dann für einen bestimmten Teil des Ganzen interessiert.

Konstellation II: Ganzes und Teil sind gegeben, der Anteil ist gesucht.

Ausgehend von dem Kuchen (Ganzes) und ihrem Teil kann Lea fragen, *welchen Anteil vom Kuchen sie damit eigentlich bekommen hat.* Den Anteil vom Kuchen erhält sie, indem sie sich überlegt,

- wie oft ihr Teil vollständig in den ganzen Kuchen (Ganzes) „passt". Ist eine solche Aufteilung möglich, so ist der Teil als Stammbruch-Anteil vom Ganzen beschreibbar.
- in welche gemeinsame Stückgröße man den ganzen Kuchen (Ganzes) und ihren Teil aufteilen kann und wie viele dieser Stücke zusammen so groß sind wie ihr Teil.

Damit wird der Fokus auf die Zusammenhänge zwischen Teil und Ganzem gelegt: Das Ganze setzt sich aus dem Teil und einem meist nicht weiter interessierenden Rest zusammen. Die multiplikative Beziehung zwischen Teil und Ganzem wird durch den Anteil ausgedrückt.

Konstellation III: Teil und Anteil sind gegeben, das Ganze ist gesucht.

Wenn Lea ein Kuchenstück bekommt (Teil) und weiß, dass dieses Stück 2/3 vom ursprünglichen Kuchen ist (Anteil), kann sie sich fragen, *wie groß der ganze Kuchen war bzw. wie er ausgesehen haben kann (Ganzes).*

Die Information, wie das Ganze ausgesehen haben mag, kann sie erhalten, wenn

- sie den Teil so oft nimmt und aneinander setzt, wie es der Nenner des Anteils vorgibt (Stammbruch-Anteil).
- sie den Teil in so viele Stücke gleicher Größe zerlegt, wie es der Zähler des Anteils vorgibt und immer eines dieser Stücke so oft aneinander legt, wie es der Nenner des Anteils vorgibt (Nicht-Stammbruch-Anteil).

Bei dieser Perspektive auf die Zusammenhänge zwischen Teil, Anteil und Ganzem wird somit nicht die Zerlegung des Ganzen bestimmt, sondern aus der Zerlegung des Ganzen auf dessen ursprünglichen Zustand geschlossen.

Diese drei Perspektiven auf eine Situation können grundsätzlich immer eingenommen werden. Dabei sind nicht stets alle drei Komponenten gleichzeitig vorgegeben, wie die Beispiele zeigen: Für welche der Perspektiven man sich gerade interessiert, hängt vom jeweiligen Kontext bzw. von der Problemstellung ab.

1.7.3 Relativer Anteil – Realisierung in drei Konstellationen

Beim Relativen Anteil besteht das Ganze nicht aus einem, sondern aus mehreren Objekten bzw. es wird durch eine Menge repräsentiert. Zur Erläuterung der verschiedenen Konstellationen für den Relativen Anteil soll das Beispiel aus Abschnitt 1.2.3 herangezogen werden:

> *In einer Schale liegen neun Bonbons. 2/3 von diesen Bonbons bekommt Tim; das sind sechs Bonbons (vgl. Abb. 1-14, Mitte).*

Nun sind wiederum verschiedene Konstellationen möglich, in denen nur Teilinformationen zu dieser „Bonbonsituation" bekannt sind und fehlende Informationen aus den gegebenen Komponenten erschlossen werden müssen.

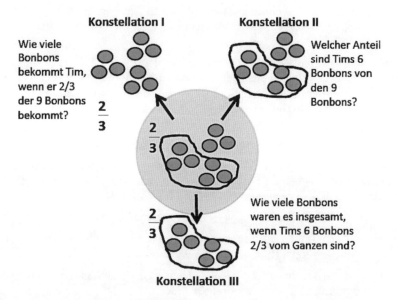

Abb. 1-14: Drei Konstellationen – drei Perspektiven: Relativer Anteil

1.7 Verschiedene Konstellationen bewältigen

Konstellation I: Ganzes und Anteil sind gegeben, der Teil ist gesucht.
Tim kennt die Anzahl aller Bonbons (neun, d. h. das Ganze) und den Anteil 2/3, den er von diesen Bonbons bekommt. Er will nun wissen, *wie viele Bonbons er nun genau bekommt (Teil)*. Diesen Teil kann er bestimmen, indem er die neun Bonbons (das Ganze) in drei Teilmengen (mit je drei Bonbons) zerlegt. Zwei dieser Mengen zusammen, also sechs Bonbons, ergeben den gesuchten Teil.

Konstellation II: Ganzes und Teil sind gegeben, der Anteil ist gesucht.
Die Anzahl aller Bonbons (neun, d. h. das Ganze) sind bekannt. Tim weiß auch, wie viele Bonbons er von diesen bekommt (sechs, d. h. der Teil). Nun interessiert er sich für den *Anteil seiner Bonbons von allen Bonbons (Anteil)*.

Diesen Anteil erhält er z. B., indem er eine gemeinsame Zerlegung beider Bonbonmengen (aller und seiner Bonbons) bestimmt. Die Anzahl, wie oft eine der so entstehenden Teilmengen in die Menge seiner Bonbons passt, wird ins Verhältnis zu der entsprechenden Anzahl der Teilmengen für alle Bonbons gesetzt und ergibt den Anteil. In diesem Fall können beide Bonbonmengen in Dreiergruppen zerlegt werden. Zwei dieser Mengen ergeben zusammen die Anzahl von Tims Bonbons; drei von ihnen ergeben zusammen die Anzahl aller Bonbons. Daher ist der gesuchte Anteil 2/3.

Konstellation III: Teil und Anteil sind gegeben, das Ganze ist gesucht.
Tim kennt die Anzahl seiner Bonbons (sechs, d. h. den Teil) und den Anteil, den diese vom Ganzen ausmachen (2/3). Nun will er wissen, wie viele Bonbons insgesamt da sind (Ganzes). Die Anzahl aller Bonbons (Ganzes) lässt sich bestimmen, indem die sechs Bonbons in zwei Gruppen aufgeteilt werden. Drei dieser Gruppen ergeben zusammen das Ganze.

1.7.4 Flexibel mit Konstellationen umgehen

Die drei Konstellationen zeichnen sich durch das Hervorheben einzelner der drei Komponenten aus und betonen deren Zusammenhang: Flexibilität zeichnet sich dadurch aus, dass die Konstellation und damit die relevanten Komponenten identifiziert und miteinander in Beziehung gesetzt werden können. Wenn man mit Konstellationen flexibel umgehen kann, kann man situativ entscheiden, welche die gesuchte Komponente ist und wie diese bestimmt werden kann (vgl. Abschnitt 1.4).

Die Problematik von (fehlender) Flexibilität im Umgang mit Konstellationen soll an zwei Beispielen aus der eigenen schriftlichen Erhebung zu Brüchen verdeutlicht werden.

Beispiel 1: Fehlende Flexibilität im Umgang mit Konstellationen

Janis (GeS_19) hat Teil 2a der Bonbonaufgabe im schriftlichen Test gut bearbeiten können (Abb. 1-15). In der Aufgabe soll die Anzahl gegessener Bonbons bestimmt werden (*Konstellation I:* Gegeben sind der Anteil 5/8 und das Ganze 16 Bonbons; gesucht ist der Teil). Janis hat dazu den Anteil erweitert und kann auch ein Bild zeichnen, welches das Ergebnis zeigt.

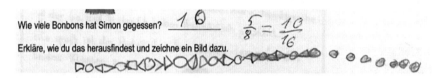

Abb. 1-15: Janis' (GeS_19) Lösung zur Bonbonaufgabe 2a

Im nächsten Aufgabenteil soll Janis nun das Ganze zu vorgegebenem Teil und Anteil bestimmen (*Konstellation III*: Der Teil sechs Bonbons und der Anteil 1/4 sind gegeben, gesucht ist das Ganze, d. h. die Gesamtmenge an Bonbons). Hier findet Janis – zumindest in der konkreten Testsituation – keine Lösung. Während Janis seine Irritation durch ein großes Fragezeichen festhält, nutzten andere Lernende, die an diesem Test teilnahmen, hier z. T. auch denselben Rechenweg wie in Teil 2a, differenzierten also anscheinend nicht zwischen den beiden unterschiedlichen Konstellationen.

Beispiel 2: Flexibilität im Umgang mit Konstellationen

Tino (GeS_72) hat bei derselben Aufgabe beide Teile tragfähig bearbeiten können. Er scheint in beiden Teilen die Idee zu nutzen, dass ein Anteil die Zerlegung eines Ganzen bewirken kann: *„Ich hab einen Kreis mit 8 Spalten gezeichnet, dann habe ich 5 Spalten ausgemalt. Es blieben noch 3 übrig. Jede Spalte bedeutet 2 Bonbons."* (2a) und *„Ich habe wieder einen Kreis gezeichnet und dann 4/4 eingezeichnet. 1/4 des Kreises sind 6 Bonbons. Dann hab ich 6 · 4 gerechnet, das ergibt dann 24."* (2b). Beide Antworten ergänzt er durch die Zeichnung eines Kreises, markiert die Anteile und identifiziert diese mit der entsprechenden Anzahl der Bonbons. Tino hat damit die beiden verschiedenen Konstellationen zwar mit derselben Idee gelöst (Nutzen einer flächigen, strukturierten Darstellung des Ganzen und Verteilung der Bonbons), passt diese aber den Bedingungen der jeweiligen Konstellation an.

Fazit: Flexibilität im Umgang mit Konstellationen

Die beiden Beispiele geben Hinweise darauf, dass für manche Lernende die verschiedenen Konstellationen als losgelöst voneinander erscheinen oder völlig andere Anforderungen darstellen können, bzw. dass die Strategien, über die Lernende verfügen, nicht immer auf andere Konstellationen übertragen werden können, so wie die Strategie von Tino: Wenn man den Teil von einem Ganzen bestimmen kann, so bedeutet das gleichzeitig nicht auch, dass man auch das Ganze zum Teil bestimmen kann.

Die Operationen, die beim Bearbeiten der drei Konstellationen genutzt werden müssen, sind in Aspekten z. T. komplementär. Die Umkehrung von Denkprozessen wird als Voraussetzung zum Erwerb von bestimmten Konzepten gesehen (Ramful / Olive 2008, S. 138). Ihr Einsatz im Unterricht wird zwar gefordert (für Beispiele siehe z. B. Grassmann 1993b, siehe auch Neumann 1997, S. 43, der die Bestimmung des Ganzen als einen Teilaspekt der Grundvorstellung Teil vom Ganzen nennt), allerdings kommt sie meist weniger häufig im Unterricht vor als das Bestimmen eines Teils zum Ganzen (was auch u. U. die zeitweilige Irritation der Schülerinnen und Schüler erklären kann). Ihr Einsatz kann allerdings dazu beitragen, über scheinbare Selbstverständlichkeiten zu reflektieren (siehe auch Kapitel 8; Einsatz als Diagnoseaufgabe ähnlich z. B. bei Peter-Koop / Specht 2011).

1.7.5 Zusammenhänge in und zwischen Konstellationen

Der Umgang mit Brüchen verlangt Flexibilität in der Bearbeitung und Durchdringung von Zusammenhängen, die erst in der Prozentrechnung systematisch erarbeitet werden: Die drei hier vorgestellten Konstellationen erhalten didaktische Aufmerksamkeit vor allem im Zusammenhang mit der Prozentrechnung, wo sie als drei Grundaufgaben bekannt sind (für eine Darstellung der Grundaufgaben vgl. z. B. Vollrath / Weigand 2007, S. 55). Die drei Komponenten Teil, Anteil und Ganzes heißen hier Prozentwert, Prozentsatz und Grundwert.

Z. T. wird auch in anderen Publikationen zur Bruchrechnung eine ähnliche Klassifizierung entlang dreier Komponenten vorgenommen (vgl. z. B. die *Grundaufgaben des Operatormodells* bei Neubert / Wölpert 1980; die entsprechenden Komponenten sind hier *Eingabe*, *Operator* und *Ausgabe*). Dabei werden die Grundaufgaben im Unterricht meist als jeweils eigenständiger Lernstoff, als *Aufgaben mit dazugehörigem (Standard-)Lösungsverfahren*, systematisch erarbeitet. Die einzelnen Grundaufgaben selbst stehen dabei allerdings meist isoliert nebeneinander und können damit für manche Lernende inhaltlich vollständig unterschiedliche Problemfelder darstellen.

Das hier entwickelte Verständnis eines flexiblen Umgangs mit Brüchen nutzt die Strukturierung in Konstellationen (auch für die Analyse der empirischen Daten), sieht diese jedoch als drei Perspektiven mit unterschiedlichen Schwerpunktsetzungen auf ein Phänomen: Wer flexibel mit Brüchen umgehen will, der muss auch Einsichten in Strukturen gewinnen und diese flexibel nutzen.

Inter- und Intra-Perspektive
Zwischen den Konstellationen kann auch bei Bedarf flexibel hin- und hergewechselt werden. Zu den drei „Reinformen" wird das Konstrukt der Konstellationen daher noch um eine zusätzliche Dimension erweitert: Neben den *Zusammenhängen zwischen den drei Komponenten Teil, Anteil und Ganzes innerhalb einer Konstellation (Intra-Perspektive)* lassen sich auch *Zusammenhänge zwischen Konstellationen (Inter-Perspektive)* herstellen, untersuchen und beschreiben. So können einzelne Konstellationen ineinander überführt oder miteinander verglichen werden oder miteinander in einer Wechselwirkung stehen. In diesem Zusammenhang kommt *operativen Vorgehensweisen* eine große Bedeutung zu, denn durch sie lassen sich einzelne Komponenten systematisch variieren und damit Zusammenhänge ausnutzen und explorieren. Diese weitere Facette eines flexiblen Umgangs mit Brüchen wird im folgenden Abschnitt näher beschrieben.

1.8 Operative Vorgehensweisen nutzen

Im vorangehenden Abschnitt wurde das Umgehen mit Brüchen in unterschiedlichen Konstellationen als eine zweite wichtige Facette eines flexiblen Umgangs mit Brüchen dargestellt. Eine dritte Facette des flexiblen Umgangs mit Brüchen ist durch operative Vorgehensweisen charakterisierbar. Dabei muss zwischen zwei Arten operativer Vorgehensweisen unterschieden werden: zwischen

1. operativen Vorgehensweisen, die durch Aufgabenstellungen gezielt initiiert werden und damit Teil der Gestaltung von Lernumgebungen sind (Abschnitt 1.8.1), und

2. operativen Vorgehensweisen, die Teil von individuellen Bearbeitungsprozessen und damit selbstinitiiert sind (Abschnitt 1.8.2; s. a. 1.4.1).

Im Folgenden werden beide Arten operativer Vorgehensweisen in ihrer Bedeutung für den Umgang mit Brüchen dargestellt.

1.8.1 Aufgabeninitiierte operative Vorgehensweisen

In diesem Abschnitt wird das *über Aufgaben bzw. Lernumgebungen initiierte gezielte Herstellen von Zusammenhängen zwischen Teil, Anteil und Ganzem* beschrieben: Für die Gestaltung von Lernprozessen, bei denen das Herstellen und Untersuchen von Zusammenhängen im Fokus steht, ist das *operative Prinzip* geeignet.

Das operative Prinzip

Beim operativen Prinzip handelt es sich um ein *didaktisches Prinzip* zur Gestaltung von Lernprozessen, das auf den Arbeiten von Jean Piaget basiert (Wittmann 1985, Krauthausen / Scherer 2003): Sein Ziel ist, „[...] den Weg für einen Unterricht [zu] eröffnen, bei dem die Schüler an geeignetem Material handelnd tätig werden und dabei Erkenntnisse gewinnen und anwenden." (Wittmann 1985, S. 9). Es kann auch als ein „erkenntnistheoretisch zentrale[s] Prinzip" (Krauthausen / Scherer 2003, S. 123) bezeichnet werden und hat „einen epistemologischen wie auch einen psychologischen und unterrichtsorganisatorischen Aspekt" (ebd., S. 123).

Der Kern besteht dabei darin, Lernende gezielt zum Explorieren operativer Zusammenhänge aufzufordern: Zusammenhänge zwischen Objekten sollen erkundet werden, indem an einem oder mehreren dieser Objekte Operationen vorgenommen werden, die wiederum Wirkungen auf die restlichen Objekte haben (vgl. für das operative Prinzip allgemein Aebli 1985, 1998):

„*Objekte* erfassen bedeutet, zu erforschen, wie sie *konstruiert* sind und wie sie sich *verhalten*, wenn auf sie *Operationen* (Transformationen, Handlungen, ...) ausgeübt werden. Daher muss man im Lern- oder Erkenntnisprozess in systematischer Weise

1. untersuchen, welche *Operationen* ausführbar und wie sie miteinander verknüpft sind,
2. herausfinden, welche *Eigenschaften* und *Beziehungen* den Objekten durch Konstruktion *aufgeprägt* werden,
3. beobachten, welche *Wirkungen* Operationen auf *Eigenschaften* und *Beziehungen* der Objekte haben (Was geschieht mit ..., wenn ...?)"

(Wittmann 1985, S. 9, Hervorhebungen im Original)

Das operative Prinzip ist ein wichtiges didaktisches Prinzip, da es dazu beiträgt, das Denken zu flexibilisieren: Durch erforschende Herangehensweisen an Problemstellungen wird es Lernenden ermöglicht, *Einsichten über die betrachteten Objekte* und ihr Zusammenspiel sowie das Funktionieren der Strukturen zu gewinnen. Durch ein Hintereinanderschalten solcher Prozesse wird die Situation aus unterschiedlichen Richtungen immer wieder variiert, so lange, bis das erwünschte Resultat gefunden worden ist. Dabei handelt es sich bei den Operationen nicht um beliebige Manipulationen, die durchgängig einem bloßen unsystematischen Ausprobieren gleich zu setzen wären. Vielmehr besteht eine Zielgerichtetheit.

Auf diese Art und Weise wird Wissen über Zusammenhänge konstruiert und es werden Erkenntnisse über die mathematischen Objekte gewonnen (Wittmann 1985). Damit lassen sich auch komplexe Phänomene bearbeiten. Das operative Prinzip ist dabei nicht auf die Mathematik einer bestimmten Jahrgangsstufe beschränkt und kann in vielfältigen Sonderformen vorliegen, wie z. B. operativen Beweisen oder Begriffsbildungen (Wittmann 1985, S. 8 bzw. S. 11): Die Idee der dynamischen Sichtweise auf Phänomene und Zusammenhänge ist auch für andere Bereiche der Mathematik handlungsleitend. So zeigen sich grundlegende Gemeinsamkeiten zur Bedeutung des Funktionalen Denkens für Lern- und Erkenntnisprozesse (Krüger 2000, S. 274; Vollrath 1989 für Funktionen). Dabei beschränkt sich das Funktionale Denken nicht auf Funktionen, sondern findet sich auch z. B. in der Geometrie (z. B. dynamische Geometrie-Software): In der Meraner Reform wurde Funktionales Denken bereits als eine „kinematische und dynamische Sichtweise von Mathematik" (Krüger 2002, S. 120) charakterisiert, d. h. das Beweglichmachen mathematischer Objekte und die Betrachtung von Abhängigkeiten stehen im Mittelpunkt.

In der vorliegenden Arbeit dient die dem operativen Prinzip zugrunde liegende dynamische Sichtweise auf Phänomene auch als Analysefokus zur Beschreibung von Be- und Erarbeitungsprozessen (vgl. Kapitel 2): Teil, Anteil und Ganzes sind jeweils aufeinander bezogen. Das operative Variieren einer der drei Komponenten hat somit immer eine Konsequenz für die beiden anderen, denn die strukturellen Zusammenhänge zwischen den Komponenten müssen erhalten werden. Damit ermöglicht es das operative Prinzip als Ausdruck flexibler Vorgehensweisen (vgl. Abschnitt 1.4.1), Konstellationen variierend zu erkunden, Zusammenhänge systematisch zu nutzen und verschiedene Konstellationen ineinander zu überführen.

Begriffliche Festlegungen für die Analyse von Strukturierungen

Für die Analyse und Beschreibung der empirischen Befunde im Zusammenhang mit operativen Vorgehensweisen wird im Rahmen der vorliegenden Arbeit folgende Begrifflichkeit genutzt:

- *Strategien und Vorgehensweisen:* In den *Interviews* können im Allgemeinen die Lösungen in ihrem Entstehen erfasst werden (z. B. auch durch direktes Nachfragen), so dass auch Aussagen über die jeweilige Motivation für einzelne Arbeitsschritte, intendierte Konsequenzen der Handlungen und Überlegungen der Lernenden getroffen werden können. Damit wird für die Interviewanalysen von Strategien als situationsbedingtem Handeln und Konstruieren von Vorgehensweisen gesprochen (s. Abschnitt 1.4.1). Dabei sind hier

1.8 Operative Vorgehensweisen nutzen

auch die mit der jeweiligen Realisierung verbundenen Ziele der Lernenden entscheidend, die sich über deren Befragung erschließen lassen können.

- *Bearbeitungswege (und Rechenwege):* Der Begriff *Bearbeitungswege* wird auf der Ebene der Beschreibung und Analyse von Phänomenen der *schriftlichen Daten* verwendet. Die Bearbeitungen lassen sich danach unterscheiden, wie z. B. die Objekte Anteil und Teil der Konstellation zueinander in Beziehung gesetzt werden, um das Ganze zu rekonstruieren. Damit liegen den Produkten zwar Strategien zugrunde, jedoch sind die Gründe für eine konkrete Realisierung nicht immer direkt zugänglich.
Rechenwege sind im Vergleich zu Bearbeitungswegen eher auf das Rechnen (Rechenoperationen; in Abgrenzung z. B. zu Bildern) zugespitzt.

- Anstelle von *Operationen* als Begriff im Kontext des operativen Prinzips werden im Folgenden die Begriffe *operative Vorgehensweisen* oder *operative Variationen* verwendet, um sprachlich die Nähe zu den individuellen Vorgehensweisen und konkreten Handlungen der Schülerinnen und Schüler herzustellen: Es handelt sich in der Regel nicht um allgemeine schematisierte Vorgehensweisen, wie der Begriff „Operationen" nahelegen könnte.

- Anstelle von *Wirkungen* – ebenfalls im Kontext des operativen Prinzips verortet – wird von *Konsequenzen* gesprochen. Dieser Begriff verortet sich ebenfalls im Vergleich zum Ausdruck „Wirkungen" eher auf der Ebene der *individuellen Lernendenperspektive*: Konsequenzen sind *auf das individuelle Handeln* des einzelnen Schülers / der einzelnen Schülerin *als Folgerungen bezogen*.

- Die Vorgehensweisen und Konsequenzen beziehen sich im Kontext dieser Arbeit auf die *Komponenten* Teil, Anteil und Ganzes der verschiedenen Konstellationen.

Im Folgenden wird zur Verdeutlichung ein Beispiel für einen gezielten Auftrag zum operativen Explorieren von Strukturen aus der vorliegenden Arbeit gegeben.

Beispiel für gezielt angestoßene operative Vorgehensweisen

Ein Beispiel für ein durch einen Arbeitsauftrag angestoßenes Explorieren operativer Zusammenhänge stellt die Aufgabe „Tobi wundert sich" (Aufgabe 3c) aus dem dieser Arbeit zugrunde liegenden schriftlichen Test dar (vgl. Abb. 1-16).

In den Aufgabenteilen 3a und 3b werden zwei Kuchensituationen betrachtet. In beiden Fällen handelt es sich um *Konstellation III*, d. h. das Ganze ist gesucht. Lediglich die Anteile unterscheiden sich: In 3a ist der Anteil 1/3, in 3b ist er 1/6.

Der Auftrag zum Explorieren bzw. Beschreiben operativer Zusammenhänge wird in Aufgabenteil 3c gegeben: Die Objekte im Sinne des operativen Prinzips sind hier die drei Komponenten Teil, Anteil und Ganzes.

Aufgabe 3	In dieser Aufgabe kannst du ohne Lineal zeichnen.

a) Tobi und seine Freunde haben sich Erdbeer-Sahne-Kuchen gekauft. Tobis Stück ist $\frac{1}{3}$ vom ganzen Kuchen. Unten hat er sein Stück aufgezeichnet.
Wie könnte der ganze Kuchen aussehen? Zeichne ihn!

b) Mara und ihre Freundinnen haben sich auch Erdbeer-Sahne-Kuchen gekauft. Maras Stück ist $\frac{1}{6}$ vom ganzen Kuchen. Unten hat sie ihr Stück aufgezeichnet.
Es ist genauso groß wie Tobis Stück. Wie könnte der ganze Kuchen aussehen? Zeichne ihn!

c) Tobi wundert sich:

Komisch! Mein $\frac{1}{3}$ Kuchen ist genauso groß wie das $\frac{1}{6}$ von Mara. Aber das geht doch gar nicht: $\frac{1}{3}$ ist doch größer als $\frac{1}{6}$! Ich stelle mir das so vor:

Hilf Tobi: Wann ist $\frac{1}{3}$ größer als $\frac{1}{6}$? Und wie kann das sein, dass hier die Stücke gleich groß sind?

Abb. 1-16: „Tobi wundert sich" (Test-Items 3a, 3b, 3c)

Die operativen Variationen, die ausgeübt werden können (hier: Vergrößern oder Verkleinern), und die sich daraus jeweils ergebenden Konsequenzen sind beispielhaft für die Veränderung jeweils einer der drei Komponenten Teil, Anteil und Ganzes in Tabelle 1-5 dargestellt (denkbar wäre z. B. auch, dass gleichzeitig zwei der drei Komponenten Teil, Anteil und Ganzes verändert werden). Im schriftlichen Test in Klasse 7 handelte es sich bei den hier angesprochenen Zusammenhängen zwischen Teil, Anteil und Ganzem für die Schülerinnen und Schüler um eigentlich bereits bekannte Phänomene, denn zu diesem Zeitpunkt ist die Bruchrechnung im Unterricht bereits in der Regel abgeschlossen. Daher stellte die Aufgabe für diese Lernendengruppe keine echte explorative Aufgabe zum operativen Erschließen von Strukturen dar: Die angesprochenen Zusammenhänge sollten bereits erarbeitet worden sein. In den dieser Arbeit zugrunde liegenden Interviews, in denen die Aufgabe in ähnlicher Form eingesetzt wurde, handelte es sich für die Lernenden jedoch um Explorationen im Sinne des operativen Prinzips: Diese Lernenden hatten zum Zeitpunkt der Interviews die Bruchrechnung im Unterricht noch nicht vollständig erarbeitet.

1.8 Operative Vorgehensweisen nutzen

Vorgehens-weise	Konsequenz	Bild der Konstellation	
Konstellation I: Teil gesucht			
Ganzes bleibt konstant			
Anteil - vergrößern - verkleinern	Teil wird - größer - kleiner		
Anteil bleibt konstant			
Ganzes - vergrößern - verkleinern	Teil wird - größer - kleiner		
Konstellation II: Anteil gesucht			
Ganzes bleibt konstant			
Teil - vergrößern - verkleinern	Anteil wird - größer - kleiner		
Teil bleibt konstant			
Ganzes - vergrößern - verkleinern	Anteil wird - kleiner - größer		
Konstellation III: Ganzes gesucht			
Anteil bleibt konstant			
Teil - vergrößern - verkleinern	Ganzes wird - größer - kleiner		
Teil bleibt konstant			
Anteil - vergrößern - verkleinern	Ganzes wird - kleiner - größer		

Tabelle 1-5: Systematische operative Variationen der Konstellationen

So argumentiert Simon (S; I steht für die Interviewerin; Interview I-8) die operativen Zusammenhänge anschaulich aus (für die genaue Formulierung der Aufgabe und die Analyse der Szene s. Kapitel 8):

22 S Wenn das der Kuchen ist *[Zeigt auf das Ganze aus drei Stücken, das Merve gezeichnet hat.]...*
23 I ...ja...
24 S ...und das ist ja 1/3 *[zeigt auf das einzelne Quadrat, das für 1/3 steht]* und hier unten der des Sechstel *[zeigt über das Ganze aus sechs Stücken (von Merve)]* dann sind entweder die Stücke kleiner oder der Kuchen muss kleiner werden, damit die Stücke genau – äh der Stück, der Kuchen muss dann größer werden, damit die Kästchen genauso groß sind.

Simon vergleicht damit die beiden Konstellationen mit unterschiedlichen Anteilen und überführt sie operativ ineinander: Wenn der Kuchen, d. h. das Ganze beibehalten wird, dann werden bei einem kleineren Anteil die Stücke, d. h. der Teil, kleiner. Damit betrachtet er *Konstellation I*: Invariant ist das Ganze. Der Anteil wird verkleinert, d. h. Simon wechselt von der Betrachtung des Anteils 1/3 zu der Betrachtung des Anteils 1/6. Die Konsequenz ist das Verkleinern der Stücke, d. h. des Teils. Seine zweite operative Variation betrifft *Konstellation II*: Invariant ist die Größe des Teils (*„die Kästchen"*) und das Ganze wird variiert, um für verschiedene Anteile denselben Teil zu erhalten.

1.8.2 Selbstinitiierte operative Vorgehensweisen

In der vorliegenden Studie kommt neben den *durch die Aufgabenstellung initiierten* operativen Vorgehensweisen auch den *selbstinitiierten* operativen Vorgehensweisen im Rahmen von Bearbeitungsprozessen eine große Bedeutung zu, da hier Beziehungen zwischen den Komponenten der Konstellationen selbständig im Lösungsprozess genutzt und hergestellt werden. Diese *selbstinitiierten operativen Vorgehensweisen* sind vom operativen Prinzip als didaktischem Prinzip abzugrenzen: Als *operativ* können dabei im Kontext der vorliegenden Arbeit Herangehensweisen an ein Problem bezeichnet werden, die sich durch ein (systematisches) Variieren einer oder mehrerer Komponenten einer Konstellation auszeichnen. Dabei sind diese Variationen durch die Aufgabenstellung weder angeleitet noch gefordert: Mit *selbstinitiierten operativen Vorgehensweisen* ist gemeint, dass das operative Verändern von Strukturen und Untersuchen der Konsequenzen nicht von außen (d. h. von der Aufgabenstellung) als Strategie vorgegeben wird.

Damit sind selbstinitiierte operative Vorgehensweisen Bestandteil von Problemlöseprozessen (für eine Übersicht zum Problemlösen, zu Prozessen und Problemtypen siehe z. B. Pólya 1967, Schoenfeld 1992): Wenn Lernende einer Situation ausgesetzt sind, für deren Lösung sie über keine mathematischen Standardver-

1.8 Operative Vorgehensweisen nutzen

fahren verfügen, stehen sie vor der Herausforderung, die ihnen gestellte Aufgabe auf anderen Wegen zu bewältigen. Damit ergibt sich die Bedeutung eines (zielgerichteten) Erkundens von Zusammenhängen und Strukturen: Das systematische Variieren der Komponenten Teil, Anteil und Ganzes kann hier als selbstgewählte bzw. -entwickelte Strategie zur Lösung herangezogen werden. Somit erweist sich das *operative Prinzip* in diesem Zusammenhang *als heuristisches Werkzeug*.

Selbstinitiierte operative Vorgehensweisen erwiesen sich in der vorliegenden Studie als besonders faszinierend beim Beobachten und Analysieren der Bearbeitungsprozesse der Lernenden und werden in den Interviewanalysen in den Kapiteln 7 und 8 detailliert herausgearbeitet: Vor allem Lernende, die bestimmten Phänomenen das erste Mal begegnen, nähern sich diesen auf individuellen Wegen. Solche explorativen, teils systematischen, jedoch nicht algorithmischen Herangehensweisen sollen an einem Beispiel der vorliegenden Untersuchung konkretisiert werden.

Beispiel für selbstinitiierte operative Vorgehensweisen

Laura und Melanie (L und M; Interview I-10 zur *Bonbonaufgabe II*; für die vertiefte Analyse vgl. Abschnitt 7.3.4), beide Schülerinnen einer 6. Klasse, sollen in einem Interview die folgende Aufgabe lösen: „6 Bonbons sind 2/3, was ist das Ganze?" (s. a. Schink 2011). Beide Mädchen haben noch keine systematischen Erfahrungen mit dem Relativen Anteil gesammelt, so dass ihnen noch kein fertiges Verfahren zur Lösung zur Verfügung steht. Im Folgenden ist ein Ausschnitt aus ihrem Bearbeitungsprozess abgedruckt:

21	L	Also 1/3, wenn das 1/3 wärn, wärns 6 mal 3 dann wären das 18' - Dann wärn das 18 Bonbons - und - wenn das 2/3 wären – *[Pause 3 sec]*, wären das nicht eigentlich auch 18 Bonbons? Das würd auch nicht gehen. *[...]*
...		
29	L	Joa aber es sollen ja, also er soll ja 2/3. Also wenn das, wenn diese 6 Orangenbonbons da 3, 2/3 wären - dann ...
30	M	... Aber wenn man ...
31	L	...Würde man, würde man doch rein theoretisch die Hälfte *[leicht gedehnt]* von 18 nehmen. Aber das würde wiederum gar nicht gehen, die Hälfte von 18 geht ja gar nicht. *[Melanie zeichnet weiter in rot; guckt auf]*
32	M	Die Hälfte von 18 ist 9.

In dieser Szene werden Lauras operative Variationen der Konstellation, die an verschiedenen Komponenten ansetzen, deutlich: Vom vorgegebenen Anteil 2/3 ausgehend durchdenkt sie die Konstellation zunächst für den entsprechenden Stammbruch 1/3, d. h. sie variiert den Anteil. Das Ergebnis für die variierte Konstellation überträgt sie auf die Konstellation mit dem Anteil 2/3 zurück (Z. 21). Diesen Schluss widerlegt sie direkt selbst, um im Anschluss aus dem Ganzen zum Anteil 1/3 das Ganze zum Anteil 2/3 durch Halbieren abzuleiten (Ihre kurzfristige Irritation in Zeile 31 bezieht sich dabei auf die Teilbarkeit von 18 durch 2.).

Indem sie so vorgeht, gleicht sie operativ die Vergrößerung des Anteils durch das Halbieren des Ganzen aus (vgl. Abb. 1-17).

Das Nutzen des Stammbruch-Anteils als Hilfe zur Bearbeitung des Problems wird durch die Aufgabenstellung weder vorgegeben noch angeregt, sondern beruht auf Lauras eigenen Überlegungen. Schülerinnen und Schülern, die mit dem Relativen Anteil vertraut sind, stünden hier auch andere, direktere Verfahren zur Lösung zur Verfügung, wie z. B. das Multiplizieren des Teils mit dem Kehrbruch.

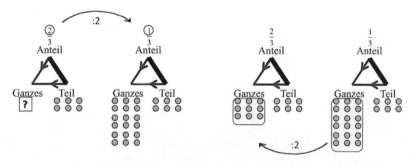

Abb. 1-17: Lauras operative Vorgehensweisen

Fazit

Das Beispiel illustriert anschaulich selbstinitiierte operative Vorgehensweisen. Zusammen mit den aufgabeninitiierten operativen Vorgehensweisen ergibt sich ein Werkzeug zum Explorieren, Durchdringen und Nutzen von Zusammenhängen: Beim operativen Vorgehen können Zusammenhänge zwischen Teil, Anteil und Ganzem sowohl erkundet als auch systematisch zur Bestimmung fehlender Komponenten ausgenutzt werden. Dabei müssen die Zusammenhänge stets alle berücksichtigt werden und Veränderungen an einer Komponente müssen in ihrer Konsequenz für die anderen Komponenten antizipiert bzw. nachvollzogen und angeglichen werden. In diesem dynamischen, gezielten Verändern von Strukturen äußert sich ein flexibles Verständnis von Strukturen und damit eine Facette des hier dargelegten flexiblen Umgangs mit Brüchen.

Durch gezielte Aufträge zum Explorieren von Zusammenhängen kann darüber hinaus dazu aufgefordert werden, z. B. auch scheinbare Selbstverständlichkeiten im Umgang mit Brüchen zu untersuchen und zu hinterfragen und damit zu einer Flexibilisierung beizutragen (s. a. Kapitel 7): So kann z. B. über operative Variationen eine Sensibilisierung für die Bedeutung des Ganzen als Bezugsgröße angestrebt werden, indem etwa Konstellationen mit gleichen Anteilen, aber verschiedenen Ganzen miteinander verglichen und ineinander überführt werden oder umgekehrt gleiche Ganze und verschiedene Anteile untersucht werden.

Mit den operativen Vorgehensweisen wurde somit die letzte Facette des (für diese Arbeit zentralen) flexiblen Umgangs mit Brüchen dargestellt. Während es sich bei den anderen Facetten und Aspekten eher um inhaltliche Konzepte im Zusammenhang mit Brüchen handelte (Qualität des Ganzen, Bedeutung des Bildens von Einheiten, Konstellationen), wurde in diesem Abschnitt mit den operativen Vorgehensweisen eine heuristische Facette eines flexiblen Umgangs mit Brüchen dargestellt. Damit kann sie auch dazu beitragen, die Frage nach der Art und Weise, wie Lernende Zusammenhänge herstellen, zu beantworten, denn sie stellt mit dem Fokus auf systematische Variationen und deren Konsequenzen ein Werkzeug zur Verfügung, Bearbeitungen zu beschreiben und zu analysieren.

Im folgenden Abschnitt wird die Argumentation dieses Kapitels zusammengefasst und daraus das eingangs aufgeführte Forschungsinteresse zu übergreifenden Forschungsfragen konkretisiert.

1.9 Forschungsfragen zum flexiblen Umgang mit Brüchen

In Kapitel 1 wurde vor einem konstruktivistischen lerntheoretischen Hintergrund das Konstrukt eines flexiblen Umgangs mit Brüchen entwickelt:

Aus konstruktivistischer Sicht konstruieren Lernende ihr Wissen selbst. Damit sind Wissen und Vorstellungen höchst individuell. In Abschnitt 1.1 wurde daher das zunehmende Forschungsinteresse an der Untersuchung und Einbeziehung von *intuitivem Wissen und Vorstellungen von Lernenden* in Lehr-Lernprozesse dargestellt: Das intuitive Wissen von Lernenden sollte als Basis für weiteres Lernen gesehen werden.

Als Forschungsprogramm, das die Lernendenperspektive und die Fachliche Klärung gleichermaßen für die Didaktische Strukturierung nutzt, wurde das *Forschungsprogramm der Didaktischen Rekonstruktion* erläutert und in seiner Bedeutung als Rahmen für den Forschungs- und Entwicklungsprozess für die vorliegende Arbeit konkretisiert.

In Abschnitt 1.2 wurden die aus fachlicher Sicht zu erwerbenden Konzepte zu Brüchen dargestellt. Diese werden stoffdidaktisch als *Grundvorstellungen* präzisiert. Zwar gibt es aus fachlicher Sicht tragfähige und tragende Vorstellungen zu Brüchen und Operationen, allerdings zeigt sich in empirischen Erhebungen, dass dieser Bereich der Mathematik Lernenden Schwierigkeiten bereiten kann (Abschnitt 1.3).

Nach der Darstellung des allgemeinen Forschungsstands wurde auf den flexiblen Umgang mit Brüchen eingegangen: Zentral für die beiden in Abschnitt 1.2 dargestellten Vorstellungen zu Brüchen sind drei Komponenten – Teil, Anteil und Ganzes – die aufeinander bezogen sind. In Abschnitt 1.4 wurde dargelegt, inwiefern die für diese Arbeit zentralen Forschungsfragen die Diskussion um Grundvorstellungen weiter ausdifferenzieren sollen. In den Abschnitten 1.5 bis 1.8 wurde daher das dieser Arbeit zugrunde liegende Verständnis eines flexiblen Umgangs mit Brüchen entwickelt: Als übergreifender Aspekt wurden die Qualität und die Relevanz des Ganzen hervorgehoben, denn Anteile müssen stets im Hinblick auf ein spezifisches Ganzes interpretiert werden (Abschnitt 1.5). Dabei stellt sich das Ganze selbst als ein zu klärendes Konzept dar.

Beim Umgang mit Teil, Anteil und Ganzem ist das *Herstellen und Nutzen von Einheiten* als eine erste Facette eines flexiblen Umgangs mit Brüchen zentral: Beim Anteilnehmen werden Teile gebildet, die wiederum zu weiteren Teilen zusammengefasst werden können. Umgekehrt können auch Anteile sowohl zusammengefasst als auch ineinander verschachtelt werden. Hier erhält schließlich das Ganze eine zentrale Bedeutung, denn Anteile erhalten ihren Wert durch den Bezug auf ein Ganzes. Um überhaupt mit Einheiten in der hier vorgestellten Weise umgehen zu können, ist wiederum das multiplikative Denken in Abgrenzung vom additiven Denken essentiell (Abschnitt 1.6).

In Abschnitt 1.7 wurde als eine weitere Facette eines flexiblen Umgangs mit Brüchen das Umgehen mit Brüchen in *drei verschiedenen Konstellationen* dargestellt: Dabei stellen Konstellationen verschiedene Sichtweisen auf die Beziehungen zwischen Teil, Anteil und Ganzem dar. In diesem Zusammenhang können *operative Vorgehensweisen* als dritte Facette eines flexiblen Umgangs mit Brüchen (in Abgrenzung zu auswendig gelernten Rechenregeln) als Zugang zu verschiedenen Konstellationen dienen (Abschnitt 1.8): Die Zusammenhänge zwischen Teil, Anteil und Ganzem können durch das Nutzen dieser Vorgehensweisen erkundet und strukturiert werden. So ergibt sich die folgende *Arbeitsdefinition* für den flexiblen Umgang mit Brüchen für die im Folgenden dargestellte eigene empirische Untersuchung:

Der flexible Umgang mit Brüchen äußert sich in der bewussten Nutzung struktureller Zusammenhänge zwischen Teil, Anteil und Ganzem:
- *Der Umgang mit Brüchen erfordert, die drei Komponenten Teil, Anteil und Ganzes aufeinander beziehen zu können.*
- *Um die drei Komponenten strukturell nutzen zu können, sind Einsichten in deren interne Zusammenhänge notwendig, d. h. es wird eine Bewusstheit für Einheiten und deren Bezugssystem notwendig. Grundlage hierfür ist das multiplikative Denken.*

1.9 Forschungsfragen zum flexiblen Umgang mit Brüchen

- *Das Nutzen dieser strukturellen Zusammenhänge kann in verschiedenen Konstellationen und für verschiedene Qualitäten des Ganzen unter Zuhilfenahme operativer Vorgehensweisen erfolgen.*

Dabei hat sich dieser Forschungsfokus im Prozess der empirischen Erhebungen ausgeschärft: Stand zunächst die Vorstellungsentwicklung von Lernenden bei einem konkreten Zugang zur Multiplikation von Brüchen als Anteil-vom-Anteil-Nehmen im Zentrum, so wurde durch den ersten empirischen Zugriff der Autorin der Fokus der Hauptstudie auf den Umgang mit Brüchen gelenkt. Die eigene Vorstudie zeigte in Übereinstimmung mit bereits existierenden Untersuchungen, dass für den Umgang mit Brüchen das Herstellen von Strukturen, insbesondere die Interpretation des Anteils in Bezug auf ein geeignetes Ganzes, essentiell ist (s. Kapitel 3 für eine ausführlichere Darstellung).

Forschungsfragen

Wie gehen Lernende (flexibel) mit Brüchen um:

- *Wie stellen Lernende welche Zusammenhänge zwischen Teil, Anteil und Ganzem her?*
- *Welche Vorstellungen vom Ganzen aktivieren sie dabei?*

Mit den aus der Vorstudie stammenden Erkenntnissen zur Problematik der Bezugsgröße liegt der Fokus der vorliegenden Studie nicht mehr auf der Multiplikation von Brüchen, sondern ist dieser vorgelagert: Für die Multiplikation von Brüchen als Anteil-vom-Anteil-Nehmen ist das Ganze eine relevante Größe; es ist aber auch bereits vorher wichtig, ein inhaltliches Verständnis für die Relevanz des Ganzen und für Strukturen zu erwerben und dieses Wissen flexibel anzuwenden.

Damit konkretisieren sich die beiden Forschungsfragen unter Einbeziehung der Erkenntnisse des ersten empirischen Zugriffs der Autorin für die hier vorliegende Hauptstudie wie folgt (vgl. auch Schink 2011):

1. *Wie gehen Lernende in unterschiedlichen Konstellationen mit Teil, Anteil und Ganzem um?*

    a) Wie strukturieren Lernende in unterschiedlichen Konstellationen Zusammenhänge zwischen Teil, Anteil und Ganzem?

    b) Welche Vorstellungen vom Ganzen aktivieren Lernende und inwiefern haben diese einen Einfluss auf die Strukturierung der Konstellationen?

2. *Wie können Schwierigkeiten und Hürden von Lernenden beim Umgang mit Brüchen überwunden werden?*

In den einzelnen Kapiteln der empirischen Studie werden diese Forschungsfragen noch ein weiteres Mal ausdifferenziert, so z. B. im Hinblick auf die unterschiedlichen Datenarten und das damit verbundene spezifische Erkenntnisinteresse (Lernstand versus Lernprozess bzw. Produkt versus Bearbeitungsprozess).

Ausblick

Im folgenden Kapitel werden das Forschungsdesign und die methodologischen Entscheidungen dargestellt, die sich vor dem in diesem Kapitel dargestellten theoretischen Hintergrund und den Forschungsfragen ergeben.

2 Hintergrund und Realisierung des Forschungsdesigns

In diesem Kapitel werden methodologische Grundannahmen sowie das methodische Vorgehen und das Design für die empirischen Erhebungen zur Untersuchung der in Kapitel 1 formulierten und theoretisch entwickelten Forschungsfragen beschrieben und begründet.

In Abschnitt 2.1 werden zunächst einige grundsätzliche methodologische Überlegungen angestellt und ausgehend von dem Ziel der Rekonstruktion individueller Sinnkonstitutionen von Lernenden die Basis der zu treffenden methodischen Entscheidungen gelegt.

Abschnitt 2.2. stellt das Mixed-Methods-Design der vorliegenden Studie vor dem Hintergrund des Forschungsrahmens der Didaktischen Rekonstruktion dar. Dieses Design wird in Abschnitt 2.3 für die Interviewstudie und in Abschnitt 2.4 für die Paper-Pencil-Test-Studie konkretisiert und begründet. In Abschnitt 2.5 wird die Datenauswahl für die vertiefte Analyse sowohl der Testdaten als auch der Interviewdaten dargestellt und begründet. Die vertieft ausgewerteten Aufgaben und Items werden in Abschnitt 2.6 einer Sachanalyse unterzogen, die sich auf die in Kapitel 1 dargestellten Konzepte und Begriffe zum flexiblen Umgang mit Brüchen stützt und die Analyse der empirischen Daten vorbereitet. Abschnitt 2.7 stellt das konkrete Vorgehen und die methodologischen Annahmen für die Datenauswertung dar und schließt mit einer Übersicht über die vertieft analysierten Daten und ihrer Verortung im Aufbau der vorliegenden Arbeit.

2.1 Methodologische Vorüberlegungen zur empirischen Erfassung individueller Vorstellungen

In diesem Abschnitt werden grundsätzliche methodologische Überlegungen und Entscheidungen im Hinblick auf Ansätze zur Erfassung individueller Vorstellungen von Lernenden angestellt: Dabei wird zunächst zwischen der Perspektive auf Prozesse und auf Produkte unterschieden. Beide Perspektiven, die lerntheoretisch und in ihrer Bedeutung für das Forschungsinteresse bereits in Abschnitt 1.1 verortet wurden, werden in diesem Abschnitt in ihren Konsequenzen für die Erhebungsmethoden der vorliegenden Arbeit dargestellt (Abschnitt 2.1.1). Abschnitt 2.1.2 verortet die beiden Perspektiven vor dem Hintergrund qualitativer und quantitativer Verfahren der Erhebung und Analyse von Lernendenvorstellungen.

2.1.1 Produkt- und Prozessperspektive

Jede Wahrnehmung von Wirklichkeit ist durch die Erfahrungen des Beobachters geprägt: Das bedeutet, dass die Festlegung dessen, was als relevanter Ausschnitt der Wirklichkeit verstanden werden soll, von theoretischen Vorannahmen abhängt (Beck / Maier 1994, S. 55). Diese Grundannahme hat Auswirkungen auf den Forschungsprozess: Sowohl das Forschungsziel als auch das Design einer Studie sowie die damit verbundenen methodologischen Entscheidungen, die die Erhebung und Analyse der Daten betreffen, stehen im Zusammenhang mit einer jeweils spezifischen Weltsicht. Man kann sagen, dass die gewählte Fragestellung die Wahl der Methode bestimmt; gleichzeitig lenkt aber auch die Weltanschauung die Fragestellung in bestimmte Bahnen (Jungwirth 2003, S. 189).

Theorien als Prozess und als Produkt

Auch Theorien stehen in diesem doppelten Verhältnis zum Forschungsprozess: Zum einen dienen Theorien als Beschreibungsmittel der beforschten Phänomene, zum anderen lenken sie als Hintergrundtheorien den Forschungsprozess implizit oder explizit (Prediger 2010, S. 169 f.).

Im ersten Fall ist die Art von Theorie angesprochen, die ein Produkt von Forschungsprozessen ist. In der vorliegenden Arbeit sind hier die in Kapitel 1 dargestellten theoretischen Überlegungen zum Umgang mit Brüchen zu verorten: Die Grundvorstellungen (vgl. Abschnitt 1.2) stellen z. B. ein theoretisches Konstrukt dar, das aus einer stoffdidaktischen Analyse von Gegenstandsbereichen wie „Brüche" entstanden ist. Auf dieses theoretische Konstrukt wird in der vorliegenden Arbeit für die Fachliche Klärung des Gegenstandsbereichs in Bezug auf den *Umgang mit Brüchen* zurück gegriffen. Gleichsam dient der Umgang mit Teil, Anteil und Ganzem als der schärfende theoretische Blick für das Design von Interviews und Tests sowie für die Analyse – als conceptual analytic model (vgl. Schoenfeld 2007). Dabei versteht man unter diesem „a conceptual-analytic framework or model, in which specific aspects of the situation are singled out for attention (and, typically, relationships among them are hypothesized)" (Schoenfeld 2007, S. 73). Das bedeutet, dass das conceptual analytic model die Phänomene in einer spezifischen Art und Weise konzeptualisiert und beschreibt.

Im zweiten Fall stellt das conceptual analytic model auch die „Brille" dar, durch die man die zu untersuchenden Phänomene betrachtet und damit für den Forschungsfokus relevante Ausschnitte wählt. Es leitet damit sowohl die Auswahl als auch die Beschreibung, Analyse und Interpretation des als relevant betrachteten Ausschnitts aus der Wirklichkeit: In diesem Fall stellt die Theorie den Rahmen für den Forschungsprozess dar. Sie beinhaltet damit z. B. auch die Frage danach, was einen untersuchungswerten Forschungsgegenstand ausmacht, welche Forschungsfragen gestellt werden können und welche Methoden dabei zum

2.1 Methodologische Vorüberlegungen

Einsatz kommen können (Mason / Waywood 1996, S. 1058 für die Mathematikdidaktik).

In der vorliegenden Arbeit wird mit der Didaktischen Rekonstruktion ein Forschungsprogramm verfolgt, dessen Hintergrundtheorien in Abschnitt 1.1 bereits vorgestellt wurden. In diesem Kapitel ist daher nur noch derjenige Teil der Hintergrundtheorien auszuführen, der für die methodischen Entscheidungen leitend ist.

Datenerhebung in Produkt- und Prozessperspektive

Die empirische Erfassung von *Lernständen* kann, wie in Abschnitt 1.1.2 dargestellt, auf Produkte oder Bearbeitungsprozesse fokussieren. In der vorliegenden Arbeit werden beide Perspektiven verfolgt:

Zum einen werden in *Interviewsituationen Bearbeitungsprozesse* von Schülerinnen und Schülern untersucht. Hierbei lassen sich zeitlich begrenzte Prozesse (vgl. Kapitel 1) dokumentieren, die die Aktivierung von Vorstellungen und Vorgehensweisen sowie konkrete lokale Hürden im Prozess beobachtbar und analysierbar machen. Dabei wird in der konkreten Studie das Interview genutzt, um diese Prozesse vor der systematischen Behandlung der mathematischen Inhalte im Rahmen einer Unterrichtseinheit zu explorieren, um intuitive Annahmen und Entwicklungen im Be- und Erarbeitungsprozess erfassen zu können.

Zum anderen werden Lernstände nach Abschluss einer Unterrichtseinheit erhoben, indem in einer *schriftlichen Erhebung (Test)* die Kenntnisse von Lernenden in einer größeren Breite erfasst werden. Dabei handelt es sich um die Erhebung eines Ist-Zustands zu einem Zeitpunkt, zu dem der Stoff bereits bekannt sein sollte. Der Verschränkung mit der Erhebung der Bearbeitungsprozesse liegt die Annahme zugrunde, dass sich in den Prozessen der Lernenden intuitive Annahmen erkennen lassen, auf die auch Schülerinnen und Schüler nach der systematischen Behandlung der Bruchrechnung zurückgreifen.

Beide Erhebungsmethoden werden in den Abschnitten 2.3 und 2.4 am konkreten Forschungsvorhaben präzisiert und methodisch verortet. Sie gehören in zwei grundsätzlich unterschiedliche Forschungsansätze, die in der aktuellen Diskussion zunehmend als Kontinuum verstanden werden.

2.1.2 Quantitative und qualitative Forschungsansätze und ihre Kombination

Die Unterscheidung qualitativer und quantitativer Forschungsansätze betrifft sowohl die Datenerhebung als auch die Auswertung. Etwas holzschnittartig werden meist folgende Unterschiede hervorgehoben:

Quantitative Forschungsansätze

Quantitative Forschung wird oft dadurch gekennzeichnet, dass sie meist hypothesentestend vorgeht (Burzan 2005, Hussy et al. 2010) und einen linearen Ablauf verfolgt:

„Im Zuge eines relativ *linearen Forschungsablaufes* präzisieren und strukturieren sie [die Forscher, AS] ihre Forschungsfrage, „übersetzen" die Frage in ein Instrument zur Datenerhebung (z. B. in einen Fragebogen oder ein Kategoriensystem für eine Inhaltsanalyse), erheben die Daten und werten sie gemäß ihrer Systematik aus." (Burzan 2005, S. 25; Hervorhebungen im Original)

Aus wissenschaftstheoretischer Sicht ist das hypothesentestende Vorgehen quantitativer Forschung darin begründet, vom Allgemeinen auf den Einzelfall zu schließen. Dabei wird von deduktiven bzw. induktiven deterministischen Zusammenhängen ausgegangen: „Der Forscher prüft eine allgemeine These an Einzelfällen" (Burzan 2005, S. 27), aber zuweilen auch umgekehrt, dann schließt er von Einzelfällen auf eine allgemeine Gesetzmäßigkeit (Burzan 2005, S. 28). Dabei bedient er sich meist zur Datenauswertung statistischer Verfahren.

Forschung im quantitativen Ansatz wird meist verbunden mit „objektiv messende[n] (standardisierte[n])" Verfahren und Erhebungsinstrumenten (Hussy et al. 2010, S. 9). Als Vorbild wird die Exaktheit der Naturwissenschaften genannt:

„Leitgedanken der Forschung(-splanung) sind dabei die klare Isolierung von Ursachen und Wirkungen, die saubere Operationalisierung von theoretischen Zusammenhängen, die Messbarkeit und Quantifizierung von Phänomenen, die Formulierung von Untersuchungsanordnungen, die es erlauben, ihre Ergebnisse zu verallgemeinern und allgemein gültige Gesetze aufzustellen (Flick 2009, S. 23 f.)

Um Regelhaftigkeiten, Häufigkeiten und Kausalbeziehungen bestimmter Phänomene aufzudecken sowie nach Möglichkeit Repräsentativität, d. h. Allgemeinheit über die konkreten Fälle hinweg zu erreichen, ist für quantitative Forschung oft eine Untersuchung vieler Fälle notwendig (Burzan 2005, S. 29 f.). Darüber hinaus erscheint die Kontrolle der Bedingungen für die Forschung zentral, um äußere Einflüsse wie etwa durch den Forscher selbst, möglichst auszuschließen (Flick 2009, S. 24).

Qualitative Forschungsansätze

Im Gegensatz zur möglichst objektiven und reliablen Erfassung von Wirklichkeit verfolgen qualitative Forschungsansätze das Ziel der Rekonstruktion subjektiver Sinnkonstitutionen, d. h. Erfassung „subjektive[r] Bedeutungen und individuel-

2.1 Methodologische Vorüberlegungen

le[r] Sinnzuschreibungen" (Flick 2009, S. 81 f.). Nach dem *qualitativen, interpretativen Paradigma* geht man davon aus, dass die handelnden Subjekte die soziale Welt durch ihr gemeinsames Interpretieren derselben „zu der machen, die sie für sie ist" (Jungwirth 2003, S. 189 f.). Dabei interpretieren Menschen selbst ihre Welt, während sie sich gleichzeitig auch an den Interpretationen der anderen orientieren (ebd.). *Qualitative Forschung* wird daher auch als interpretativ oder rekonstruktiv bezeichnet (vgl. Przyborski / Wohlrab-Sahr 2010, S. 15).

Aufgrund dieses Ziels bedient sich der qualitative Ansatz „eher sinnverstehende[r] (unstandardisierte[r])" Verfahren (Hussy et al. 2010, S. 9): Die Phänomene der Realität sind z. T. sehr komplex und lassen sich nicht isoliert auf Ursache-Wirkungs-Zusammenhänge zurückführen: Die Forschungsgegenstände werden nicht in einzelne Variablen zerlegt, sondern „in ihrer Komplexität und Ganzheit in ihrem alltäglichen Kontext untersucht" (Flick 2009, S. 27). Dabei steht nicht das Ziel im Vordergrund, theoretische Konzepte zu prüfen, sondern sie zu entwickeln (vgl. Burzan 2005, S. 29, Hussy et al. 2010, S. 9, Flick 2009, S. 27). Dazu dienen meist eher offene Verfahren zur Erhebung, wie z. B. Interviews (s. a. Beck / Maier 1993).

Hinzu kommt bei qualitativer Forschung eine Fall- und häufig auch Prozessorientierung. Dabei sind Datenerhebung und Datenauswertung nicht notwendig getrennte Phasen einer Untersuchung (Burzan 2005, S. 30).

In Bezug auf das Verhältnis von Forscher und Forschungsgegenstand lässt sich feststellen, dass die Subjektivität eine besondere Rolle erfährt, die bei quantitativen Forschungsansätzen aufgrund des standardisierten Vorgehens eher auszuschließen versucht wird. Die als relevant erachtete Wirklichkeit „kommt durch unterschiedliche Bedingungen der jeweiligen Interpretationsmethode in verschiedener Weise zum Vorschein" (Beck / Maier 1994, S. 55). Dabei handelt es sich bei den im Rahmen von Interpretationen entstehenden Deutungen des Untersuchungsgegenstands um „interpretierte Wirklichkeit" (Beck / Maier 1994, S. 55):

„Die Reflexion des Forschers über seine Handlungen und Beobachtungen im Feld, seine Eindrücke, Irritationen, Einflüsse, Gefühle etc. werden zu Daten, die in die Interpretationen einfließen [...]" (Flick 2009, S. 29)

Das bedeutet, dass die Forscherin einerseits stets an einem konkreten Ausschnitt der Wirklichkeit arbeitet (datengeleitet), andererseits aber nie ohne einen theoretischen Entwurf, der ihren Blick lenkt in Form von *sensibilisierenden Konzepten* oder *conceptual analytic models*, an die Interpretation der empirischen Wirklichkeit geht (Jungwirth 2003, S. 190; Schoenfeld 2007, Flick 2009, S. 23). Letzteres ist für die Formulierung von Gütekriterien empirischer Forschung entscheidend (vgl. Abschnitt 2.1.3).

Verbindung quantitativer und qualitativer Ansätze

So sehr unterschiedlich die beiden dargestellten Forschungsansätze – qualitativ versus quantitativ – erscheinen mögen, so hat sich in den letzten Jahren die Tendenz ergeben, quantitative und qualitative Ansätze auf verschiedenen Ebenen und in unterschiedlicher Intensität miteinander zu kombinieren (Flick 1999).

Während zunächst grundsätzlich über den generellen Ansatz quantitativ versus qualitativ diskutiert wurde, hat sich in letzter Zeit die Grundsatzfrage für die eine oder andere Tradition in Richtung der Frage nach der Angemessenheit von Methoden für die jeweilige Forschungspraxis verschoben (Flick 1999, S. 280):

„Die Verfahrenswahl im Rahmen eines Forschungsprojekts erfolgt einerseits in Abhängigkeit von der jeweiligen Fragestellung bzw. vom Forschungsziel; andererseits sollte sie sich daran orientieren, wie die Verfahrenstypen Geltungsansprüche empirischer Forschung erfüllen können."
(Beck / Maier 1994, S. 56)

Das bedeutet, dass sich die gewählten Methoden aus der Art und Beschaffenheit des Forschungsgegenstandes ergeben müssen und nicht durch präferierte Forschungsparadigmen a priori festgelegt werden sollten. Damit geht die Überzeugung einher, dass qualitative und quantitative Ansätze nicht als rivalisierend, sondern eher als komplementär gesehen werden müssen und sich gegenseitig ergänzen können (Flick 1999, Flick 2009, Bortz / Döring 2006). So können beide Richtungen isoliert je nach Forschungsinteresse Anwendung finden oder innerhalb eines Forschungsprojektes in unterschiedlicher Ausgestaltung miteinander kombiniert werden (vgl. Flick 1999). Die Kombination und Verbindung können dabei auf verschiedenen Ebenen vorgenommen werden: Flick (2009, S. 40) nennt hier unter anderem das Forschungsdesign, die Forschungsmethoden und die Ergebnisse.

Theoretisch gefasst wird die Perspektive der Verbindung quantitativer und qualitativer Ansätze im Mixed-methods-Design: Der Begriff selbst umfasst dabei verschiedene Designs, die sich hinsichtlich der Reihenfolge der Anwendung quantitativer und qualitativer Methoden (simultan oder sequentiell) und ihrer Gewichtung (gleichgewichtet oder übergeordnet) unterscheiden lassen (Hussy et al. 2010, S. 285 f.). Die Verbindung von Methoden muss sich dabei nicht auf die Datenerhebung beschränken: Schließlich können auch die Daten selbst miteinander verbunden werden. Aus dieser Vielzahl prinzipiell möglicher Kombinationen, ergibt sich eine Fülle an unterschiedlichen Designs (Hussy et al. 2010, S. 286 f.), auf die hier im Einzelnen nicht weiter eingegangen werden kann.

Für die vorliegende Arbeit wurden daher auf der Basis einer interpretativen qualitativen methodologischen Grundposition mit dem Ziel der Rekonstruktion subjektiver Sinnkonstitutionen einige quantitative Elemente ergänzt, um die

Erkenntnisse zu den Bearbeitungsprozessen durch breitere Überblicke über schriftliche Produkte ergänzen zu können. Genaueres zu dieser Verbindung findet man in den Abschnitten 2.3, 2.4 und 2.7.

2.1.3 Qualitätskriterien empirischer Forschung

Für die Sicherung von Qualität empirischer Forschung ist sowohl die Qualität ihres Vorgehens zur Datenerhebung als auch zur Datenauswertung entscheidend: Es bedarf „Kernkriterien zur Bewertung qualitativer Forschung sowie Wege zu deren Sicherung und Prüfung" (Steinke 2000, S. 319; s. a. Flick 2009). Diese Kriterien bezeichnet man in der Forschungsmethodologie als Qualitätskriterien.

Im Hinblick auf qualitative empirische Forschung ergibt sich jedoch die Schwierigkeit, dass die klassischen Qualitätskriterien der quantitativ ausgerichteten Forschungsansätze – Objektivität, Reliabilität und Validität –nicht direkt übertragbar sind: So ist der Forscher z. B. durch die offene Form der Erhebungsmethoden selbst bereits Teil des Forschungsprozesses, so dass das Kriterium der Objektivität durch die Eingebundenheit seiner subjektiven Perspektive nicht direkt übertragbar ist (für die Frage nach der Übertragbarkeit der Gütekriterien quantitativer auf qualitative Forschung s. a. Beck / Maier 1994).

Steinke (2000) formuliert einen Katalog von Kernkriterien qualitativer Forschung und von Prozeduren zu deren Überprüfung: Diese Kriterien sollten dem Untersuchungsgegenstand angemessen jeweils konkretisiert und ergänzt werden (Steinke 2000, S. 323 f.). Dabei stehen hier unter anderem die intersubjektive Nachvollziehbarkeit des Vorgehens und die Kohärenz und Relevanz der entwickelten Theorie im Vordergrund (s. a. Jungwirth 2003, S. 197): Diese Kriterien sollen den Forschungsprozess transparent machen und eine Grundlage für die Bewertung der Ergebnisse liefern (Steinke 2000, S. 324). Hierzu gehören die gründliche Dokumentation des Vorgehens (zur Sicherung der Nachvollziehbarkeit), das Offenlegen z. B. von ungelösten Fragen (Kohärenz) und die Reflexion über den Beitrag, den die entwickelte Theorie etwa in Form von Erklärungsansätzen leisten kann (Relevanz) (Steinke 2000, S. 324 ff.). Auch die reflektierte Subjektivität, die die Rolle des Forschers im Forschungsprozess selbst berücksichtigt, stellt ein wichtiges Kernkriterium qualitativer Forschung dar (Steinke 2000, S. 330 f.)

Diese Aspekte sollen auch für die vorliegende Arbeit als zentral erachtet werden und werden daher im Zusammenhang mit der Darstellung des konkreten Vorgehens expliziert.

Im Folgenden wird das Design der vorliegenden Studie im Hinblick auf die allgemeinen methodologischen Überlegungen für die Untersuchung des flexiblen Umgangs mit Brüchen dargestellt und begründet.

2.2 Design im Modell der Didaktischen Rekonstruktion

Das dieser Arbeit zugrunde liegende Dissertationsprojekt umfasst mehrere Phasen mit je unterschiedlich priorisierten, aus den Erkenntnissen vorangehender Phasen abgeleiteten Untersuchungsinteressen. Diese ergeben sich aus dem Anliegen heraus, Lernendenvorstellungen, fachliche Perspektive sowie (in geringerer Gewichtung, da diese nicht Kern der vorliegenden Arbeit ist) Didaktische Strukturierung im Prozess iterativ aufeinander zu beziehen. Damit soll diese Arbeit den drei wichtigen Pfeilern unterrichtlichen Handelns in diesem speziellen Bereich der Mathematik gerecht werden: Blick auf konkrete Lernendenprodukte und Vorstellungen (auch in Prozessperspektive), vertiefte Durchdringung des mathematischen Inhaltsbereichs und in geringerer Gewichtung Entwicklung von Aufgaben.

Phase		Zeitraum: Quartal (Jahr)
I	Vorbereitung der Vorstudie	2 (2007)
II	Durchführung der Vorstudie	3 – 4 (2007)
III	Auswertung der Vorstudie und inhaltliche Fokussierung	3 (2007) – 2 (2008)
IV	Vorbereitung der Interviewstudie	2 – 3 (2008)
V	Durchführung der Interviewstudie	4 (2008)
VI	Datensichtung der Interviewstudie	4 (2008) – 4 (2009)
VII	Vorbereitung / Pilotierung der Paper-Pencil Test-Studie	4 (2008) – 2 (2009)
VIII	Durchführung Paper-Pencil-Test-Studie	3 – 4 (2009)
IX	Datensichtung Paper-Pencil-Test-Studie	3 – 4 (2009)
X	Datenauswahl und Datenaufbereitung (Transkription)	4 (2009) – 3 (2010)
XI	Vertiefte Datenauswertung / Vernetzung der Perspektiven	4 (2009) – 4 (2010)

Tabelle 2-1: Quartalsweise Übersicht über die verschiedenen Phasen der Studie

Im Folgenden soll zur Ermöglichung von Transparenz über den Forschungsverlauf das Design der Studie expliziert werden: Die Tabelle 2-1 gibt einen Überblick zur Orientierung über die einzelnen Phasen des Dissertationsprojektes. Im Einzelnen lassen sich die Konzipierung der Studie, die empirische Erhebung von Lernendenvorstellungen und die Auswertung in die folgenden Phasen gliedern, die schwerpunktmäßig jeweils verschiedenen Arbeitsbereichen der Didaktischen Rekonstruktion zugeordnet sind:

2.2 Design im Modell der Didaktischen Rekonstruktion

Phase I: Vorbereitung einer Vorstudie zur Multiplikation von Brüchen

Die Vorstudie stellt den ersten Zugriff der Autorin auf den Umgang mit Brüchen dar, wobei zunächst der Forschungsschwerpunkt auf der Multiplikation von Brüchen liegt (vgl. Kapitel 3): Die verfügbare Forschungsliteratur zur Bruchrechnung zeigt die Schwierigkeiten auf, die viele Lernende im Zusammenhang mit Brüchen erfahren (z. B. Padberg 2009, Fischbein et al. 1985). Dabei stellt die Multiplikation eine größere Hürde für Lernende dar (z. B. Greer 1994).

Für die Vorstudie wird daher ein bereits existierender Zugang zur Multiplikation von Brüchen über eine Lernumgebung zum Falten des Anteils-vom-Anteil gewählt (Sinicrope / Mick 1992, Affolter et al. 2004). Damit wird für die eigene Empirie auf eine bereits existierende *Didaktische Strukturierung* zurückgegriffen und bereits existierende Forschungsergebnisse zur Lernendenperspektive bzw. Fachlichen Klärung als Ausgangspunkt für weitergehende Untersuchungen genommen.

Phase II: Durchführung der Vorstudie

Der bereits existierende Zugang wird in halbstandardisierten klinischen Partnerinterviews als Design-Experimente (vgl. Gravemeijer / Cobb 2006, Cobb et al. 2003) in einer 6. Gymnasialklasse eingesetzt, um die Entwicklung von Vorstellungen zu untersuchen (*Erfassung der Lernendenperspektive im Sinne von Lernprozessen*). Einzelne Interviewepisoden werden transkribiert.

Phase III: Auswertung – Inhaltliche Fokussierung

Als eine wesentliche Schwierigkeit im Hinblick auf die Multiplikation von Brüchen als Anteil-Nehmen erscheint in den Interviews das Problem der unklaren Bezugsgröße / der Wahl des Ganzen (*Lernendenperspektive*): Wesentlich bei der Interpretation des Anteils-vom-Anteil scheint zu sein, zu erkennen, auf welches Ganze der (in diesem Fall durch Falten bestimmte) Teil bezogen werden muss. Dieses Phänomen an sich ist nicht neu (z. B. taucht es immer wieder auch in anderen Bereichen wie z. B. der Wahrscheinlichkeitsrechnung auf; s. a. Mack 2000). Es scheint hier aber ein entscheidender Faktor für das Verständnis der Operation in der Grundvorstellung der Multiplikation als Anteil-Nehmen zu sein (Ineinandergreifen von *Lernendenperspektive* und *Fachlicher Klärung*). Neben dem Ganzen als zu klärendes mathematisches Konstrukt an sich, erscheinen auch das Interpretieren und Herstellen von Zusammenhängen zwischen Teil, Anteil und Ganzem als zentral für einen flexiblen Umgang mit Brüchen (*Fachliche Klärung*).

Die Phasen I-III stellen den Ausgangspunkt für die Hauptstudie (Phasen IV-XI) der vorliegenden Arbeit dar. Sie werden in diesem Kapitel aufgrund ihres abgeschlossenen Status als Vorstudie nicht weiter erläutert. Für eine Darstellung der Vorstudie s. Kapitel 3.

Phase IV: Vorbereitung der Interviewstudie

Ausgehend von der in Phase III vorgenommenen *Fachlichen Klärung* und *Erfassung der Lernendenperspektive* werden Aufgaben entwickelt, die gezielt auf das Herstellen und Reflektieren von Strukturen und Zusammenhängen von Teil, Anteil und Ganzem abzielen. Dabei ist die Frage nach der richtigen Bezugsgröße / dem Ganzen stets ein wichtiger Bestandteil des Aufgabendesigns, um die Vorstellungen der Lernenden zu diesem Aspekt der Bruchrechnung genauer zu erfassen (Entwicklung und Zusammenstellung von Aufgaben im Hinblick auf eine *Didaktische Strukturierung*).

Phase V: Durchführung der Interviewstudie

In einer Gesamtschulklasse 6 werden in Verbindung mit Unterrichtshospitationen zu Beginn der Beschäftigung mit Brüchen klinische halbstandardisierte Partnerinterviews durchgeführt. Dabei ist das Forschungsziel die Erfassung von Bearbeitungsprozessen (Erfassung der *Lernendenperspektive*).

Phase VI: Datensichtung und erste Auswertung

Die Interviews werden einer ersten noch nicht systematischen Sichtung und ersten Auswertung unterzogen. Dabei dient der Blick auf den Umgang mit Teil, Anteil und Ganzem als das den Blick für relevante Episoden für den Forschungsfokus schärfende conceptual analytic model (*Lernendenperspektive* und *Fachliche Klärung*). Einzelne Episoden werden für diese erste Auswertung transkribiert.

Phase VII: Vorbereitung und Pilotierung der Paper-Pencil-Test-Studie

Auf Grundlage der in den Interviews beobachtbaren Phänomene zur Art und zum Umgang mit Teil, Anteil und Ganzem werden die in den Interviews eingesetzten Aufgaben überarbeitet und mit weiteren Aufgaben zu Brüchen (und zur Multiplikation) für einen schriftlichen Test zusammengestellt: In zwei weiteren Klassen 6 einer Gesamtschule wird eine erste Version des Tests durchgeführt. Dabei besteht das Forschungsziel darin, die in den Interviews gemachten Beobachtungen zunächst explorativ auch in größerer Breite zu erfassen, aber auch u. U. weitere Phänomene zu identifizieren (Erfassung der *Lernendenperspektive*).

Der Test wird überarbeitet und in sieben weiteren 6. Klassen verschiedener Schulformen eingesetzt, um die Aufgaben zu testen. Die schriftlichen Dokumente aus dieser Testversion werden gesichtet und noch existierende Schwierigkeiten (Formulierung und Aussagemöglichkeit der Test-Items) in der Version des Haupttests berücksichtigt. Gleichzeitig werden neue Aufgaben ergänzt.

Phase VIII: Durchführung der Paper-Pencil-Test-Studie

Der nochmals überarbeitete Test wird in acht 7. Klassen verschiedener Schulformen eingesetzt. (*Erfassung von Lernendenperspektiven*). Hierbei liegt der Schwerpunkt auf der Erfassung von Lernständen *nach der systematischen Behandlung der Brüche im Unterricht*, weshalb auf die Jahrgangsstufe 7 ausgewichen wird.

Phase IX: Datensichtung der Paper-Pencil-Test-Studie

Phase X: Datenauswahl und Datenaufbereitung (Transkription)

Die Interviews und Testdaten werden im Hinblick auf den Forschungsfokus gesichtet und es werden besonders aussagekräftige Aufgaben und Episoden für eine vertiefte Analyse ausgewählt. Weitere Interviewepisoden werden transkribiert.

Phase XI: Vertiefte Datenauswertung / Vernetzung der Perspektiven

Die ausgewählten Aufgaben und Transkripte werden vertieft analysiert. Dabei werden die Erkenntnisse aus den Analysen der unterschiedlichen Erhebungen sowohl aufeinander als auch auf die fachlichen Inhalte bezogen (*Lernendenperspektive* und *Fachliche Klärung*).

2.3 Realisierung der Interviewstudie (Phasen IV-VI)

In diesem Abschnitt wird das Design der Interviewstudie dargestellt und vor dem Hintergrund der in Abschnitt 2.1 dargestellten Methodendiskussion verortet. Darüber hinaus werden sowohl die Rahmenbedingungen als auch die Durchführung der Studie dargestellt. Dabei wird hier aufgrund ihres besonderen Status auf die detaillierte Schilderung des Designs der Vorstudie verzichtet. Für eine kurze Darstellung der Vorstudie (Phasen I-III) s. Kapitel 3.

2.3.1 Design der Interviewstudie

Die Interviewstudie dient dazu, Prozesse der Weiterentwicklung von individuellen Vorstellungen und Vorgehensweisen zu erheben. Damit referiert sie auf die Lernendenperspektive im Modell der Didaktischen Rekonstruktion und den Anspruch, subjektive Sinnkonstitutionen zu erfassen (vgl. Abschnitt 2.1.1 und 1.1). Dabei erscheint das Interview als geeignet, Bearbeitungsprozesse zu erheben: Interviews werden, z. T. mit unterschiedlichen Bezeichnungen und Ausprägungen im Hinblick auf die Befragungsform, in vielen mathematikdidaktischen Untersuchungen eingesetzt und oftmals als klinische Interviews bezeichnet (Beck / Maier 1993). Dabei lassen sich verschiedene Ausprägungen unterscheiden, deren Ausgestaltung unter anderem vom Erkenntnisinteresse abhängt (z. B. Lamnek 2005, Flick 2009).

Im Rahmen der vorliegenden Studie erscheinen die Leitfadeninterviews, speziell halbstandardisierte Interviews, als geeignete Erhebungsmethode (Flick 2009): Beim Leitfadeninterview liegt der Erhebung ein vorab konzipierter Fragebogen zugrunde (vgl. Lamnek 2005). Im Gegensatz zu standardisierten Verfahren haben die Interviewkandidaten in halbstandardisierten Untersuchungen die Gelegenheit, ihre individuellen Sichtweisen auf ein bestimmtes Thema hin zu äußern. Da das Ziel der vorliegenden Arbeit die Erfassung der Strategien und Vorstellungen der Lernenden ist, erscheinen geschlossene Verfahren für diesen Zweck als ungeeignet.

Gleichzeitig sollen auch individuelle Sichtweisen in Bezug auf ein spezielles mathematisches Konstrukt – den flexiblen Umgang mit Brüchen – untersucht werden. Diese Tatsache verlangt nach einer thematischen Orientierung sowie gezielter Impulse, die Denkweisen überhaupt explizit zu formulieren. Gleichzeitig sollen auch in etwa vergleichbare Rahmenbedingungen geschaffen werden, so dass sich die Bearbeitungswege verschiedener Individuen in gewissem Maße vergleichen lassen. Aus diesem Grunde eignen sich völlig offene Formen der Erhebung, wie z. B. das narrative Interview (vgl. z. B. Flick 2009), ebenfalls nicht. Im Folgenden wird die Interviewform genauer methodisch verortet, wobei auf Kriterien von Lamnek (2005) Bezug genommen wird (Lamnek 2005, S. 348-352 bzw. S. 383).

Die Bezugnahme auf Qualitätskriterien und deren Konkretisierung bzw. Realisierung orientiert sich dabei der Forderung von Steinke (2000) entsprechend an der Angemessenheit dieser Kriterien für den Forschungsgegenstand, hier „flexibler Umgang mit Brüchen" (vgl. Steinke 2000, S. 323 f.).

Konkretisierung und Einordnung der verwendeten Interviews

Bei der hier gewählten Sozialform des Interviews handelt es sich um *Partnerinterviews*. Dies hat gewisse Vor-, aber auch Nachteile für die Untersuchung: Eine Interviewsituation kann für manche Lernende eine ungewohnte und komische Situation sein. Durch die gleichzeitige Befragung zweier Lernender ergibt sich die Möglichkeit, dass diese auf natürliche Weise miteinander kommunizieren

2.3 Realisierung der Interviewstudie (Phasen IV-VI)

können und die Interviewerin sich aus dem Gespräch weitgehend zurückziehen kann: Fragen seitens der Lernenden können zunächst zurückgespiegelt werden und bringen nicht die Interviewerin in die Rolle des Erklärers. Ein Nachteil kann darin bestehen, dass durch die gleichzeitige Befragung zweier Lernender nicht beide Bearbeitungsprozesse gleich intensiv beobachtet werden können (vgl. Selter / Spiegel 1997, S. 106). Diese Phänomene müssen bei der Auswertung der Daten berücksichtigt werden.

Unter dem Begriff der *Offenheit* versteht man, dass der Forscher nicht von vornherein den Gegenstand theoretisch strukturiert und das Subjekt und dessen Wirklichkeit nicht einbezieht, sondern dass der Forschungsgegenstand durch die befragten Subjekte konstituiert wird (vgl. Lamnek 2005, S. 348). Zwar wird in dieser Erhebung ein aufgabenstrukturierter Leitfaden genutzt, der bestimmte Ausschnitte aus dem untersuchten Themenfeld berücksichtigt, jedoch soll den Lernenden innerhalb der Interviews der Raum gegeben werden, ihre individuellen Sichtweisen zu artikulieren und auch selbst bestimmte für sie relevante Aspekte anzusprechen. Dies ist ausdrücklich erwünscht und wird ihnen zuvor auch so vermittelt. Die Interviewerin hält sich während der Bearbeitung der Aufgaben nach Möglichkeit im Hintergrund, kann aber jederzeit flexibel auf einzelne Aussagen der Lernenden z. B. mit weiteren Fragen oder Impulsen reagieren (Ad-hoc-Fragen; vgl. Hussy et al. 2010, S. 217). Diese Orientierung an den Bearbeitungsprozessen der Lernenden bewirkt somit auch, dass die Dauer der Interviews schwankt. Insgesamt besteht eine weitestgehende Offenheit.

Der Aspekt der *Kommunikation* bezieht sich auf die Form der Erhebung. So kann der Interviewer in den Diskurs einbezogen sein oder diesen nur beobachten (vgl. Lamnek 2005, S. 349). In der hier verwendeten Form des Interviews ist die Interviewerin zu einem gewissen Grad in den Diskurs einbezogen und orientiert sich an einem aufgabenstrukturierten Leitfaden. Darüber hinausgehend ergänzt sie diesen flexibel durch weitere Fragen an die Lernenden.

Mit *Prozesshaftigkeit* wird die Art des Forschens angesprochen. Im Falle der hier durchgeführten Interviews ist die Forscherin in die Erhebungssituation eingebunden und wird damit selbst Teil des Forschungsprozesses und -ergebnisses (vgl. Lamnek 2005, S. 349 f. und Steinke 2000): Sie nimmt zum einen eine Beobachterrolle im Prozess ein, zum anderen gibt sie aber auch gelegentliche inhaltliche Inputs und Impulse, die sich auf die konkreten Prozesse beziehen und damit über reine Leitfadeninterviews hinausgehen.

Explikation bezieht sich neben der Offenlegung der einzelnen Schritte im Forschungsprozess (Transparenz der verwendeten Methoden etc.) darauf, dass auf die Äußerungen der Interviewten im Prozess eingegangen werden kann und diese dazu aufgefordert werden können, ihre Aussagen zu explizieren. Hier kann der Interviewer durch verschiedene methodische Hilfsmittel versuchen, die Äußerungen der Interviewten genauer zu erfassen und ihm zunächst unklar erscheinende Aussagen explizieren zu lassen (vgl. Lamnek 2005, S. 350 f.): In der hier gewählten Interviewform sind Verständnisfragen seitens der Interviewerin unbedingt notwendig. Ihr Ziel ist, mehr darüber zu erfahren, wie Lernende die Zusammenhänge zwischen Teil, Anteil und Ganzem denken und weiterentwickeln. Dazu ist sie darauf angewiesen, dass ihr die Lernenden ihre Ideen, Vorstellungen und Überlegungen möglichst detailliert schildern und sie gegebenenfalls Rückfragen stellen oder weitere Aspekte ansprechen kann. Nur so kann sie ein möglichst detailliertes Bild von den Vorstellungen der Lernenden gewinnen.

In die Konzipierung der Interviews sind *theoretische Konzepte* eingeflossen, die bereits in Kapitel 1 der vorliegenden Arbeit dargestellt wurden: Ausgangspunkt aus normativer Perspektive sind die Grundvorstellungen zu Brüchen (Abschnitt 1.2.1), welche sich als komplexe Konstrukte erweisen. Daher werden sie in der vorliegenden Arbeit als Zusammenhänge zwischen Teil, Anteil und Ganzem beschrieben. Diese Zusammenhänge werden über das Bilden und Umbilden von Einheiten hergestellt und analysierbar (vgl. Abschnitt 1.6), wobei die Qualität des Ganzen und die Art der Konstellation ebenfalls berücksichtigt werden müssen (Abschnitt 1.5.2 bzw. 1.7). Für die Konzipierung der Interviewaufgaben ergibt sich die Notwendigkeit der Berücksichtigung dieser Konzepte: Sie wird dadurch erfüllt, dass Aufgaben zu verschiedenen Konstellationen und verschiedenen Qualitäten des Ganzen entwickelt wurden (vgl. auch die Steckbriefe und Sachanalysen zu den Aufgaben in Abschnitt 2.6).

Nachfolgend werden die Rahmenbedingungen und die Durchführung der Interviewstudie dargestellt.

2.3.2 Interviewstudie: Rahmenbedingungen und Durchführung

Die Interviews wurden im Winter 2008 in einem Mathematik-Vertiefungskurs der Jahrgangsstufe 6 einer Gesamtschule in Nordrhein-Westfalen von der Verfasserin der vorliegenden Arbeit durchgeführt. An dieser Schule wird den Schülerinnen und Schülern eine Auswahl an Kursen angeboten, von denen sie einen vertieft – mit zwei Unterrichtsstunden mehr als üblich pro Woche – auswählen können. Dabei handelt es sich um einen Differenzierungskurs, der über den festen Klassenverband hinweg besteht. Somit sind in diesem Mathematikkurs im Vergleich zu den regulären Kursen zum größten Teil Lernende, die ein ausgeprägteres Interesse an Mathematik haben. Teilweise, aber nicht durchgängig, zeigen sie auch höhere Leistungen als die anderen Schülerinnen und Schüler ihrer Gesamtschule mit normalem Einzugsgebiet.

Die Bruchrechnung wurde zum ersten Mal im Winter 2008 eingeführt. Zuvor hatte die Klasse erste Erfahrungen mit Dezimalzahlen gesammelt (Runden und Ordnen von Dezimalzahlen; Umrechnen von Größen). Die Vorstellung von Brü-

2.3 Realisierung der Interviewstudie (Phasen IV-VI)

chen als Relativer Anteil war bis dahin nicht Gegenstand einer systematischen Behandlung im Unterricht, welcher der Lernumgebung nach Barzel et al. (2012) folgte. Die Interviews setzten parallel zu dieser Unterrichtsreihe ein, nachdem die Schülerinnen und Schüler erste Erfahrungen mit Brüchen gesammelt hatten (vgl. Tab. 2-2 für eine Übersicht über die Inhalte; die vertieft ausgewerteten Interviewepisoden entstammen den Interviewterminen II bzw. III).

Stunden 1-10 (vor Interview-Termin II, d. h. Interviews I-5 bis I-9)
• **gerechtes Teilen** eines Ganzen: Bruch als Beschreibung einer **Verteilungssituation** (Zähler = zu verteilende Dinge, Nenner = Anzahl der Personen, die sich etwas teilen);
• **Flexibilisierung:** Variation der **Anzahl der Personen**; **gleiche Anteile können unterschiedlich aussehen**;
• **Vergleich von Stammbrüchen** in Verteilungssituationen („An welchem Tisch will man lieber sitzen?") und an Bildern, später ganz ohne Bild;
• **bildliches Ergänzen zum** Ganzen mit beliebigen Anteilen (dürfen sich Schülerinnen und Schüler selber aussuchen);
• Verteilungssituationen mit **mehreren Ganzen**;
• Anteile von **verschiedenen Flächen und Körpern** einzeichnen
Stunden 11-17 (vor Interview-Termin III, d. h. Interviews I-10 bis I-12)
• **Vertiefung I:** Verteilungssituationen mit mehreren Ganzen, Anteile von verschiedenen Flächen und Körpern einzeichnen; Bruchteile vergleichen (auch kürzbare Nicht-Stammbrüche);
• **Vertiefung II:** Warum kann 1/4 unterschiedlich aussehen und unterschiedlich groß sein?
• Untersuchen von **Mischungsverhältnissen** (angebahnt, aber noch nicht systematisiert und vertieft)

Tabelle 2-2: Lerngelegenheiten zu Brüchen im Unterricht nach Barzel et al. (2012)

Die Interviews erstreckten sich insgesamt bis kurz vor Weihnachten und bis auf zwei nahmen alle Lernenden (18 Schülerinnen und Schüler) an den Interviews, die über die verschiedenen Sitzungen inhaltlich leicht variiert wurden, mindestens einmal teil.

Die Zusammenstellung der Interviewpaare wurde in Absprache mit dem Mathematiklehrer der Klasse vorgenommen. Dabei waren zwei Kriterien ausschlaggebend: Zum einen sollten die Lernenden gut miteinander arbeiten können und zum anderen sollten sie in etwa gleichstarke Partner im Hinblick auf ihre Leistungen im Mathematikunterricht sein. Das wiederholte Teilnehmen einzelner Schülerinnen und Schüler an den Interviews ist organisatorischen Faktoren geschuldet (z. B. Krankheit einzelner Schülerinnen und Schüler). Wenn Lernende an zwei Interviews teilnahmen und die Aufgabenstellungen sehr ähnlich beibehalten wurden, so wurde dies bei der Analyse der Interviews berücksichtigt. Während der Interviews stellte die Interviewerin nach Möglichkeit nur Verständnis- und Rückfragen bzw. weiterführende Fragen und vermied nach Möglichkeit Wertungen, um die Schülerinnen und Schüler nicht zu sehr auf sich zu fixieren und damit den Bearbeitungsprozess der einzelnen Aufgaben zu beeinflussen. Die Interviews wurden videographiert.

2.4 Realisierung der Paper-Pencil-Test-Studie (Phasen VII-IX)

In diesem Abschnitt wird das Design der schriftlichen Erhebung (Paper-Pencil-Test) dargestellt und vor dem Hintergrund der in Abschnitt 2.1 dargestellten Methodendiskussion verortet. Darüber hinaus werden sowohl die Durchführung als auch die Rahmenbedingungen der Studie dargestellt.

2.4.1 Design der Paper-Pencil-Test-Studie

Der schriftliche Test soll dazu dienen, *Lernstände* von Lernenden zum Umgang mit Brüchen in größerer Breite zu erheben. Hier werden den Lernenden Aufgaben gestellt, um in ihren schriftlich festgehaltenen Lösungswegen, Bildern und Antworten ihren Umgang mit Brüchen zu analysieren, d. h. zu untersuchen, welche Beziehungen sie zwischen den drei Komponenten Teil, Anteil und Ganzes herstellen. Es handelt sich dabei um die Untersuchung eines Ist-Zustandes nach der unterrichtlichen Behandlung, der Aufschluss über die Fähigkeiten der Schülerinnen und Schüler, aber auch über verpasste Lernchancen geben kann.

Schriftliche Tests lassen sich gut einsetzen, um Aussagen über Phänomene in größerer Breite zu erhalten. Obgleich sie meist der quantitativen Perspektive zugerechnet werden, können sie auch in qualitativen Untersuchungen genutzt werden (z. B. die schriftliche offene Befragung; vgl. Hussy et. al. 2010, S. 225). Dabei sind die Fragestellungen häufig so, dass die Testpersonen ihre Gedanken frei äußern können, so dass sie in gewisser Weise die Antworten, die sie in einem Interview geben würden, nun aufschreiben müssen. Offene Fragen werden auch z. T. mit geschlossenen Fragen kombiniert. Beim hier genutzten Test variiert der Grad der Offenheit von Aufgabe zu Aufgabe (s. u.).

Aufgrund eines iterativen Forschungsprozesses und im Einklang mit einem Forschungsvorhaben, das versucht, konsequent die Lernenden-, die Fachperspektive und die didaktische Strukturierung aufeinander zu beziehen (vgl. Abschnitt 2.2 zu den Phasen, die diesem Dissertationsprojekt zugrunde liegen) wurde der Test in mehreren Durchgängen optimiert: Durch die Erkenntnisse aus vorangehenden

2.4 Realisierung der Paper-Pencil-Test-Studie (Phasen VII-IX) 91

Testversionen und halbstandardisierten klinischen Partnerinterviews wurden einige Aufgaben sowohl sprachlich als auch inhaltlich überarbeitet und wieder andere ausgelassen und z. T. durch neue Aufgaben ersetzt. Die Vorgängerversionen werden hier nicht dargestellt. Allerdings werden hin und wieder besonders bemerkenswerte Produkte von Lernenden aus den Vorgängerversionen (und einer Nachtestversion) des Haupttests zur Illustration und Ergänzung der beobachteten Phänomene herangezogen, um ein möglichst umfassendes Bild zur Beantwortung der Forschungsfragen zeichnen zu können.

Der *Haupttest* setzt sich aus sieben Aufgaben (darunter auch eine ausgewiesene „Knobelaufgabe") zusammen, von denen vier vertieft ausgewertet wurden.

Da das Forschungsinteresse am Test trotz des Blicks in die Breite auch vor allem qualitativ ist und der Rekonstruktion subjektiver Denkweisen und Strukturierungen dient, werden im Folgenden dieselben methodologischen Kriterien von Lamnek (2005) wie für die Verortung der Interviewstudie herangezogen (vgl. Abschnitt 2.3.1). Ergänzt werden diese Kriterien durch Kriterien zur Einordnung von Aufgaben nach Sundermann / Selter (2006).

Das Kriterium der *Explikation* wird in der vorliegenden Arbeit für die schriftliche Erhebung durch die *Kriterien Offenheit und Informativität* zur Analyse von Aufgaben erfüllt (vgl. Sundermann / Selter 2006, S. 74 ff.): Die Fragen sind in einer schriftlichen Erhebung zwar notwendigerweise fest vorgegeben und umfassen damit spezielle, festumschriebene Phänomene. Allerdings kann ein gewisser Grad an Offenheit erreicht werden, z. B. im Hinblick auf das Ergebnis: Neben Aufgaben, zu denen es ein eindeutiges Ergebnis gibt (z. B. die Zahllösungen zu Aufgabe 2), werden Aufgaben eingesetzt, bei denen das Ergebnis nicht eindeutig vorgegeben ist. So können z. B. für die Aufgaben 3 und 4 (Ergänzen eines flächigen Teils zum Ganzen) verschiedene Realisierungen vorgenommen werden. Damit ist eine weitgehende Offenheit erreicht.

Das Kriterium der Informativität wird in der Aufgabenformulierung berücksichtigt. Die Schülerinnen und Schüler sind bei ihren Antworten nicht auf vorgegebene Antwortformate wie etwa beim Multiple-Choice-Verfahren festgelegt: Informative Aufgaben lassen verschiedene Lösungswege zu bzw. fordern diese explizit ein, wie z. B. Aufgabe 2 (Zeichnungen / Erläuterungen der Lösung).

In die Konzipierung des Tests sind entsprechend wie bei der Konzipierung der Interviewaufgaben (vgl. Abschnitt 2.3) *theoretische Konzepte* eingeflossen.

Die *Perspektive der Befragten* ist nur bedingt gegeben; durch die Pilotierung des Tests konnten mögliche Schwierigkeiten und Verständnisprobleme bei der Bearbeitung zwar z. T. antizipiert werden, allerdings ist dies nicht individuell für jeden Schüler / jede Schülerin möglich. Dadurch, dass es sich um eine schriftliche Erhebung handelt, sind Rück- und Verständnisfragen zu den Aufgaben durch die Schülerinnen und Schüler während der Testdurchführung nur bedingt möglich. Die Forscherin ist zunächst nicht in den eigentlichen Prozess des Testverfahrens involviert. Die Teilnahme am Prozess geschieht allerdings über die Festlegung der Durchführung und der erlaubten Hilfestellungen, die bei Bedarf gegeben werden dürfen.

Nachfolgend werden die Rahmenbedingungen und die Durchführung der Paper-Pencil-Test-Studie dargestellt.

2.4.2 Paper-Pencil-Test-Studie: Rahmenbedingungen und Durchführung

Der schriftliche Test wurde in acht Klassen der Jahrgangsstufe 7 an fünf Schulen verschiedener Schultypen in Nordrhein-Westfalen im Herbst / Winter 2009 durchgeführt. Insgesamt nahmen 180 Schülerinnen und Schüler teil. Aus dieser Gruppe musste eine Klasse aus der Wertung genommen werden, da hier die Umstände der Testerhebung nicht genügend methodisch kontrolliert werden konnten. Damit ergibt sich für die vorliegende Auswertung eine Stichprobe von 153 Schülerinnen und Schülern.

Die Wahl fiel auf eine Erhebung in Klasse 7, da bis zu diesem Zeitpunkt im Allgemeinen wesentliche Inhalte zu Brüchen im Unterricht behandelt worden sind. Zu diesen Inhalten gehören Erfahrungen mit verschiedenen Grundvorstellungen zu Brüchen und Operationen sowie die syntaktische Durchführung von Operationen wie Addition und Subtraktion (vgl. Ministerium für Schule, Jugend und Kinder des Landes Nordrhein-Westfalen 2004, S. 8 f.). Durch die Befragung der Fachlehrerinnen und -lehrer wurde darüber hinaus eine grobe Einschätzung der Aufgaben des Tests durch die Lehrpersonen erhoben. Dabei wurden die in dieser Arbeit vertieft ausgewerteten Aufgaben inhaltlich als bekannt angegeben (bis auf eine Klasse, in der Item 2c als unbekannt angegeben wurde; dort fanden allerdings auch fünf Lernende die richtige Zahllösung).

Die Testdurchführung selbst wurde von Studierenden vorgenommen, die in die Vorgehensweisen bei der Datenerhebung spezifisch eingewiesen wurden. Für den Test wurde insgesamt ein Zeitrahmen von 45 Minuten festgelegt.

2.5 Datenauswahl für die vertiefte Analyse

In diesem Abschnitt wird die Auswahl der Daten für die vertiefte Analyse dargestellt und begründet. Dies wird sowohl für die Items der schriftlichen Erhebung als auch für die Interviewepisoden vorgenommen.

2.5 Datenauswahl für die vertiefte Analyse 93

Der Test im Originallayout, die Interviewaufgaben und die Transkripte sowie Transkriptionsregeln werden in der vorliegenden Arbeit nicht vollständig abgedruckt, können aber bei der Autorin angefragt werden.

2.5.1 Auswahl der Interviewepisoden für die vertiefte Analyse

Für die vertiefte Analyse wurden mehrere längere Episoden aus den Interviews mit drei Paaren von Schülerinnen und Schülern ausgewählt: Interview I-5 *(Ramona und Jule)*, Interview I-8 *(Simon und Akin)* sowie Interview I-10 *(Melanie und Laura)*. Die Ergebnisse der Analyse werden in den Kapiteln 7 und 8 detailliert dargestellt: Dabei werden die Analysen nicht zusammenhängend, dem Interviewverlauf folgend, chronologisch dargestellt. Vielmehr richtet sich die Darstellung nach den in den Interviews bearbeiteten inhaltlichen Aspekten zum Umgang mit Brüchen. Damit stellt die Aufgabenebene die Analyseeinheit dar. Um die Chronologie der Interviews dennoch zu erhalten, werden im Folgenden die Gesamtverläufe dieser drei Interviews dargestellt:

Interview I-5: Ramona und Jule

Ramona und Jule verfügen über gute Kenntnisse zu Brüchen. Sie können sehr gut ihre Gedanken und Ideen verbalisieren und ausargumentieren. Dabei gehen sie sehr reflektiert vor.

Das Interview, aus dem die Episode zur Aufgabe *Ergänzen zum Ganzen (Quadrat)* vertieft analysiert wurde, umfasst insgesamt ca. 28:49 Minuten (Zeitdifferenzen kommen durch Überleitungen zwischen den einzelnen Episoden zu Stande): Die erste Episode des Interviews stellt die Bearbeitung der *Bonbonaufgabe I* dar, bei der der Teil bzw. Anteil von einem diskreten Ganzen bestimmt werden soll. Diese umfasst ca. 10:40 Minuten und endet in der erfolgreichen Lösung der Aufgabe. Im Anschluss wird die in Abschnitt 7.6.1 vertieft ausgewertete Aufgabe *Ergänzen zum Ganzen (Quadrat)* bearbeitet (ca. 10:44 Minuten). Hier soll zeichnerisch das Ganze zu vorgegebenem Teil und Anteil bestimmt werden. Dieser Episode folgt die Bearbeitung der Aufgabe *Merves Problem*, in der über den Zusammenhang von Teil, Anteil und Ganzem argumentiert werden soll (ca. 6:15 Minuten). Diese Aufgabe lösen die Mädchen nicht vollständig.

Interview I-8: Simon und Akin

Simon und Akin verfügen beide im Umgang mit Brüchen über solide Kenntnisse. Vor allem Simon kann seine Gedanken gut verbalisieren. Zum Zeitpunkt des Interviews haben die Jungen bereits einige unterrichtliche Lerngelegenheiten zu Brüchen gehabt (vgl. Abschnitt 2.3.2). Aus dem Interview, das ca. 48:31 Minuten dauert, wurden vier Aufgaben für eine vertiefte Analyse ausgewählt:

Das Interview beginnt mit der in Abschnitt 7.3.1 vertieft ausgewerteten *Bonbonaufgabe I* (ca. 11:45 Minuten). Dieser folgt die ebenfalls vertieft ausgewertete Aufgabe *Ergänzen zum Ganzen (Quadrat)*, für deren Bearbeitung die Jungen ca. 8:09 Minuten benötigen (vgl. Abschnitt 7.6.2). Im Anschluss bearbeiten sie eine ähnliche Aufgabe, bei der im linearen Modell (Strecke) ein Teil zeichnerisch zum Ganzen ergänzt werden muss (ca. 9:03 Minuten). Abschließend lösen sie die beiden in den Abschnitten 8.2 bzw. 7.3.2 vertieft ausgewerteten Aufgaben *Merves Problem (Quadrat)* sowie die *Bonbonaufgabe II*. Die Bearbeitung dieser beiden Aufgaben dauert ca. 7:00 bzw. ca. 11:45 Minuten. Die Tatsache, dass die *Bonbonaufgabe II* erst zum Schluss des Interviews bearbeitet wird, ergibt sich daraus, dass es sich hierbei um eine schwierigere und mathematisch weitreichendere Aufgabe handelt.

Interview I-10: Laura und Melanie

Laura und Melanie sind zwei gute Schülerinnen, die ihre Gedanken und Überlegungen sehr gut mündlich verbalisieren können. Auch im Umgang mit Brüchen verfügen beide über solide Kenntnisse. Aus dem Interview, das ca. 38:06 Minuten dauert, wurden insgesamt drei Aufgaben für eine vertiefte Analyse ausgewählt:

Als erstes bearbeiten die Schülerinnen die in Abschnitt 7.3.3 vertieft ausgewertete *Bonbonaufgabe I* (ca. 6:20 Minuten) sowie die in Abschnitt 7.6.3 ebenfalls vertieft ausgewertete Aufgabe *Ergänzen zum Ganzen (Quadrat)*. Für die Bearbeitung der zweiten Aufgabe benötigen Laura und Melanie ca. 10:51 Minuten. An diese Aufgabe schließt sich die Bearbeitung der Aufgabe *Merves Problem (Quadrat)* an (ca. 12:14 Minuten): Die Mädchen können hier zwar zu den Anteilen richtig argumentieren, führen allerdings die Entscheidung über die Richtigkeit der Lösung letztendlich auf die Interpretation der Aufgabenstellung zurück.

Als letztes bearbeiten die Mädchen die *Bonbonaufgabe II* (ca. 7:02 Minuten), die in Abschnitt 7.3.4 vertieft analysiert wird.

Zwischen Individualität und größerer Breite

Ein Schwerpunkt liegt auf den Interviews mit Akin und Simon bzw. Laura und Melanie, welche fast vollständig am Transkript vertieft analysiert wurden. Diese vertieften Analysen werden gelegentlich durch das Heranziehen von kurzen Episoden aus anderen Interviews an geeigneten Stellen ergänzt bzw. gestützt.

Die Auswahl der drei vertieft analysierten Interviews begründet sich zum einen in der beobachtbaren *Vielfalt der für das Forschungsvorhaben relevant erscheinenden Phänomene*, zum anderen in der *Kommunikativität der Lernenden:* Alle drei Paare können sehr gut ihre Gedanken und Überlegungen verbalisieren. Da-

2.5 Datenauswahl für die vertiefte Analyse

bei handeln sie auch häufig ohne Impuls der Interviewerin ihre Bearbeitungen miteinander aus. Durch die Konzentration auf zwei Interviews können Bearbeitungsprozesse über mehrere Aufgaben hinweg betrachtet werden. Dies ist für den Forschungsfokus relevant, denn somit werden Bearbeitungen über verschiedene Konstellationen und verschiedene Qualitäten vom Ganzen *durch ein Interviewpaar* beobachtbar und vergleichbar. Gleichzeitig können *Prozesse von unterschiedlichen Paaren* miteinander verglichen werden. Die so entstehenden Interviews ermöglichen daher vielfältige Einblicke in individuelle Vorstellungen von Lernenden.

Über die *individuellen Bearbeitungsprozesse* einzelner Interviewpaare hinausgehend verweisen die Interviews auch auf *allgemeinere Phänomene im Hinblick auf den Forschungsfokus*: Die Auswahl der Interviews erfolgte – wie auch die sich anschließende vertiefte Datenauswertung – durch eine Verschränkung von Test- und Interviewdaten (vgl. allgemein Abschnitt 2.1.2; für die Darstellung der Datenauswertung Abschnitt 2.7.2). Einige Interviewepisoden zeigen dabei auch Phänomene auf, die sich in den schriftlichen Bearbeitungen in größerer Breite nachweisen lassen und können damit als mögliche Erklärungsansätze für die schriftlichen Produkte hinzugezogen werden. Damit ist die mögliche Verschränkung und Vergleichbarkeit der Analyse mit den vertieft ausgewerteten Testitems ein weiteres Auswahlkriterium für die Interviewepisoden.

Überblick über die vertieft ausgewerteten Interviewaufgaben

In den zwölf Interviews wurde je eine Auswahl aus insgesamt neun Aufgaben eingesetzt, von denen vier im Rahmen der Analysen der Episoden vertieft ausgewertet wurden. Dabei unterscheiden sich einzelne der neun Interviewaufgaben teilweise z. B. lediglich in der Art des vorgegebenen Teils (z. B. Dreieck oder Quadrat beim Ergänzen zum Ganzen).

Aus den Erfahrungen mit den Interviewaufgaben wurden z. T. Konsequenzen für die Formulierung der Testaufgaben gezogen. Daher unterscheiden sich Test- und Interviewaufgaben in einigen Details. Eine Übersicht über die vertieft analysierten Interviewaufgaben gibt Abb. 2-1.

Aufgabe I1: Bonbonaufgabe I
Ole und Pia haben zusammen 16 Orangenbonbons. Ole hat 6 Orangenbonbons. Er behauptet: "Ich habe $\frac{1}{4}$ von unseren Bonbons." Kann das stimmen? Wie viele Bonbons sind denn $\frac{1}{4}$ von 16 Bonbons? Wenn es nicht stimmt: Wie viele Bonbons müssten Ole und Pia zusammen haben, damit Oles 6 Bonbons $\frac{1}{4}$ aller Bonbons sind? Wie viele Bonbons müssten die beiden haben, damit Oles 6 Bonbons $\frac{1}{8}$ von allen Bonbons wären?
Aufgabe I2: Bonbonaufgabe II (nur mündlich gestellt)
Wenn die 6 Bonbons, die Ole hat, $\frac{2}{3}$ von allen Bonbons sind, die Ole und Pia zusammen haben, wie viele Bonbons haben die beiden zusammen?
Aufgabe I3: Ergänzen zum Ganzen (Quadrat)
Das ist ein Drittel: □ Wie könnte dann die komplette Form aussehen? / Jetzt ist es ein Viertel / ein Sechstel □ □ Wie könnte jetzt das Ganze aussehen?
Aufgabe I4: Merves Problem
Merve findet die Aufgabe doof: "Aber das macht doch keinen Sinn! Die Aufgabe ist doch total doof! Das kann doch gar nicht sein, dass das Quadrat da gleichzeitig ein Drittel **und** ein Sechstel ist! Die Stücke sind doch beide Male gleich groß.... Und $\frac{1}{6}$ ist doch immer kleiner als $\frac{1}{3}$, oder nicht?!" Sie hat die Aufgabe so gelöst: Was sagst du zu Merves Lösung? Was hat sie sich gedacht? Was würdest du ihr sagen? Hat sie die Aufgabe richtig gelöst?

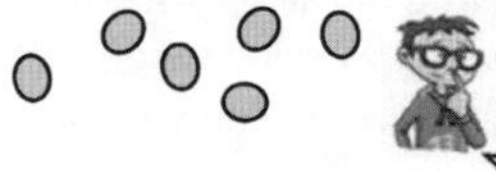

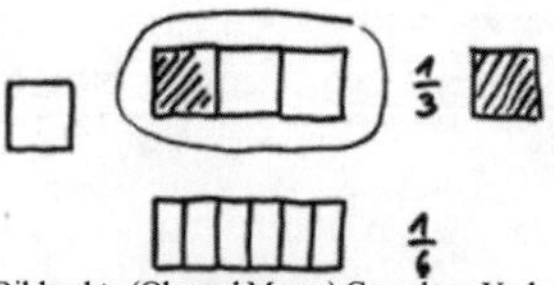

(Bildrechte (Ole und Merve) Cornelsen-Verlag)

Abb. 2-1: Überblick über die vertieft ausgewerteten Interviewaufgaben

2.5.2 Auswahl der Test-Items für die vertiefte Analyse

Für die Auswahl der vertieft ausgewerteten Test-Items waren folgende Kriterien handlungsleitend:

Bearbeitungshäufigkeit der Aufgaben: Für die Analyse wurden die Aufgaben ausgewählt, bei denen die Mehrheit der Schülerinnen und Schüler zumindest zu einem Teilbereich Bearbeitungen vorgenommen haben. Dahinter steckt die Entscheidung, dass für eine Beschreibung von Denk- und Bearbeitungswegen von Lernenden keine Aufgaben in die vertiefte Analyse einbezogen werden sollten, die diese vielleicht nicht von der Aufgabenstellung her verstanden haben (oder für die sie nicht genügend Bearbeitungszeit hatten).

Möglichkeit der Bezugnahme auf Ergebnisse der Interviews: Aufgrund der beabsichtigten Verschränkung mündlicher Daten (Bearbeitungsprozessanalyse vor der unterrichtlichen Behandlung) und schriftlicher Daten (Dokumentation von Lernständen nach der unterrichtlichen Behandlung), sollten die vertieft ausgewerteten Daten vom mathematischen und inhaltlichen Kern möglichst vergleichbar sein (s. a. Abschnitt 2.5.1).

Bearbeitung der Aufgaben im Hinblick auf deren intendierten mathematischen Kern: Zu einigen Aufgaben haben viele Lernende kreative Lösungen formuliert bzw. die Aufgabenstellung vermutlich anders verstanden, als diese intendiert war. Zum Zwecke der Beschränkung auf das Wesentliche wird daher auf die aufwändige Auswertung dieser Aufgaben in den Kapiteln 4 bis 8 verzichtet.

Nachfolgend in Abbildung 2-2 werden die vertieft ausgewerteten Testaufgaben abgedruckt.

Aufgabe 1
a) Färbe zuerst $\frac{1}{4}$ vom Kreis in blau.
b) Färbe dann noch $\frac{1}{6}$ vom Kreis in einer anderen Farbe.
c) Welchen Bruchteil vom Kreis hast du insgesamt gefärbt? Antwort: _____

Aufgabe 2		Simon, Tugba und Melanie haben sich Bonbons gekauft.
a) Simon sagt:	Ich habe $\frac{5}{8}$ von den Bonbons gegessen, die ich gekauft habe.	Wie viele Bonbons hat Simon gegessen? Erkläre, wie du das herausfindest und zeichne ein Bild dazu.
b) Tugba sagt:	Ich habe 6 Bonbons gegessen. 6 Bonbons sind $\frac{1}{4}$ von den Bonbons, die ich gekauft habe.	Wie viele Bonbons hat Tugba gekauft? Erkläre, wie du das herausfindest und zeichne ein Bild dazu.
c) Melanie sagt: 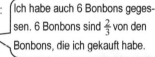	Ich habe auch 6 Bonbons gegessen. 6 Bonbons sind $\frac{2}{3}$ von den Bonbons, die ich gekauft habe.	Wie viele Bonbons hat Melanie gekauft? Erkläre, wie du das herausfindest und zeichne ein Bild dazu.

Aufgabe 3	In dieser Aufgabe kannst du ohne Lineal zeichnen.

a) Tobi und seine Freunde haben sich Erdbeer-Sahne-Kuchen gekauft. Tobis Stück ist $\frac{1}{3}$ vom ganzen Kuchen. Unten hat er sein Stück aufgezeichnet.
Wie könnte der ganze Kuchen aussehen? Zeichne ihn!

b) Mara und ihre Freundinnen haben sich auch Erdbeer-Sahne-Kuchen gekauft. Maras Stück ist $\frac{1}{6}$ vom ganzen Kuchen. Unten hat sie ihr Stück aufgezeichnet. Es ist genauso groß wie Tobis Stück. Wie könnte der ganze Kuchen aussehen? Zeichne ihn!

c) Tobi wundert sich:

Komisch! Mein $\frac{1}{3}$ Kuchen ist genauso groß wie das $\frac{1}{6}$ von Mara. Aber das geht doch gar nicht: $\frac{1}{3}$ ist doch größer als $\frac{1}{6}$! Ich stelle mir das so vor:

Hilf Tobi: Wann ist $\frac{1}{3}$ größer als $\frac{1}{6}$?
Und wie kann das sein, dass hier die Stücke gleich groß sind?

Aufgabe 4	In dieser Aufgabe kannst du ohne Lineal zeichnen.

Das Dreieck unten ist ein Viertel. Wie könnte das Ganze aussehen? Zeichne es!

Jetzt ist das Dreieck ein Achtel. Wie könnte das Ganze jetzt aussehen? Zeichne es!

Abb. 2-2: Übersicht über die vertieft ausgewerteten Testitems

2.6 Sachanalysen der vertieft ausgewerteten Aufgaben

Im Folgenden werden die Sachanalysen zu den einzelnen Aufgaben dargestellt, um diese theoretisch vor dem in Kapitel 1 dargestellten Forschungsinteresse zu verorten: So elementar und geschlossen die Analysen auch erscheinen mögen, so facettenreich sind die tatsächlichen möglichen Lösungen hinsichtlich der aktivierten individuellen Vorstellungen, Darstellungen, strukturellen Betrachtungen und hergestellten Zusammenhänge. So kann es durchaus auch weitere individuelle Mischformen oder Strategien geben, wie zum Beispiel das unsystematische oder systematische Probieren verschiedener Zahlenkombinationen. Gerade Lernende, für die die mathematischen Inhalte der Aufgaben neu sind, nähern sich der Lösung der Aufgaben auf ihren eigenen individuellen Wegen (wie die Auswertungen in den Kapiteln 5 bis 8 ausführlich zeigen). Die hier dargestellten Lösungswege stellen daher nur Beispiele ohne Anspruch auf Vollständigkeit dar. Die Darstellung folgt der Reihenfolge der Aufgaben der schriftlichen Erhebung (d. h. in 2.6.1 wird Aufgabe 1 dargestellt, in 2.6.4 Aufgabe 4). Sich entsprechende Testitems und Interviewaufgaben werden jeweils gemeinsam analysiert.

Die Analyse der Aufgaben orientiert sich an dem in Kapitel 1 entwickelten theoretischen Rahmen, indem sowohl die Konstellation als auch die Qualität des Ganzen berücksichtigt wird. Der Fokus der Analyse liegt auf dem Nutzen und Herstellen der Zusammenhänge zwischen Teil, Anteil und Ganzem und dem damit verbundenen Bilden von Einheiten (vgl. auch das conceptual analytic model für die vertiefte Analyse der Interview- und Testdaten in Abschnitt 2.1 bzw. 2.7).

2.6.1 Einzeichnen bzw. Ablesen von Anteilen bzw. Teilen im Kreis

In Aufgabe 1 (vgl. Abb. 2-3) geht es um die *Konstellationen I* bzw. *II* (vgl. Abschnitt 1.7): die Identifizierung und das Einzeichnen von zwei vorgegebenen Anteilen (beides Stammbrüche) in einen in 12 gleich große Stücke unterteilten Kreis (Items 1a und 1b) bzw. das Ablesen des auf diese Weise insgesamt gefärbten Anteils vom Kreis (Item 1c).

Diese Aufgabe ist eine leicht veränderte Version einer Aufgabe, die bereits in anderen Untersuchungen eingesetzt worden ist (vgl. z. B. Hasemann 1981, 1986a, Wartha 2007). Dabei hat sich diese Aufgabe in den Untersuchungen von Hasemann als eine

> „Schlüsselaufgabe zur Überprüfung des Verständnisses der Schüler erwiesen, und zwar sowohl im Hinblick auf die Rechenoperation ‚Addition von Bruchzahlen' im Vergleich mit dem Zusammenfügen von Bruchteilen als auch im Hinblick auf die Vorstellungen der Schüler von den Brüchen (Herstellen eines

Bruchteiles bei gegebenem Bruch und Erkennen des dargestellten Bruchteiles aus der gefärbten Kreisfigur)." (Hasemann 1986a, S. 20).

Den Schülerinnen und Schülern steht zum Lösen dieser Aufgabe keine auswendig gelernte Regel zur Verfügung, wie es z. B. bei Kalkülaufgaben in der Regel der Fall ist (vgl. Hasemann 1986a). Im Hinblick auf die Diagnose von Lernständen lässt sich die Aufgabe als eine verstehensorientierte Aufgabe mit relativ offenem Lösungsweg (bezogen auf die Items 1a und 1b) charakterisieren.

Aufgabe 1				
a) Färbe zuerst $\frac{1}{4}$ vom Kreis in blau. b) Färbe dann noch $\frac{1}{6}$ vom Kreis in einer anderen Farbe. c) Welchen Bruchteil vom Kreis hast du insgesamt gefärbt? Antwort: _____				
Item	Konstellation	gegebene Komponenten		Schema
1a	I Teil gesucht	Anteil 1/4	Ganzes kontinuierlich strukturiert	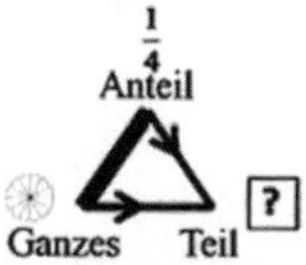 $\frac{1}{4}$ Anteil Ganzes Teil [?]
1b	I Teil gesucht	Anteil 1/6	Ganzes kontinuierlich strukturiert	 $\frac{1}{6}$ Anteil Ganzes Teil [?]
1c	II Anteil gesucht	Teil 5 kontinuierlich strukturiert	Ganzes kontinuierlich strukturiert	 [?] Anteil Ganzes Teil

Abb. 2-3: „Steckbrief" für Test-Aufgabe 1: Verortung innerhalb des Theorierahmens

Das Ganze in den Items 1a bzw. 1b ist ein in 12 gleichgroße Segmente unterteilter Kreis; d. h. es handelt sich um ein (intern) strukturiertes kontinuierliches Ganzes. Durch die Einteilung des Ganzen kann dieses potenziell in kleinere Einheiten „zerbrochen" werden. In Item 1a soll vom gesamten Kreis der zum Anteil 1/4 gehörige Teil identifiziert und eingezeichnet werden; in Item 1b soll analog für den Anteil 1/6 vorgegangen werden. Beide Items erfordern somit einen Übersetzungsprozess vom symbolischen Ausdruck hin zur graphischen Darstellung.

2.6 Sachanalysen der vertieft ausgewerteten Aufgaben   101

Für das Identifizieren des Teils kann der Kreis auf unterschiedliche Arten strukturiert werden, die sich im Hinblick auf das Nutzen der in der Kreisfigur angelegten Strukturen unterscheiden. Im Folgenden werden verschiedene Wege zur Bearbeitung von Item 1a bzw. 1b dargestellt. Dabei wird die in Kapitel 1 vorbereitete Sprache und Analysebrille (conceptual analytic model) im Hinblick auf die Zusammenhänge zwischen Teil, Anteil und Ganzem genutzt:

Weg 1 für Item 1a und 1b:
Einheiten nutzen – das Ganze diskret sehen

Der Fokus kann auf die Einteilung des Kreises, d. h. die Struktur des Ganzen, gelegt werden. Dabei ergeben die 12 Kreissegmente zusammen das Ganze und es steht nicht die kontinuierliche Einheit des Kreises im Vordergrund, sondern die durch die Struktur entstehenden Stücke als Einheiten: Der Kreis wird deutbar als Gruppe diskret gedachter Kreissegmente (Interpretation 2 eines kontinuierlichen strukturierten Ganzen; vgl. Abschnitt 1.5.2).

Der Anteil kann dann auf die Gesamtanzahl der Kreissegmente bezogen werden: Damit kann die Anzahl der relevanten einzufärbenden Kreissegmente für das Viertel beispielsweise durch die Rechnung 1/4 · 12 berechnet werden. Hierbei wird der Anteil relativ auf ein Ganzes bezogen, das aus mehreren Teilen besteht. Analog kann auch für den Anteil 1/6 vorgegangen werden. Als eine weitere ähnliche Umsetzung ist die Übersetzung des Problems „Wie viel ist 1/4 von 12?" in die Divisionsaufgabe 12 : 4 möglich (für 1/6 entsprechend).

Eine weitere Lösung, die die 12 Teile nutzt, besteht darin, den Bruch 1/4 (bzw. entsprechend 1/6) zu übersetzen als „jeder vierte" bzw. „jedes vierte Segment" (Grundvorstellung vom Bruch als Quasiordinalzahl bei Malle 2004) und so abzählend zu dem Ergebnis 3 zu gelangen. Dabei kann zum einen die reine Zahlreihe genutzt werden (jede vierte Zahl merken, die Anzahl dieser Zahlen durchzählen und anschließend entsprechend viele Kreissegmente färben) als auch direkt in der Zeichnung jedes vierte Segment markiert werden, so dass unzusammenhängende Viertel entstehen können. Noch ein anderer Lösungsansatz besteht darin, den Anteil 1/4 (bzw. 1/6) auf 3/12 (bzw. 2/12) zu erweitern. Bei dieser Lösung liegt der Fokus eher auf der Erhaltung eines Verhältnisses (z. B. auf Zahlebene zwischen Zähler und Nenner des Bruches).

Weg 2 für Item 1a und 1b:
Einheiten wegdenken – das Ganze kontinuierlich sehen

Bei 1/4 handelt es sich um einen in der Alltagswelt der Schülerinnen und Schüler geläufigen Bruch, der im Kreis die Aktivierung einer gewissermaßen prototypischen (eventuell auswendig gelernten, spontanen) Vorstellung ermöglicht. So kann bei der Strukturierung des Kreises beispielsweise in Assoziation an die meist runde Form eines Zifferblatts einer Uhr an die Einteilung einer Stunde in Viertelstunden gedacht werden. Diese Struktur kann dann auf den vorgegebenen Kreis übertragen werden, ohne dass die interne Einteilung des Kreises berücksichtigt werden müsste (s. a. Hasemann 1986a). Dabei wird der Anteil wie auf ein kontinuierliches Ganzes bezogen gedeutet (vgl. Abschnitt 1.5.2).

Für das Einzeichnen von 1/6 des Kreises (Item 1b) sind die für 1/4 bereits diskutierten Strategien zwar grundsätzlich auch denkbar, sie sind jedoch teilweise schwieriger durchzuführen: Für 1/6 existieren in der Regel keine so direkten und unmittelbaren mentalen Repräsentationen im Kreis (von einer Sechstelstunde spricht man im Allgemeinen nicht). Somit ist das Einzeichnen von 1/6 mit der Vorstellung des Bruchs als Teil eines (kontinuierlichen) Ganzen schwieriger als für 1/4.

Im Einzelfall kann bei alleiniger Betrachtung der schriftlichen Endprodukte ohne eine Rückfrage an den Verfasser / die Verfasserin nicht entschieden werden, welcher der beiden Sichtweisen auf den Kreis die der konkreten Zeichnung zugrunde liegende Strategie zuzurechnen ist. Dennoch weisen einige Dokumente Elemente auf, die (immer noch mit einer interpretativen Unschärfe behaftet) eher für die eine oder andere Perspektive sprechen.

Item 1c: Ablesen eines Anteils

In Item 1c wird der entgegengesetzte Übersetzungsprozess zwischen graphischer Darstellung und symbolischem Ausdruck gefordert: Hier muss der vom Kreis gefärbte Anteil abgelesen werden. Um das Ergebnis 5/12 zu bestimmen, bietet es sich an, die interne Struktur des Kreises zu berücksichtigen und abzählend zur Lösung zu gelangen: So können 12 Kreissegmente als Ganzes identifiziert werden. Von diesen 12 Segmenten sind als Summe aus den beiden Items 1a und 1b bei richtiger Lösung insgesamt fünf Segmente gefärbt, d. h. ergeben zusammen den Teil, der auf das Ganze bezogen werden muss. Damit muss als zusätzliche Leistung die Addition von Flächen als für die Aufgabe relevant erkannt werden, d. h. die Tatsache, dass beide gefärbten Teile aus 1a und 1b zusammen den Teil ergeben, für den nun nach dem zugehörigen Anteil gefragt wird. Die Beziehung zwischen Teil und Ganzem kann somit mit dem Anteil 5/12 ausgedrückt werden.

Schließlich ließe sich das Ergebnis der Aufgabe auch rein rechnerisch lösen: Hierzu müsste von der bildlichen komplett in die symbolische Ebene über gewechselt werden. Dann ergibt sich der gefragte Anteil als rechnerisch bestimmte Summe der beiden Brüche 1/4 und 1/6. Ergebnisse empirischer Studien zeigen jedoch, dass dieser Weg in der Praxis eher nicht zu erwarten ist, da Lernende im Allgemeinen kaum eine Verbindung zwischen dem Term und der zeichnerischen Repräsentation herstellen (siehe z. B. Hasemann 1981, 1986a).

2.6.2 Bestimmen des Teils bzw. des Ganzen für Mengen

Bei den Interviewaufgaben I1 / I2 und der Testaufgabe 2 (vgl. Abb. 2-4 und 2-5) geht es um die *Konstellationen I* bzw. *III* (vgl. Abschnitt 1.7): die Bestimmung des Teils zu einem diskreten Ganzen und einem (Nicht-)Stammbruch-Anteil (Aufgabe I1 und Item 2a) bzw. die Bestimmung des Ganzen zu einem diskreten Teil und (Nicht-)Stammbruch-Anteil (Aufgabe I1, I2 und Items 2b, 2c). Item 2c entspricht strukturell Item 2b (entsprechend: Teile von I1, I2). Der Unterschied besteht darin, dass der Anteil kein Stammbruch ist. Es ergeben sich dennoch ähnliche Lösungswege.

Die Aufgabe stellt überwiegend eine Standardaufgabe dar und erscheint insgesamt geschlossen (sowohl auf den Ausgangszustand als auch auf das Ergebnis bezogen). Allerdings sorgt der Auftrag zur Beschreibung des Rechenwegs wie auch zum Anfertigen eines erklärenden Bildes für eine Öffnung der Aufgabe: Auf diese Weise können Schülerinnen und Schüler ihre eigenen Wege explizieren (vgl. das Kriterium der Informativität nach Sundermann / Selter 2006, S. 79 ff.).

Die Testversion (Abb. 2-5) unterscheidet sich in mehreren Punkten von der ursprünglichen Interviewversion (Abb. 2-4) der Aufgabe: Da die interviewten Schülerinnen und Schüler sich im regulären Unterricht bis zum Zeitpunkt der Interviews fast ausschließlich mit Verteilungssituationen auseinandergesetzt und aus diesem Grunde noch keine systematischen Erfahrungen mit diskreten Ganzen (wie hier durch die Bonbons repräsentiert) im Unterricht gemacht hatten, wurden als Anteile einfache Stammbrüche gewählt. Im Vergleich zu den Schülerinnen und Schülern, die an dem Test teilgenommen haben, handelte es sich für sie um eine Erarbeitungsaufgabe, für deren Lösung sie nicht bereits über fertige Verfahren verfügten (vgl. Abschnitt 1.1.2 und 2.1.1 zur Begründung der Betrachtung von Lernständen und Bearbeitungsprozessen).

Die Testversion wurde zunächst sprachlich deutlich einfacher gestaltet. Darüber hinaus wurde das Bestimmen eines Nicht-Stammbruch-Anteils von einer Gruppe aufgenommen (Item 2a). Dafür wurde auf den zweiten Stammbruch-Anteil der Interviewversion verzichtet. Die Aufforderung zum Anfertigen einer Zeichnung wurde explizit in die Aufgabenstellung aufgenommen, da sich das beim Zeichnen notwendige Strukturieren der Situation in den Interviews als hilfreich erwies (vgl. Abschnitt 7.3). Die *Bonbonaufgabe II* wurde im Interview nur mündlich gestellt.

Aufgabe I1: Bonbonaufgabe I
Ole und Pia haben zusammen 16 Orangenbonbons. Ole hat 6 Orangenbonbons. Er behauptet: „Ich habe $\frac{1}{4}$ von unseren Bonbons."   Kann das stimmen? Wie viele Bonbons sind denn $\frac{1}{4}$ von 16 Bonbons?   Wenn es nicht stimmt: Wie viele Bonbons müssten Ole und Pia zusammen haben, damit Oles 6 Bonbons $\frac{1}{4}$ aller Bonbons sind? Wie viele Bonbons müssten die beiden haben, damit Oles 6 Bonbons $\frac{1}{8}$ von allen Bonbons wären?   (Bildrechte (Ole) Cornelsen-Verlag)
Aufgabe I2: Bonbonaufgabe II (nur mündlich gestellt)
Wenn die 6 Bonbons, die Ole hat, $\frac{2}{3}$ von allen Bonbons sind, die Ole und Pia zusammen haben, wie viele Bonbons haben die beiden zusammen?

Item	Konstellation	gegebene Komponenten		Schema
I1.1	I Teil gesucht	Anteil 1/4	Ganzes 16 diskret	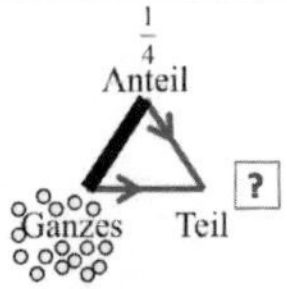 $\frac{1}{4}$ Anteil, Ganzes, Teil ?
I1.2	III Ganzes gesucht	Teil 6 diskret	Anteil 1/4	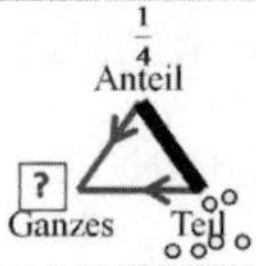 $\frac{1}{4}$ Anteil, ? Ganzes, Teil
I1.3	III Ganzes gesucht	Teil 6 diskret	Anteil 1/8	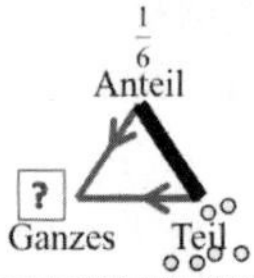 $\frac{1}{6}$ Anteil, ? Ganzes, Teil
I2	III Ganzes gesucht	Teil 6 diskret	Anteil 2/3	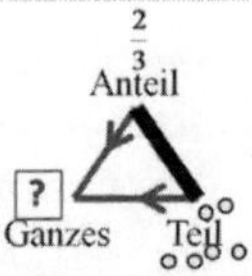 $\frac{2}{3}$ Anteil, ? Ganzes, Teil

Abb. 2-4: „Steckbrief" Interview-Aufgabe I1 / I2: Verortung innerhalb des Theorierahmens

2.6 Sachanalysen der vertieft ausgewerteten Aufgaben

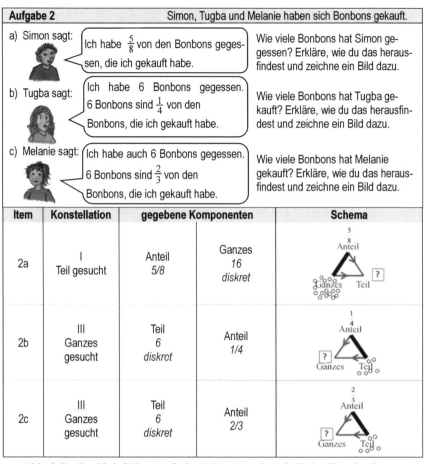

Abb. 2-5: „Steckbrief" Test-Aufgabe 2: Verortung innerhalb des Theorierahmens

Im Folgenden werden aufgrund der übertragbaren mathematischen Struktur nur die Sachanalysen der Testaufgaben dargestellt, da diese auch eine gute Basis für die Analyse der konkreten Lösungen der Lernenden darstellen: Es werden ohne Anspruch auf Vollständigkeit verschiedene Lösungswege beschrieben, wobei sich die Darstellung weitgehend an den im Test am häufigsten vorkommenden richtigen Wegen der Lernenden orientiert.

Weg 1 für Item 2a: Hochrechnen

Bei diesem Weg wird der Anteil als Ausgangspunkt genutzt, um den Teil abzuleiten. Dabei werden zwei Brüche miteinander verglichen: Es wird von den 5/8 ausgegangen. Zähler und Nenner werden mit derselben Zahl multipliziert. Die „Zielzahl" für den Nenner ist dabei die vorgegebene 16, die für das Ganze steht, d. h. es wird das Ganze 8 auf 16 hochgerechnet. Die zugrunde liegende Idee ist, dass die Beziehung zwischen Teil und Ganzem der Beziehung zwischen Zähler und Nenner des Anteils entspricht (der Anteil kann selbst als Teil-Ganzes-Relation gedeutet werden): 5 verhält sich zu 8 wie die unbekannte Bonbonanzahl x zu 16. Da die 8 mit 2 multipliziert wurde, um 16 zu erhalten, muss auch die 5 mit 2 multipliziert werden, um den Wert für x zu erhalten. Das Ergebnis 10 ist der gesuchte Teil (vgl. Abb. 2-6).

Bei diesem Weg steht somit eine Verhältnisgleichheit im Zentrum: Der Bruch 10/16 ist äquivalent zu 5/8, da sich beide durch Hochrechnen ineinander überführen lassen. Damit kann von der konkreten Objektebene auch auf eine Zahlbeziehungsebene abstrahiert werden (d. h. 10 und 16 stehen dann nicht für konkrete Bonbons, sondern die Zahlen werden erst anschließend wieder interpretiert). Darin kann für manche Lernende eine Schwierigkeit liegen (vgl. Abschnitt 7.3).

Neben dieser Interpretation im Kontext des Hochrechnens kann 5/8 auch konkret als eine Menge mit 5 Elementen und eine Menge mit 8 Elementen gedeutet werden (5 *und* 8 und nicht als 5 *von* 8), wobei beide Mengen zueinander in Beziehung gesetzt werden. Syntaktisch entspricht Weg 1 das Erweitern des Anteils.

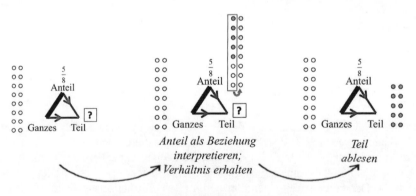

Abb. 2-6: Auf das neue Ganze hochrechnen

2.6 Sachanalysen der vertieft ausgewerteten Aufgaben

Weg 2 für Item 2a: Nutzen von Einheiten

5/8 kann als Multiplikative Teil-Ganzes-Relation (Relativer Anteil) auf das Ganze bezogen werden. Damit wird der Anteil nicht als eigenständige Teil-Ganzes-Relation interpretiert, sondern auf 16, ein neues „äußeres" Ganzes, bezogen. Das „von" aus der Aufgabenstellung wird dann formal als „mal" übersetzt. Die Rechnung, die damit syntaktisch durchgeführt wird, ist 5/8 · 16.

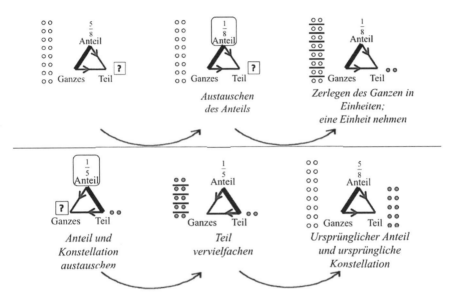

Abb. 2-7: Das Ganze in Einheiten zerlegen und diese vervielfachen

Neben dieser „einschrittigen" Bezugnahme des Anteils auf das Ganze kann dieser auch zerlegt und schrittweise auf das Ganze angewendet werden. Bei dieser Vorgehensweise steht das Zerlegen und Bilden von Einheiten im Vordergrund (s. a. Abschnitt 1.6): Zunächst kann der zum Anteil gehörende Stammbruch genutzt werden. Dabei wird das vorgegebene Ganze in Einheiten zerlegt (d. h. syntaktisch wird durch den Nenner des Anteils geteilt). Anschließend wird eine dieser so erhaltenen Einheiten der Zahl im Zähler entsprechend vervielfacht. Auf diese Weise entstehen fünf Einheiten, die sich jeweils aus zwei Bonbons zusammensetzen und insgesamt den gesuchten Teil ergeben (vgl. Abb. 2-7): Die zugehörige Rechnung lautet 16 : 8 = 2 und 2 · 5 = 10.

Eine zweite Möglichkeit der mehrschrittigen Lösung besteht darin, dass zunächst der Zähler des Anteils auf das ursprüngliche Ganze bezogen und somit das Ganze vergrößert wird – in diesem Fall fünfmal: Damit wird das ursprüngliche Ganze als eine Einheit aufgefasst, aus dem ein neues Ganzes gebildet wird. Anschließend wird dieses neue Ganze in Einheiten zerlegt, deren Anzahl durch den Nenner des Anteils bestimmt wird. Von diesen Einheiten ist eine relevant und gibt die zur Situation gehörige Bonbonanzahl als Lösung an (vgl. Abb 2-8): Hier lautet die zugehörige Rechnung 16 · 5 = 80 und 80 : 8 = 10.

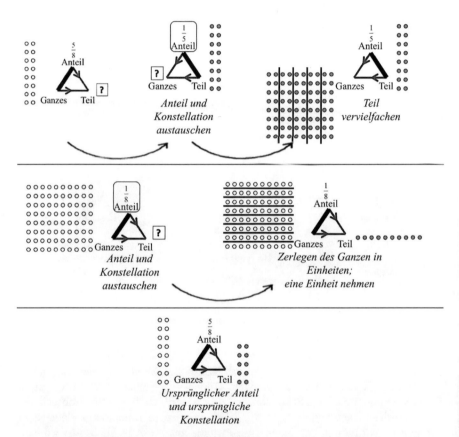

Abb. 2-8: Neues Ganzes bilden und dieses in Einheiten zerlegen

In Bezug auf die Beziehungen zwischen Teil und Ganzem, weisen die beiden letztgenannten Strategien einen entscheidenden Unterschied auf: Während im ersten Fall innerhalb des ursprünglichen Ganzen argumentiert wird, wird im zweiten Fall zunächst ein neues Ganzes gebildet, welches anschließend neu

2.6 Sachanalysen der vertieft ausgewerteten Aufgaben

strukturiert bzw. zerlegt wird (vgl. Abb. 2-7 und 2-8). Dabei ist jedoch zu berücksichtigen, dass es sich bei dieser Analyse um eine Argumentation aus mathematischer Sicht mit dem Fokus auf die Zusammenhänge zwischen Teil, Anteil und Ganzem handelt und die hier dargestellten Zwischenschritte und Konsequenzen für das Ganze demjenigen, der die Aufgabe so löst, nicht unbedingt in der hier dargestellten Weise explizit bewusst sein müssen. Gleichwohl kann ein Blick auf Bearbeitungen aus dieser Perspektive Strukturierungsmöglichkeiten verdeutlichen, die bestimmte Fokusse in Bezug auf die in der Aufgabenstellung gegebenen Zahlen und Elemente legen.

Weg 1 für Item 2b: Hochrechnen

Eine Lösung stellt auch hier das Hochrechnen dar, bei dem das Verhältnis zwischen Zähler und Nenner erhalten wird und der Anteil als eine Teil-Ganzes-Relation mathematisiert werden kann (vgl. Item 2a). Dabei ist die Zielzahl in diesem Fall die 6 im Zähler des Bruches. Das Ergebnis erhält man syntaktisch, indem man 1/4 mit 6 erweitert und den Nenner abliest. Da kein Schüler / keine Schülerin die Aufgabe im Haupttest auf diese Weise gelöst hat, wird hier nicht vertieft auf diesen Lösungsweg eingegangen.

Weg 2 für Item 2b: Nutzen von Einheiten

Das Ganze, d. h. die Gesamtanzahl an Bonbons zum Teil 6 Bonbons und Anteil 1/4 kann syntaktisch über die Multiplikation des Teils mit dem Nenner des Bruches bestimmt werden. Inhaltlich bedeutet das ein Vervielfachen des Teils als Einheit: Wird ein vorhandenes Ganzes vollständig in Viertel zerlegt, so entstehen vier solche Viertel. Alle Viertel zusammen entsprechen dem Anteil 4/4 von diesem Ganzen, d. h. dem Ganzen selbst. Wird dieser Zusammenhang in der umgekehrten Richtung genutzt, so ergibt sich das Ganze als Summe aus allen diesen Vierteln entsprechenden Teilen. Dabei ist der Teil in diesem Fall eine diskrete Menge.

Das Hinzufügen kann auch auf verschiedene Arten realisiert werden: In einem Schritt (den viermal so großen Teil nehmen; vgl. Abb. 2-9), in vier Einzelschritten (vier Einzeladditionen), als Summe aus Teil und Rest (Teil-Teil-Beziehung, s. a. Abschnitt 1.2.3: der Teil zu 1/4 und zu 3/4) oder als wiederholtes Verdoppeln (6, 12, 24). Dabei ist der letzte Weg von den im Anteil vorkommenden konkreten Zahlen abhängig. Insgesamt erfordert dieser Weg wie auch die Teil-Rest-Strukturierung einen tieferen Einblick in strukturelle Zusammenhänge zwischen dem Teil, dem Anteil und dem Ganzen.

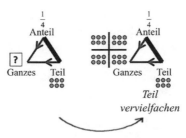

Abb. 2-9: Den Teil als Einheit nutzen

Weg 3 für Item 2b: Den Teil durch den Anteil teilen

Das Ganze kann auch syntaktisch durch die Rechnung 6 : 1/4 erhalten werden. Bei dieser Mathematisierung wird der strukturelle Zusammenhang zwischen den Items 2a und 2b bzw. zwischen den *Konstellationen I* und *III* syntaktisch genutzt. In Item 2a kann das „von" in der Aufgabenstellung als eine Multiplikation des Anteils mit dem Ganzen mathematisiert werden (s. o.). In Item 2b wird dieser Aspekt umgekehrt, da nun das Ganze gesucht ist. Daher kann das Item mit der Umkehroperation gelöst werden: Das Ganze wird aus Teil und Anteil über eine Division rekonstruierbar.

Weg 1 für Item 2c: Hochrechnen

Zur Lösung der Aufgabe kann auch hier der in der Konstellation gegebene Anteil genutzt werden, um eine Verhältnisgleichheit zu erhalten: Die Aufgabe lässt sich so über inhaltliches Hochrechnen bzw. syntaktisches Erweitern von Zähler und Nenner des Anteils mit dem Faktor 3 lösen. Dabei ist die Zielzahl 6 der Zähler des Anteils (vgl. Abb. 2-10). Das kann erneut konkret inhaltlich als Beziehung zwischen zwei Bonbonmengen gedeutet werden (vgl. oben).

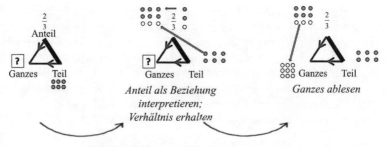

Abb. 2-10: Auf den neuen Teil hochrechnen

2.6 Sachanalysen der vertieft ausgewerteten Aufgaben

Weg 2 für Item 2c: Nutzen von Einheiten

Die Gesamtanzahl an Bonbons zum Teil 6 Bonbons und Anteil 2/3 kann syntaktisch über die Multiplikation des Teils mit dem Nenner des Bruches und anschließender Division durch den Zähler (bzw. zuerst Division und anschließend Multiplikation) bestimmt werden. Auf diese Weise wird wie in Item 2b die Umkehrung der Zerlegung des Ganzen genutzt (vgl. oben).

Je nachdem in welcher Reihenfolge vorgegangen wird, ist die Konsequenz für Teil und Ganzes unterschiedlich: Wird der Teil zunächst als Einheit aufgefasst und dem Nenner entsprechend vervielfacht, so wird das Ganze zum entsprechenden Stammbruch berechnet. Eine anschließende Division durch den Zähler des Bruches bewirkt dann inhaltlich eine Strukturierung dieses Ganzen in so viele Einheiten, wie es der Zähler des Bruches angibt. Eine dieser Einheiten ist das gesuchte Ganze zum vorgegebenen Nicht-Stammbruch (vgl. Abb. 2-11).

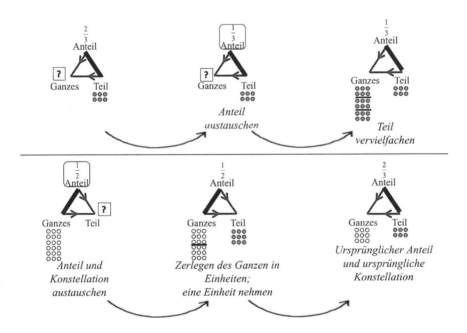

Abb. 2-11: Den Teil als Einheit vervielfachen und das neue Ganze in Einheiten zerlegen

Wird zunächst durch den Zähler dividiert, so wird der vorgegebene Teil als Ganzes behandelt und in so viele Einheiten zerlegt, wie es die Zahl im Zähler des Anteils vorgibt. Eine dieser Einheiten wird dann dem Nenner des Anteils entsprechend vervielfältigt, so dass das gesuchte Ganze erhalten wird (vgl. Abb. 2-12).

Wie auch bereits für Item 2b beschrieben, lässt sich das Ganze syntaktisch durch die Umkehrung der Operation für Item 2a, d. h. durch die Division des Teils durch den Anteil, berechnen (s. o.). Beim Bilden und Vervielfältigen von Einheiten wird in gewisser Weise auch durch den Anteil dividiert (wenn die Rechnung 6 : 2 · 3 durchgeführt wird), jedoch ist dies in diesem Fall nicht explizit, sondern es steht eher das Rechnen mit den einzelnen Komponenten des Anteils als ganze Zahlen im Vordergrund.

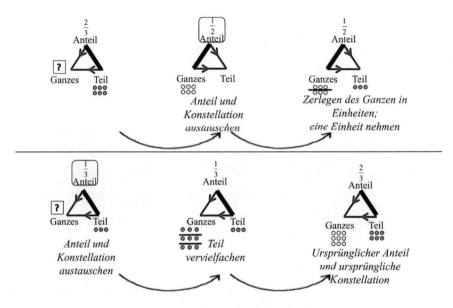

Abb. 2-12: Den Teil in Einheiten zerlegen und diesen neuen Teil vervielfachen

Im Vergleich zu Item 2b ist bei Item 2c die Mathematisierung des Zählers, d. h. dessen Interpretation und Einbindung in die Berechnung des Ganzen, explizit notwendig, während bei dem Anteil 1/4 die 1 im Zähler weder bei der Division noch bei der Multiplikation ins Gewicht fällt. So würde es im Ergebnis nicht auffallen, ob 6 : 1 · 4 oder fälschlicherweise 6 · 1 · 4 gerechnet würde. Im Falle des Anteils 2/3 muss die zwei im Zähler des Anteils explizit in das Bilden und Vervielfältigen von Einheiten einbezogen werden. Dabei ist die Richtung der

2.6 Sachanalysen der vertieft ausgewerteten Aufgaben

Veränderung entscheidend: Der Zähler bewirkt eine Zerlegung und keine Vervielfachung; syntaktisch muss durch den Zähler geteilt werden.

Dass dies eine kognitive Hürde darstellen kann, zeigen die Bearbeitungen, die in den Abschnitten 7.2 (Produkte) und 7.3.2 (Prozess) analysiert werden.

Eine weitere Lösungsmöglichkeit im Zusammenhang mit einer Zerlegung in Einheiten, ist schließlich auch die Betrachtung einer Teil-Teil-Beziehung (Wie viel fehlt noch zum Ganzen?). Dabei wird erneut die Strukturierung des Ganzen in Einheiten durch den Nenner des Bruches genutzt: Damit ein Ganzes entsteht, fehlt zu 2/3 noch 1/3. Zur Bestimmung dieses Drittels kann der vorgegebene Teil halbiert werden. Anschließend werden beide so entstehenden Teile addiert.

Zeichnerische Lösungen für die Items 2a, 2b und 2c

Schließlich sind neben rein rechnerischen Bearbeitungen auch bildliche Lösungen möglich (die in diesem Fall explizit in der Aufgabenstellung gefordert wurden).

Bilder können durch viele Eigenschaften charakterisiert werden, die über die in der Situation veranlagten mathematischen Aspekte hinausgehen: Sie können z. B. konkret-gegenständlich oder abstrakt sein; sie können verschiedene Darstellungsmittel (Kreis, Rechteck, Punkte, ..., kontinuierlich oder diskret, Mischformen in unterschiedlichen Ausprägungen; vgl. auch Abschnitt 1.5.2) nutzen oder Rechnung und Bild integrieren, indem Bilder oder Bildausschnitte z. T. wie mathematische Symbole in Rechnungen verwendet werden. Konkrete Beispiele findet man in den Abschnitten 5.3 und 7.2).

2.6.3 Zeichnerisches Ergänzen eines flächigen Teils zum Ganzen (Quadrat)

Bei diesen Aufgaben (vgl. Abb. 2-13 und 2-14) geht es um *Konstellation III* (vgl. Abschnitt 1.7). Dabei gliedern sich die Aufgaben in zwei grundsätzlich von den Anforderungen her verschiedene Bereiche: So bilden die Items 3a / 3b bzw. die Aufgabe I3 eine Einheit; Item 3c bzw. Aufgabe I4 knüpfen an diese an.

Der Kern der Items 3a und 3b bzw. der Aufgabe I3 ist die zeichnerische Konstruktion des Ganzen zu einem gegebenen flächigen Teil. In Item 3c bzw. Aufgabe I4 müssen die Konstellationen aus 3a und 3b bzw. I3 miteinander verglichen und aufeinander bezogen werden, wodurch eine komplexe Argumentation aus zwei Blickwinkeln notwendig wird (Inter-Perspektive; vgl. Abschnitt 1.7.5). Es handelt sich um Aufgaben, die vor allem im zweiten Teil offen sind: Zur Lösung gibt es kein Standardverfahren (vgl. das Kriterium der Informativität nach Sundermann / Selter 2006).

Aufgabe I3: Ergänzen zum Ganzen (Quadrat)	
Das ist ein Drittel: ☐ Wie könnte dann die komplette Form aussehen?	Jetzt ist es ein Viertel / ein Sechstel ☐ ☐ Wie könnte jetzt das Ganze aussehen?

Aufgabe I4: Merves Problem

Merve findet die Aufgabe doof:

*Aber das macht doch keinen Sinn! Die Aufgabe ist doch total doof! Das kann doch gar nicht sein, dass das Quadrat da gleichzeitig ein Drittel **und** ein Sechstel ist! Die Stücke sind doch beide Male gleich groß.... Und $\frac{1}{6}$ ist doch immer kleiner als $\frac{1}{3}$, oder nicht?!*

Sie hat die Aufgabe so gelöst:
Was sagst du zu Merves Lösung?
Was hat sie sich gedacht? Was würdest du ihr sagen?
Hat sie die Aufgabe richtig gelöst?

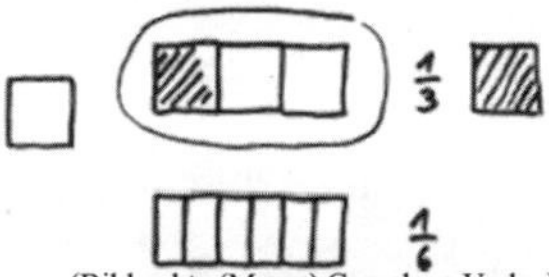

(Bildrechte (Merve) Cornelsen-Verlag)

Item	Konstellation	gegebene Komponenten		Schema
I3a	III Ganzes gesucht	Anteil 1/3	Teil ☐ kontinuierlich (flächig)	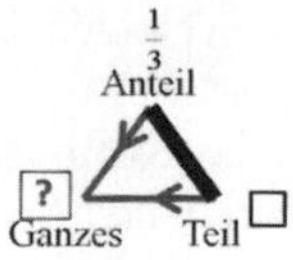 $\frac{1}{3}$ Anteil ? ⟶ Ganzes Teil ☐
I3b.a	III Ganzes gesucht	Anteil 1/4	Teil ☐ kontinuierlich (flächig)	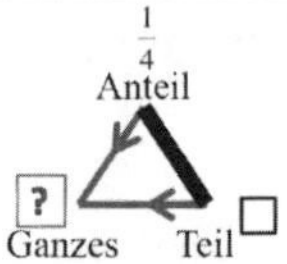 $\frac{1}{4}$ Anteil ? ⟶ Ganzes Teil ☐
I3b.b	III Ganzes gesucht	Anteil 1/6	Teil ☐ kontinuierlich (flächig)	 $\frac{1}{6}$ Anteil ? ⟶ Ganzes Teil ☐
I4	III (Inter-Perspektive)	Anteil 1/3 und 1/6	Teil ☐ kontinuierlich (flächig)	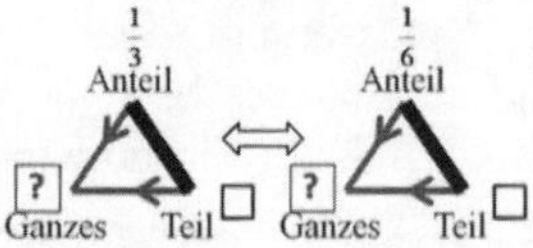 $\frac{1}{3}$ Anteil $\frac{1}{6}$ Anteil ? ⟶ ⇔ ? ⟶ Ganzes Teil☐ Ganzes Teil☐

Abb. 2-13: „Steckbrief" Interview Aufgabe I3 / I4·
Verortung innerhalb des Theorierahmens

2.6 Sachanalysen der vertieft ausgewerteten Aufgaben

Aufgabe 3	In dieser Aufgabe kannst du ohne Lineal zeichnen.
a)	Tobi und seine Freunde haben sich Erdbeer-Sahne-Kuchen gekauft. Tobis Stück ist $\frac{1}{3}$ vom ganzen Kuchen. Unten hat er sein Stück aufgezeichnet. Wie könnte der ganze Kuchen aussehen? Zeichne ihn!
b)	Mara und ihre Freundinnen haben sich auch Erdbeer-Sahne-Kuchen gekauft. Maras Stück ist $\frac{1}{6}$ vom ganzen Kuchen. Unten hat sie ihr Stück aufgezeichnet. Es ist genauso groß wie Tobis Stück. Wie könnte der ganze Kuchen aussehen? Zeichne ihn!
c)	Tobi wundert sich: Komisch! Mein $\frac{1}{3}$ Kuchen ist genauso groß wie das $\frac{1}{6}$ von Mara. Aber das geht doch gar nicht: $\frac{1}{3}$ ist doch größer als $\frac{1}{6}$! Ich stelle mir das so vor: — Hilf Tobi: Wann ist $\frac{1}{3}$ größer als $\frac{1}{6}$? Und wie kann das sein, dass hier die Stücke gleich groß sind?

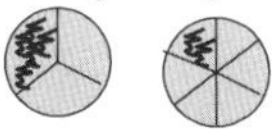

Item	Konstellation	gegebene Komponenten		Schema
3a	III	Anteil 1/3	Teil ☐ kontinuierlich (flächig)	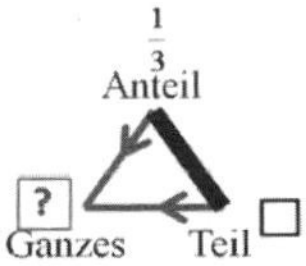 $\frac{1}{3}$ Anteil / ? Ganzes — Teil ☐
3b	III	Anteil 1/6	Teil ☐ kontinuierlich (flächig)	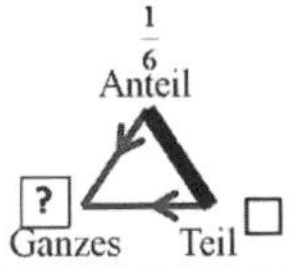 $\frac{1}{6}$ Anteil / ? Ganzes — Teil ☐
3c	III (Inter-Perspektive)	Anteil 1/3 und 1/6	Teil ☐ kontinuierlich (flächig)	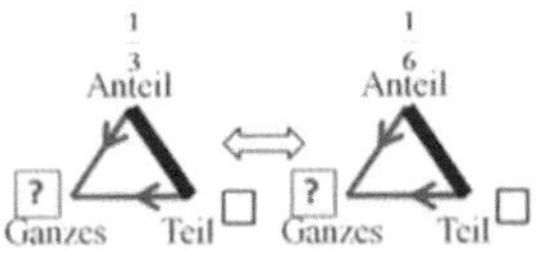 $\frac{1}{3}$ Anteil / ? Ganzes — Teil ☐ ⇔ $\frac{1}{6}$ Anteil / ? Ganzes — Teil ☐

Abb. 2-14: „Steckbrief" Test-Aufgabe 3: Verortung innerhalb des Theorierahmens

Die Testversion dieser Aufgabe unterscheidet sich in einigen Punkten von der Interviewversion: Ein entscheidender Unterschied neben der sprachlichen Präzisierung der Aufgabenstellung besteht darin, dass die Testaufgabe in ihrer letztendlichen Form in einen außermathematischen Kontext – eine Verteilungssituation – eingebettet wurde. Die Kontextanbindung erwies sich als inhaltlicher Anker für die Argumentation zu Item 3c bzw. Aufgabe I4 als hilfreich, wie die Einbeziehung der Lernendenperspektive ergab: So zogen manche Lernende in den Interviews selbständig außermathematische Kontexte heran, um über den Zusammenhang von Teil, Anteil und Ganzem zu argumentieren (s. Abschnitt 7.6.2 und Schink 2009). Als weitere Änderung wurde das Bild von Merve, das ab dem Interviewzeitpunkt II im Zusammenhang mit dem Quadrat als Teil eingeführt wurde, in der Haupttestversion durch ein leichter zugängliches Bild ersetzt.

Auf den Anteil 1/4 (im Original in farbig gesetzt zur Verdeutlichung, dass zu zwei Anteilen jeweils das Ganze bestimmt werden soll) wurde in der Haupttestversion verzichtet, da sich dieser als weniger informativ als die beiden anderen erwies. Ein weiterer Unterschied besteht im Verzicht auf die Nutzung des Wortes „Form" für das Ganze, um den mathematischen Begriff beizubehalten.

Im Folgenden wird aus Gründen der leichten Übertragbarkeit lediglich die Testversion der Aufgabe einer Sachanalyse unterzogen.

Item 3a und 3b: Mögliche Lösungswege

Die Aufgabe besteht in beiden Teilen darin, den ursprünglich gekauften Kuchen zu zeichnen, d. h. mathematisch das Ganze zu dem geometrischen Teil und den Anteilen 1/3 bzw. 1/6 zu bestimmen. Diese Sichtweise auf Teil, Anteil und Ganzes kommt im Unterricht im Vergleich zu der Standardaufgabe, ein gegebenes kontinuierliches Ganzes in Teile zu zerlegen bzw. Anteile dessen zu färben, meist seltener vor. Gleichwohl ist das Format nicht neu (für Aufgaben, bei denen das Ganze zeichnerisch bestimmt werden soll, vgl. z. B. Grassmann 1993b, Peter-Koop / Specht 2011). Durch die ungewohnte Sicht (die Verfügbarkeit von Teil und Ganzem wird getauscht) ist eine Umstrukturierung der Situation notwendig (vgl. Schink 2009). Die hier genutzten Aufgaben binden an die Lernendenperspektive an, indem sie Kenntnisse der Schülerinnen und Schüler, wie z. B. das Wissen über geometrische Objekte und Anteile, nutzen.

Für das Finden eines geeigneten Ganzen müssen mehrere Aspekte gleichzeitig beachtet werden: Die Größe der einzelnen Stücke (d. h. des vorgegebenen Teils und des zum Ganzen fehlenden Teils) muss mit ihrer Anzahl so koordiniert werden, dass insgesamt die richtige Größe für das Ganze erzielt wird. Aus mathematischer Sicht ist dabei die Form der ergänzten Stücke beliebig. Auch die Größe einzelner Stücke und die Anzahl sind nicht relevant, solang insgesamt die Fläche für das „Zielganze" erhalten wird und damit auch die Fläche des vorgegebenen Quadrates 1/3 bzw. 1/6 von der Fläche der neu konstruierten Form beträgt.

Zunächst muss das vorgegebene Stück selbst als ein Teil des gesuchten Ganzen – in Abgrenzung zum Ganzen selbst – interpretiert werden. Darüber hinaus muss überlegt werden, welche Bedingungen an das zeichnerisch zu bestimmende Gan-

2.6 Sachanalysen der vertieft ausgewerteten Aufgaben 117

ze gestellt werden müssen, wenn von dem vorgegebenen Stück ausgegangen wird: So kann eine Lösung gefunden werden, indem überlegt wird, welcher Anteil zum Ganzen fehlt (d. h. Teil-Teil-Relation nutzen): Ist 1/3 gegeben, dann fehlen noch 2/3 zum Ganzen. 2/3 ist im Vergleich zu 1/3 (vom selben Ganzen) doppelt so groß. Das muss dann auch für das noch zum Ganzen fehlende Kuchenstück gelten, d. h. es muss ein Stück ergänzt werden, in das das 1/3-Stück zweimal passt.

Alternativ kann auch die Zerlegung eines Ganzen durch den Anteil genutzt werden: Wenn ein Ganzes aus Dritteln zusammengesetzt wird, dann werden zu seiner Rekonstruktion genau drei Drittel benötigt. Das bedeutet für die Lösung der Aufgabe, dass insgesamt drei Quadrate der vorgegebenen Größe benötigt werden. Diese Vorstellung kann auch vom gerechten Teilen motiviert werden. Die Aufgabenstellung lässt hier viele Gestaltungsmöglichkeiten zu, solange der Anteil des Quadrates am Ganzen erhalten bleibt.

Prinzipiell ebenfalls möglich, aber schwieriger zu realisieren, sind Ansätze zur Skalierung, bei denen das vorgegebene Quadrat um einen bestimmten Faktor gestreckt wird, so dass das gesuchte Ganze entsteht. Dabei wird das Ganze anders als bei den bereits angesprochenen Lösungswegen, bei denen es sich aus einzelnen Teilen zusammensetzt (kontinuierlich-strukturiertes Ganzes), als echt kontinuierliches, d. h. unzerteiltes Ganzes erzeugt (für diese Unterscheidung vgl. auch Abschnitt 1.5.2 zur Qualität des Ganzen).

Für Item 3b ergibt sich aus strukturellen Betrachtungen noch eine zusätzliche Möglichkeit, das Ganze zu konstruieren. So kann der Zusammenhang zwischen den beiden Anteilen in den strukturgleichen Items 3a und 3b genutzt werden: Bei 1/6 wird das Ganze anstatt in drei in sechs Stücke geteilt. Deshalb muss es im Vergleich zu 3a doppelt so viele Stücke geben bzw. das Ganze muss doppelt so groß sein.

Item 3c: Argumentieren zu Zusammenhängen

In Item 3c soll ein scheinbar widersprüchliches Phänomen untersucht und Stellung dazu bezogen werden. Die Schülerinnen und Schüler werden mit der Äußerung von Tobi konfrontiert, der sich wundert, dass sein Kuchenstück zum Anteil 1/3 genauso groß ist wie das Kuchenstück zum Anteil 1/6, obwohl 1/3 ein größerer Anteil als 1/6 ist. Zur Illustration seiner Feststellung zum Größenverhältnis der Anteile wird die Darstellung von 1/3 und 1/6 im Kreis genutzt (Der Kreis wurde als alternatives Darstellungsmittel zum Quadrat gewählt, um die Lösung zu den Items 3a und 3b nicht vorweg zu nehmen. Darüber hinaus ist der Kreis eine gängige Darstellung für Anteile.).

Es wird hier eine mögliche implizite (intuitive) Annahme in Bezug auf Anteile aufgegriffen, über die argumentiert werden soll: Wenn über Anteile geredet wird, so wird 1/6 z. B. häufig als „ein Teil von sechs Teilen" interpretiert. Dabei wird die Anzahl der Teile zu einem Entscheidungskriterium über die Größenordnung von Anteilen: 1/3 ist größer als 1/6, da beim Teilen durch 6 mehr Stücke entstehen und diese dadurch kleiner werden. Dabei wird (implizit) vorausgesetzt, dass in beiden Fällen vom selben Ganzen ausgegangen wird. So suggeriert es auch die gängige Darstellung der beiden Anteile in den in der Aufgabenstellung vorgegebenen Kreisbildern von Tobi (gleich große Kreise).

Anteile müssen sich aber nicht notwendigerweise auf ein und dasselbe Ganze beziehen, sondern können auch unterschiedliche Bezugsgrößen haben. Ist die Größe des Ganzen variabel, so kann 1/6 auch durchaus genauso groß wie 1/3 oder sogar größer sein (vgl. auch Abschnitt 1.5.1 zur Bedeutung des Ganzen als Bezugsgröße). Diese Sichtweise auf Anteile ist z. B. bei der Interpretation von Statistiken oder bedingten Wahrscheinlichkeiten von Bedeutung, wenn Anteile verschiedener Gruppen miteinander verglichen werden.

Das entscheidende Charakteristikum von Aufgabe 3c ist die Notwendigkeit des flexiblen Aufeinander-Beziehens zweier Konstellationen unter verschiedenen Voraussetzungen (gleich große Ganze bzw. unterschiedlich große Ganze; vgl. Abschnitt 1.7.5 zur Inter-Perspektive). Die Situation der unterschiedlich großen Bezugsgrößen ist in den Items 3a und 3b als Argumentationsgrundlage vorbereitet worden und als Phänomen greifbar.

Es kann bei diesem Aufgabenteil z. B. aus zwei Blickwinkeln in Bezug auf den Zusammenhang von Teil, Anteil und Ganzem argumentiert werden: dem der Abhängigkeit des Teils vom Ganzen und dem der Abhängigkeit des Ganzen von dem es erzeugenden Teil. Im Ergebnis ermöglichen jedoch beide Sichtweisen die Argumentation über die Beziehung zwischen Teil, Anteil und Ganzem.

Wenn man z. B. vom Ganzen ausgeht und davon ausgehend den Teil bestimmen soll, so ergibt sich eine typische Verteilungssituation: Das Ganze wird in so viele Stücke zerlegt, wie es der Nenner des Anteils vorgibt. Dabei gilt die Regel, dass je größer der Nenner ist, es desto mehr Stücke werden und jedes einzelne Stück desto kleiner wird. Wird nun vom selben Ganzen ausgegangen, so ist mit dieser Regel eine sehr plausible Erklärung gefunden, warum ein Bruch mit einem größeren Nenner kleinere Stücke vom Ganzen produziert (vgl. Abb. 2-15). Werden allerdings unterschiedlich große Ganze angenommen, so ist die Situation nicht mehr so leicht überschaubar und muss genauer untersucht werden: Geht man von den Stücken aus, so kann überlegt werden, dass ein Ganzes aus 6/6 bzw. 3/3 besteht. Das bedeutet, dass von den Sechsteln doppelt so viele Stücke vorhanden sind. Sind diese Sechstel z. B. genauso groß wie die Drittel, dann ist das Ganze für die Sechstel auch größer.

Der inhaltliche Bezug der Argumentation ist hierbei offen: So kann der konkrete Kuchenkontext aus der Aufgabenstellung herangezogen werden, es kann aber auch z. B. mit Zahlen gearbeitet werden. Darüber hinaus kann verbal oder zeichnerisch argumentiert werden.

Das gleiche Ganze: Doppelt so großes Ganzes:
1/6 ist kleiner als 1/3   1/6 ist genauso groß wie 1/3

Abb. 2-15: Der Zusammenhang zwischen Teil und Ganzem – Dynamik in Item 3c

Item 3c: Wichtige Entscheidungen für die Auswertung

Item 3c wurde in der schriftlichen Erhebung sehr unterschiedlich bearbeitet. Das Format des Argumentierens erscheint auch nach Überarbeitung des Aufgabenformates in einer schriftlichen Erhebung als anspruchsvoll. Darüber hinaus wird in der Aufgabenstellung gleichzeitig nach zwei unterschiedlichen Situationen „Wann ist 1/3 größer?" und „Wie kann es sein, dass es [das Kuchenstück] hier so groß ist wie 1/6?" gefragt. Manche Lernende haben nur eine der beiden Fragen beantwortet. Andere Schülerinnen und Schüler haben argumentieren können, worin der Knackpunkt bei dieser Situation liegt.

Da die Bearbeitungen so sehr unterschiedlich ausfallen und die Antworten z. T. nicht eindeutig interpretiert werden können (z. B. besteht ein Problem darin, dass Lernende vom „Kuchen" sprechen, aber aus den Antworten nicht klar genug hervorgeht, ob es sich dabei z. B. um den gesamten ursprünglich vorhandenen Kuchen oder nur um das Kuchenstück von Tobi handelt), wird auf eine vertiefte Analyse mittels Codierung aller schriftlichen Dokumente zu dieser Aufgabe verzichtet. In Kapitel 8 wird jedoch ein Prozess aus einem Interview dargestellt, welcher durch eine Auswahl von schriftlichen Argumentationen ergänzt wird.

2.6.4 Zeichnerisches Ergänzen eines flächigen Teils zum Ganzen (Dreieck)

Aufgabe 4 ist mathematisch von derselben Struktur wie die Items 3a / 3b: Gegeben ist ein flächiger Teil, von dem bekannt ist, welchen Anteil er vom Ganzen ausmacht. Das Ganze ist gesucht (*Konstellation III*; vgl. Abb. 2-16).

Aufgabe 4	In dieser Aufgabe kannst du ohne Lineal zeichnen.
Das Dreieck unten ist ein Viertel. Wie könnte das Ganze aussehen? Zeichne es!	△
Jetzt ist das Dreieck ein Achtel. Wie könnte das Ganze jetzt aussehen? Zeichne es!	△

Item	Konstellation	gegebene Komponenten		Schema
4a	III Ganzes gesucht	Anteil 1/4	Teil △ kontinuierlich (flächig)	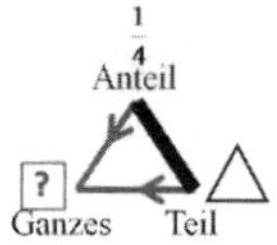 $\frac{1}{4}$ Anteil [?] Ganzes △ Teil
4b	III Ganzes gesucht	Anteil 1/8	Teil △ kontinuierlich (flächig)	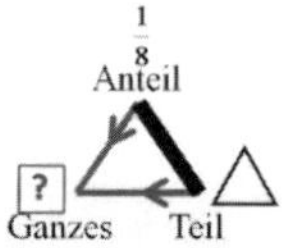 $\frac{1}{8}$ Anteil [?] Ganzes △ Teil

Abb. 2-16: „Steckbrief" Test-Aufgabe 4: Verortung innerhalb des Theorierahmens

Unterschiede zu Aufgabe 3 ergeben sich hinsichtlich dreier Aspekte:

- *Kontext:* Die Aufgabe ist ohne außermathematischen Kontext gestellt.
- *Geometrische Repräsentation des Teils:* Bei der vorgegebenen Form des Teils handelt es sich um ein Dreieck. Diese Form fällt u. U. einigen Schülerinnen und Schülern von der konkreten Ausführung her etwas schwerer als das Zeichnen eines Quadrates, was für die Auswertung berücksichtigt werden muss.
- *Numerische Beschaffenheit des Anteils:* Der Anteil ist hier 1/4 bzw. 1/8. Damit ändert sich zwar der konkrete Anteil, den das Stück als Teil vom Ganzen darstellen soll, im Vergleich zu Aufgabe 3, aber die Grundkonstellation und das Verhältnis der beiden Anteile zueinander bleibt bestehen: 1/4 ist ein doppelt so großer Anteil wie 1/8 und gehört zu einem doppelt so großen Teil (wenn vom selben Ganzen ausgegangen wird).

Unter Berücksichtigung dieser drei Punkte ergeben sich strategisch dieselben Lösungsmöglichkeiten wie für die Items 3a und 3b.

2.7 Datenanalyse

In diesem Abschnitt werden zunächst grundsätzliche methodologische Überlegungen für die Analyse empirischer Daten dargestellt, die sich vor dem in Abschnitt 2.1 entwickelten Forschungshintergrund ergeben. Im Anschluss werden sie für die vorliegenden Interview- und Testdaten vor dem Hintergrund der Abschnitte 2.1 bis 2.5 präzisiert.

2.7.1 Methodologische Überlegungen

Grundlage für die Analyse in der empirischen Forschung stellen Texte dar (vgl. Jungwirth 2003, Beck / Maier 1994). Texte können unterschiedliche Qualitäten haben (z. B. verschriftlichte Gespräche oder Interviews oder schriftliche Notizen, etc.; s. Beck / Maier 1994, S. 43). Dabei wird davon ausgegangen, dass „in einem Text der überdauernde, im System der Sprache grundgelegte Sinngehalt eines Sprechakts festgehalten ist" (Jungwirth 2003, S. 191). Es handelt sich um „schriftliche Fixierung von Sinn" (Beck / Maier 1994, S. 43). Dabei enthält ein Text noch weitere Bedeutungen, als die durch den Verfasser intendierten: Diese sind durch die Interpretation zugänglich, vom situativen Kontext der Äußerung losgelöst und durch die Forscherin deutbar (Jungwirth 2003, S. 191). Somit eignen sich Texte – im Fall der vorliegenden Arbeit Interviewtranskripte und schriftliche Aufgabenbearbeitungen sowie Zeichnungen – dazu, subjektive Sinnkonstitutionen zu rekonstruieren und damit die Lernendenperspektive zum Gegenstandsbereich herauszuarbeiten (vgl. Abschnitt 2.1.2).

Als Textinterpretation wird, der Definition von Text folgend, für die interpretative Forschung bzw. die empirisch arbeitende mathematikdidaktische Forschung das Heben des „Sinngehalt[es] von Texten" (Beck / Maier 1994, S. 43) verstanden. Zunächst muss der Text als solcher gewonnen werden, der anschließend „in ‚Sinnabschnitte' gegliedert [wird], d. h. in Einheiten, die in Hinblick auf den theoretischen Fokus als abgeschlossen gelten können" (Jungwirth 2003, S. 193). Diese Abschnitte werden dann nacheinander interpretiert und miteinander vergleichend analysiert (ebd., S. 193).

Als Verfahren zur Sinnhebung unterscheiden Beck / Maier (1994) vier Verfahren, die sich durch Bedeutung und Ort der Theorie im Analyseprozess und die verfolgten Untersuchungsziele und -zwecke unterscheiden (Beck / Maier 1994, S. 44; vgl. Tab. 2-3). Dabei ist die Angemessenheit des Verfahrens für den untersuchten Gegenstand essentiell (Jungwirth 2003, S. 193; s. a. Steinke 2000).

Beck / Maier (1994) nennen die Explorativ-Charakterisierende Interpretation und die Kategoriengeleitete Interpretation als zwei Verfahren, die theoriegeleitet sind. Hier geht die Forscherin mit einer bereits vorhandenen Theorie an den Text heran und entwickelt diese nicht aus diesem heraus (vgl. Abschnitt 2.1.1). Die Systematisch-Extensionale Interpretation und die Kategorienentwickelnde Interpretation gehen demgegenüber datengeleitet vor, d. h. sie entwickeln die Theorie aus dem Text heraus (Beck / Maier 1994).

Bei der *Kategoriengeleiteten Interpretation* werden vor der Interpretation Kategorien festgelegt, nach denen der Text codiert werden soll. Diese werden über die gesamte Auswertung hinweg nicht verändert. Über die Kategorien ist im Anschluss eine Quantifizierung, d. h. eine globale Beschreibung, generell möglich (Beck / Maier 1994, S. 45).

	Theoriegeleitet	**Datengeleitet**
Lokale Beschreibung: Qualitative Analyse einzelner Phänomene (Fallstudien)	Explorativ-Charakterisierende Interpretation	Systematisch-Extensionale Interpretation
Globale Beschreibung: Quantifizierung möglich (Hypothesenformulierend)	Kategoriengeleitete Interpretation	Kategorienentwickelnde Interpretation

Tabelle 2-3: Übersicht über vier Arten der Textinterpretation nach Beck / Maier (1994)

Die *Explorativ-Charakterisierende Interpretation* ist zwar auch theoriegeleitet, jedoch ist die Art des Forschungsziels anders gelagert, denn dieses bezieht sich auf eine lokale, qualitative Analyse:

„Vielmehr konzentriert sich der Interpret darauf, einzelne Aussagen bzw. Texteinheiten nach komplexeren Sinnzusammenhängen zu ordnen, die er dann in seiner Sprache – paraphrasierend – beschreibt. Dabei stützt er sich, zumeist implizit, vor allem auf mathematische bzw. mathematikdidaktische Vorstellungen und Theorien, die er der Interpretation zugrunde legt."
(Beck / Maier 1994, S. 48 f.).

Dieses Verfahren findet häufig Anwendung zur Erhebung von individuellen Vorstellungen zu Begriffen und Prozessen (Beck / Maier 1994, S. 49 f.).

Als datengeleitete Analyseverfahren nennen Beck / Maier (1994) die Kategorienentwickelnde Interpretation und die Systematisch-Extensionale Interpretation: Bei der *Kategorienentwickelnden Interpretation* werden Kategorien zur Beschreibung des Materials am Text entwickelt, d. h. die Theorie wird aus dem Text heraus gebildet: Die Kategorien werden im Prozess immer weiter angepasst und operationalisiert. Dabei wird zwar auch auf theoretische Konstrukte implizit oder explizit zurückgegriffen, jedoch sollen diese nach Möglichkeit dem Text untergeordnet werden (Beck / Maier 1994, S. 47). Aufgrund der Bildung von operationalisierbaren Kategorien können diese im Anschluss bei Bedarf (aber nicht notwendig) für eine Quantifizierung herangezogen werden (Beck / Maier 1994, S. 48).

Bei der *Systematisch-Extensionalen Interpretation* wird das Datenmaterial in Episoden unterteilt. Der Text wird dann in Schritten von immer kleineren Einheiten analysiert: von der gesamten Szene, über die Episoden bis hin zur Einzel-

2.7 Datenanalyse 123

handlung. Dabei wird versucht, eine mögliche Breite an möglichen Deutungen zu generieren, welche im weiteren Verlaufe in einer Turn-by-Turn-Analyse der Interaktion durch den Vergleich mit nachfolgenden Abschnitten wieder eingeschränkt wird (Beck / Maier 1994, S. 51 f.). Anschließend wird eine Deutung für die gesamte Sequenz angestrebt, welche dann an weiteren Episoden geprüft wird (Beck / Maier 1994, S. 51). Das Verfahren kann auch als sequenzanalytisch beschrieben werden und geht auf das Verfahren der Objektiven Hermeneutik nach Oevermann zurück (s. Beck / Maier 1994, S. 50 und Przyborski / Wohlrab-Sahr 2010, S. 240 f.). Das Verfahren wurde aus der Annahme heraus entwickelt, dass „quantitative Erhebungs- und Auswertungsverfahren bei komplexen Fragestellungen nur begrenzte Erklärungskraft besitzen." (Przyborski / Wohlrab-Sahr 2010, S. 240; vgl. auch Abschnitt 2.1).

In vielen Projekten werden auch Kombinationen von Verfahren angewendet, z. B. erst Systematisch-Extensionale Interpretation, dann Kategorienentwickelnde Interpretation auf dieser Basis.

2.7.2 Verschränkung der Interviewdaten und der Testdaten

Die vorliegende Arbeit nutzt zwei Arten von Daten: verbales Material aus Interviewsituationen, welches für die vertiefte Analyse transkribiert wurde, und schriftliche Dokumente des Tests.

Diese Datenarten wurden in unterschiedlichen Phasen aufeinander bezogen: Zunächst lagen die Daten aus den Interviews vor, die unter der Perspektive der Problematik des Umgangs mit Teil, Anteil und Ganzem am Video analysiert wurden, um konzeptuell spannende Stellen auszumachen. Dieser Fokus floss bereits in die Zusammenstellung der Aufgaben für die Interviews ein und ergab sich aus den Ergebnissen der Vorstudie. Auf Grundlage dieser Szenen wurden Aufgaben für den schriftlichen Test ausgewählt bzw. in den Interviews genutzte Aufgaben wurden überarbeitet.

An den Daten der Vortestversionen wurde begonnen, ein erstes Codierschema zu entwickeln, das sowohl fachliche Aspekte an das Material heranträgt (kategoriengeleitet) als auch die individuelle Lernendenperspektive einbezieht (kategorienentwickelnd). Erste Erkenntnisse dieses Arbeitsprozesses wurden dann wieder mit den verbalen Daten der Interviews in Beziehung gesetzt. Aus dieser Verschränkung wurde der hier genutzte Haupttest konzipiert. An diesem und durch die erneute Sichtung der Interviews wurde das Codierschema weiter entwickelt: Auf der Grundlage der Phänomene aus Test und Interview wurden zunächst einzelne Aufgaben aus zwei Interviews für eine vertiefte Analyse mittels Codierung ausgewählt, welche im weiteren Verlauf durch weitere Szenen ergänzt wurden, da sich bestimmte Phänomene über mehrere Episoden eines Interviews erstreckten und somit ein umfassendes Bild dieser Phänomene aus verschiedenen

Perspektiven gezeichnet werden sollte. So wurden schließlich zwei Interviews fast vollständig vertieft am Transkript analysiert; aus einem weiteren Interview wird ein Bearbeitungsprozess ergänzend vertieft analysiert. Ergänzt wird die Analyse dieser umfangreichen Bearbeitungsprozesse durch das gelegentliche Hinzuziehen von kurzen weiteren Szenen bzw. Aspekten aus anderen Interviews.

Die Analyse und die Ausschärfung der Kategorien und Aspekte wurden so in einem iterativen Prozess am Test- und Interviewmaterial vorgenommen, in dem die Interviewanalysen und die Testanalysen wechselseitig ineinander verzahnt wurden (Für die Verbindung von Interviews und anderen Erhebungsmethoden in der Mathematikdidaktik vgl. auch z. B. Beck / Maier 1993): Die Interviews standen zum einen am Anfang der Beschäftigung mit dem flexiblen Umgang mit Teil, Anteil und Ganzem. Sie sollten die Möglichkeit eröffnen, genauer auf einzelne *Prozesse* zu schauen und diese besser zu verstehen. Zum anderen lenkten dort gemachte Beobachtungen aber auch auf die Frage, welche in den einzelnen Gesprächen beobachteten Phänomene auch *in einer größeren Breite* auftauchen und welche weiteren Bearbeitungen und Vorstellungen darüber hinaus möglich sind. Aus diesem Grund wurde der Test konzipiert. In Bezug auf die schriftlichen Dokumente kann eine Analyse allerdings nur die entstandenen *Endprodukte* erfassen, die zwar z. T. auch dynamischere Lösungswege beinhalten, aber dennoch Prozesse oft nur am Rande erkennen lassen – z. B. durch durchgestrichene Zwischenergebnisse oder erste Lösungsansätze. Komplexe Gedankengänge, Geistesblitze, aber auch Irrwege bei der Lösungsfindung (die manchmal auch gerade zum richtigen Ergebnis geführt haben mögen) lassen sich so im Allgemeinen in den schriftlichen Produkten nicht in der Reichhaltigkeit wie im Interview erkennen, was in der Form der Erhebungsmethode begründet ist. Bei der Analyse des Tests können auch einzelne Lösungswege, die dort eventuell nicht direkt zu verstehen sind, mit Hilfe der qualitativen Analysen einzelner Interviewepisoden besser verstehbar gemacht werden, wobei jedoch stets die Individualität der einzelnen Lernenden berücksichtig werden muss. Das bedeutet, die Interviewanalysen können *Hinweise zur Deutung* der schriftlichen Produkte liefern.

2.7.3 Analyse der Interviewstudie

Die in *Phase X* für die vertiefte Analyse ausgewählten Interviews (vgl. Abschnitt 2.2 für die Darstellung der Phase und Abschnitt 2.5 für die Begründung der Datenauswahl) wurden am Video transkribiert. Den Schülerinnen und Schülern wurden Pseudonyme zugewiesen.

Bei der Transkription wurden auch nonverbale Inhalte, wie die Beschreibungen der Gestik der Schülerinnen und Schüler oder der Interviewerin sowie Abbildungen und Beschreibungen der während des Bearbeitungsprozesses angefertigten Bilder oder Schriftstücke integriert. Diese Transkription wurde in großen Teilen von einer weiteren Person überprüft, um eine größtmögliche Objektivität des Datenmaterials zu erreichen und schwer verständliche Äußerungen abzusichern.

Das Transkript wurde turnweise gegliedert, d. h. bei jedem Sprecher- / Akteurwechsel wurde ein neuer Abschnitt gezählt. Die erste Spalte des Transkriptes gibt die Textzeile (Turn) innerhalb des betrachteten Transkriptausschnitts, auf die sich auch die Verweise innerhalb der Analyse beziehen, an.

Die Turns wurden nicht fortlaufend über das gesamte Interview vergeben, sondern immer innerhalb der ausgewählten und analysierten Episoden neu gezählt, weil die Bearbeitungen einzelner Aufgaben abgeschlossene Einheiten darstellen.

Das die Auswahl der Daten leitende conceptual analytic model, welches eine theoretische Sichtweise auf einen Gegenstand impliziert, war dabei der Umgang mit Teil, Anteil und Ganzem, so wie dieser sich aus der Fachlichen Klärung und den theoretischen Überlegungen in Kapitel 1 ergibt (siehe auch Schoenfeld 2007, S. 73; Abschnitt 2.1).

Die Interviewepisoden wurden sequenzanalytisch interpretiert mit dem Fokus auf den Umgang mit Teil, Anteil und Ganzem als conceptual analytic model und der Systematisch-Extensiven Interpretation nach Beck / Maier 1994 als ein sequentielles Analyseverfahren. Damit gingen teilweise theoretische Konzepte in die Analyse der Daten ein, die allerdings am konkreten Text weiterentwickelt, konkretisiert und ergänzt wurden. Der Fokus der Analyse lag dabei auf der Prozesshaftigkeit, d. h. der (Weiter-)Entwicklung von Vorstellungen der Lernenden, weswegen das sequenzanalytische Vorgehen, das turn by turn vorgeht, als geeignetes Analyseinstrument erscheint. Dabei schärfte auch die Analyse der Testdaten den Blick für die Analyse der Interviews (s. Abschnitt 2.7.2).

Die Auswertung der Interviews in den Abschnitten 7.3 und 7.6 orientiert sich an der Darstellung der Sachanalysen (Abschnitt 2.6) und nutzt die in Kapitel 1 dargestellten und bereitgestellten theoretischen Begriffe und Konzepte „*Zusammenhänge zwischen Teil, Anteil und Ganzem*", „*Qualität des Ganzen*", „*Bilden und Umbilden von Einheiten*", „*Konstellationen*" und „*operative Vorgehensweisen*".

Die Interpretationen wurden zum größten Teil von mindestens einer weiteren, meist zwei Personen auf Kohärenz geprüft. Durch die im Verfahren zunächst angestrebte Deutungsvielfalt einzelner Äußerungen, die am weiteren Transkript überprüft wurde, wird ebenfalls im Analyseprozess aber nicht überall verschriftlicht, eine möglichst große Intersubjektivität und Nachvollziehbarkeit der Interpretation angestrebt.

2.7.4 Analyse der Paper-Pencil-Test-Studie

Für die Analyse der Testdaten wurde ebenso wie für die Analyse der Interviews der Umgang mit Teil, Anteil und Ganzem als conceptual analytic model genutzt.

Dabei wurde kategorienentwickelnd bzw. theoretisch codiert (s. Beck / Maier 1994 bzw. Flick 2009):

„Theoretisches Kodieren ist das Analyseverfahren für Daten, die erhoben wurden, um eine gegenstandsbegründete Theorie zu entwickeln." (Flick 2009, S. 387).

Dabei werden den empirischen Daten vom Datenmaterial ausgehend Codes zugeordnet: Mit zunehmendem Fortschreiten im Prozess können diese zunächst nah am Text formulierten Codes und Begriffe immer abstrakter formuliert, zusammengefasst und miteinander in Beziehung gebracht werden (Flick 2009, S. 388).

Zunächst wurde das Material für die Codierung vorbereitet, indem es anonymisiert und mit Individualcodes versehen wurde (GeS_XY bedeutet Hauptstudie_Schüler/inXY; NT_XY steht für Nachtest_Schüler/inXY, VT_XY steht für Vortest_Schüler/inXY).

Für die Bearbeitungen der Lernenden wurden dann itemweise Auswertungsmanuals am Material entworfen, die die je spezifischen Besonderheiten der einzelnen Items berücksichtigen. Durch diesen Schritt wurden die Kategorien operationalisiert (s. a. Beck / Maier 1994, S. 57). Die Art der vorliegenden Daten ist dabei sehr unterschiedlich. So müssen z. B. in Item 1a die gefärbten Kreissegmente im Hinblick auf die Zusammenhänge zwischen Teil, Anteil und Ganzem codiert werden, in Item 2a sind es hingegen Zahllösungen, Rechnungen und Bilder.

Über die Codierung der einzelnen Items bzw. Teilbereiche einzelner Items wurde in einem zweiten Schritt nach größeren Mustern im Datenmaterial geguckt: So ließen sich über verschiedene Items hinweg ähnliche Realisierungen in Bezug auf die Zusammenhänge zwischen Teil, Anteil und Ganzem herstellen, so dass hier Codes möglichst übergreifend formuliert wurden.

Die einzelnen Codes wurden zu Kategorien zusammengefasst, die sich an der Tragfähigkeit (bzw. für die Bilder an der Angemessenheit) für die Argumentation orientierten. Es wurden pro Item bis zu sechs Kategorien unterschieden: *tragfähig, vermutlich tragfähig, im Ansatz tragfähig, nicht tragfähig, sonstige, keine Angabe*. Diese bewertenden Kategorien umfassen dabei inhaltliche Kategorien, die in den Kapiteln 5 bis 7 dargestellt werden (z. B. „Weniger als ein Ganzes", vgl. Abschnitt 7.5.2). Für die Items 2a, 2b und 2c wurde noch zusätzlich die Kategorie *„nur Bilder"* eingeführt, die rein bildliche Lösungen bzw. bildliche Lösungen mit erklärenden Texten umfasst.

Die schriftlichen Dokumente wurden von der Verfasserin dieser Arbeit und einer dazu ausgebildeten Codiererin analysiert: Im ersten Schritt wurden die Daten kategorienentwickelnd von der Verfasserin codiert, im zweiten Schritt kategoriengeleitet durch die zweite Codiererin (vgl. auch Beck / Maier 1994 für dieses Vorgehen). Der zweite Schritt ermöglichte die Quantifizierung der Codes.

Prüfung der Codierung

Für die quantifizierende Analyse der Codes wurde die Interrater-Reliabilität (vgl. Wild / Krapp 2006) bestimmt: Als Maß für die Beurteilung der Beobachtungsreliabilität, d. h. den Einfluss der individuellen Deutungsunterschiede (vgl. Beck / Maier 1994, S. 57) des in dieser Arbeit entwickelten Codierschemas, wurde Cohen´s Kappa verwendet. Kappa kann Werte zwischen 0 und 1 annehmen. Je näher der Wert an 1 liegt, desto größer ist die Übereinstimmung.

Der Tabelle 2-4 können die Werte für die Interrater-Reliabilität der einzelnen Testaufgaben (jeweils pro Item; für die Aufgabe 2 wurden Rechenwege und Bilder jeweils unabhängig voneinander codiert) entnommen werden. Die Berechnung von Kappa wurde dabei auf zwei unterschiedliche Arten vorgenommen: Die erste Zahl gibt jeweils den Kappa-Wert über die einzelnen Codes berechnet an; der Wert in Klammern wurde über die Kategorien berechnet. Bei beiden Berechnungen ergeben sich ähnlich hohe Übereinstimmungen.

Item	a	b	c
1	0,89 (0,88)	0,90 (0,89)	0,89 (0,88)
2	Wege: 0,85 (0,91) Bilder: 0,94 (0,94)	Wege: 0,90 (0,95) Bilder: 0,83 (0,86)	Wege: 0,82 (0,89) Bilder: 0,85 (0,91)
3	0,89 (0,85)	0,93 (0,89)	nicht codiert
4	0,87 (0,86)	0,89 (0,89)	

Tabelle 2-4: Interrater-Reliabilität für die durch Codierung ausgewerteten Items

Punktvergabe für die quantitative Orientierung über die Testdaten

Für die quantitative Analyse wurden für alle Items Punkte vergeben: Den Kategorien wurden jeweils eine bestimmte Anzahl von zu vergebenden Punkten zugeschrieben: Pro *tragfähig* gelöster Teilaufgabe wurde 1 Punkt vergeben. Antworten, die der Kategorie *im Ansatz tragfähig* zugerechnet wurden, erhielten 0,5 Punkte, alle anderen bekamen 0 Punkte. Lediglich bei Aufgabe 5 wurde eine weitere Kategorie *vermutlich tragfähig* eingeführt (vgl. Abschnitt 7.5.3). Lösungen, die in diese Kategorie fallen, wurden ebenfalls mit einem Punkt gewertet.

Für die Items 2a, 2b und 2c wurden jeweils maximal 3 Punkte vergeben: 1 Punkt für die richtige Zahllösung (alle anderen Zahllösungen erhielten 0 Punkte), bis zu 0, 0.5 oder 1 Punkt für eine Beschreibung des Rechenweges bzw. Bildes. Bei den Rechenwegen wurde auf das gleiche Kategoriensystem wie bei den anderen

Teilaufgaben zurückgegriffen und entsprechend Punkte vergeben. Für die Bilder wurde ein leicht abgewandeltes Kategoriensystem verwendet. Die Punktverteilung lässt sich entsprechend übertragen.

Tabellarische Übersichten über die Kategorien und Codes mit Beispielen werden für die vertieft ausgewerteten Items jeweils in den Abschnitten 5.2, 5.3, 6.2, 7.2 und 7.5 gegeben. Dort werden auch Besonderheiten der Codierung für die einzelnen Items beschrieben.

2.7.5 Verortung der vertieft analysierten Daten in den Kapiteln 3 bis 8

In den folgenden Kapiteln werden die Analysen der Interviews der Vorstudie sowie der Interviews und Testdaten der Hauptstudie mit Hilfe der in diesem Kapitel dargelegten methodischen Verfahren und vor dem in Kapitel 1 entwickelten theoretischen Hintergrund dargestellt. Die Daten der Vorstudie werden in Kapitel 3 analysiert, der quantitative Überblick über die vertieft ausgewerteten Daten wird in Kapitel 4 dargestellt. Tabelle 2-5 gibt einen Überblick darüber, in welchem Teil der vorliegenden Arbeit die für die vertiefte Analyse ausgewählten Daten der Hauptstudie jeweils dargestellt werden.

Konstellation		Testaufgaben	Interview-Auszüge
I	Teil gesucht	1a: Abschnitt 5.2	
		1b: Abschnitt 5.2	
		2a: Abschnitt 5.3	Simon und Akin: Abschnitt 7.3.1 Laura und Melanie: Abschnitt 7.3.3
II	Anteil gesucht	1c: Abschnitt 6.2	
III	Ganzes gesucht	2b: Abschnitt 7.2	Simon und Akin: Abschnitt 7.3.1 Laura und Melanie: Abschnitt 7.3.3
		2c: Abschnitt 7.2	Simon und Akin: Abschnitt 7.3.2 Laura und Melanie: Abschnitt 7.3.4
		3a: Abschnitt 7.5	Ramona und Jule: Abschnitt 7.6.1
		3b: Abschnitt 7.5	Simon und Akin: Abschnitt 7.6.2 Laura und Melanie: Abschnitt 7.6.3
		4a: Abschnitt 7.5	
		4b: Abschnitt 7.5	
III	Inter-Perspektive	3c: Abschnitt 8.3	Simon und Akin: Abschnitt 8.2

Tabelle 2-5: Übersicht über die vertieft ausgewerteten Daten im Aufbau dieser Arbeit

Ausblick

Im folgenden Kapitel 3 wird die Vorstudie dargestellt sowie ein Einblick in einen konkreten Bearbeitungsprozess gegeben.

3 Warum der Blick auf den flexiblen Umgang mit Brüchen? – Eine Vorstudie

Dieses Kapitel schildert den ersten Zugriff der Autorin auf die Thematik des Ganzen / der Bezugsgröße und die damit zusammenhängenden Strukturierungen der Zusammenhänge zwischen Teil, Anteil und Ganzem. Dabei nimmt es eine Sonderstellung innerhalb dieser Arbeit ein, da es eine in sich abgeschlossene Studie darstellt, die sich in vielerlei Hinsicht von der eigentlichen Untersuchung, die in dieser Arbeit dargestellt und ausgewertet wird, unterscheidet: Es ist eine reine Interviewstudie, die sich innerhalb der Thematik der Bruchrechnung an einer völlig anderen Stelle verortet als die Hauptuntersuchung, denn der inhaltliche Fokus liegt auf einem Zugang zur Multiplikation von Brüchen und nicht auf dem allgemeiner gefassten Umgang mit Teil, Anteil und Ganzem. Darüber hinaus werden in dieser Studie *Lern*prozesse untersucht, während die Interviews der Hauptstudie Dokumentationen von *Bearbeitungs*prozessen sind.

Obgleich die Multiplikation von Brüchen innerhalb dieser Arbeit keinen Schwerpunkt bildet, ist der Forschungsprozess durch die Erfahrungen und Erkenntnisse des ersten Zugriffs beeinflusst, denn das in den Interviews der Vorstudie zu Tage tretende Problem der unklaren Bezugsgröße des Anteils wurde zum Ausgangspunkt der vorliegenden Untersuchung.

Die Autorin hat nun die Wahl bei der Darstellung zwischen einer alleinigen und „glatten" Darstellung der Hauptuntersuchung (wobei sie sie als Endprodukt darstellt) oder der Darstellung des Forschungsprozesses, indem die Vorstudie als Etappe auf dem Weg zur vorliegenden Arbeit erzählt wird.

Dieses Kapitel ist der Versuch, die beiden forschungs- und designtechnisch unverbundenen, aber inhaltlich aufeinander aufbauenden Etappen zumindest ansatzweise miteinander zu verbinden,

- **um** dem Forschungsprozess gerecht zu werden und
- **um** die Relevanz des Forschungsfokus auf das Ganze zu begründen,
- aber **ohne** die Kohärenz der Arbeit zu gefährden.

Daher wird diese Vorstudie nur in ihren wesentlichen Punkten geschildert (die Darstellung orientiert sich an Schink 2008) und durch einen ausgewählten Bearbeitungsprozess zweier Schülerinnen illustriert. Ziel dieses Kapitels ist nicht eine ausführliche Darstellung der Vorstudie in allen Einzelheiten, sondern das Transparentmachen der Logik des Forschungsprozesses der vorliegenden Hauptstudie.

3.1 Ausgangspunkt

Ausgangspunkt für die Beschäftigung mit der Multiplikation von Brüchen waren die Ergebnisse einer Vielzahl empirischer Studien, die zeigen, dass diese vielen Lernenden schwerfällt: So können einige Schülerinnen und Schüler die Operation nicht inhaltlich deuten oder wählen in Sachsituationen ungeeignete Operationen aus (vgl. z. B. Fischbein et.al. 1985, Wartha 2007, Prediger 2009a und viele andere; vgl. auch Kapitel 1 der vorliegenden Arbeit). Hinzu kommt auch die Schwierigkeit, dass durch die Zahlbereichserweiterung viele bekannte Operationen neu gedeutet werden müssen. Die Notwendigkeit des Aufbaus tragfähiger inhaltlicher Vorstellungen wird daher immer wieder betont (z. B. Malle 2004; Grassmann 1993a, 1993c; Prediger 2009b).

3.2 Design und Forschungsfragen

Bei der Vorstudie zu dieser Arbeit handelt es sich um eine Interviewstudie zum Zugang zur Multiplikation von Brüchen über das Falten von Anteilen. Ausgangspunkt war eine bereits existierende Lernumgebung aus dem Zahlenbuch 6 (vgl. Affolter et al. 2004). Ähnliche Zugänge zur Multiplikation von Brüchen finden sich auch bei anderen Autoren (vgl. z. B. Sinicrope / Mick 1992).

Dabei wird den Schülerinnen und Schülern eine Möglichkeit präsentiert, wie man 1/3 von 1/4 über das Falten bestimmen kann. Diesen Weg sollen sie zunächst nachvollziehen und im Anschluss selbst für weitere Beispiele durchführen. Der Anteil-vom-Anteil ergibt sich über die Betrachtung der Kästchen, die durch das Falten entstehen: Bestimmt man z. B. 2/5 von 3/4, so erhält man das in Abb. 3-1 dargestellte „Faltbild": 2/5 von 3/4 ergeben 2 · 3 von 5 · 4, d. h. 6 von 20 Kästchen, d. h. 6/20. Damit ist ein entscheidender Schritt auf dem Weg zur Multiplikation von Brüchen gemacht. Ein weiterer Schritt besteht darin, die Brüche als Anteile der Seitenlängen und die Multiplikation von Brüchen als Flächeninhalt zu deuten.

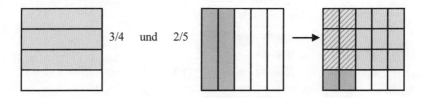

Abb. 3-1: 2/5 von 3/4 ist 6/20

In der Vorstudie dieser Arbeit wurde der Ansatz aus dem Zahlenbuch in einer leicht modifizierten Form in vier halbstandardisierten Partnerinterviews und einem Einzelinterview eingesetzt, die jeweils ca. 30-110 Minuten dauerten und sich z. T. auf zwei Sitzungen erstreckten. Die videographierten Prozesse wurden im Anschluss qualitativ analysiert.

Die Interviewteilnehmer, Schülerinnen und Schüler einer 6. Gymnasialklasse aus Nordrhein-Westfalen, hatten Vorerfahrungen in einem handlungsorientierten Zugang zu Brüchen gesammelt (Vorstellung vom Teil eines Ganzen in Verteilungssituationen) und begannen zum Zeitpunkt der Interviews im Unterricht mit der Behandlung der Addition, der Subtraktion, dem Erweitern und dem Kürzen.

Das Ziel dieses ersten Zugriffs war, gemäß des Prinzips der fortschreitenden Schematisierung (vgl. Treffers 1983 und 1987) eine Vorstellung der Multiplikation von Brüchen über den Anteil-vom-Anteil aufzubauen. Dabei sollten Anteile über das Falten bzw. Zeichnen bestimmt werden. Die Interviews begannen mit Anteilen von Anteilen mit Stammbrüchen; später kamen Nicht-Stammbrüche hinzu. Dabei wurde ausprobierend der Anteil vom Anteil bestimmt. Im weiteren Verlauf machten die Schülerinnen und Schüler zunächst Vorhersagen zum Ergebnis, indem sie einen Zusammenhang zwischen den zuvor gefalteten und gezeichneten Bildern und dem abgelesenen Ergebnis herstellten.

Aufgrund des Ziels, die Wirkungsweisen einer bereits existierenden, leicht adaptierten Lernumgebung auf die Wissensstände von Lernenden zu beforschen, können die Interviews als Design-Experimente bezeichnet werden (vgl. Gravemeijer / Cobb 2006, Cobb et al. 2003).

Die Forschungsfragen an diese Untersuchung waren (Schink 2008):

1. Welche inhaltlichen Vorstellungen bringen die Schülerinnen und Schüler mit, welche entwickeln sie?

2. Welche (Denk-)Hürden treten auf?

3.3 Fallbeispiel eines ausgewählten Prozesses

Im Folgenden wird als Fallbeispiel eine Schlüsselszene dieser Untersuchung dargestellt, die die vorliegende Arbeit entscheidend beeinflusst hat, da sie eine konzeptionelle Schwierigkeit vieler Lernender mit dem Anteil-vom-Anteil plastisch zeigt. Dabei wird der Gesprächsausschnitt in den wesentlichen Etappen tabellarisch dargestellt. Der Schwerpunkt der Darstellung liegt auf der Rekonstruktion der gezeichneten Bilder der interviewten Mädchen Ronja und Patrizia, da in diesen am deutlichsten die komplexen (Um-)Deutungen der graphischen Situation deutlich werden.

Ronja und Patrizia und die unklare Bezugsgröße

Einordnung der Szene in das Gesamtinterview

Ronja und Patrizia sind Schülerinnen der Klasse 6, die sehr gut ihre Gedanken und Ideen verbalisieren können. Der hier dargestellte Interviewausschnitt ist Teil der zweiten Interviewsitzung mit Ronja und Patrizia und dauert 10:44 Minuten.

Zuvor haben die Schülerinnen im Interview Anteile von Anteilen mit Stammbrüchen und Nicht-Stammbrüchen übers Falten oder Zeichnen bestimmt und erfolgreich erste Vorhersagen für das Ergebnis vorgenommen. Dabei hatte bisher die Interviewerin immer die Aufgaben vorgegeben, die bearbeitet werden sollten. Nun lässt sie die Mädchen selbst Aufgaben ausdenken, damit diese das Funktionieren ihrer gefundenen Regel auch an eigenen Beispielen überprüfen können. Der Impuls, den sie dabei gibt, ist, eine „fiese" Aufgabe zu nehmen (d. h. als echte Bewährungsprobe für die entdeckte Regel).

Ronja und Patrizia stellen sich daraufhin die Aufgabe, 5/7 von 10/8 zu bestimmen, stellen damit also eine für sie neue Art Aufgabe auf, da der zweite Anteil größer als 1 ist. Dieser strukturelle Unterschied zu den bisher bearbeiteten Aufgaben scheint ihnen dabei durchaus bewusst zu sein, wie Ronjas Kommentar zu Beginn der Szene andeutet (vgl. Z. 10 des hier nicht vollständig abgedruckten Transkripts): *„...Das ist mehr als ein Ganzes – oder? – ja"*.

Zunächst bestimmen sie das Ergebnis rechnerisch richtig mit der von ihnen gefundenen Regel. Anschließend fertigen sie eine Zeichnung an, in der sie allerdings nicht das vorhergesagte Ergebnis 50/56, sondern den Anteil 50/70 ablesen, da sie das gezeichnete Rechteck umdeuten. Sie fertigen daraufhin eine neue Zeichnung an, die aber ebenfalls nicht zum vorhergesagten Ergebnis führt. Daraufhin entwickeln sie die Idee, dass das abweichende Ergebnis etwas damit zu tun haben könnte, dass *„es"* (vermutlich der zweite Anteil) nicht innerhalb eines Ganzen ist. Sie modifizieren ihre allgemeine Berechnungsregel, indem sie sie auf Anteile innerhalb eines Ganzen einschränken. Anschließend wählen sie ein weiteres Beispiel, 5/7 von 7/8, das den Bedingungen, die sie für das Funktionieren der Regel aufgestellt haben, entspricht und bestätigen diese damit.

Der Fokus der Analyse selbst liegt auf der Frage, wie und welche Verbindungen die beiden Mädchen zwischen dem Term und der dazu angefertigten Zeichnung herstellen und welches Ganze sie für den jeweils betrachteten Anteil annehmen (für methodologische Überlegungen zur Auswertung von Interviews vgl. Kapitel 2 der vorliegenden Arbeit).

3.3 Fallbeispiel eines ausgewählten Prozesses

Möglicher Lösungsweg zur gewählten Aufgabe 5/7 von 10/8

Es ist zu beachten, dass bei der Aufgabe, die sich die beiden Mädchen gestellt haben, durch den Anteil größer 1 über das eigentliche Ganze (beim Falten eines Papiers entsprechend über das reale Blatt) hinausgegangen werden muss: Es muss ein Teil (hier 2/8 vom ursprünglichen Ganzen) ergänzt werden, der eigentlich einem neuen gleichartigen Ganzen entstammt (das „virtuelle" Blatt).

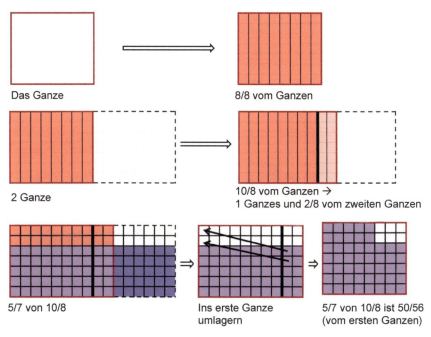

Abb. 3-2: Möglicher Lösungsweg zur Aufgabe 5/7 von 10/8

Von diesem neuen Ganzen, das größer als das ursprüngliche Ganze ist, wird dann der zweite Anteil, 5/7, wie gewohnt bestimmt. Die entscheidende Umdeutung muss bei der Interpretation des insgesamt doppelt gefärbten Teils vorgenommen werden: Dieser Teil muss wieder in das alte Ganze – das „reale" Blatt – umgelegt werden und bezieht sich auf dieses: 5/7 von 10/8 sind 50/56 von 56/56, d. h. dem ursprünglichen Ganzen (vgl. Abb. 3-2).

Erläuterung der Darstellung der Analyse

In Abbildung 3-3 findet man eine schematische Erläuterung der in den Bildern genutzten Zeichen. Dabei handelt es sich bei den Zeichnungen um die schematisch nachgestellten Skizzen der Mädchen bzw. die Aussagen, die diese während der Interviews produzierten.

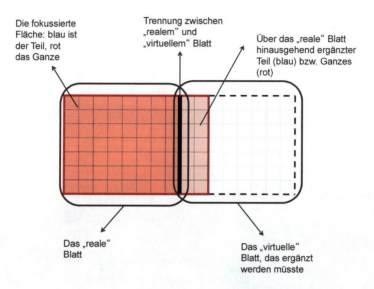

Abb. 3-3: Erläuterung der schematischen Bilder der Analyse

Im Folgenden werden die wesentlichen Etappen des Interviews abschnittsweise dargestellt. Jeder Abschnitt wird dabei durch eine Tabelle eingeleitet: In der ersten Spalte steht die Zeile des Interviewtranskripts, in der zweiten die handelnde Person (R = Ronja, P = Patrizia), in der dritten der Transkriptausschnitt und eine schematische Darstellung des Ausschnitts aus der Grafik, den die Mädchen betrachten, in der vierten die betrachtete(n) Zahl(en) der jeweiligen Aufgabe und in der fünften die Interpretation im Hinblick auf den Forschungsfokus.

Bei den schematischen Bildern werden zum einen die Originalzeichnungen der Mädchen nachgebildet, zum anderen werden ihre verbalen Bezugnahmen schematisch symbolisiert.

3.3 Fallbeispiel eines ausgewählten Prozesses

Analyse der zentralen Interviewstellen

Teil 1: Vorhersage des Ergebnisses mit der gefundenen Regel

Z	P	Transkriptausschnitt und Schema	Zahl	Interpretation
8	R	„mh 5/7 - von - pf - 10/8 od- [P schreibt auf; P „oh"; R schaut P beim Schreiben zu] ist [unverständlich; vermutlich: „jetzt was"] Fieses"	10/8?	Eine eigene Aufgabe „5/7 von 10/8" wird zur Überprüfung der Regel gestellt. Dabei ist der zweite Anteil größer als 1.
10	R	„...Das ist mehr als ein Ganzes - oder? - ja"	10/8?	„mehr als 1 Ganzes". Unklar ist, ob auf 10/8, das Ergebnis oder das Blatt bezogen.
17-20	R, P	„7 mal 8 [...] Das sind 56tel. 50/56"	(Z•Z) : (N•N)	Das Ergebnis wird nach der selbst gefundenen Regel und mathematisch richtig berechnet als 50/56.

Ronja und Patrizia stellen sich die Aufgabe, 5/7 von 10/8 zu bestimmen (vgl. Z. 8). Dabei bestimmen sie das Ergebnis zunächst rechnerisch korrekt über die von ihnen im Verlaufe des Interviews entdeckte Regel als 50/56 (Z. 17-20).

Teil 2: Zeichnerisches Anteil-vom-Anteil-Nehmen

Z	P	Transkriptausschnitt und Schema	Zahl	Interpretation
22	P	„[...] dann kann man versuchen, in 8 Teile [...]"	10/8	Das reale Blatt wird als Ganzes gesehen und in 8 Teile entsprechend dem einen Nenner geteilt. Das virtuelle Blatt wird hier nicht berücksichtigt.
28-33	P	„...da müssen ja noch 2 dran [...] das sind 10/8 [...] Da ist das eine Papier zu Ende [...]."	10/8	Fokus auf den Zähler: Er gibt an, wie viel vom Ganzen genommen wird. Da eine 10 im Zähler steht, müssen es 10 und nicht 8 Achtel, (Spalten) sein. Wichtig erscheint die Trennung zwischen dem Blatt und den zusätzlichen Streifen. Strukturierung in unterschiedliche Einheiten: Blatt, Rechteck, Streifen
39	P	„[zeichnet erst Punkte für die Reihen, zeichnet dann die sieben Reihen	5/7	Der Fokus liegt auf dem zweiten Nenner: Er gibt die horizontale

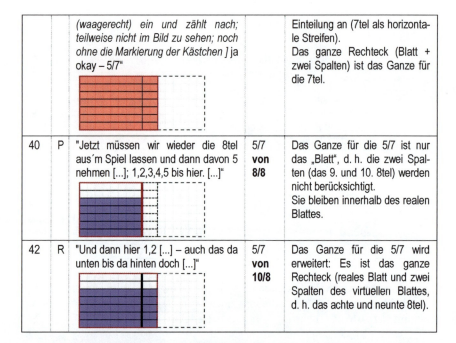

Im zweiten Teil dieses Gesprächsausschnitts sollen die Mädchen das Ergebnis am Rechteckbild überprüfen (Ronja und Patrizia ziehen ziemlich zu Beginn des Interviews das Zeichnen dem Falten von Anteilen vor). Hierbei teilen sie zunächst das von ihnen gezeichnete Rechteck in acht Streifen ein, d. h. sie identifizieren es mit 8/8 (Z. 22). Doch sie stellen sofort fest, dass sie der Aufgabe entsprechend 10/8 benötigen, deshalb ergänzen sie das gezeichnete Rechteck um zwei weitere Spalten (Z. 28-33; nicht vollständig abgedruckt). Auffällig ist auch im weiteren Verlauf des Interviews, dass die beiden Mädchen z. T. in der Sprache der „Faltblätter" kommunizieren und das gezeichnete Rechteck als ein „Papier" identifizieren (vgl. ebd.).

Diese zehn Streifen nutzen sie als Ganzes für den Anteil 5/7: Sie unterteilen die zehn Streifen quer zur vorhandenen Einteilung in sieben Streifen (Z. 39). Anschließend markieren sie die Kästchen: Zunächst beschränken sie sich beim Einfärben auf die durch das Rechteck eingerahmten 8/8 und zeichnen hiervon 5/7 ein (Z. 40). Dabei beziehen sie sich kurzfristig auf ein falsches, da zu kleines Ganzes. Die Beschränkung auf die 8/8 kann u. U. dadurch zu Stande gekommen sein, dass der Kontext des ganzen Blattes bzw. des ganzen Rechtecks sehr stark ist: In allen Beispielen zuvor haben die Mädchen Anteile innerhalb dieser auch optisch starken Einheit bestimmt. Durch das Hinausgehen über den Anteil 1 wird

3.3 Fallbeispiel eines ausgewählten Prozesses

diese Einheit „aufgebrochen", denn das Ganze für den zweiten Anteil muss nun außerhalb des Rechtecks / des Papiers gesucht werden (und gleichzeitig bleibt das Ganze für den zu bestimmenden Anteil das ganze Papier; vgl. unten). Diesen falschen Bezug stellen Ronja und Patrizia sehr schnell selbständig fest und erweitern die Markierung der Kästchen auf die zuvor „angehangenen" zwei Spalten (Z. 42).

Teil 3: Den Anteil im Bild identifizieren

Z	P	Transkriptausschnitt und Schema	Zahl	Interpretation
44	R	"[...] 10 mal 7 ist 70'"	7•10 (5/7 von 10/8)	Das Ganze ist das ganze Rechteck (das „Blatt" + zwei Spalten, d. h. 10/8). Die Kästchenanzahl dieses Rechtecks wird berechnet. Auf der Zahlebene bedeutet das, dass Zähler mal Nenner gerechnet wird, d. h. durch den Bruch größer 1 drehen sich hier die Rollen der Zahlen: Eigentlich wären 10•5 und 7•8 die relevanten Operationen).
48	R	„Ja es sind 70 – sind 70tel [...] und 5 mal 10 sind 50 sind 50/70"	70 5•10 (5/7 von 10/8)	Das Ganze (für alles) ist das ganze Rechteck (s. o.). Doppelbelegung der 10 für die Berechnung der Gesamtkästchenanzahl und für die Berechnung des Teils vom Ganzen.
49, 51	P	„Warte mal kurz- wir haben ja gesagt 5 mal 10 sind 50 und 7 mal 8 sind 56, - also das sind jetzt *[zählt mit dem Stift zuerst die Spalten, dann die Reihen bis 5 ab und murmelt dabei die Zahlen vor sich hin]* das hier sind jetzt die 50 *[fährt mit dem Stift die Kanten des gefärbten Rechtecks ab; im Video nicht ganz zu sehen]*" „Und 56tel *[zählt die Spalten und Zeilen ab]*"	5•10 (5/7 von 10/8) 7•8 (5/7 von 10/8)	Kognitiver Konflikt: Das mit der Regel gefundene Ergebnis 50/56 kann nicht in der Zeichnung identifiziert werden: Die 50 kann man gut erkennen, aber anstatt der 56 Kästchen für das Ganze sind hier 70 Kästchen (10/8) markiert.

Im nächsten Teil dieser Intervieweinheit nutzen Ronja und Patrizia ihr gezeichnetes Bild, um den Anteil, den sie eingefärbt haben, abzulesen und mit dem zuvor berechneten zu vergleichen. Zunächst berechnen sie die Anzahl der insgesamt vorhandenen Kästchen durch die Multiplikation der Seitenlängen: Zehn Spalten und sieben Reihen ergeben insgesamt 70 Kästchen. An dieser Stelle interpretieren Ronja und Patrizia diese Zahl als den Nenner des gesuchten Anteils: 70tel (vgl. Z. 44, 48). Dieses Vorgehen ist in Übereinstimmung mit ihrer bisher immer erfolgreichen Strategie, die Gesamtanzahl der Kästchen und damit den Nenner des Anteils zu bestimmen. Der Unterschied besteht hier jedoch darin, dass durch die Seitenlängen des Rechtecks eine Fläche festgelegt ist, die über ein Ganzes hinausgeht: Die Breite des Rechtecks beträgt nicht 1, sondern 10/8, d. h. die beiden angehangenen Spalten waren zwar zur Bestimmung des Zählers notwendig, aber zum Ablesen des Nenners nicht geeignet. Daher können die beiden Mädchen auch den Zähler des Anteils, den sie berechnet haben, in ihrer Zeichnung wieder finden; für das Ablesen des Nenners muss jedoch das Bild neu strukturiert werden. Der notwendige Wechsel auf das Blatt als Ganzes zum Ablesen des Anteils ist an dieser Stelle subtil.

So sind Ronja und Patrizia auch zunächst vom an der Zeichnung abgelesenen Anteil irritiert: 50/70 stimmt nicht mit der berechneten Zahl überein (Z. 49/51).

Teil 4: „Vielleicht muss dann die Ecke wieder ab?"

Z	P	Transkriptausschnitt und Schema	Zahl	Interpretation
53, 55	P	„[...] und wir haben an das eine Blatt [...] ja noch welche drangehangen [...] weil das eine Blatt 56 [...]"	**das eine Blatt**	Idee: Die Verlängerung vom Blatt durch die zwei Spalten könnte von Bedeutung für das Problem sein. Es scheint, dass Patrizia die 56 in einem Blatt identifiziert.
58	R	"[...] Vielleicht muss dann die Ecke wieder ab?"	**2 Streifen**	Ausgestaltung dieser Idee: Die beiden Spalten von dem „virtuellen" Blatt („Ecke") zählen vielleicht nicht und müssen wieder ab, d. h. nicht berücksichtigt werden.
61	P	„Da steht ja 10/8 *[Zeigt auf den geschriebenen Bruch; Pause, 4 sec]*- ja aber die ist ja eigentlich... [...] ...die ist ja eigentlich egal, weil die hat ja - keinen Sinn, oder weil - 4 Siebt- äh 5/7 - von 10/8 - nee das stimmt nicht, das ist -"	**10?**	Vielleicht: Die 10 macht keinen Sinn, denn sie hat für die Einheit / Gesamtanzahl der Kästchen keine Funktion, weil sie im Zähler steht und damit für den Teil zuständig ist. D. h. 56 stimmt und 70 ist falsch?

3.3 Fallbeispiel eines ausgewählten Prozesses

Die Mädchen scheinen eine Ahnung zu haben, woran die von ihnen festgestellte Differenz zwischen den beiden Ergebnissen liegen könnte, denn nachdem sie die Zeichnung untersucht und die Struktur noch einmal betrachtet hat, stellt Patrizia fest, dass sie ja noch zwei Spalten an das Blatt gehangen hatten (Z. 53, 55, 61; nicht vollständig abgedruckt). Und auch Ronja äußert die Vermutung, dass vielleicht die angefügte „Ecke" wieder weggenommen werden müsste (Z. 58; nicht vollständig abgedruckt). An dieser Stelle zeigt sich ganz deutlich die Stärke der beiden Mädchen, mit dieser Situation umzugehen: Obgleich hier ein kognitiver Konflikt zu Tage tritt, denn eine zuvor immer funktionierende Regel lässt sich nun plötzlich nicht mehr mit dem Bild in Verbindung bringen, kapitulieren die Mädchen nicht, sondern versuchen, die beiden scheinbar nicht zueinander passenden Situationen miteinander zu verbinden.

Teil 5: „Vielleicht klappt das nur nicht bei denen, die mehr als ein Ganzes sind?"

Z	P	Transkriptausschnitt und Schema	**Zahl**	Interpretation
62, 66	R	„Sekunde mal, lass mal was von vorne an malen. *[Zeichnet Umrandung von neuem Rechteck.]* Diesmal etwas größer" „Dann müssen wir die in 10 teilen. […]"	10/ 10	Neuer Ansatz: neue Zeichnung anfertigen (größer). Das Rechteck ist das Ganze und soll in zehn Streifen geteilt werden (somit wird aus den 10/8 mathematisch 10/10). Hier unterscheiden die Mädchen nicht mehr offensichtlich zwischen „8/8 + 2/8 (d. h. 10/8)" bzw. „ein Ganzes in zehn Teile teilen (d. h. 10/10)".
67	P	"Äh äh *[verneinend]* - da steht ja 10/8. Ich denk mal das ist schon richtig, nur dann -tz kann das hier nicht klappen. *[Zeigt auf den geschriebenen Term.]*"	10	Vermutlich: Das was sie vorher als Bild konstruiert haben zur Situation ist richtig, aber die Rechenregel kann dann nicht stimmen.
68, 72	R	„*[macht Markierungen für Spalten]* […] *[zeichnet Spalten ab der zweiten Markierung von rechts durch; zählt anschließend Spalten nach und erhält zehn]* mhm - und die 10 wieder in 7 Teile…" „*[Macht sechs Markierungen in der ersten Spalte für die sieben Zeilen und zeichnet sie ein.]* Vielleicht klappt das nur nicht bei denen, die mehr als ein Ganzes sind?"	10/ 10	Das Rechteck ist das Ganze, wird in zehn Streifen geteilt und aus den 10/8 werden 10/10. Gleichzeitig Idee, dass es zwei Qualitäten von Aufgaben gibt: Wenn der Anteil größer 1 ist, dann gilt die Rechenregel nicht.

Im nächsten Schritt versuchen die Mädchen selbständig, die Ergebnisse erneut zu überprüfen, indem sie ein neues Bild (diesmal größer) zeichnen (vgl. Z. 62, 66; nicht vollständig abgedruckt). Dabei zeichnen sie zunächst ein Rechteck, das sie in zehn Spalten einteilen. Betrachtet man diese Zeichnung aus mathematischer Sicht, so haben sie eigentlich erneut die Rolle der 10 im Zähler des zweiten Anteils getauscht: Dadurch, dass sie zu einer der Seitenlängen des Rechtecks wird, rutscht sie in den Nenner des Anteils, denn es werden Zehntel eingezeichnet.

Im Folgenden (Z. 67-72; nicht vollständig abgedruckt) entwickelt Ronja eine Idee, wie die von ihnen gefundene Regel modifiziert werden könnte, damit Bild und Regel wieder zueinander passen: *„Vielleicht klappt das nur nicht bei denen, die mehr als ein Ganzes sind?"* (Z. 72)

Teil 6: Überprüfung der Regel an einem anderen Beispiel: 5/7 von 7/8

Z	P	Transkriptausschnitt und Schema	Zahl	Interpretation
76-98	P, R	„[gleichzeitig] ... in einem [Tippt auf das Gitter.] Weil wenn wir jetzt – uah – 5/7 von 7/8 nehmen... [Schreibt die Rechnung parallel auf.]"	5/7 von 7/8	Neues Beispiel zum Verifizieren der Theorie der beiden, dass die Rechenregel nur dann klappt, wenn die Brüche kleiner 1 sind.
		"5/7 von 7/8 [...] dann – braucht man nur 7/8 und brauchen die 10tel ja nicht mehr- ... [...]"		Verifizierung; hier (Z. 80) explizit Gleichsetzung von 10teln und 10/8 → impliziter Rollenwechsel von Zähler und Nenner im geometrischen Gebilde. Sie nehmen als Ganzes nur 7/8 und nicht 8/8.
		„5/7. [...] 1,2,3,4,5 davon [...] wäre diese Fläche [...]"		5/7 werden von 7/8 eingezeichnet.
		"[...] und dann sind das insgesamt ja – 56´und [...]"		Bestimmen die Gesamtanzahl an Kästchen.
		„Und 5·8 sind 4 – hä? [...]"		Haben anstatt 7/8 8/8 als Ganzes für 5/7 genommen.

3.3 Fallbeispiel eines ausgewählten Prozesses 141

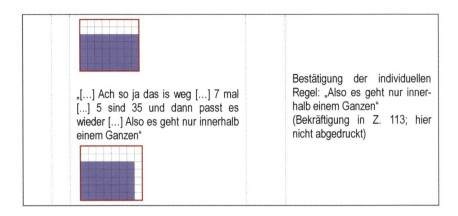

Ronja stellt den Gültigkeitsbereich der Regel in Frage, nicht jedoch das Bild selbst. Vermutlich zur Überprüfung dieser Hypothese suchen sich die beiden Mädchen im Folgenden eine neue Aufgabe: Diese entspricht strukturell wieder den zuvor bearbeiteten Aufgaben, bei denen die Regel funktionierte, unterscheidet sich aber auch von den Zahlen her nicht zu stark von der zuletzt bearbeiteten, so dass sie das angefangene Bild weiter nutzen können (Z. 76-98; nicht vollständig abgedruckt): 5/7 von 7/8. Diese Aufgabe lösen sie bis auf eine Stelle, wo sie den Teil auf ein zu kleines Ganzes beziehen, souverän und bekräftigen die von ihnen vermutete Einschränkung, dass die Rechenregel nur „innerhalb eines Ganzen klappt" (Z. 113; hier nicht abgedruckt).

Zusammenfassung

Insgesamt zeigt dieser Interviewausschnitt die komplexen Umdeutungen, die beim Bestimmen des Anteils-vom-Anteil notwendig sind: Die Funktionen von Zähler und Nenner müssen in der Zeichnung identifiziert und auseinander gehalten werden. Strukturgleiche Bilder (das Rechteck, das aus zehn Spalten besteht und das Rechteck, das aus acht Spalten besteht und wo noch zwei weitere Spalten angehangen werden) können daher unterschiedlich gedeutet werden – je nach Kontext. Das Hinausgehen über und das Rückbeziehen auf das Ganze, das hier nicht mehr offensichtlich erkennbar ist, erfordert Strukturierungsarbeit.

Die beiden Mädchen meistern diese Anforderungen sehr gut, denn sie nutzen von Anfang an direkt die Struktur des Blattes und der angehangenen Spalten – sie vollziehen lediglich nicht den letzten Schritt, die Kästchen wieder in das ursprüngliche „Blatt" umzuschichten.

Erschwert wird dies u. U. auch dadurch, dass dieser hier gewählte Zugang nicht inhaltlich angebunden wird (vgl. Schink 2008). Auch die Anteile größer 1 stellen für einen ersten Zugriff keine Standardsituation dar und machen die Situation komplex. Gleichwohl zeigt sich, dass die Frage nach dem richtigen Ganzen für den Anteil eine berechtigte Frage ist (vgl. auch z. B. Mack 2000).

3.4 Diskussion der empirischen Befunde

Die Forschungsfragen zu dieser Interviewstudie konnten so wie folgt beantwortet werden (vgl. Schink 2008):

Lernende nutzen die ihnen vertrauten bildlichen Bruchvorstellungen, die sie im Unterricht erworben haben, die aber nicht immer hilfreich sind, wenn es um das Entdecken der Flächeninhaltsformel geht. Wird diese Struktur jedoch bereitgestellt, so gelingt es vielen Lernenden im Allgemeinen, die Multiplikationsformel für Brüche über die Flächeninhaltsberechnung zu entdecken.

Neben weiteren Hürden, die durch die Gestaltung des Zugangs erzeugt werden (in der hier realisierten Form wird die Faltrichtung nicht wie im Zahlenbuch 6 vorgegeben, jedoch führen nicht alle Faltvorgänge – für Lernende aus der Vorschauperspektive nicht offensichtlich – zur Multiplikation) ist die unklare Bezugsgröße eine konzeptuelle Schwierigkeit. So ist die Frage, ob sich der Anteil auf das Ganze selbst oder auf einen Teil vom Ganzen bezieht, ob Anteile oder absolute Zahlen gefragt sind.

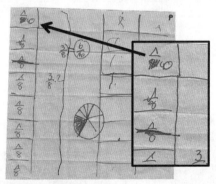

Abb. 3-4: Timos Lösung: Ist „1/8 von 1/5" 1/8 oder 1/40?

Der Wechsel des Ganzen ist notwendig, aber z. T. auch für Lernende verwirrend. Das zeigt sich zum Beispiel in der Lösung von Timo, der sich ebenfalls mit Aufgaben zum Bestimmen des Anteils-vom-Anteil – hier konkret 1/8 von 1/5 – beschäftigt hat. Dabei stellte sich ihm das Problem der Bezeichnung der kleinsten

3.4 Diskussion der empirischen Befunde

Einheit (vgl. Timos Lösung in Abb. 3-4): Ist 1/8 von 1/5 nun eigentlich 1/8 oder 1/40? Nach einem Blick zu seinem Interviewpartner und erneutem Lesen der Aufgabenstellung änderte er 1/8 in 1/40.

Das Verständnis des Relativen Anteils für die Vorstellung des Anteil-vom-Anteil-Nehmens erscheint dabei als sehr wichtig, wenn wirklich ein inhaltliches Verständnis der Multiplikation von Brüchen entwickelt werden soll: Nur wer die Anteile und Bezugsgrößen / Ganzen richtig aufeinander beziehen kann, wer also die strukturellen Zusammenhänge zwischen Teil, Anteil und Ganzem richtig nutzt, kann die Operation wirklich durchdringen und läuft nicht Gefahr, nur einen sinnentleerten Kalkül zu nutzen. Das Denken in flexiblen Bezügen zwischen Teil, Anteil und Ganzem erscheint damit als ein wichtiger Schritt bereits vor der eigentlichen Multiplikation.

An dieser Stelle schließt sich die Hauptuntersuchung des hier vorliegenden Projektes an, in dem die Vorstellungen von Lernenden zum Ganzen und seinen Beziehungen zu Teil und Anteil erhoben und Möglichkeiten eines flexiblen Umgangs mit Brüchen entwickelt werden.

4 Quantitative Überblicksauswertung des schriftlichen Tests

Dieses Kapitel stellt einen kurzen quantitativen Überblick zur Orientierung über die vertieft mittels Codierung ausgewerteten Aufgaben(teile) der schriftlichen Erhebung der Hauptstudie dar (für die Auswahlkriterien der Items für die vertiefte Analyse s. Abschnitt 2.5.2). Dabei werden von den Aufgaben 1, 2, 3 und 4 folgende Teilaufgaben (Items, d. h. die eigentlichen Analyseeinheiten) codiert und vertieft analysiert: 1a, 1b, 1c, 2a, 2b, 2c, 3a, 3b, 4a sowie 4b.
In vier Stufen wird in Abschnitt 4.1 ein immer detaillierteres und fokussierteres Bild im Hinblick auf den Umgang mit Brüchen und das Herstellen von Zusammenhängen zwischen Teil, Anteil und Ganzem gezeichnet und somit die qualitative Auswertung vorbereitet. Das Kapitel schließt mit einem Ausblick auf die inhaltliche Struktur und den Zusammenhang der folgenden qualitativen Analysen in den Kapiteln 5 bis 8 (Abschnitt 4.2).

4.1 Quantitativer Überblick in vier Stufen

Die Darstellung der quantitativen Analyse gliedert sich in *vier Stufen* von zunehmender Detailliertheit im Hinblick auf den Analysefokus zum Umgang mit Teil, Anteil und Ganzem: *Stufe 1* gibt einen Überblick über die in den Items insgesamt erreichten Punkte. In *Stufe 2* werden die erreichten Punkte nach Aufgaben aufgeschlüsselt. *Stufe 3* bezieht sich auf den in Kapitel 1 dargestellten theoretischen Hintergrund und zeigt die Verteilung der Punkte auf die drei Konstellationen. *Stufe 4* schließlich gibt einen Überblick über die Punktverteilung auf die einzelnen Items mit Fokus auf die Qualität von Teil, Anteil und Ganzem und stellt die kleinste Analyseeinheit dar. Damit leitet *Stufe 4* zu der qualitativen Detailanalyse der einzelnen Items in den Kapiteln 5 bis 8 über.

4.1.1 Stufe 1: Gesamtpunktzahlen

In *Stufe 1* der quantitativen Auswertung wird der *Erfolg der Schülerinnen und Schüler bei der Bearbeitung der vertieft mittels Codierung ausgewerteten Testitems insgesamt* betrachtet. Mit dieser Stufe wird ein Gesamtüberblick über den Erfolg der Gruppe erreicht, der eine erste Orientierung darstellt und noch keine direkte Bezugnahme zu den Forschungsfragen im Hinblick auf den Umgang mit Brüchen und das Herstellen von Zusammenhängen zwischen Teil, Anteil und Ganzem zulässt.

Der Bearbeitungserfolg wird durch die Anzahl der von den Schülerinnen und Schülern jeweils erreichten Punkte gemessen. Insgesamt wurden für die hier analysierten zehn Items mit Berücksichtigung der Rechenwege und Bilder für Aufgabe 2 (s. u.) 16 Punkte vergeben.

Die Punkte werden nach dem in Abschnitt 2.7.4 erläuterten Verfahren vergeben: Dabei werden Antworten, die den *Kategorien tragfähig* bzw. *vermutlich tragfähig* zugerechnet werden, mit jeweils einem Punkt gewertet; Antworten, die der *Kategorie im Ansatz tragfähig* zugerechnet werden, gehen mit einem halben Punkt in die Wertung ein. Alle anderen Bearbeitungen erhalten null Punkte. Eine Besonderheit bei der Bepunktung erfahren die Items 2a, 2b und 2c, bei denen ein diskreter Teil bzw. ein diskretes Ganzes gegeben ist und neben der rechnerischen Zahllösung für das gesuchte Ganze bzw. für den Teil auch ein Rechenweg und ein Bild angegeben werden muss: Hier werden die Punkte differenziert betrachtet, indem die Rechenwege und Bilder für die Bewertung einmal mit berücksichtigt werden und einmal nicht, so dass die Bearbeitungserfolge mit und ohne Erläuterung verglichen werden können (vgl. auch Abschnitt 2.7.4).

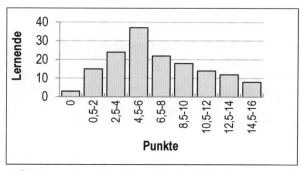

Abb. 4-1: Überblick über die Punkteverteilung mit Rechenwegen und Bildern

Abbildung 4-1 zeigt die Punkteverteilung für die zehn ausgewerteten Items inkl. der Punkte für Rechenwege und Bilder für Aufgabe 2 im Überblick einiger zusammengefasster Punkteklassen. Einige genauere Zahlen und fokussierte Ergebnisse sollen hier vorgestellt werden:

Der Mittelwert liegt bei 7,0 Punkten. Die Höchstpunktzahl von 16 Punkten haben zwei Lernende (ca. 1 %) erreicht; 52 Schülerinnen und Schüler (ca. 34 %) haben mehr als die Hälfte der Punkte erreicht, 20 Schülerinnen und Schüler (ca. 13 %) mehr als 3/4 der Punkte. Die Bearbeitungen von drei Lernenden wurden mit null Punkten gewertet. Auffällig ist die vergleichsweise höhere Anzahl von Schülerinnen und Schülern, die 4,5 bis 6 Punkte erzielt haben (37 Lernende).

4.1 Quantitativer Überblick in vier Stufen　　　　　　　　　　　　　　　　147

Diese Punktzahl liegt um den Mittelwert der erreichten Punkte, wenn die Rechenwege und Bilder für Aufgabe 2 nicht mit eingerechnet werden (s. u.). Tatsächlich haben einige dieser Lernenden hier wenige Punkte erreicht, so dass das häufige Vorkommen dieser Punktzahlen z. T. anscheinend mit Schwierigkeiten bei der Angabe von Rechenwegen und Bildern für die Items 2a, 2b und 2c erklärt werden könnte.

Insgesamt scheinen die Testaufgaben den Schülerinnen und Schülern schwer gefallen zu sein. Dabei ist jedoch zu beachten, dass bei der Punktverteilung in Aufgabe 2 pro Item drei Punkte vergeben wurden: für die richtige Zahllösung, die Zeichnung und den Rechenweg. Dadurch können Lernende in dieser Aufgabe viele Punkte verlieren, wenn sie eine dieser Erklärungen weglassen, selbst wenn sie die richtige Zahllösung hinschreiben. Die Punkteverteilung ohne die Wertung der Rechenwege und der Bilder kann Abb. 4-2 entnommen werden.

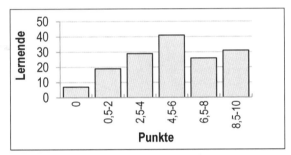

Abb. 4-2: Überblick über die Punkteverteilung ohne Rechenwege und Bilder

Bei Nichtwertung der Rechenwege und Bilder zeigt sich ein anderes Bild: Werden nur die rechnerischen Lösungen berücksichtigt, so erreichen 17 von 153 Schülerinnen und Schülern (11 %) die Höchstpunktzahl 10 (16 minus 6 Punkte; jeweils zwei pro Item 2a, 2b und 2c); 72 Lernende erreichen mehr als die Hälfte der Punkte. Der Mittelwert liegt mit 5,5 Punkten über der Hälfte der erreichbaren Punkte und ist damit deutlich besser als bei Berücksichtigung der Wege und Bilder, was zu bestätigen scheint, dass einige Lernende tatsächlich bei der Angabe der Rechenwege und Bilder Punkte nicht bekommen haben. Die Gründe hierfür können vielfältig sein: So können einerseits einige Lernende u. U. die Aufforderung zur Begründung überlesen oder ein Bild als ausreichende Erklärung des Rechenweges angenommen haben. Andererseits können manche Lernende aber auch inhaltliche Probleme beim Angeben von Rechenwegen und Bildern gehabt haben. Allerdings nimmt trotz Nichtberücksichtigung der Rechenwege und Bilder auch die Zahl derer zu, die keine Punkte erreicht haben: Mit sieben Lernenden steigt ihr Anteil auf 5 %: Die vier Lernenden, die bei Berücksichtigung der Rechenwege und Bilder mehr als null Punkte erreicht hatten, haben jeweils ein im Ansatz tragfähiges Bild für Item 2a bzw. 2b angefertigt. So zeigt sich insgesamt, dass die Erklärungen der Rechenwege und Übersetzungen der Konstellationen sehr unterschiedlich bearbeitet wurden. Dabei ist zu beachten, dass dies auch u. U. daran liegen kann, dass einige Lernende einen oder zwei der zusätzlichen Aufträge in Aufgabe 2 „überlesen" und deshalb nicht bearbeitet haben (s. o.).

4.1.2 Stufe 2: Punkteverteilung nach Aufgaben

In *Stufe 2* der quantitativen Analyse steht die *Punkteverteilung auf die einzelnen Aufgaben* im Vordergrund. Dabei werden die durchschnittlich erreichten Punkte pro Aufgabe und die Häufigkeit vollständiger Lösungen betrachtet (vgl. Tab. 4-1). Dieser Blickwinkel auf die Daten soll dazu dienen, eventuelle Schwierigkeiten bei einzelnen Aufgaben – abgesehen von den in *Stufe 1* beschriebenen – auszumachen.

Aufgabe und Häufigkeit vollständige Punktzahl (n = 153)		Verteilung der Punkte									Durchschnittlich erreichte Punkte	
		0	0,5-1	1,5-2	2,5-3	3,5-4	4,5-5	5,5-6	6,5-7	7,5-8	8,5-9	absolut	prozentual
Aufgabe 1	27 %	37	24	50	42							1,61 von 3	54 %
Aufgabe 2 ohne /	25 %	44	41	29	39							1,41 von 3	47 %
mit Wegen und Bildern	1 %	36	14	25	21	13	11	16	7	7	3	2,91 von 9	32 %
Aufgabe 3 (ohne 3c)	59 %	37	24	92								1,35 von 2	68 %
Aufgabe 4	47 %	51	29	73								1,13 von 2	57 %

Tabelle 4-1: Überblick über die Punkte nach Aufgaben

Es lässt sich feststellen, dass Aufgabe 3, bei der zu einem inhaltlich als Kuchenstück gedeuteten Quadrat (flächiger Teil zum Anteil 1/3 bzw. 1/6) zeichnerisch ein Ganzes bestimmt werden soll, mit 68 % der erreichbaren Punkte und mit 59 % Bearbeitungen mit voller Punktzahl am besten abschneidet (vgl. Tab. 4-1; bei den Häufigkeiten der vollständigen Punkte und der durchschnittlich erreichten Punkte handelt es sich um gerundete Werte). Ihr folgt Aufgabe 4, bei der zu einem Dreieck (flächiger Teil zum Anteil 1/4 bzw. 1/8) zeichnerisch ein Ganzes bestimmt werden soll. Die insgesamt höhere Anzahl der Bearbeitungen mit null Punkten für Aufgabe 4 und die geringere Anzahl von Bearbeitungen mit vollständiger Punktzahl kann zum einen darauf hindeuten, dass das Dreieck als Form an sich für manche Lernende schwieriger zu einem geeigneten Ganzen zu ergänzen sein kann. Zum anderen kann u. U. auch der fehlende Kontext in Aufgabe 4 für den Rückgang des Bearbeitungserfolgs ursächlich sein (vgl. die qualitative Analyse der Bearbeitungen in Abschnitt 7.5)

Bei Aufgabe 1, bei der Anteile in einem kontinuierlichen strukturierten Ganzen eingezeichnet bzw. abgelesen werden müssen (für die Aufgabe vgl. auch Hasemann 1981, 1986a), ist erstaunlich, dass im Schnitt 54 % der Punkte erreicht wurden, aber nur in 27 % aller Fälle die Höchstpunktzahl erreicht wurde. Hier kann ein Blick auf die einzelnen Items (vergleiche *Stufe 4*, Abschnitt 4.1.4) aufschlussreich sein, um dieses Phänomen genauer zu untersuchen.

Aufgabe 2, bei der das Ganze zu einem diskreten Teil bzw. der Teil zu einem diskreten Ganzen (Menge) rechnerisch bestimmt und durch einen Rechenweg und ein Bild ergänzt werden muss, erreicht insgesamt die geringste Durchschnittspunktzahl: Hier werden durchschnittlich bei Einbeziehung der Rechenwege 32 % und ohne Einbeziehung 47 % der Punkte erreicht. Für die Anzahl der Bearbeitungen mit Höchstpunktzahl fällt dieser Unterschied noch stärker ins Gewicht: Mit Berücksichtigung der Wege ist nur in 1 % der Fälle die vollständige Punktzahl erreicht worden; ohne sind es dagegen 25 %. Damit scheint sich hier erneut der Einfluss der zeichnerischen Umsetzungen und Erklärungen der Rechenwege auf die Bearbeitungshäufigkeit zu zeigen (s. o.).

Die Verteilung der Bearbeitungen kann auf dieser Auswertungsstufe u. U. darauf hindeuten, dass den Schülerinnen und Schülern insgesamt das Umgehen mit flächigen kontinuierlichen Teilen und Ganzen leichter zu fallen scheint, als mit diskreten (Aufgaben 1, 3 und 4 versus Aufgabe 2); die Dominanz der Vorstellung des Teils eines Ganzen wird auch in anderen Publikationen immer wieder festgestellt (z. B. Prediger 2008a). Allerdings handelt es sich bei dem Ganzen in Aufgabe 1 um ein kontinuierliches strukturiertes Ganzes (segmentierter Kreis), bei dem auch Abzählstrategien zur Lösungsbestimmung grundsätzlich möglich wären. Ein Blick auf die verschiedenen Konstellationen soll hier noch eine weitere Perspektive bereitstellen:

4.1.3 Stufe 3: Punkteverteilung nach Konstellationen

Ebenso wie der Blick auf die einzelnen Aufgaben ist auch ein Blick auf die Ergebnisse strukturiert nach den drei Konstellationen von Teil, Anteil und Ganzem aufschlussreich. In *Stufe 3* werden die Bearbeitungen der Lernenden daher in Bezug auf die Zugehörigkeit der bearbeiteten Aufgabe zu einer der drei Konstellationen betrachtet: In *Konstellation I* sind Anteil und Ganzes gegeben und der Teil gesucht, in *Konstellation II* sind Teil und Ganzes gegeben und der Anteil gesucht und in *Konstellation III* sind Teil und Anteil gegeben und das Ganze gesucht. Tabelle 4-2 kann die Zugehörigkeit der Items zu den drei Konstellationen entnommen werden (bei den Häufigkeiten für die Punkte handelt es sich erneut wie auch im Folgenden um gerundete Werte).

Aufgabe und Häufigkeit vollständige Punktzahl (n = 153)	Verteilung der Punkte											Durchschnittlich erreichte Punkte	
	0	0,5-1	1,5-2	2,5-3	3,5-4	4,5-5	5,5-6	6,5-7	7,5-8	8,5-9	9,5-10	absolut	prozentual
K I – Teil gesucht – Item 1a, 1b, 2a													
ohne /	29 %	28	48	32	45							1,61 von 3	54 %
mit Wegen und Bildern	5 %	25	28	34	22	30	14					2,22 von 5	44 %
K II – Anteil gesucht – Item 1c													
	54 %	64	89									0,56 von 1	56 %
K III – Ganzes gesucht – Item 2b, 2c, 3a, 3b, 4a, 4b													
ohne /	17 %	16	11	25	25	29	21	26				3,33 von 6	56 %
mit Wegen und Bildern	3 %	13	11	24	17	26	12	12	11	14	8	4,23 von 10	42 %

Tabelle 4-2: Überblick über die Punkte nach Konstellationen

Bei Nichtberücksichtigung der Bilder und Bearbeitungswege für die Items 2a, 2b und 2c (Bestimmen von einem Teil von einem diskreten Ganzen / Menge bzw. Bestimmen des Ganzen zu einem diskreten Teil) zeigen sich zwischen den drei Konstellationen keine großen Unterschiede bei den durchschnittlich erreichten Punkten: Die *Konstellationen II* und *III* schneiden mit 56 % nur leicht besser ab als *Konstellation I* mit 54 %. Die Gründe für dieses Phänomen lassen sich nicht allgemein auf dieser Stufe der Analyse beantworten. Es zeigt sich im Folgenden, dass vielmehr die Einbeziehung der Qualität des Ganzen (vgl. Abschnitt 1.5.2) in die Analyse ein wichtiger Fokus für die Erklärung der Phänomene zu sein scheint (Abschnitt 4.1.4).

Das im Vergleich leicht bessere Abschneiden von *Konstellation III* kann eventuell darauf zurück zu führen sein, dass mit den Aufgaben 3 und 4 (zeichnerisches Bestimmen eines Ganzen zu einem vorgegebenen flächigen Teil) die im Vergleich dazu vielen Lernenden anscheinend schwerer fallende rechnerische Bestimmung des Ganzen bei einem diskreten Teil (und Nicht-Stammbruch; vgl. Item 2c) relativiert wird (vgl. auch *Auswertungsstufe 4*; Tab. 4-4).

Für *Konstellation II* ist zu beachten, dass diese in der vorliegenden Erhebung nur aus einem einzigen Item besteht.

Ein deutlicher Unterschied zwischen den drei Konstellationen ergibt sich beim Vergleich der Häufigkeiten für die jeweilige Höchstpunktzahl: Hierbei schneidet *Konstellation II* mit Abstand am besten ab (54 %), gefolgt von *Konstellation I* (29 %) und *III* (17 %). Hier scheint sich die Qualität des Ganzen mit auszuwirken (vgl. Stufe 4).

Bei Einbeziehung der Wege schneiden die *Konstellationen I* und *III* schlechter ab: So werden im Schnitt 44 % bzw. 42 % der Punkte erreicht. Der Abfall der Lösungshäufigkeit fällt für die Häufigkeit vollständiger Lösungen noch viel stärker aus (5 % anstatt 29 % für *Konstellation I* bzw. 3 % anstatt 17 % für *Konstellation III*). Das könnte eventuell damit erklärt werden, dass das Angeben von Begründungen und Bildern einigen Lernenden schwerer zu fallen scheint, als die Lösung rechnerisch (im Kopf) zu bestimmen. Darüber hinaus könnten manche Lernende auch u. U. die Aufforderung zum Anfertigen einer Erklärung ihrer Lösung missverstanden haben (s. a. Abschnitt 4.1.1).

4.1.4 Stufe 4: Punkteverteilung nach Items für die Konstellationen

Im Folgenden wird ein Überblick über die Bearbeitung des Tests nach Items mit Fokus auf die Qualität vom Ganzen (und vom Teil / Anteil) gegeben: In den bisherigen Betrachtungen der Daten nach Aufgaben und nach Konstellationen konnte ein grober Überblick über die Daten erreicht werden. Es ließen sich erste Hinweise zum Einfluss der Art der Konstellation auf die Lösung(shäufigkeit) der Aufgaben ableiten und Vermutungen zum Einfluss der Qualität von Teil und Ganzem auf die Lösung aufstellen. Mit der hier dargestellten *Stufe 4* wird auf die Ebene der Items und damit gleichzeitig auch auf die Qualität des Ganzen und des Teils (vgl. Abschnitt 1.5.2) fokussiert. Damit wird die Ebene der Konstellationen, die für *Stufe 3* den strukturellen Rahmen lieferten, noch differenzierter betrachtet. In den Tabellen 4-3 und 4-4 werden die erreichten Punkte für die einzelnen Items nach Konstellationen aufgeschlüsselt (Für *Konstellation II*, die in dieser Erhebung nur durch ein Item repräsentiert wird, vgl. Tab. 4-2 in *Stufe 3*, Abschnitt 4.1.3).

Konstellation I

Bei der Aufschlüsselung der Konstellationen in Items lässt sich für *Konstellation I* Folgendes feststellen (vgl. Tab. 4-3): Item 1a schneidet mit 63 % der durchschnittlich erreichten Punkte sogar besser ab, als die Konstellation insgesamt. Die wenigsten Punkte werden im Durchschnitt bei Item 2a mit Berücksichtigung der Wege erreicht, gefolgt von Item 1b. Im Vergleich von Item 1a und 1b lässt sich vermuten, dass die Bekanntheit des Anteils einen Einfluss auf die Bearbeitung der Aufgabe zu haben scheint. Im Vergleich mit Item 2a lässt sich feststellen, dass das reine Bestimmen des Teils eines kontinuierlichen strukturierten

Ganzen (1/6 vom Kreis) im Vergleich zum Bestimmen eines Teils zu einem Nicht-Stammbruch bei gegebenem diskreten Ganzen den Schülerinnen und Schülern in dieser Erhebung ebenfalls schwerer zu fallen scheint.

Aufgabe und Häufigkeit vollständige Punktzahl (n = 153)		Verteilung der Punkte				Durchschnittlich erreichte Punkte	
		0	0,5-1	1,5-2	2,5-3	absolut	prozentual
K I – Teil gesucht – Item 1a, 1b, 2a							
1a	1/4 vom Kreis einzeichnen 61 %	53	100			0,63 von 1	63 %
1b	1/6 vom Kreis einzeichnen 40 %	85	68			0,42 von 1	42 %
2a	Anteil 5/8 und Ganzes 16 gegeben 56 %	67	86			0,56 von 1	56 %
	mit Bild und Erklärung 7 %	58	24	46	25	1,16 von 3	39 %

Tabelle 4-3: Aufschlüsselung der Punkte für *Konstellation I* auf die einzelnen Items

Das ist zunächst erstaunlich, da der Unterschied zwischen den Items 1a und 1b lediglich in der Art des Anteils besteht. Es lässt sich vermuten, dass der Anteil 1/4 bei der Realisierung im Kreis bei manchen Lernenden ein spontan abrufbares Bild darzustellen scheint, das bei dem Anteil 1/6 so nicht verfügbar zu sein scheint (vgl. die Auswertung zu den Items 1a und 1b in Abschnitt 5.2).

Im Vergleich zu Item 2a ist das Ergebnis ebenfalls erstaunlich, da dort ein Nicht-Stammbruch gegeben ist und das Ganze nicht bildlich repräsentiert ist wie in 1a bzw. 1b. Eventuell kann hier als Erklärung herangezogen werden, dass das Ergebnis für 2a über einen Algorithmus rein rechnerisch erhalten werden kann. Für das Einzeichnen eines Anteils (vom Kreis) existieren solche Algorithmen hingegen nicht (vgl. auch Hasemann 1986a, S. 20). Dafür scheint auch der Abfall in den Häufigkeiten bei Einbeziehung von Erklärungen und Bildern bei der Beurteilung der Lösung zu sprechen: Auch hier gibt es für die Bilder keine Standardlösung, die auswendig abgerufen werden kann. Für die Rechenwege kann u. U. für manche Lernende die Schwierigkeit bestehen, die „im Kopf" bestimmte Lösung mathematisch korrekt zu verschriftlichen. Darüber hinaus kann auch, wie bereits dargestellt, die Aufforderung zur Angabe einer Erklärung übersehen bzw. umgedeutet worden sein.

Insgesamt lassen sich mit der hier eingenommenen Perspektive für *Konstellation I* erste vorsichtige Hinweise dafür finden, dass die Bekanntheit vom Anteil in Bezug auf dieselbe Qualität des Ganzen einen Einfluss auf den Bearbeitungser-

4.1 Quantitativer Überblick in vier Stufen

folg zu haben scheint: Anteile, die spontan abrufbare mentale Repräsentationen besitzen, scheinen leichter zu fallen als andere.

Im Vergleich über die verschiedenen Qualitäten des Ganzen hinweg lässt sich vermuten, dass das Bestimmen eines Teils von einem diskreten Ganzen (mit Nicht-Stammbruch-Anteil!) hier einigen Lernenden sogar leichter gefallen zu sein scheint, als das Einzeichnen von 1/6 im Kreis. Somit scheint hier die Qualität des Ganzen insofern einen Einfluss auf den Bearbeitungserfolg zu haben, als dass bei einem diskreten Ganzen für manche Lernende Lösungsalgorithmen verfügbar zu sein scheinen, die abgerufen werden können.

Konstellation II

Diese Konstellation umfasst in dieser Erhebung nur ein Test-Item und wurde bereits in *Stufe III* behandelt.

Konstellation III

Betrachtet man die einzelnen Items zu *Konstellation III*, so lässt sich feststellen, dass Item 3a durchschnittlich die meisten Punkte erreicht (vgl. Tab. 4-4). Hier werden im Schnitt 69 % der Punkte erzielt. Damit wird Item 3a auch über den gesamten Test gesehen am erfolgreichsten bearbeitet. Knapp dahinter folgt Item 3b mit 67 %. Die von der Aufgabenstellung und der Qualität des Ganzen her ähnliche Aufgabe 4 fällt im Vergleich etwas schlechter aus; hier ist auch der Unterschied zwischen den beiden Aufgabenteilen 4a und 4b erheblich größer. Die Ursache kann hierfür u. U. in der bildlichen Repräsentation des Teils oder im Fehlen eines außermathematischen Kontextes gefunden werden.

Der Vergleich zwischen Item 2c und 2b zeigt, dass bei Item 2c im Schnitt weniger Punkte erreicht wurden: 35 % in 2c und 50 % in 2b ohne Berücksichtigung der Bearbeitungswege und Bilder. Das ist vermutlich auf die Art des Anteils zurück zu führen: Während in 2b ein Stammbruch gegeben ist, zu dem das Ganze bestimmt werden soll, ist es in 2c ein Nicht-Stammbruch. Dieser Wechsel führt dazu, dass bestimmte erfolgreiche Bearbeitungswege aus 2b in 2c nicht mehr eins-zu-eins nutzbar sind und umgekehrt (vgl. Abschnitt 7.2.2).

Dennoch ist es erstaunlich, dass nur etwa die Hälfte aller Schülerinnen und Schüler das vergleichsweise einfache Item 2b vollständig richtig lösen, wenn man von den Rechenwegen und den Zeichnungen absieht. Dies ist eventuell in der Aufgabenstellung begründet, in der die für manche Lernende vielleicht geläufigere Variante des Bestimmens des Teils zu einem Ganzen im Vergleich zu Item 2a im Hinblick auf die Rechenoperation „umgedreht" wird. Damit scheint die Art der Konstellation in Verbindung mit der Qualität von Teil und Ganzem einen Einfluss auf den Bearbeitungserfolg zu haben.

Aufgabe und Häufigkeit vollständige Punktzahl (n = 153)		Verteilung der Punkte				Durchschnittlich erreichte Punkte	
		0	0,5-1	1,5-2	2,5-3	absolut	prozentual
K III Ganzes gesucht – Item 2b, 2c, 3a, 3b, 4a, 4b							
2b	Anteil 1/4 und Teil 6 gegeben	50 %	77	76			0,50 von 1	50 %
	mit Bild und Erklärung	8 %	70	20	49	14	1,02 von 3	34 %
2c	Anteil 2/3 und Teil 6 gegeben	35 %	99	54			0,35 von 1	35 %
	mit Bild und Erklärung	7 %	96	13	31	13	0,73 von 3	24 %
3a	Anteil 1/3 und Teil (Quadrat) gegeben	68 %	47	106			0,69 von 1	69 %
3b	Anteil 1/6 und Teil (Quadrat) gegeben	67 %	51	102			0,67 von 1	67 %
4a	Anteil 1/4 und Teil (Dreieck) gegeben	59 %	59	94			0,60 von 1	60 %
4b	Anteil 1/8 und Teil (Dreieck) gegeben	52 %	71	82			0,53 von 1	53 %

Tabelle 4-4: Aufschlüsselung der Punkte für *Konstellation III* auf die einzelnen Items

Auffällig ist, dass die beiden Items mit diskreten Teilen bzw. Ganzen für *Konstellation III* schlechter ausfallen als die Items 3a, 3b, 4a und 4b mit den flächig denkbaren Teilen. Dies ist erstaunlich im Vergleich zur Verteilung in *Konstellation I*, wo die durchschnittlich erreichten Punkte genau umgekehrt verteilt sind. Das kann eventuell daran liegen, dass es sich bei *Konstellation III* um eine vielleicht weniger thematisierte Perspektive im Vergleich zu *Konstellation I* handelt und manche Lernende für die rechnerische Lösung in *Konstellation I* über eine Routine zu verfügen scheinen, mit der sie die Anzahl der Bonbons berechnen können. Das wird dadurch gestützt, dass Item 2a insgesamt von Aufgabe 2 am erfolgreichsten bearbeitet wird. Die andere Perspektive scheint in der diskreten Fassung dagegen schwieriger zu sein – vielleicht da hier auf ein Rechenverfahren fokussiert wird, während bei Aufgabe 3 und 4 der Weg über Ausprobieren näher liegt. Hier scheint der diskrete Teil, der selbst aus mehreren Objekten besteht, schwieriger zu bearbeiten zu sein. So finden sich auch hier Hinweise auf die Dominanz der Vorstellung vom Teil eines Ganzen im Vergleich zum Relativen Anteil (Multiplikative Teil-Ganzes-Relation).

Die Aufgaben mit flächigen Teilen bzw. Ganzen werden in den Konstellationen unterschiedlich bearbeitet: Während Aufgabe 3 in allen vertieft ausgewerteten Teilen besser abschneidet als die Items 1a und 1b, werden die Items 4a und 4b nur in Bezug auf Item 1b erfolgreicher bearbeitet. Dies kann darauf hindeuten, dass zum einen das eigene Herstellen des Ganzen teilweise leichter zu fallen scheint, als das Nutzen eines vorgegeben Ganzen. Dies scheint allerdings nicht uneingeschränkt so zu sein: Es lässt sich die Vermutung aufstellen, dass dies von der Art des vorgegebenen Teils und Anteils abhängig ist: „Einfache" Anteile, d. h. solche, die spontan abrufbare Bilder erzeugen, scheinen manche Lernende gut in einem vorgegebenen Ganzen identifizieren zu können (vgl. z. B. auch Hasemann 1986b, S. 18), während kompliziertere Formen, bzw. Formen, die besondere geometrische Eigenschaften haben, anscheinend schwerer zu einem Ganzen zu ergänzen fallen.

4.1.5 Zusammenfassung der quantitativen Überblicksanalyse

Die quantitative Überblicksanalyse erfolgte in vier Stufen zunehmender Tiefe: Der Blick alleine auf die erreichten Punkte über den Test hinweg zeigt zum einen, dass weniger als die Hälfte der Schülerinnen und Schüler (ca. 34 %) mehr als die Hälfte der Punkte erreicht hat und der Test zunächst einigen Lernenden schwer zu fallen scheint. Bei Nichtberücksichtigung der Wege und Bilder zu Aufgabe 2 (diskreter Teil bzw. Ganzes) zeigt sich hingegen, dass fast die Hälfte der Lernenden mehr als die Hälfte der Punkte erreicht hat (ca. 47 %).

Ein Blick auf Aufgabenebene offenbart Schwierigkeiten mit einzelnen Aufgaben, wobei diese zahlenmäßig nicht so stark ins Gewicht fallen. So scheint Aufgabe 2 auch ohne Berücksichtigung der Rechenwege und Bilder am schwersten zu fallen, während Aufgabe 3 (Ergänzen eines Quadrats zum Ganzen) am besten bewältigt wird.

Die Perspektive auf die drei Konstellationen an sich liefert zwar eine Orientierung über die Phänomene, kann diese aber nicht alleine erklären: In *Stufe 4* der Analyse ergeben sich erste Hinweise, dass die Qualität des Ganzen und des Teils innerhalb der jeweiligen Konstellation einen größeren Einfluss haben könnte, den es genauer zu untersuchen gilt.

Dieser quantitative Überblick über die Daten liefert nur einen ersten Überblick über Phänomene. Aufschlussreicher im Hinblick auf die Forschungsfragen zum Umgang mit Teil, Anteil und Ganzem kann nur eine genauere vertiefte (quantitative und qualitative) Analyse der einzelnen Produkte der Schülerinnen und Schüler und der Bearbeitungsprozesse ausgewählter Aufgaben in den Interviews sein.

4.2 Voraborientierung zu den Kapiteln 5 bis 8

In den folgenden Kapiteln 5 bis 7 wird die Detailanalyse der in diesem Kapitel quantitativ betrachteten Aufgaben des Tests dargestellt. Diese wird aufgabenübergreifend nach Konstellationen von Teil, Anteil und Ganzem gegliedert, d. h. aus strukturell-stofflicher Perspektive. Jedes der drei Kapitel ist folgendermaßen gegliedert: Zunächst werden die übergeordneten Forschungsfragen für die jeweilige Konstellation präzisiert. Anschließend folgen die vertieften Auswertungen der Bearbeitungen der Test-Items. Diese Analysen werden in Kapitel 7 durch Interviewanalysen zu konkreten Bearbeitungsprozessen, welche einzelne Aspekte und Phänomene der schriftlichen Erhebung ergänzen bzw. diese detaillierter herausarbeiten, ergänzt und mit ihnen verschränkt.

Jedes Kapitel wird durch eine zusammenfassende Interpretation der Ergebnisse und der Diskussion der empirischen Befunde zu den konkretisierten Forschungsfragen abgeschlossen.

In Kapitel 8 wird Item 3c anhand eines Bearbeitungsprozesses und einiger schriftlicher Produkte vertieft analysiert.

5 Vorstellungen und Strukturierungen beim Bestimmen des Teils

In diesem Kapitel werden als Beispiele für die *Konstellation I „Das Ganze und der Anteil sind gegeben; gesucht ist der Teil"* die Test-Items 1a, 1b und 2a vertieft ausgewertet. Aufgaben zur *Konstellation I* wurden im Rahmen dieser Arbeit auch in Partnerinterviews eingesetzt (Teile der *Bonbonaufgabe I*; vgl. Abschnitt 2.5). Da diese jedoch gleichzeitig auch die *Konstellation III* mit berücksichtigen (vgl. den Steckbrief zur Aufgabe in Abschnitt 2.6.2), werden sie in den Abschnitten 7.3.1 und 7.3.3 dargestellt. Darüber hinaus gibt es in der Forschungsliteratur – gerade auch zu Item 1a und 1b – gut dokumentierte qualitative Interviewstudien, die die Bearbeitungsprozesse von Lernenden zu dieser Konstellation untersuchen (vgl. z. B. Hasemann 1986a, 1993, 1995; Wartha 2007).

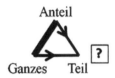

Hier liefert die Arbeit insofern neue Perspektiven auf eine empirisch bewährte Aufgabe, als sie die Bearbeitungswege der Schülerinnen und Schüler im Hinblick auf die spezifische Forschungsfrage nach den damit verbundenen Strukturierungen und Vorstellungen vom Ganzen und seinen Beziehungen zu Teil und Anteil analysiert. Dabei ist ein entscheidender Punkt, wie Lernende das Ganze überhaupt in dieser Konstellation identifizieren, strukturieren und nutzen.

Zunächst werden die in Kapitel 1 aufgeführten Forschungsfragen für diese Konstellation konkretisiert (Abschnitt 5.1). In den Abschnitten 5.2 bzw. 5.3 wird die vertiefte Auswertung der Test-Items 1a und 1b (kontinuierliches strukturiertes Ganzes) bzw. 2a (diskretes Ganzes) mittels Codierung dargestellt. Das Kapitel schließt mit der Diskussion der empirischen Befunde zu den konkretisierten Forschungsfragen in Abschnitt 5.4.

5.1 Konkretisierung der übergeordneten Forschungsfragen

An die *Konstellation I* werden verfeinerte Forschungsfragen herangetragen, die die allgemeinen Fragen zu Vorstellungen zum Ganzen und dessen Strukturierung sowie Beziehungen zu Teil und Anteil präzisieren.

Dabei ergeben sich für die Analyse von *Konstellation I* konkret folgende Forschungsfragen:

1. *Wie gehen Lernende in Konstellation I mit Teil, Anteil und Ganzem um?*

   a) Wie strukturieren und nutzen sie Zusammenhänge zwischen dem Ganzen und dem Anteil, wenn sie den Teil bestimmen sollen und ihnen dazu ein kontinuierliches strukturiertes Ganzes und ein Stammbruch-Anteil oder ein diskretes Ganzes und ein (Nicht-) Stammbruch-Anteil vorgegeben werden?

   b) Welche individuellen Vorstellungen vom Ganzen lassen sich mit diesen Strukturierungen in Verbindung bringen?

2. *Wie können Schwierigkeiten und Hürden von Lernenden im Zusammenhang mit der Konstellation I überwunden werden?*

5.2 Analysen der schriftlichen Produkte zum Bestimmen des Teils (kontinuierliches Ganzes)

In diesem Abschnitt wird die *Konstellation I* in Zusammenhang mit einem kontinuierlichen strukturierten Ganzen untersucht. Als Beispiel dienen hier die Items 1a und 1b (nach Hasemann 1981) der schriftlichen Erhebung (vgl. Abb. 5-1). Diese werden vergleichend analysiert. Hier ist eine wichtige Frage, wie das bildlich gegebene und damit figürlich präsente Ganze identifiziert und strukturiert wird, 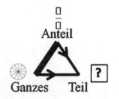 um den geforderten Teil zu rekonstruieren. Neben der Tatsache, dass es sich hier um ein kontinuierliches (flächiges), strukturiertes Ganzes handelt, ist entscheidend, dass auf ein und dasselbe Ganze zwei Anteile nacheinander zu realisieren sind, wobei es sich in beiden Fällen um Stammbrüche handelt.

Zunächst wird die Codierung der Testbearbeitungen erläutert, an die sich die Darstellung der Ergebnisse und deren Interpretation anschließt.

---

a) Färbe zuerst $\frac{1}{4}$ vom Kreis in blau.

b) Färbe dann noch $\frac{1}{6}$ vom Kreis in einer anderen Farbe.

c) Welchen Bruchteil vom Kreis hast du insgesamt gefärbt? Antwort: _____

Abb. 5-1: Items 1a, 1b und 1c, hier mit Fokus auf 1a und 1b

5.2.1 Auflistung der Codierung der Lösungen für die Items 1a und 1b

Für die Items 1a und 1b wurden die Kategorien *tragfähig*, *im Ansatz tragfähig*, *nicht tragfähig*, *sonstige* und *keine Angabe* verwendet (vgl. Abschnitt 2.7.4): Diese Kategorien beziehen sich auf den Umgang mit und die Identifizierung von Teil, Anteil und Ganzem sowie auf das Herstellen von Zusammenhängen zwischen diesen Komponenten. Dabei wird eine Lösung als *tragfähig* gewertet, wenn sie mathematisch korrekt ist. *Im Ansatz tragfähige Lösungen* beinhalten eine richtige mathematische Grundidee, weisen allerdings mathematisch nicht korrekte Eigenschaften auf. Als *nicht tragfähig* eingeschätzte Lösungen sind mathematisch nicht korrekt und lassen auch keinen tragfähigen Ansatz erkennen. *Sonstige Lösungen* sind von ihrer mathematischen Tragfähigkeit her nicht einschätzbar.

Beide Items wurden separat codiert. Das bedeutet, dass das Einzeichnen von 1/4 und 1/6 jeweils mit einem Code erfasst wurde. Gleichwohl konnten in beiden Teilen sich entsprechende Bearbeitungswege ausgemacht werden, so dass insgesamt dieselben Codes vergeben wurden. Diese Codes, deren Häufigkeiten und Erläuterungen werden in den Tabellen 5-1 (Item 1a) bzw. 5-2 (Item 1b) aufgeführt und erläutert. Bei den Prozentangaben handelt es sich um gerundete Werte, so dass sie sich nicht zu exakt 100 % addieren.

Item 1a: Strukturierter Kreis und Anteil 1/4 gegeben – Teil gesucht

Code Häufigkeit abs (rel.)	Beispiel für Code (inkl. Individualcode) (von 153)	Erläuterung des Codes
Tragfähige Lösungen		
r 89x, 58 %	GeS_1	1/4 wird richtig eingefärbt. (**r**ichtig)
r_abl 4x, 3 %	GeS_25	Das Ergebnis von Item 1a und b ist zusammen mit 5/12 richtig eingefärbt. (**r**ichtig **a**lles in **b**lau)
Im Ansatz tragfähige Lösungen		
ENKG 7x, 5 %	GeS_2	1/4 wird auf einen Teil des Ganzen (4 Segmente) bezogen dargestellt. (**E**inschränkung des **N**enners auf **k**leineres **G**anzes)
Nicht tragfähige Lösungen		
1S 5x, 3 %	GeS_121	Es wird 1 Kreissegment für 1/4 gefärbt. (**1 S**tück)

Code Häufigkeit abs (rel.)	Beispiel für Code (inkl. Individualcode) (von 153)	Erläuterung des Codes
N=S 33x, 22 %	GeS_12	Es werden 4 Kreissegmente für 1/4 gefärbt. (**N**enner **entspricht** der Anzahl der **S**tücke)
fsonst 2x, 1 %	GeS_7	nicht tragfähige Lösungen sonstiger Art (**sonst**ige **f**alsche)
Sonstige		
sonst 10x, 7 %	Lösungen, die nicht einschätzbar sind (z. B. doppelt angemalt) (**sonst**ige)	
Keine Angabe		
kA 3x, 2 %	GeS_130	nichts hingeschrieben, Probleme geäußert oder Lösung durchgestrichen (**k**eine **A**ngabe)

Tabelle 5-1: Übersicht über die Codes für die Lösungen zu *Item 1a*

Item 1b: Strukturierter Kreis und Anteil 1/6 gegeben – Teil gesucht

Code Häufigkeit abs (rel.)	Beispiel für Code (inkl. Individualcode) (von 153)	Erläuterung des Codes
Tragfähige Lösungen		
r 57x, 37 %	GeS_63	1/6 wird richtig eingefärbt. (**r**ichtig)
r_abl 4x, 3 %	GeS_25	Das Ergebnis von Item 1a und b ist zusammen mit 5/12 richtig eingefärbt. (**r**ichtig **a**lles in **b**lau)
Im Ansatz tragfähige Lösungen		
ENKG 7x, 5 %	GeS_2	1/6 wird auf einen Teil des Ganzen (6 Segmente) bezogen dargestellt. (**E**inschränkung des **N**enners auf **k**leineres **G**anzes)
Nicht tragfähige Lösungen		
1S 13x, 8 %	GeS_121	Es wird 1 Kreissegment für 1/6 gefärbt. (**1 S**tück)

5.2 Analysen der schriftlichen Produkte zum Bestimmen des Teils (kontinuierl. G.)

Code Häufigkeit abs (rel.)	Beispiel für Code (inkl. Individualcode) (von 153)	Erläuterung des Codes
N=S 49x, 32 %	GeS_12	Es werden 6 Kreissegmente für 1/6 gefärbt. (**N**enner **entspricht** der Anzahl der **S**tücke)
fsonst 7x, 5 %	GeS_7	nicht tragfähige Lösungen sonstiger Art (**sonst**ige **f**alsche)
Sonstige		
sonst 12x, 8 %	Lösungen, die nicht einschätzbar sind (z. B. doppelt angemalt) (**sonst**ige)	
Keine Angabe		
kA 4x, 3 %	GeS_130	nichts hingeschrieben, Probleme geäußert oder Lösung durchgestrichen (**k**eine **A**ngabe)

Tabelle 5-2: Übersicht über die Codes für die Lösungen zu *Item 1b*

5.2.2 Ergebnisse und Interpretation

In diesem Abschnitt wird zunächst ein vergleichender Überblick zu den Lösungshäufigkeiten zu Item 1a und 1b gegeben. Den Schwerpunkt bilden die vertieften Analysen und Interpretationen der codierten Realisationen des Teils. Diese werden itemübergreifend vergleichend vorgenommen, wobei sich die Darstellung strukturell an den oben angeführten Kategorien orientiert.

Vergleich der Lösungshäufigkeiten für die Items 1a und 1b

Die Verteilung der Antworten der Lernenden auf die Codes für das Einzeichnen des Anteils 1/6 fällt im Vergleich zum Einzeichnen des Anteils 1/4 deutlich anders aus (vgl. Abb. 5-2). Beim Vergleich der Lösungshäufigkeiten lässt sich feststellen, dass der Anteil der als *tragfähig* eingeschätzten Antworten bei Item 1a wesentlich höher ist als bei Item 1b: Während gut 60 % der Schülerinnen und Schüler den zu 1/4 gehörigen Teil vom Kreis erfolgreich eingezeichnet haben, gelingt dies nur knapp 40 % der Lernenden für den Anteil 1/6. Dafür steigt die Häufigkeit der als *nicht tragfähig* eingeschätzten Antworten von ca. 26 % für Item 1a auf ca. 45 % für Item 1b. Die Anzahl der *im Ansatz tragfähigen Antwor-*

ten sowie Bearbeitungen, die der Kategorie *sonstige* oder *keine Angabe* zugerechnet wurden, entsprechen sich in etwa. Insgesamt haben 59 Lernende (ca. 39 %) beide Anteile richtig eingezeichnet.

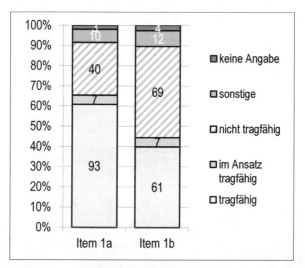

Abb. 5-2: Verteilung der Antworten auf Kategorien für die *Items 1a* und *1b*

Zusammenfassend lässt sich feststellen, dass die Bearbeitung heterogen ausfällt. Es ist bemerkenswert, dass auch der aus fachlicher Sicht einfache Aufgabenteil, 1/4 eines Kreises einzuzeichnen, nur von knapp 60 % der Schülerinnen und Schüler richtig gelöst wurde, da der Testzeitpunkt gegen Mitte des 7. Schuljahres liegt – zu einem Zeitpunkt, an dem dieser Teil der Bruchrechnung bereits als bekannt vorausgesetzt werden kann.

Auch in anderen empirischen Studien fiel es vielen Schülerinnen und Schülern schwer, den Teil von einem graphisch gegebenen, kontinuierlichen strukturierten Ganzen zu bestimmen: In einer Studie von Hasemann (1981) mit insgesamt 129 Siebtklässlern haben 29 % der an der schriftlichen Untersuchung teilnehmenden 97 Hauptschülerinnen und -schüler den Teil richtig bestimmt. Insgesamt gaben nur 14 % den richtigen Anteil 5/12 an (vgl. Hasemann 1981, S. 78). In der Studie PALMA wurde die Aufgabe in Klasse 6 nach Behandlung der Bruchrechnung von weniger als einem Drittel der befragten Schülerinnen und Schüler richtig gelöst (Wartha 2007, S. 191). Die entsprechende Kalkülaufgabe wurde von durchschnittlich mehr Schülerinnen und Schülern gelöst (mehr als die Hälfte am Ende der Jahrgangsstufe 6; ebd.).

Zusammenhang des Einzeichnens von 1/4 und 1/6

Von den Lernenden, die Item 1a in der vorliegenden Studie richtig gelöst haben, haben 59, d. h. nicht ganz 2/3 von ihnen, auch Item 1b richtig gelöst. Umgekehrt haben zwei Jugendliche, die Item 1b richtig bearbeitet haben, bei Item 1a den Teil falsch eingefärbt. Das ist ein Hinweis darauf, dass das Einfärben von 1/6 deutlich schwieriger als das Einfärben von 1/4 zu sein scheint: Für den Teil zu 1/4 verfügen manche Lernende im Kreis vermutlich über eine innere Repräsentation, die auswendig aus dem Gedächtnis abgerufen werden kann (vgl. auch die Sachanalyse in Abschnitt 2.6.1). Dass bei 1/6 deutlich weniger richtige Lösungen vorkommen, könnte darauf schließen lassen, dass für 1/6 weniger abrufbare Repräsentationen vorliegen (vgl. Hasemann 1986b, S. 18).

Die im Folgenden abgedruckten Tabellen 5-3 bis 5-5 geben einen Überblick über die Interpretationen der Codes im Hinblick auf die Strukturierung des Ganzen und die Herstellung von Zusammenhängen zwischen diesem, dem Teil und dem Anteil.

Vertiefte Analyse der als *tragfähig* codierten Lösungen:
Richtige Identifizierung des Ganzen und seine Strukturierung

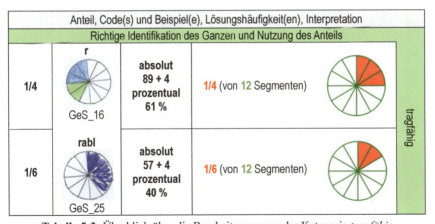

Tabelle 5-3: Überblick über die Bearbeitungswege der Kategorie *tragfähig*

In Tabelle 5-3 wird ein Überblick über die Interpretation der Lösungen der Kategorie *tragfähig* gegeben. Links wird der jeweils betrachtete Anteil, daneben wird der Code mit einem Originalbeispiel aufgeführt. An diese Spalte schließt sich die Aussage über die Häufigkeit des Codes in der Erhebung an. In der vierten Spalte wird die Interpretation des Codes erläutert: Hier wird die Beziehung zwischen dem Bild und den Zahlen interpretiert, indem der Zusammenhang als mathematischer Ausdruck und als schematische Zeichnung dargestellt wird. Das vermutlich fokussierte Ganze ist hier und im Folgenden durch dunkle Umrahmungen gekennzeichnet, während der Teil ausgefüllt ist. Bei den Prozentangaben handelt es sich erneut um gerundete Werte. Diese Festlegungen gelten sinngemäß auch für die anderen Kategorien.

Die Bearbeitungen, die der Kategorie *tragfähig* zugerechnet werden, zeichnen sich dadurch aus, dass der Anteil auf den gesamten Kreis als das relevante Ganze bezogen wurde. Der Unterschied zwischen den beiden hier vergebenen Codes besteht lediglich in der explizierenden Unterscheidung der beiden Anteile (Anzahl der Farben).

Vertiefte Analyse der als *im Ansatz tragfähig* codierten Lösungen: Beschränkung des Ganzen auf einen Ausschnitt

Die Kategorie *im Ansatz tragfähig* – konkretisiert durch den *Code ENKG* – ist aufschlussreich im Hinblick auf die Identifizierung und die Strukturierung des Ganzen (vgl. Tab. 5-4).

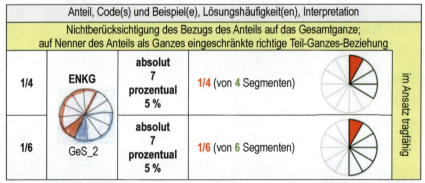

Tabelle 5-4: Überblick über die Bearbeitungswege der Kategorie *im Ansatz tragfähig*

Sieben Jugendliche (ca. 5 %) haben die Aufgabe gelöst, indem sie den Nenner des Anteils auf ein kleineres Ganzes als den vorgegebenen Kreis eingeschränkt haben. Dabei ist bemerkenswert, dass sie diesen Weg über beide Aufgabenteile hinweg konsequent angewendet haben und er daher in der vorliegenden Erhebung nicht in einer Kombination mit einem anderen Weg vorkommt (für eine mögliche Einschränkung vergleiche die Interpretation des *Codes 1S*). Dies könnte darauf verweisen, dass die zugrunde liegende Überlegung nicht auf die Bekanntheit des Anteils zurückzuführen ist, sondern dass es sich hierbei um eine auf konzeptueller Ebene verortete Vorstellung handelt.

Diese Schülerinnen und Schüler haben 1/4 (bzw. entsprechend 1/6) anscheinend übersetzt in „1 Teil von 4 Teilen". Damit würden sie zunächst die Bedeutung eines Anteils aus der Sicht einer Verteilungssituation korrekt deuten: Wird ein Ganzes in vier gleich große Stücke geteilt, so bezeichnet 1/4 den Anteil, den eines der Stücke vom Ganzen ausmacht. Dabei gibt es in dieser Deutung eine Entsprechung zwischen der Anzahl aller Stücke und dem Nenner des Anteils.

In der vorliegenden Konstellation scheint die Schwierigkeit darin zu liegen, dass das Ganze bereits zerlegt wurde (interne Strukturierung). So könnte es sein, dass die sieben Lernenden mit dieser Einteilung den Anteil 1/12 identifizieren, denn in der Interpretation des Anteils als Teil eines Ganzen könnte der Anteil 1/12 in der Verteilungssituation als „Ein Ganzes wird auf 12 Personen verteilt. Welchen Anteil bekommt jeder?" interpretiert werden.

Was bedeutet 1/4, wenn mehr als vier Teile vorhanden sind?

Die Lernenden hier haben anscheinend einen anderen Weg gewählt, um die vermutlich zugrundeliegende Vorstellung „1/4 bedeutet 1 von 4 Teilen" mit der vorliegenden Konstellation in Einklang zu bringen: Sie wählen aus den 12 Kreissegmenten einen Teilbereich aus, der aus vier Stücken besteht. Somit scheinen sie sich innerhalb des durch die Aufgabenstellung vorgegebenen Ganzen ein neues Ganzes zu definieren, das zwar aus mehreren Kreissegmenten besteht, deren Anzahl jedoch der Zahl im Nenner des Anteils entspricht. Die Lösung deutet darauf hin, dass es diesen Jugendlichen Probleme bereitet, einen Anteil von einer Menge (diskret, d. h. als Menge interpretierte Kreissegmente) einzuzeichnen, die größer ist, als die Zahl im Nenner des Anteils. Damit würde die Schwierigkeit in der relativen Anwendung des Anteils auf das Ganze bestehen: Zähler und Nenner stellen hier eine isolierte Einheit, ein „Teil-Ganzes-System" dar, welches das Ganze und den Teil – ohne Bezug zu einem „äußeren" Ganzen, d. h. ein Ganzes, auf das man sich relativ beziehen muss – festlegt (für das Addieren von Anteilen als konkrete Teil-Ganzes-Mengen siehe auch Peck / Jencks 1981, S. 344; Malle / Huber 2004, S. 21).

Für den betrachteten Ausschnitt des Ganzen ist die Anteilsvorstellung dann auch fachlich tragfähig: Im Gegensatz zu Lernenden, die nach dem Bearbeitungsweg *N=S* die der Zahl im Nenner entsprechende Anzahl an Stücken markieren und somit die Brüche als voneinander unabhängige natürliche Zahlen umzudeuten scheinen (s. u.), scheinen Schülerinnen und Schüler, deren Bearbeitungen mit *ENKG* codiert wurden, dies nicht zu tun. Es kann vielmehr vermutet werden, dass sie die Vorstellung aufgebaut haben, dass ein Anteil eine Beziehung ausdrücken kann zwischen einem Ganzen (allerdings keinem das aus mehr Stücken besteht, als die Zahl im Nenner des Anteils) und einem Teil. Das bedeutet, sie nutzen die Tatsache, dass Zähler und Nenner des Bruchs in Beziehung zueinander stehen (vgl. auch Abb. 5-3).

GeS_153

Abb. 5-3: 1/4 ist 1 von 4 Stücken

Die Vorstellung des „zu großen" Ganzen kann – neben der expliziten Realisierung, wie sie oben beschrieben wurde – auch dazu führen, dass die Aufgabe nicht bearbeitet wird.

Diese Umsetzung stellt zahlenmäßig in der vorliegenden Erhebung ein eher seltenes Phänomen dar. Allerdings gibt sie Hinweise auf eine Vorstellung von Anteil und der Beziehung zwischen Teil, Anteil und Ganzem, die Lösungen, die in anderen Zusammenhängen vorkommen, z. T. erklären könnte. Damit ist die Kenntnis um sie als diagnostisches Wissen hilfreich: So kann das komponentenweise Addieren von Brüchen teilweise u. U. auf das Zusammenfügen verschiedener Ganzer zurückgeführt werden (vgl. auch Swan 2001, S. 149; Malle 2004, S. 5; für ein Beispiel aus der vorliegenden Studie, bei dem der hier beschriebene Bearbeitungsweg einen inhaltlichen Erklärungsansatz für falsche Lösungen darstellen kann, vgl. Abschnitt 6.2.2). Bei manchen dieser Lernenden gibt es Hinweise darauf, dass sie in anderen Kontexten den relativen / multiplikativen Bezug des Anteils auf das Ganze aktivieren können: So erhalten vier der sieben Schülerinnen und Schüler bei Item 2a das richtige Ergebnis 10. Das ist ein Hinweis darauf, dass diese Vorstellung auch bereichsspezifisch sein kann.

Vertiefte Analyse der als *nicht tragfähig* codierten Lösungen: Vernachlässigung des Ganzen

Die Kategorie *nicht tragfähiger* Lösungen umfasst in beiden Items jeweils drei Codes, von denen zwei inhaltlich interpretiert werden (vgl. Tab. 5-5).

5.2 Analysen der schriftlichen Produkte zum Bestimmen des Teils (kontinuierl. G.) 167

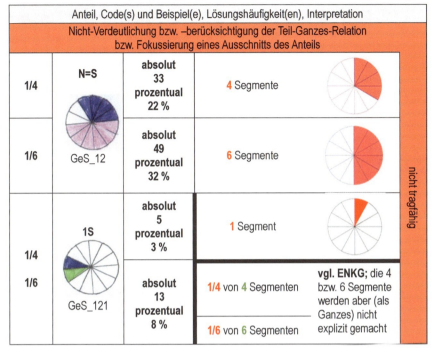

Tabelle 5-5: Überblick über die Bearbeitungswege der Kategorie *nicht tragfähig*

Der größte Unterschied in den Lösungshäufigkeiten zwischen Item 1a und 1b ist dem *Code N=S* zuzurechnen. Bei Lösungen, die mit diesem Code erfasst werden, wird die Anzahl der den Teil bildenden Stücke mit der Zahl im Nenner des Anteils identifiziert, d. h. der Anteil wird als zwei natürliche Zahlen interpretiert, die in keinem Zusammenhang zueinander stehen (vgl. Tab. 5-5): 1/4 wird dann als vier Kreissegmente, 1/6 als sechs Kreissegmente umgesetzt. Damit verwechseln diese Lernenden „1/n vom Kreis" mit „n Teile vom Kreis" (vgl. Hasemann 1986a, S. 3). Diese Vorstellung erweist sich als eine stabile Vorstellung auch in ähnlichen Kontexten (vgl. z. B. Wartha 2007, S. 158 f.; Padberg 2009, S. 101).

Der Code beschreibt in beiden Items den Großteil der als *nicht tragfähig eingeschätzten Bearbeitungen*. Diese Beobachtung deckt sich im Wesentlichen mit Ergebnissen anderer Studien: So stellt diese Lösung auch in der PALMA-Studie die häufigste nicht tragfähige Realisierung des Anteils dar. Knapp 9 % der an der Studie teilnehmenden Lernenden haben sie zu zwei Testzeitpunkten für beide Anteile konsequent angewendet (vgl. Wartha 2007, S. 192). Hasemann (1981) weist sie ebenfalls als häufig aus (Hasemann 1981, S. 78 f.). Dieser Bearbeitungsweg gewinnt auch für *Konstellation II* – *„Gegeben sind Teil und Ganzes, gesucht ist der Anteil"* eine größere Bedeutung (vgl. Abschnitt 6.2.2).

Eine zweite Gruppe von nicht tragfähigen Bearbeitungen wird mit dem *Code 1S* erfasst. Hierbei färben Lernende für den jeweiligen Anteil nur ein Kreissegment. Diese Vorgehensweise lässt sich für beide Items nachweisen. Dabei haben alle Jugendlichen, deren Bearbeitungen für Item 1a diesem Code zugerechnet wurden, auch Item 1b auf diese Weise gelöst. Umgekehrt haben einige Lernende für Item 1b ein Kreissegment gefärbt, aber Item 1a richtig bearbeitet (acht Lernende). Dies kann u. U. auf die im Kreis vergleichsweise einfachere Realisierbarkeit des Anteils 1/4 zurückzuführen sein (auswendig abrufbare Repräsentation).

Als mögliche Erklärungsbasis können mehrere Strategien herangezogen werden, die sich in der Explikation und Interpretation des Ganzen unterscheiden lassen:

1. Es wird ähnlich wie bei *N=S* nur ein Bestandteil des Anteils fokussiert. In diesem Fall ist es nicht der Nenner des Anteils, sondern der Zähler, für den ein Kreissegment gefärbt wird. Läge diese Strategie der Lösung zugrunde, würde es sich um ein Denken in natürlichen absoluten Zahlen statt in Relationen handeln.

2. Es handelt sich um eine ähnliche Realisierung wie die, die mit dem *Code ENKG* beschrieben wird. Dabei würde das zugrunde liegende Ganze allerdings nicht extra hervorgehoben werden. Würde diese Interpretation für alle hier erfassten Lösungen greifen, so würde die Vorstellung eines Ganzen, das nicht größer als der Nenner des Anteil sein kann, in dieser Erhebung insgesamt ein größeres Gewicht bekommen: Für Item 1a gäbe es somit 12 (ca. 8 %) und für Item 1b sogar 20 Bearbeitungen (ca. 13 %), die das Ganze auf einen Ausschnitt des vorgegebenen Ganzen reduzieren.

Während 1. kein Ganzes anzunehmen scheint, wären bei einer Interpretation nach 2. zumindest Teilaspekte tragfähig. Da es für diese Interpretation jedoch keine sichtbaren Indikatoren gibt, wird die Bearbeitung insgesamt der Kategorie *nicht tragfähig* zugerechnet.

Zusammenfassung

Obwohl die Aufgabe in der Klassenstufe 7 beherrscht werden sollte, zeigt sich, dass einige Lernende z. T. erhebliche Schwierigkeiten haben, die Anteile 1/4 bzw. 1/6 in einem kontinuierlichen strukturierten Ganzen zu realisieren, wenn die Anzahl der Stücke nicht der Zahl im Nenner entspricht (z. B. *Codes N=S, 1S, ENKG*). Dabei scheint die Lösungshäufigkeit abhängig von der Bekanntheit des Anteils zu sein: Der Anteil 1/4 wird im Allgemeinen besser bearbeitet als 1/6. Die Strukturierung des Ganzen in 12 Segmente scheint dabei für manche Lernende eine Hürde darzustellen, wenn von der ganzheitlichen Sicht auf den Kreis abgelenkt und die Diskretheit des Ganzen betont wird (kontinuierliches strukturiertes Ganzes). Damit zeigt sich hier die Bedeutung der Qualität des Ganzen für die Abrufbarkeit und Generierung von Lösungswegen.

Als ein wichtiger Faktor lässt sich feststellen, dass für den Erfolg bei der Bearbeitung der Aufgabe von entscheidender Bedeutung zu sein scheint, ob das Ganze überhaupt als ein relevanter Aspekt in den Fokus rückt oder ob Anteile z. B. in absolut betrachtete natürliche Zahlen umgedeutet werden (vgl. z. B. *Code N=S*). Das bedeutet, es ist zunächst entscheidend, ob der Anteil als eine Beziehung zwischen zwei Zahlen gedeutet werden kann, die nicht gänzlich voneinander isoliert genutzt werden (können).

Für Lernende, die als Ganzes für den Anteil nur einen Ausschnitt annehmen (*Code ENKG;* eventuell *Code 1S*), würde sich im Kontext dieser Aufgabe wiederum z. B. die Frage stellen, wie 1/4 bezogen auf ein größeres Ganzes gedeutet werden kann. Eine zielführende Strategie der (Um-)Interpretation wäre, die Einteilung zu vergröbern und jeweils drei Stücke zu einem Teil zusammenzufassen, d. h. neue Einheiten zu bilden. Damit könnte der Blick auf das Ganze und seine Strukturierung in (neue) Einheiten an dieser Stelle Möglichkeiten für eine gezielte Förderung im Hinblick auf den Umgang mit Brüchen bereitstellen.

Neben der Fähigkeit, den Anteil als eine Beziehung zwischen zwei Zahlen deuten zu können, gibt es einen weiteren Aspekt, der für den Lösungserfolg oder -misserfolg wichtig ist: Entscheidend ist, wie die Zusammenhänge zwischen dem Anteil und dem Ganzen bzw. zwischen dem Zähler und dem Nenner des Anteils gedeutet werden. Wird der Anteil auf die Zahlbeziehung zwischen zwei konkreten als unveränderlich angenommenen natürlichen Zahlen (hier der 1 und der 4 bzw. der 1 und der 6; *Code ENKG*) „reduziert", so kann das Anwenden dieses Anteils auf ein Ganzes Probleme bereiten. Das geschieht dann, wenn das Ganze aus mehr Teilen besteht, als es die Zahl im Nenner des Anteils angibt. Hier scheint die Vorstellung des Anteils als „Teil eines (kontinuierlichen unstrukturierten) Ganzen" bei der Lösung der Aufgabe hinderlich zu sein.

5.3 Analysen der schriftlichen Produkte zum Bestimmen des Teils (diskretes Ganzes)

Eine Realisierung für *Konstellation I* mit einem diskreten Ganzen wird in der schriftlichen Erhebung mit Item 2a umgesetzt (vgl. Abb. 5-4). In diesem Abschnitt soll untersucht werden, welche Strukturierungen und Bearbeitungswege beim Bestimmen des Teils vorgenommen werden, wenn das Ganze eine diskrete Menge ist.

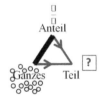

Die vertiefte Analyse stützt sich auf drei Bereiche, die in der Aufgabenstellung angesprochen werden: die reine Zahllösung, den beschriebenen Rechenweg und die angefertigte Zeichnung. Vor allem über die beiden letztgenannten Aspekte sollen Rückschlüsse über die Fokussierungen von Lernenden und ihre Vorstellungen zum Ganzen und dessen Zusammenhänge mit Teil und Anteil gezogen werden: Hier ist von Interesse, welche der in der Aufgabenstellung gegebenen Zahlen wie miteinander in Beziehung gesetzt werden.

a) Simon sagt: Ich habe $\frac{5}{8}$ von den Bonbons gegessen, die ich gekauft habe. Wie viele Bonbons hat Simon gegessen? Erkläre, wie du das herausfindest und zeichne ein Bild dazu.

Abb. 5-4: Item 2a

5.3.1 Auflistung der Codierung der Rechenwege und Bilder für Item 2a

Im Folgenden werden die Codes für die Rechenwege und Bilder zu Item 2a in einer tabellarischen Darstellung (Tab. 5-6 bis 5-7) erläutert. In der vorliegenden Arbeit wird dabei unter *Rechenwegen* und *Bildern* Folgendes verstanden:

- *Rechenwege:* Als Rechenweg werden alle Terme oder verbalen Beschreibungen des Vorgehens zur Bestimmung der Lösung gezählt, die eigenständig (d. h. alleine verständlich) und nicht direkt mit einem Bild verbunden sind (z. B. Beschriftungen eines Bildes durch Pfeile). Terme ohne Ergebnis oder Aussagen wie "Ich habe xy gerechnet" werden so gewertet, wie sie syntaktisch dort stehen. Wenn eine verbale Beschreibung der Lösung nicht dekodiert werden kann, wird sie als *sonst* codiert. Wird eine Rechnung anders aufgeschrieben, als sie gerechnet wird, dann wird die Durchführung der Rechnung gewertet. Wenn Bild und Text vorhanden sind, werden beide nur dann als Bild *und* Weg codiert, wenn der Weg über eine reine Bildbeschreibung hinausgeht. Bei den Rechenwegen wurden nur die nicht durchgestrichenen Rechenwege gewertet. Wurden zwei Rechenwege angegeben, so wurde die Lösung nur einmal als *sonstige* (bei gleichzeitigem tragfähigen und nicht tragfähigen Weg), *sonstige nicht tragfähige* oder *sonstige tragfähige* erfasst.

- *Bilder:* Als Bild wird eine Lösung gezählt, wenn sie über eine rein numerische bzw. symbolische Darstellung hinausgeht, d. h. wenn sie ikonische Elemente (z. B. Mengendarstellungen oder Flächendarstellungen) enthält, die mathematisch sind und über eine reine Dekoration (etwa Männchen usw.) hinausgeht.

Die Codes für die Rechenwege werden durch die Zuordnung zu den Kategorien *tragfähig, im Ansatz tragfähig, nicht tragfähig, sonstige, keine Angabe* und *nur*

5.3 Analysen der schriftlichen Produkte zum Bestimmen des Teils (diskretes Ganzes)

Bilder gewertet. Bei den *Codes NBT, NBA, NBN* und *Bsonst*, die in der Kategorie *nur Bilder* vergeben werden, handelt es sich um „Sammelcodes". Diese Lösungen, die nur aus einem Bild bestehen, werden in Tabelle Tab. 5-7 mit erfasst. Die Codierung der Bilder wird in denselben Kategorien erfasst und stützt sich auf die in den Zeichnungen identifizierbaren Zahlen. Die Tragfähigkeit bezieht sich dabei auf die Eignung des Bildes zur Erfassung und Darstellung der strukturellen Zusammenhänge der Zahlen aus der Aufgabenstellung, d. h. von Teil, Anteil und Ganzem. So ist etwa ein Bild, in dem nur der Teil dargestellt ist (*Code T*), für *Konstellation I* zwar mathematisch korrekt, jedoch lässt es keine Strukturierungen und Zusammenhänge zum Ganzen und zum Anteil erkennen, so dass es der Kategorie *im Ansatz tragfähig* zugeordnet wird.

Die Zahllösungen wurden unabhängig vom gewählten Bearbeitungsweg codiert, da manche Lernende unterschiedliche Lösungen und widersprüchliche Lösungswege angaben und z. B. ein nicht richtiger Rechenweg zusammen mit einem richtigen Ergebnis aufgeschrieben wurde und umgekehrt. Da in diesen Antworten teilweise sehr kluge Überlegungen der Schülerinnen und Schüler stecken, sollten diese Antworten nicht als rein nicht-eindeutige Lösungen einfach aus der Analyse herausgenommen werden. Darüber hinaus ist bei widersprüchlichen Ergebnissen auch nicht auszuschließen, dass das Endergebnis, das die Jugendlichen verschriftlicht haben, nicht vielleicht vom Nachbarn inspiriert wurde oder dass das Ergebnis im Kopf gefunden wurde und der aufgeschriebene Rechenweg einen Versuch darstellt, die Lösung schriftlich zu rekonstruieren.

Bei den Angaben zu den relativen Häufigkeiten der Codes in den folgenden Tabellen 5-6 und 5-7 handelt es sich um gerundete Werte.

Rechenwege zu Item 2a: Ganzes 16 und Anteil 5/8 gegeben – Teil gesucht

Code Häufigkeit abs (rel.)	Beispiel für Code (inkl. Individualcode) (von 153)	Erläuterung des Codes
Tragfähige Lösungen		
E 29x, 19 %	$\frac{5}{8} = \frac{10}{16}$ = 10 von 16 Bonbons GeS_58	Der Nenner des Anteils 5/8 wird auf 16 gebracht; der Zähler wird angeglichen (z. T. Bezeichnung als Multiplikation / Verdoppeln). (**E**rweitern)
G·A 11x, 7 %	$\frac{5}{8} \cdot 16 = \frac{5 \cdot 16}{8} = \frac{80}{8} = 10$ GeS_103	Das Ganze wird mit dem Anteil multipliziert. Anschließend wird entweder mit Brüchen weiter gearbeitet oder mit natürlichen Zahlen. (**G**anzes **mal A**nteil)

Code Häufigkeit abs (rel.)	Beispiel für Code (inkl. Individualcode) (von 153)	Erläuterung des Codes
S 17x, 11 %	18·... = 2·5 = 10 GeS_89	Es wird ausschließlich mit natürlichen Zahlen gerechnet bzw. in Schritten gerechnet. Es wird 16 : 8 und dann das Ergebnis „mal 5" gerechnet. Dabei können zwar Brüche genannt werden, diese werden aber nicht als solche direkt in die Rechnung einbezogen. (**S**chrittweise)
rsonst 6x, 4 %	tragfähige Lösungen sonstiger Art (**sonst**ige **r**ichtige)	
Im Ansatz tragfähige Lösungen		
NN 2x, 1 %	weil 2·8 = 16 GeS_3	Es wird 2 · 8 gerechnet bzw. das Passen der 8 in die 16 untersucht bzw. 16 : 8 geteilt. (**N**ur **N**enner)
Abst 1x, 1 %	GeS_4	Es wird die Differenz zwischen dem Zähler und dem Nenner des richtigen Bruches angegeben. (**Abst**and)
Nicht tragfähige Lösungen		
G:A 2x, 1 %	Das gleiche wie bei b). GeS_75	Es wird die Rechnung 16 · 8 : 5 oder 16 : 5/8 aufgeschrieben bzw. durchgeführt. (**G**anzes **d**urch **A**nteil)
G-A 1x, 1 %	Die Aufgabenstellung ist schlecht beschrieben. GeS_125	Es wird 16 - 5/8 aufgeschrieben und dabei Zähler und Nenner jeweils voneinander subtrahiert. (**G**anzes **minus A**nteil)
G-Z 1x, 1 %	Ich hab diese Aufgabe nicht so verstanden, und habe einfach 5 - 16 gerechnet. GeS_54	Es wird 16 - 5 gerechnet. (**G**anzes **minus Z**ähler)
Z+N 1x, 1 %	GeS_31	Es werden Zähler und Nenner addiert. (**Z**ähler **plus N**enner)
fsonst 5x, 3 %	nicht tragfähige Lösungen sonstiger Art (**sonst**ige **f**alsche)	

5.3 Analysen der schriftlichen Produkte zum Bestimmen des Teils (diskretes Ganzes) 173

Code Häufigkeit abs (rel.)	Beispiel für Code (inkl. Individualcode) (von 153)	Erläuterung des Codes
Sonstige Lösungen		
sonst 5x, 3 %		Lösungen, die nicht einschätzbar sind (**sonst**ige)
Nur Bilder (für Beispiele siehe Tabelle 5-7)		
NBT 4x, 3 %		**N**ur **B**ilder: **t**ragfähige Bilder
NBA 9x, 6 %		**N**ur **B**ilder: im **A**nsatz tragfähige Bilder
NBN 16x, 10 %		**N**ur **B**ilder: **n**icht tragfähige Bilder
Bsonst 2x, 1 %		Nur Bilder: Lösungen, die nicht einschätzbar sind (**N**ur **B**ilder: **s**onstige)
Keine Angabe		
kA 41x, 27 %		nichts hingeschrieben, Probleme geäußert oder Lösung durchgestrichen (**k**eine **A**ngabe)

Tabelle 5-6: Übersicht über die Codes für die Rechenwege zu *Item 2a*

Bilder zu Item 2a: Ganzes 16 und Anteil 5/8 gegeben – Teil gesucht

Code Häufigkeit abs (rel.)	Beispiel für Code (inkl. Individualcode) (von 153)	Erläuterung des Codes
Tragfähige Lösungen		
K 6x, 4 %		GeS_16 Alle Zahlen sind erkennbar; im Bild sind 10 von 16 bzw. 10/16 und 5 von 8 bzw. 5/8 zu erkennen. Dabei ist die Beziehung zwischen 10 und 16 z. T. deutlicher markiert als zwischen 5 und 8. (**k**omplett)
EV 2x, 1 %		GeS_63 Alle Zahlen sind erkennbar; im Bild sind 10 und 16 bzw. 10/16 und 5 und 8 bzw. 5/8 zu erkennen. Dabei werden beide Zahlbeziehungen in jeweils einer Zeichnung verdeutlicht, die dann miteinander in Beziehung gebracht werden. (**E**rweitern als **V**erfeinern)

Code Häufigkeit abs (rel.)	Beispiel für Code (inkl. Individualcode) (von 153)	Erläuterung des Codes
EE 2x, 1 %	GeS_10	Im Bild sind die 5 von 8 bzw. 5/8 zweimal zu sehen. Die 10 bzw. 16 entstehen durch das Zusammenfügen von zwei Einheiten mit jeweils 5 bzw. 8 Teilen, welche aber räumlich getrennt bleiben. (**E**rweitern als Zusammenfügen / **E**inheiten)
Z+Z 6x, 4 %	GeS_1	Im Bild sind 5 + 5 von 16 (und die 6) bzw. zweimal 5/16 zu sehen. Die 8 bzw. 5/8 sind nicht (direkt) zu sehen. (Teil als Vielfaches des **Z**ählers)
Im Ansatz tragfähige Lösungen		
TVG 14x, 9 %	GeS_18	Im Bild sind die 10 von 16 bzw. 10/16 bzw. 6 und 10 erkennbar. Die 5 und die 8 bzw. die 5/8 sind nicht hervorgehoben und es ist keine weitere Strukturierung erkennbar, aber evtl. im Prozess relevant gewesen. (**T**eil **v**om **G**anzen)
T 4x, 3 %	GeS_36	Im Bild ist nur die 10 (und z. T. die 5) zu erkennen. Die 16 und die 8 bzw. die 10/16 und die 5/8 sind nicht zu erkennen. (**T**eil)
ENKG 3x, 2 %	GeS_86	Im Bild ist die 16, die 8 und die 5 bzw. 5/8 zu sehen. Dabei ist die 5 auf die 8 bezogen. Die 10 ist nicht zu sehen. (**E**inschränkung des **N**enners auf **k**leineres **G**anzes)
NN 2x, 1 %	GeS_22	16 wird in 8 Zweierpäckchen zerlegt. Es findet keine weitere Strukturierung statt. (Einteilung durch Ne**nn**er)
Nicht tragfähige Lösungen		
A 11x, 7 %	GeS_12	Im Bild sind die 5 von 8 bzw. 5/8 zu sehen. Die 10 und die 16 sind nicht sichtbar. (**A**nteil)
G 2x, 1 %	GeS_40	Im Bild sieht man die 16. (**G**anzes)

5.3 Analysen der schriftlichen Produkte zum Bestimmen des Teils (diskretes Ganzes) 175

Code Häufigkeit abs (rel.)	Beispiel für Code (inkl. Individualcode) (von 153)	Erläuterung des Codes
TAvG 6x, 4 %	GeS_20	Im Bild sieht man 8 von 16 oder 8/16. Man sieht nicht die 5 und die 10 oder 5/8 oder 10/16. ODER: Im Bild sieht man 5 von 16 oder 5/16. Man sieht nicht die 10 und die 8 oder 5/8. (Teile vom Anteil vom Ganzen)
GA 3x, 2 %	GeS_100	Zwei Zeichnungen: Es sind die 16 und die 5/8 (entweder als 5 und 8 durch Bruchstrich getrennt oder als 5 von 8) erkennbar. (Ganzes und Anteil)
Bfsonst 12x, 8 %	nicht tragfähige Bilder sonstiger Art (sonstige falsche)	
Sonstige Lösungen		
Bsonst 2x, 1 %	Bilder, die nicht einschätzbar sind (sonstige)	
Keine Angabe		
OB 78x, 51 %	kein Bild vorhanden (ohne Bild)	

Tabelle 5-7: Übersicht über die Codes für die Bilder zu *Item 2a*

5.3.2 Ergebnisse und Interpretation

In diesem Abschnitt werden die Ergebnisse der schriftlichen Erhebung für Item 2a dargestellt. Zunächst wird ein Überblick zu den Lösungshäufigkeiten für die Zahllösungen, Rechenwege und Bilder gegeben. Den Schwerpunkt des Abschnitts bilden die vertieften Analysen und Interpretationen der codierten Rechenwege und Bilder. Die Darstellung orientiert sich strukturell an den oben angeführten Kategorien.

Lösungshäufigkeiten für die Zahllösungen, Rechenwege und Bilder

Abb. 5-5 kann entnommen werden, dass 86 Schülerinnen und Schüler (ca. 56 %) die richtige Zahllösung 10 gefunden haben (Als Lösung wurde eine Zahl auch dann gewertet, wenn sie nicht noch einmal extra an den für die Antwort im Layout des Tests vorgesehenen Platz geschrieben wurde.). 35 Lernende haben eine falsche Antwort gegeben (ca. 23 %). Fünf Lösungen waren nicht interpretierbar: Sonstige Zahllösungen sind entweder schlecht lesbar oder es wurde mehr als eine Zahl genannt. Insgesamt haben 27 Jugendliche keine Zahllösung angegeben.

Es ist deutlich zu erkennen, dass die Anzahl der als *tragfähig eingeschätzten Lösungen* von Zahllösung über Rechenweg zu bildlicher Darstellung abnimmt:

Ca. 41 % der Lernenden haben einen tragfähigen Rechenweg angegeben, während ca. 10 % der Schülerinnen und Schüler ein *tragfähiges Bild* gezeichnet haben. Ob dies allerdings auf die Schwierigkeit der einzelnen Arbeitsaufträge zurückzuführen ist oder ob einzelne Aufträge überlesen bzw. vergessen wurden, kann auf Grundlage der Daten nicht erschlossen werden.

Bei den Bildern sind nahezu genauso viele als *tragfähig* und *im Ansatz tragfähig* wie als *nicht tragfähig eingeschätzte* angefertigt worden. Insgesamt ist die Zahl der Lernenden, die kein Bild angefertigt haben, mit ca. 51 % sehr hoch.

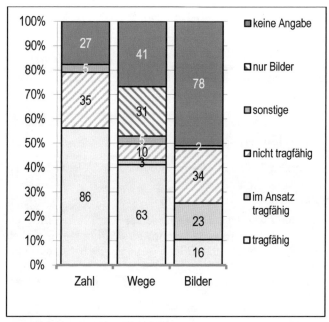

Abb. 5-5: Überblick zu Zahllösungen, Rechenwegen und Bildern für *Item 2a*

Elf Jugendliche haben alle drei Bereiche von Item 2a tragfähig gelöst, also sowohl ein tragfähiges Bild als auch einen stimmigen Rechenweg und die richtige Lösung angegeben. Dabei ist zu betonen, dass die Dopplung von Rechenweg und Bild zwar in der Aufgabenstellung verlangt war, einige Lernende aber die Bilder als Erklärung verstanden zu haben scheinen bzw. auch die Forderung nach einem Bild vielleicht überlesen haben. Sechs Lernende haben lediglich eine Zahllösung ohne Erläuterung aufgeschrieben.

5.3 Analysen der schriftlichen Produkte zum Bestimmen des Teils (diskretes Ganzes) 177

Im Folgenden werden die wesentlichen Rechenwege und Bilder vergleichend interpretiert und die Ergebnisse zum Umgang mit Teil, Anteil und Ganzem dargestellt. Alle interpretierbaren Bilder werden ergänzend in Tabellen (strukturiert nach Kategorien) abgedruckt (vgl. Tab. 5-8 bis 5-10). Dabei handelt es sich um schematische Darstellungen: Es wird eine Möglichkeit unter vielen angeführt, wie ein Bild zu dem jeweiligen Code aussehen kann, wobei sich die Darstellung an den tatsächlich angefertigten Lösungen orientiert. Der Teil ist jeweils rot dargestellt; das Ganze bzw. der Rest grün. Diese Festlegungen gelten sinngemäß für die Darstellungen aller Kategorien.

Als Darstellungsmittel wird durchgängig das Rechteck verwendet, um einen strukturellen Vergleich der unterschiedlichen Zugangsweisen zur Lösung der Aufgabe zu erleichtern, auch wenn die Lösungen der Lernenden Kreisbilder u.v.a. nutzten (vgl. z. B. Tab. 5-7). Durch die Auswahl einer Darstellung sollen die in Worten schwerer beschreibbaren Zahlzusammenhänge in der Zeichnung verdeutlicht werden. Dabei handelt es sich bei der Erstellung der Zeichnung zu einem gewissen Grad selbst um eine Interpretation.

Die Häufigkeiten der Lösungen werden für zwei Gruppen von Lernenden betrachtet: Zum einen für alle am Test teilnehmenden Schülerinnen und Schüler (N=153) und zum anderen für diejenigen Lernenden, die für das jeweilige Item überhaupt ein Bild angefertigt haben (Wert in Klammern).

Vertiefte Analyse der als *tragfähig* codierten Rechenwege und Bilder: Nutzen von Strukturen

Den *tragfähigen Bearbeitungswegen und hilfreichen Bildern* ist allen gemeinsam, dass sie das Ganze 16 richtig identifizieren und für die Lösung der Aufgabe gewinnbringend nutzen. Dies tun sie auf unterschiedliche Art und Weise.

Rechenwege: Syntaktisches und inhaltliches Erweitern (Hochrechnen)

Der häufigste Bearbeitungsweg besteht darin, die Relation zwischen Zähler und Nenner des Anteils zu nutzen und den Bruch zu erweitern bzw. hochzurechnen. Dabei kann der Anteil selbst als ein Teil-Ganzes-System interpretiert werden (*Code E*; vgl. auch die Sachanalyse zu Item 2a in Abschnitt 2.6.2). 29 Lernende haben die Aufgabe auf diese Weise gelöst. Dabei beschreiben einige Schülerinnen und Schüler das Erhalten des Anteils 10/16 aus dem Anteil 5/8 auch durch eine Multiplikation (vgl. Abb. 5-6). Das lässt vermuten, dass diese Jugendlichen die Bezeichnungen der Operationen verwechseln und eigentlich den Begriff „Erweitern" meinen. Andererseits gibt es bei den bildlichen Lösungen auch Hinweise darauf, dass hier tatsächlich an ein Vervielfachen der einzelnen Bonbonmengen gedacht wird, d. h. an ein inhaltliches Hochrechnen oder Zusammenfügen (s. u. und die Sachanalyse in Abschnitt 2.6.2).

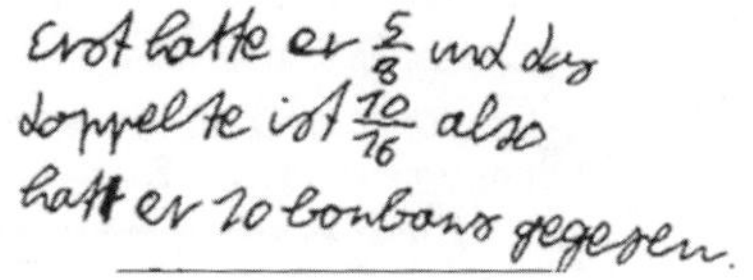
Erst hatte er 5/8 und das
doppelte ist 10/16 also
hatt er 10 bonbons gegesen.

GeS_1

Abb. 5-6: Hochrechnen: Verdoppeln der 5/8-Menge

Bilder: Erweitern als Verfeinern und Erweitern als Zusammenfügen

Eine Umsetzung des Erweiterns bei den Bildern kann in der Vorstellung des Verfeinerns von Flächen, d. h. kontinuierlichen Ganzen geschehen.

Im Zusammenhang mit Item 2a wechseln Lernende für die Darstellung die Qualität des in der Aufgabenstellung vorgegebenen Ganzen: Das Erweitern wird als eine Verfeinerung des Anteils 5/8 (von einem Ganzen) deutbar (*Code EV*). Bei dieser Realisierung scheint der Vergleich der beiden Anteile 5/8 und 10/16 im Vordergrund zu stehen: In Abb. 5-7 wurden zwei Kreise gezeichnet, die durch den Satz *„jedes Bruchstück geteilt durch 2"* miteinander in Beziehung stehen (Die ungleich großen Kreise kommen vermutlich durch die interne Strukturierung zu Stande: Teilt man einen Kreis in 16 Teile, so kann dies bei einem zu kleinen Kreis schwer und unübersichtlich werden.). Es kann hier die Idee des Verfeinerns bzw. Vergröberns der Einteilung des Kreises gesehen werden, die zusätzlich durch das Färben desselben Bereichs vom Kreis verdeutlicht wird. Damit sind in der Zeichnung alle relevanten Zahlen erkennbar. Vergleichbare bildliche Lösungen traten in dieser Erhebung zweimal auf (vgl. Tab. 5-8).

(jedes Bruchstück geteilt durch 2)
Ich habe 6 Bonbons gegessen.

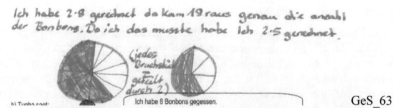

GeS_63

Abb. 5-7: Beispiel für den *Bilder-Code EV*: Erweitern als Verfeinern

Wie bereits für die Rechenwegen dargestellt wurde, haben einige Lernende das Erweitern von 5/8 zu 10/16 auch als Multiplikation beschrieben. Neben der Verwechslung der beiden Begriffe kann auch eine konzeptionelle Idee hinter dieser

5.3 Analysen der schriftlichen Produkte zum Bestimmen des Teils (diskretes Ganzes)

Bezeichnung stecken: Wird der Anteil als ein abgeschlossenes Teil-Ganzes-System gedeutet (vgl. Abschnitt 1.5.2), so können Zähler und Nenner des Anteils in diesem konkreten Fall als richtige Bonbonmengen und damit als ein diskreter Teil und ein diskretes Ganzes gedeutet werden. Diese beiden Komponenten werden zunächst ohne einen Bezug zu einem „äußeren" weiteren Ganzen betrachtet: 5/8 kann dann „5 von 8 Bonbons" bedeuten. Diese konkrete Bonbonmenge kann mehrmals gebildet werden und es ergeben sich additiv durch (gedachtes) Zusammenfügen das vorgegebene Ganze aus der Gesamtanzahl der Bonbons und der gesuchte Teil aus der Anzahl der gegessenen Bonbons.

Code	Häufigkeit (gerundet) von 153 (von 75)	Graphische Repräsentation des Anteils: schematische Deutung	Einschätzung
	Verdeutlichung struktureller Beziehungen der Zahlen		
K	10, 16, 5 und 8		
	absolut: 6 prozentual: 4 % (8 %)		
EV	5 und 8 und 10 und 16		tragfähige Bilder
	absolut: 2 prozentual: 1 % (3 %)		
EE	5 und 8 und 5 und 8		
	absolut: 2 prozentual: 1 % (3 %)		
Z+Z	5 und 5 und 16		
	absolut: 6 prozentual: 4 % (8 %)		

Tabelle 5-8: Schematischer Überblick über die *Bilder-Codes*: *tragfähige Bilder*

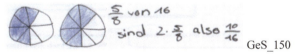

GeS_150

Abb. 5-8: Erweitern als Zusammenfügen kontinuierlich: Beispiel zu *Bilder-Code EE*

180 5 Vorstellungen und Strukturierungen beim Bestimmen des Teils

Abb. 5-9: Erweitern als Zusammenfügen diskret: Beispiel zu *Bilder-Code EE*

Damit kann das Herstellen der 10/16 aus 5/8 als „Verdopplung" gedeutet werden: So deuten Bearbeitungen, die dem *Bilder-Code EE* zugerechnet wurden, darauf hin, dass manche Lernende das Erweitern nicht als eine Verfeinerung einer Einteilung oder das Erhalten einer Verhältnisgleichheit sehen (in dieser Erhebung kommt der *Code EE* aufgrund der begrenzten Teilnehmerzahl allerdings nur insgesamt zweimal vor). In der als hilfreich codierten Darstellung in Abbildung 5-8 werden die 10/16 additiv erhalten, indem 5/8 als konkrete Objekte (z. B. Kuchenstücke) verdoppelt werden. Das Ergebnis muss dann als 10/16 so gedeutet werden, dass beide Kreise zusammen das Ganze darstellen. Damit wird nicht wie oben eine Beziehung zwischen zwei Kreisbildern im Vergleich hergestellt, sondern sie müssen in einer Struktur zusammengefasst werden.

Die konzeptionelle Schwierigkeit bei dieser Umsetzung besteht in der potenziellen Verwechslungsgefahr zwischen dem Addieren von Brüchen mit Bezug auf das gleiche Ganze (Nenner des Anteils) und dem komponentenweisen Addieren mit Bezug auf ein neues, durch die Nenner beschriebenes Ganzes. Hier muss ganz deutlich gemacht werden, was das Ganze genau ist. Neben dieser flächigen Umsetzung gibt es eine weitere, die im Diskreten argumentiert (vgl. Abb. 5-9). Sie lässt mehrere Deutungen zu: So könnte es sein, dass dieser Schüler das Ganze bzw. den Teil aus zwei Teil-Ganzes-Systemen zusammensetzt (als Erweitern). Andererseits kann es auch sein, dass er vom Ganzen ausgeht und dieses in zwei Mengen von der Größe des Nenners des Anteils teilt.

Mögliche Schwierigkeiten:
Erweitern aus fachlicher Sicht und aus Lernendenperspektive

Abb. 5-10 zeigt die strukturellen Unterschiede zwischen dem Verdoppeln, Erweitern durch Verfeinern und Erweitern durch Zusammenfügen. Dabei wird das in dieser Aufgabe diskrete Ganze kontinuierlich umgedeutet (links).

An dieser Stelle zeigt sich eine mögliche Differenz zwischen der fachlichen Perspektive und der Lernendenperspektive: Beim Erweitern darf sich das *Ganze* aus fachlicher Sicht nicht verändern. Nur die Strukturierung bzw. die *Größe und Anzahl der Einheiten* darf verändert werden. Dabei ist die Perspektive auf das Teil-Ganzes-System die vom Ganzen zum Teil.

5.3 Analysen der schriftlichen Produkte zum Bestimmen des Teils (diskretes Ganzes) 181

Wie sich in der schriftlichen Erhebung zeigt, wird das Ganze (16) von Lernenden in diesem Fall allerdings nicht unbedingt als gegeben genutzt, sondern ergibt sich erst über das Reproduzieren des Anteils (als Hochrechnen). Dadurch wird das Erweitern in seiner umgekehrten Richtung (vom Teil zum Ganzen) auch als Verdopplung beschreibbar. Dabei bezieht sich das Verdoppeln aus Lernendenperspektive vermutlich auf ein konkretes Zusammenlegen von Mengen (mittlere Zeile), wobei es sich aus fachlicher Sicht in diesem Fall eher um ein Hineinlesen von Strukturen in das bereits vorhandene Ganze handelt (untere Zeile).

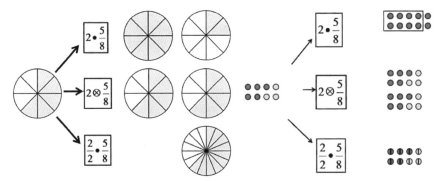

Abb. 5-10: Verdoppeln, Zusammenfügen und Verfeinern (von oben nach unten) (kontinuierlich / diskret)

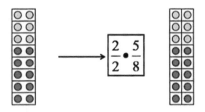

Abb. 5-11: Erweitern im Diskreten: Das Ganze bleibt gleich, die Einheiten ändern sich.

Bei der diskreten Sichtweise besteht darüber hinaus das (inhaltliche) Problem, dass beim „fachlichen" Erweitern unter die vorhandene Einheit der einzelnen diskreten Elemente gegangen werden müsste, wenn von den 5/8 ausgegangen wird: In diesem Fall müssten die acht Bonbons jeweils halbiert werden, um die 16 zu erzeugen (vgl. Abb. 5-10, rechts unten; für die Grundvorstellungen für das Kürzen und Erweitern vgl. Malle 2004, S. 5 f.; vgl. auch Abschnitt 1.2.4). Andernfalls müsste das Erweitern rückwirkend dargestellt werden: Es müsste von einem Ganzen ausgegangen werden, das bereits zu Beginn aus 16 Einheiten besteht, welches sich zunächst aus acht Einheiten von je zwei Bonbons zusammensetzt. Beim Erweitern müssten diese Zweier-Einheiten aufgetrennt und in Einer-Einheiten gefasst werden, was insgesamt 16 Einheiten ergibt (vgl. Abb. 5-11 und Abschnitt 1.6 zum Bilden und Umbilden von Einheiten). Von Lernenden wird das Ganze im Sachkontext vermutlich aber als eine Vergrößerung erlebt, da es größer ist, als die betrachteten acht Bonbons.

Das Wissen um diese Vorstellung von Lernenden, dass nämlich das eigentlich vorhandene Ganze neu konstruiert wird (durch das mehrmalige Nutzen des Anteils), kann dazu beitragen, Missverständnisse zu klären: Den Unterschied zwischen Erweitern als „Multiplizieren" und dem „fachlich richtigen" Multiplizieren kann nur verstehen, wer erkennt, dass es sich im ersten Fall um das Hineinsehen von Strukturen in ein bereits vorhandenes Ganzes handelt und nicht um ein Vervielfachen von Teilen zum Erzeugen eines Ganzen.

Darüber hinaus ist auch die Darstellung klärungsbedürftig: Was bei einem kontinuierlichen Ganzen plausibel wird, muss bei der Übertragung auf ein diskretes Ganzes kein Selbstläufer sein (sowohl wenn das flächige Darstellungsmittel beibehalten wird als auch wenn zu einer diskreten Darstellung gewechselt wird). Auf diese Weise können auch Darstellungen wie zwei Kreise, die zusammen ein Ganzes ergeben (vgl. Abb. 5-8) thematisiert und abgegrenzt werden.

Relativer Bezug zwischen Anteil und Ganzem – Bilden von Einheiten

Neben den Lösungen, die eher dem Erweitern zugerechnet werden können, gibt es auch solche, bei denen der Anteil als Multiplikative Teil-Ganzes-Relation (Relativer Anteil; vgl. Abschnitt 1.2.3) auf das vorgegebene Ganze 16 bezogen wird. Dabei wird der Anteil genutzt, um das Ganze in Einheiten zu zerlegen, welche wiederum vervielfacht werden (*Codes G·A* und *S*).

Bei den konkreten Lösungen kann noch unterschieden werden, ob explizit Brüche in die Rechnung einbezogen wurden, d. h. das „von" aus der Aufgabenstellung in eine Multiplikation von Anteil und Ganzem umgesetzt wird oder ob „schrittweise" gerechnet wird, d. h. indem der Anteil in Zähler und Nenner zerlegt getrennt als natürliche Zahlen auf das Ganze angewendet wird. Für die Codierung entscheidend ist, ob die Rechnung ausdrücklich die syntaktische Kombination „Bruch mal Ganzes" enthält. In der nachfolgenden Rechnung kann dann auch mit natürlichen Zahlen weiter gerechnet werden. Der Grund für diese Unterscheidung ist, dass bei der Bruchschreibweise der konzeptionelle Zusammenhang der Multiplikation von Brüchen und des Anteilnehmens formal stärker ist, als bei der schrittweisen Rechnung mit natürlichen Zahlen, bei der der Bruch direkt in seine Bestandteile zerlegt wird. Gleichwohl können der Argumentation für die Lösung dieselben inhaltlichen Schritte (Zerlegung in Einheiten und Ver-

5.3 Analysen der schriftlichen Produkte zum Bestimmen des Teils (diskretes Ganzes) 183

vielfachen von Einheiten) zugrunde liegen. Diese Lösungen kamen in der Erhebung in 11 (*Code G·A*) bzw. 17 Fällen (*Code S*) vor.

Vertiefte Analyse der als *im Ansatz tragfähig* codierten Rechenwege und Bilder: Betrachtung von Ausschnitten

Sowohl bei den Bildern als auch bei den Rechenwegen gibt es Bearbeitungen, die entweder die Konstellation anders interpretieren oder nur Teilaspekte berücksichtigen. Teilweise wird z. B. nur ein Teil der notwendigen Rechnung verschriftlicht (aber u. U. weiter gedacht): So wird als Rechenweg das Passen des Nenners in das Ganze untersucht, jedoch keine Folgerung für den Zähler formuliert (*Code NN*, Bild und Rechnung) oder ein Zwischenergebnis wird anders interpretiert (wie bei *Code Abst* für die Rechenwege).

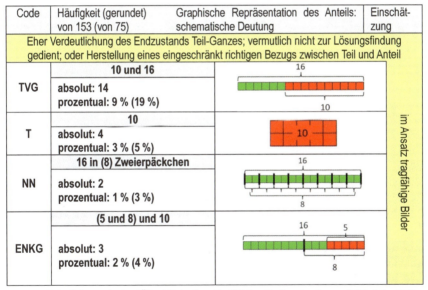

Tabelle 5-9: Schematischer Überblick über die *Bilder-Codes*: *im Ansatz hilfreiche Bilder*

Bei den Bildern lassen sich hier Schwerpunktsetzungen erkennen (vgl. Tab. 5-9): Es werden nicht alle Zahlen aus der Aufgabenstellung dargestellt und ihre Beziehungen werden nicht alle vollständig explizit gemacht. So wird z. B. nur der Teil (*Code T*) oder Teil und Ganzes ohne Bezug zum Anteil 5/8 (*Code TVG*) dargestellt. Letzterer wurde als mit Abstand häufigster Code für die im Ansatz hilfreichen Bilder vergeben. In Bearbeitungen, die mit *NN* codiert wurden, wird zwar das richtige Endergebnis für die Aufgabe gezeichnet, allerdings ist dieses strukturell unvollständig: Der Weg zur Lösung ist nicht (vollständig) enthalten.

Bei den Zeichnungen gibt es mit *Code ENKG* einen erneuten Hinweis auf die Wahl eines Ausschnitts des Ganzen für den Anteil (vgl. auch *Code ENKG* für Item 1a bzw. 1b).

Vertiefte Analyse der als *nicht tragfähig* codierten Rechenwege und Bilder: Falsche Bezugnahme, nicht tragfähige strukturelle Deutungen

Der Blick auf die als *nicht tragfähig* eingeschätzten Bearbeitungen offenbart ein großes Spektrum von unterschiedlichen Phänomenen, wobei diese immer nur für eine sehr kleine Anzahl an Schülerinnen und Schülern, die an der Untersuchung teilgenommen haben, identifiziert werden konnten. Da es auf eine Darstellung möglicher Umsetzungen im Hinblick auf die Zusammenhänge zwischen Teil, Ganzem und Anteil ankommt, wurden für die Rechenwege alle Lösungen, die interpretierbar sind, auch mit einem Code erfasst. Aufgrund der geringen Breite interpretierbarer nicht tragfähiger Rechenwege kann hier nur ansatzweise eine Differenzierung in drei Gruppen vorgenommen werden.

So gibt es Lösungen, die den Anteil zwar auf das Ganze beziehen, jedoch eine falsche Rechnung beinhalten (*Code G:A*): Es wird 16 : 5/8 gerechnet, wobei zumindest bei einer Lösung die richtige Operation 16 · 5/8 aufgeschrieben, aber nicht tragfähig ausgeführt wurde. Die Division des Ganzen durch den Anteil bzw. überhaupt die Auswahl inadäquater Rechenoperationen, bei vergleichbaren Aufgaben wird dabei in verschiedenen Studien häufig festgestellt (vgl. z. B. Wartha 2007, S. 160 ff.). Dabei wird dieser Fehler auf die individuelle Vorstellung „Multiplizieren vergrößert" bzw. „Dividieren verkleinert immer" zurückgeführt und somit auf der semantischen und nicht algorithmischen Ebene verortet (vgl. auch Wartha / Wittmann 2009, S. 78; Swan 2001, S. 154; Barash / Klein 1996, S. 39; Greer 1994, S. 68).

Eine weitere Gruppe von Lösungen nutzt den Anteil in seinen Bestandteilen, welche auf verschiedene Weisen auf das Ganze 16 angewendet werden (*Codes G-A, G-Z*). Die dritte Gruppe schließlich nutzt ausschließlich den Anteil und kombiniert Zähler und Nenner zu einer neuen Zahl (*Code Z+N*).

Bilder

Bei den Bildern lassen sich größere Gruppen von vergleichbaren Umsetzungen ausmachen (Eine schematische Übersicht findet man in Tab. 5-10.):

- Es wird nur der Anteil dargestellt (*Code A*)
- Es wird nur das Ganze dargestellt (*Code G*).

5.3 Analysen der schriftlichen Produkte zum Bestimmen des Teils (diskretes Ganzes)   185

- Es wird sowohl der Anteil als auch das Ganze dargestellt, aber beide in separaten Bildern, die nicht aufeinander bezogen werden (*Code GA*).
- Es wird ein Teil des Anteils auf das Ganze bezogen (*Code TAvG*).

Code	Häufigkeit (gerundet) von 153 (von 75)	Graphische Repräsentation des Anteils: schematische Deutung	Einschätzung
	Keine hilfreiche Nutzung der strukturellen Beziehungen der Zahlen		
A	5 und 8 absolut: 11 prozentual: 7 % (9 %)	8 5	nicht tragfähige Bilder
G	16 absolut: 2 prozentual: 1 % (3 %)	16	
TAvG	8 und 16 ODER: 5 und 16 absolut: 6 prozentual: 4 % (8 %)	16 8 16 5	
GA	16 und 5 und 8 absolut: 3 prozentual: 2 % (4 %)	16 8 5	

Tabelle 5-10: Schematischer Überblick über die *Bilder-Codes*: *nicht tragfähige Bilder*

GeS_6

Abb. 5-12: Simones (GeS_6) Kommentar zu ihrer Lösung

Dabei lassen sich für den *Code TAvG* zwei verschiedene Ausführungen feststellen: Entweder wird der Zähler des Bruches auf das Ganze bezogen oder der Nenner. Der erste Fall verweist möglicherweise erneut auf das in den Items 1a, 1b festgestellte Vorgehen, den Anteil auf einen Ausschnitt des Ganzen zu beziehen und ihn damit in gewisser Weise als abgeschlossenes Teil-Ganzes-System zu deuten (vgl. dort *Code 1S* und Abschnitt 1.5.2; vgl. Abb. 5-12). Diese Schwierigkeit, den Anteil auf ein Ganzes anzuwenden, lässt sich auch in anderen Studien nachweisen. Dabei erweist sich eine zu unflexibel aufgebaute Vorstellung des Teils eines Ganzen als hinderlich (vgl. z. B. Prediger 2008a, S. 11). Eine ähnliche Schwierigkeit wird in den Interviews zur *Bonbonaufgabe II* geäußert, wenn der Anteil 2/3 als Teil mehrerer Ganzer bzw. als Ergebnis eines Verteilungsvorgangs gedeutet wird.

Manche Lernende äußern auch Schwierigkeiten, die geeigneten Zahlen oder Operationen aus der Aufgabenstellung zu lesen (vgl. auch Verschaffel et al. 2007 für Probleme von Lernenden mit Textaufgaben; speziell für die Operationswahl bei Brüchen und Dezimalzahlen vgl. Fischbein et al. 1985, Bell et al. 1981, Harel et al. 1994). In einer Untersuchung von Prediger (2009a) haben so nur 4 % der 269 Schülerinnen und Schüler zu einer vergleichbaren Aufgabe (2/3 von 36) die richtige Rechenoperation mit einer Begründung für deren Wahl angeben können (vgl. ebd. S. 404). Allerdings weist die im Vergleich dazu relativ hohe Zahl an Schülerinnen und Schülern, die in der hier vorliegenden Untersuchung die richtige Zahllösung gefunden hat, darauf hin, dass diese Lernenden zumindest auf alternativen Wegen zu einer richtigen Lösung gekommen sind.

5.4 Diskussion der empirischen Befunde

In diesem Abschnitt werden die vorgestellten empirischen Befunde entlang der im Hinblick auf *Konstellation I „Gegeben sind Ganzes und Anteil – gesucht ist der Teil"* konkretisierten Forschungsfragen diskutiert und eingeordnet.

**Erste konkretisierte Forschungsfrage:
Wie gehen Lernende in *Konstellation I* mit Teil, Anteil und Ganzem um?**

a) Wie strukturieren und nutzen sie Zusammenhänge zwischen dem Ganzen und dem Anteil, wenn sie den Teil bestimmen sollen und ihnen dazu ein kontinuierliches strukturiertes Ganzes und ein Stammbruch-Anteil oder ein diskretes Ganzes und ein (Nicht-)Stammbruch-Anteil vorgegeben werden?

b) Welche individuellen Vorstellungen vom Ganzen lassen sich mit diesen Strukturierungen in Verbindung bringen?

Zu a): Wie strukturieren und nutzen sie Zusammenhänge zwischen dem Ganzen und dem Anteil, wenn sie den Teil bestimmen sollen und ihnen dazu ein kontinuierliches strukturiertes Ganzes und ein Stammbruch-Anteil oder ein diskretes Ganzes und ein (Nicht-)Stammbruch-Anteil vorgegeben werden?

5.4 Diskussion der empirischen Befunde

Die Aufgabe zur Addition am Kreisbild und vergleichbare Aufgaben (z. B. bei Hart 1978, Padberg 1983, Hasemann 1995, Hasemann et al. 1997, Wartha 2007) sowie Textaufgaben zum Bestimmen des Teils (z. B. Fischbein et al. 1985, Wartha 2007, Prediger 2009a) können in der Forschungsliteratur der Bruchrechnung als Klassiker gelten, die bereits vielfach diskutiert und empirisch untersucht wurden.

Dabei wurden bisher allerdings andere Analyseperspektiven angelegt: Während diese Arbeit sich auf die ganz elementare Analyse der Umsetzung der Zusammenhänge zwischen Teil, Anteil und Ganzem konzentriert, wurden andernorts in Bezug auf das zeichnerische Bestimmen des Teils vor allem die Zusammenhänge zwischen Kalkülanwendung und inhaltlichem Denken sowie die Vorstellungen von Schülerinnen und Schülern zu Brüchen und ihren Operationen (nach der Behandlung der Bruchrechnung) untersucht (vgl. z. B. Hasemann 1993, S. 73). In Bezug auf Textaufgaben zum Anteil-Nehmen wurden vor allem die Auswahl von Rechenoperationen sowie intuitive Annahmen von Lernenden analysiert (vgl. Fischbein et al. 1985, Bell et al. 1981, Harel et al. 1994).

Die hier durchgeführte elementare Analyse leistet Folgendes intensiver als die bisher bewährten Analysen: Durch den Fokus auf die Zusammenhänge zwischen Teil, Anteil und Ganzem werden strukturelle Beziehungen zwischen diesen drei Komponenten in den Blick genommen. So können individuelle Bearbeitungen auf einer elementaren Ebene dahingehend analysiert werden, welche (impliziten) Annahmen zu den Zusammenhängen gemacht werden und wie die gewählten Bearbeitungswege und Operationen damit zusammenhängen. Damit bewegt sich die Analyse auf struktureller Ebene. Durch den Fokus auf Zusammenhänge zwischen den drei Komponenten werden Annahmen über deren Charakteristika und ihre (systematische) Variation in den Blick genommen.

Dabei lassen sich z. T. ähnliche Ergebnisse etwa hinsichtlich der Verbreitung der Vorstellung „Der Nenner gibt die Anzahl der zu färbenden Stücke an" (*Code N=S*) in Bezug auf die Kreisaufgabe feststellen (vgl. Wartha 2007, S. 192). Jedoch liegt bei der vorliegenden Untersuchung der Fokus vor allem auf der strukturellen Erfassung der Bearbeitungen und deren konzeptueller Deutung.

Im Hinblick auf das Nutzen des Ganzen lassen sich hier grob vier Vorgehensweisen unterscheiden:

1. Die Zusammenhänge werden über das Bilden und Nutzen von Einheiten oder Strategien des Erweiterns (syntaktisch und inhaltlich) tragfähig hergestellt.

2. Es werden Zusammenhänge hergestellt, die nur einen Ausschnitt der Konstellation betreffen und auf individuelle Vorstellungen vom Anteil und seinem Bezug zum Ganzen verweisen.

3. Es werden syntaktische, nicht tragfähige Zusammenhänge hergestellt.
4. Anteile werden als natürliche Zahlen konzeptualisiert.

<u>Zu 1.</u>: *Die Zusammenhänge werden über das Bilden und Nutzen von Einheiten oder Strategien des Erweiterns (syntaktisch und inhaltlich) tragfähig hergestellt.*

Die Analyse der Bearbeitungen zu *Konstellation I* zeigt, dass Lernende das Ganze auf verschiedene tragfähige Weisen identifizieren, deuten und nutzen: Beim strukturierten diskreten Ganzen (Item 1a und 1b) lassen sich mindestens zwei tragfähige Sichtweisen auf das Ganze erkennen: Zum einen kann das Ganze, (vermutlich da es sich hier um das bekannte Ganze „Kreis" handelt) selbst als Einheit gesehen werden, von der der jeweilige Anteil bestimmt werden kann (Ausblenden der Einheiten; vgl. Abschnitt 5.2.2). Diese Sichtweise greift bei verschiedenen Anteilen unterschiedlich gut (vgl. z. B. Hasemann 1986b, S. 18).

Eine andere Sichtweise stellt die Fokussierung der internen Struktur dar. Hierbei sind die vorstrukturierenden Kreissegmente Einheiten eines Ganzen und der Anteil kann auf deren Anzahl angewendet werden. Damit wird das Ganze als Summe seiner Teile in gewisser Weise diskret deutbar.

Wie der Teil dann genau bestimmt wird, lässt sich nicht immer feststellen (so werden beide Realisierungen in der vorliegenden Arbeit mit dem *Code r* bzw. *Code r_abl* erfasst). Es gibt z. T. Hinweise darauf, dass Lernende unter anderem Abzählstrategien zu verwenden scheinen (vgl. die Vorstellung des Anteils als Quasiordinalzahl bei Malle 2004, S. 5; 1/4 kann z. B. gedeutet werden als „jedes vierte Segment nehmen").

Beim diskreten Ganzen lassen sich in dieser Erhebung zwei wesentliche richtige Bearbeitungswege ausmachen: Zum einen wird der Anteil relativ auf das Ganze bezogen. Dabei wird dieses in Einheiten strukturiert, von denen einige zu einer neuen Einheit, dem Teil, zusammengefasst werden (*Codes G·A* bzw. *S*, wobei die Einheiten jedoch nicht unbedingt expliziert werden). Zum anderen wird der Anteil 5/8 erweitert (sowohl syntaktisch als auch inhaltlich, vgl. *Code E*).

Während das relative Anwenden in ein oder mehreren Schritten den weitaus häufigsten Bearbeitungsweg darstellt, kommt das Erweitern wesentlich seltener vor, offenbart aber auch Hinweise auf individuelle Lernendenvorstellungen, die mit der fachlichen Sicht z. T. konkurrieren. Bei einer genaueren Interpretation der Häufigkeiten sollte allerdings die begrenzte Zahl von 153 Testteilnehmern am Haupttest berücksichtigt werden.

Die tragfähigen bildlichen Lösungen offenbaren ebenfalls Ideen des Erweiterns (*Codes EV und EE*), wobei sich hier individuelle Interpretationen des Hochrechnens zeigen (vgl. Forschungsfrage 1b.).

5.4 Diskussion der empirischen Befunde

Zu 2.: *Es werden Zusammenhänge hergestellt, die nur einen Ausschnitt der Konstellation betreffen und auf individuelle Vorstellungen vom Anteil und seinem Bezug zum Ganzen verweisen.*

Neben den fachlich tragfähigen Strukturierungen und Interpretationen des Ganzen lassen sich für die drei Items Bearbeitungen feststellen, die lediglich Ausschnitte der Konstellation fokussieren: Bearbeitungen zum *Code ENKG* berücksichtigen z. B. sowohl für die Items 1a, 1b als auch 2a nur Teile des Ganzen (vgl. auch Forschungsfrage 1b). Somit scheint eine Schwierigkeit die Identifikation des richtigen Ganzen darzustellen.

Zu 3.: *Es werden syntaktische, nicht tragfähige Zusammenhänge hergestellt.*

Nicht tragfähige Bearbeitungen betreffen z. T. den Fokus auf einen Teil der drei Komponenten Teil, Anteil und Ganzes (*Bildercodes A, G*) oder bringen diese syntaktisch in einen nicht tragfähigen Zusammenhang (z. B. *Codes G:A, G-A*).

Zu 4.: *Anteile werden als natürliche Zahlen konzeptualisiert.*

Durch die ikonische Vorgabe des Ganzen für die Items 1a und 1b ergeben sich Hinweise auf das Interpretieren von Anteilen als natürliche Zahlen (*Code N=S*), die sich für Item 2a nicht immer so deutlich zeigen (z. B. *Code Z+N*).

Zu b): Welche individuellen Vorstellungen vom Ganzen lassen sich mit diesen Strukturierungen in Verbindung bringen?

Im Hinblick auf individuelle Vorstellungen der Lernenden lassen sich drei zentrale Aspekte nennen:

   1. Herstellen eines strukturellen Zusammenhangs von Anteil und Ganzem

   2. Wechsel zwischen verschiedenen Qualitäten des Ganzen

   3. Vielfalt der Strukturierungen

Zu 1.: *Herstellen eines strukturellen Zusammenhangs von Anteil und Ganzem*

Probleme können sich dann ergeben, wenn die Umsetzung des Anteils als ein Teil-Ganzes-System vorgenommen wird: Wenn der Anteil nur als ein festes Teil-Ganzes-System gedeutet wird, das nicht auf ein Ganzes angewendet werden kann, kann die *Konstellation I* nicht bearbeitet werden (zur Präsenz der Vorstellung des Teils eines Ganzen vgl. z. B. Prediger 2008a). So können sowohl für das graphische als auch das durch Zahlen repräsentierte Ganze Bearbeitungswege und bildliche Umsetzungen festgestellt werden, die Teile des Anteils auf das Ganze bzw. des ganzen Anteils auf Teile des Ganzen beziehen (*Code ENKG, Code 1S* für die Items 1a, 1b; *Code G-Z, Bildercode TAvG*). Teilweise scheint diesen Lösungen bereits die Erkenntnis zugrunde zu liegen, dass ein Anteil eine

Beziehung zwischen Zahlen bzw. Komponenten herstellt (vgl. *Code ENKG*). Die Identifikation und Interpretation eines geeigneten Ganzen scheint jedoch für manche Lernende eine Hürde darzustellen.

Andererseits gibt es auch Hinweise darauf, dass manche Lernende in absoluten Zahlen zu denken und keine Relationen herzustellen scheinen bzw. dass sie Anteil und Ganzes als getrennt voneinander wahrnehmen (ganz deutlich wird dies z. B. beim *Bildercode GA*). Somit ist die Interpretation dessen, was das Ganze bedeuten kann, anscheinend auch von der Interpretation dessen beeinflusst, was ein Anteil bedeutet.

Zu 2.: *Wechsel zwischen verschiedenen Qualitäten des Ganzen*

Es gibt Hinweise darauf, dass die Verfügbarkeit von Lösungswegen für Lernende z. T. mit der Qualität des Ganzen zusammenhängt: Beim Erweitern greifen Lernende so teilweise auch in der diskret gegebenen Konstellation der Bonbons (Item 2a) für die zeichnerische Darstellung auf flächige Ganze zurück, die ihnen vermutlich aus dem Unterricht bekannt sind. Dabei stellen sie den Vorgang des Erhaltens des einen Anteils aus dem anderen zum einen durch eine Verfeinerung dar, zum anderen durch ein Zusammenfügen. Hier besteht im ersten Fall die Schwierigkeit der Übertragung der Vorstellung auf ein diskretes Ganzes, im anderen Fall die potenzielle Verwechslungsgefahr mit der wiederholten Addition von Brüchen.

Durch das Wechseln der Qualität des Ganzen (diskret → kontinuierlich) kann aus Lernendenperspektive an die oft stabil aufgebaute Vorstellung des Teils eines Ganzen angeschlossen werden. Andererseits sind nicht alle Vorgehensweisen auf verschiedene Ganze eins-zu-eins übertragbar (siehe auch Forschungsfrage 2).

Zu 3.: *Vielfalt der Strukturierungen*

Ein weiteres wichtiges Ergebnis ist die Vielfalt der Antworten der Schülerinnen und Schüler: So geschlossen die Aufgaben zu sein scheinen, so vielfältig sind die individuellen Herangehensweisen. Dabei zeigt sich, dass Lernende auch nicht immer die für die jeweilige Situation „typischen" Grundvorstellungen nutzen, sondern diese z. T. kombinieren oder auf die Aufgabenstellung hin abwandeln. Dies gelingt ihnen unterschiedlich gut (vgl. den folgenden Abschnitt).

Zweite konkretisierte Forschungsfrage:
Wie können Schwierigkeiten und Hürden von Lernenden im Zusammenhang mit der *Konstellation I* überwunden werden?

Es lässt sich feststellen, dass manche Lernende Probleme haben, die Zahlen und Komponenten aus der Aufgabenstellung miteinander in Beziehung zu setzen und die richtige Rechnung auszuführen. Dies deckt sich mit den Ergebnissen anderer

5.4 Diskussion der empirischen Befunde

Studien (vgl. z. B. Greer 1987 speziell für Dezimalzahlen). Diese Schwierigkeit kann unter anderem in der Interpretation der Beziehung zwischen den Zahlen / Komponenten und den strukturellen Zusammenhängen gesehen werden:

Die Wahl des richtigen Ganzen fällt einigen Schülerinnen und Schülern schwer (vgl. Forschungsfrage 1b): Obgleich in *Konstellation I* das Ganze für die beiden Anteile konkret vorgegeben ist, stellt dessen Identifizierung als relevante Größe und sein Bezug zum Anteil eine Hürde für einige Lernende dar. Diese Schwierigkeit ist allerdings nicht isoliert von einer zweiten Hürde zu sehen: Die Interpretation von dem, was ein Anteil bedeutet, kann die Interpretation des Ganzen beeinflussen. So stellt ein starker Fokus auf den Anteil als Teil eines Ganzen die Schwierigkeit dar, den Anteil auf ein weiteres Ganzes zu beziehen und ihn damit relativ zu deuten (vgl. Prediger 2008a). In der Vorstellung als abgeschlossenes Teil-Ganzes-System (vgl. Abschnitt 1.5.2) können ebenfalls Probleme auftreten, wenn der Anteil zwar auf ein äußeres Ganzes bezogen wird, dort aber nur innerhalb des durch den Nenner vorgegebenen Rahmens gedeutet werden kann: 5/8 bedeutet 5 von 8, egal wie groß das Ganze nun wirklich ist (vgl. auch *Code ENKG*).

Hier sind die individuellen Bearbeitungen durch Zusammenlegen von Teil-Ganzes-Mengen, d. h. das gezielte Nutzen von Strukturierungen und Einheiten u. U. hilfreich (vgl. den *Code EE* in der diskreten Form): In dieser Weise kann der Anteil zwar als konkrete Beziehung zwischen einem Teil und einem Ganzen gedeutet werden, aber dennoch durch das Zusammenfassen mehrerer Teile und Ganzer auf größere Ganze als es der Nenner angibt, erweitert werden. Wichtig ist hierbei allerdings die sorgfältige Unterscheidung zwischen dem Addieren von Anteilen und dem Zusammenfügen von Mengen. Die Flexibilisierung in der Interpretation dessen, was ein Anteil ist und wann er auf ein weiteres Ganzes bezogen werden muss und wann das Ganze durch den Nenner beschrieben wird, erscheint essentiell.

Der Weg über bildliche Darstellungen kann ebenfalls eine Möglichkeit darstellen, über die Beziehung der drei Komponenten Teil, Anteil, Ganzes zueinander zu reflektieren: Die Fülle an möglichen Bildern zu Item 2a zeigt zum einen einige nicht hilfreiche bzw. nicht hergestellte Bezüge zwischen Teil, Anteil und Ganzem (*Codes TAvG, GA*). Zum anderen offenbaren sie auch viele hilfreiche Ansätze. So könnten Bilder mit unterschiedlichen Schwerpunktsetzungen verglichen und im Hinblick auf essentiell notwendige Strukturen von Lernenden untersucht werden.

6 Vorstellungen und Strukturierungen beim Bestimmen des Anteils

In diesem Kapitel wird mit Item 1c der schriftlichen Erhebung die *Konstellation II „Gegeben sind Teil und Ganzes, gesucht ist der Anteil"* vertieft ausgewertet.

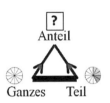

In den Interviews wurden zu dieser Konstellation keine Aufgaben eingesetzt: Die Frage nach dem Anteil bei vorgegebenem Ganzen und Teil wird jedoch in einzelnen Interviews aufgegriffen, wenn z. B. das ermittelte Ganze im Interviewgespräch auf seine mathematische Richtigkeit hin überprüft werden soll (vgl. z. B. Abschnitt 7.6.3). Da die Frage nach dem Anteil somit in den Interviews immer wieder präsent ist, wurden hierzu keine besonderen Aufgaben gestellt.

Zunächst werden die Forschungsfragen für die *Konstellation II* konkretisiert (Abschnitt 6.1). Daran anschließend wird die vertiefte Auswertung von Test-Item 1c mittels Codierung dargestellt (Abschnitt 6.2). Dabei wird auch ein Vergleich der Lösungshäufigkeiten und der Bearbeitungswege zwischen den inhaltlich verbundenen Items 1a, 1b und 1c vorgenommen. Das Kapitel schließt mit der Diskussion der empirischen Befunde zu *Konstellation II* in Abschnitt 6.3.

6.1 Konkretisierung der übergeordneten Forschungsfragen

Die *Konstellation II* wird in der vorliegenden Arbeit durch Test-Item 1c nach Hasemann (1981) realisiert (vgl. Abb. 6-1). Mit diesem soll untersucht werden, wie das Ganze (hier ein kontinuierliches strukturiertes Ganzes) für das Ablesen von Anteilen identifiziert und (situationsadäquat) strukturiert wird. Darüber hinaus soll untersucht werden, welche Zusammenhänge Lernende zwischen dem Teil, dem Anteil und dem Ganzen herstellen.

a) Färbe zuerst $\frac{1}{4}$ vom Kreis in blau.
b) Färbe dann noch $\frac{1}{6}$ vom Kreis in einer anderen Farbe.
c) Welchen Bruchteil vom Kreis hast du insgesamt gefärbt? Antwort: _____

Abb. 6-1: Items 1a, 1b und 1c, hier mit Fokus auf 1c

Dabei soll die Analyse auch dazu dienen, Schwierigkeiten und Hürden von Lernenden auszumachen, die sich beim Bestimmen des Anteils zu einem gegebenen strukturierten kontinuierlichen Ganzen und Teil ergeben können. Somit werden die übergeordneten Forschungsfragen für die Analyse der Daten folgendermaßen konkretisiert:

> 1. *Wie gehen Lernende in Konstellation II mit Teil, Anteil und Ganzem um?*
>
>   *a) Wie identifizieren und nutzen sie das Ganze, wenn sie den Anteil bestimmen sollen und ihnen dazu ein kontinuierliches strukturiertes Ganzes vorgegeben wird?*
>
>   *b) Welche individuellen Vorstellungen vom Ganzen lassen sich mit diesen Strukturierungen in Verbindung bringen?*
>
> 2. *Wie können Schwierigkeiten und Hürden von Lernenden im Zusammenhang mit der Konstellation II überwunden werden?*

6.2 Analysen der schriftlichen Produkte zum Bestimmen des Anteils

In diesem Abschnitt wird zunächst die Codierung der schriftlichen Produkte aus dem Test tabellarisch dargestellt. Im Anschluss werden die Bearbeitungen im Hinblick auf die Forschungsfragen vertieft analysiert.

6.2.1 Auflistung der Codierung der Lösungen für Item 1c

Für Item 1c wurden ebenfalls die in Abschnitt 5.2.1 erläuterten und genutzten Kategorien *tragfähig*, *im Ansatz tragfähig*, *nicht tragfähig*, *sonstige* und *keine Angabe* im Hinblick auf den Umgang mit dem Ganzen verwendet. Dabei wird bei der Codierung zum einen der Zusammenhang zwischen den drei Items 1a, 1b und 1c, zum anderen zwischen der Zeichnung im Kreis und der gegebenen Antwort für den Anteil berücksichtigt: Das bedeutet, dass nicht nur danach codiert wird, ob die für die Aufgabe korrekte Lösung 5/12 gefunden wurde oder nicht. Vielmehr wird auch versucht, Beziehungen zwischen Bearbeitungswegen, die sich sowohl beim Identifizieren und Einzeichnen des Teils (vgl. Abschnitt 5.2) als auch bei den Bearbeitungswegen für das Ablesen von Anteilen erkennen lassen, herzustellen. So werden für die Codierung z. B. auch andere Anteile als 5/12 als richtig gewertet, wenn sie sich aus der jeweils zugrunde liegenden Zeichnung als nachvollziehbare mathematisch korrekte Folgerung ergeben. Das ist z. B. dann der Fall, wenn für die Items 1a und 1b insgesamt mathematisch nicht tragfähig zehn Kreissegmente für die Summe der Anteile 1/4 und 1/6 ein-

6.2 Analysen der schriftlichen Produkte zum Bestimmen des Anteils   195

gezeichnet wurden, der Anteil für den resultierenden Teil jedoch richtig als 10/12 vom Kreis abgelesen wurde.

Tabelle 6-1 gibt einen Überblick über die vertiefte Analyse mittels Codierung, wobei es sich bei den Prozentangaben erneut um gerundete Werte handelt:

Code Häufigkeit abs (rel.)	Beispiel für Code (inkl. Individualcode) (von 153)	Erläuterung des Codes
Tragfähige Lösungen		
r 43x, 28 %	GeS_13	Es wurden insgesamt 5/12 des Kreises richtig angemalt und auch abgelesen. (**r**ichtig)
r_ab 39x, 25 %	GeS_1 / GeS_2	Es wurde insgesamt ein anderer Anteil des Kreises eingefärbt, aber dieser wird mathematisch richtig abgelesen. (**r**ichtig **ab**gelesen)
Im Ansatz tragfähige Lösungen		
ENKG 1x, 1 %	GeS_49	Es wurde für den Nenner ein Ausschnitt aus dem Kreis gewählt; der Zähler gibt die insgesamt markierten Stücke an (Lösung: 2/10). (**E**inschränkung des **N**enners auf **k**leineres **G**anzes)
RV 6x, 4 %	GeS_41	Bei 10 angemalten Stücken wird der Anteil 2/12 angegeben. (**v**orhandener **R**est wird betrachtet)
Nicht tragfähige Lösungen		
VH 6x, 4 %	GeS_12 / GeS_105	In Zähler und Nenner steht jeweils die Anzahl der für 1/4 bzw. 1/6 gefärbten Teile der insgesamt 12 Kreisteile. ODER In Zähler und Nenner steht jeweils die Anzahl der insgesamt bzw. der nicht gefärbten Teile der insgesamt 12 Kreisteile. (**V**er**h**ältnis)
N=S 15x, 10 %	GeS_22	Die Anzahl der gefärbten Stücke wird in den Nenner des Anteils geschrieben. Der Zähler wird mit 1 angegeben. (**N**enner **ent**spricht Anzahl der **St**ücke)
abs 5x, 3 %	GeS_24	Es wird keine Teil-Ganzes-Relation fokussiert. Anteile werden mit natürlichen Zahlen identifiziert. (**abs**olut: natürliche Zahlen)

Code Häufigkeit abs (rel.)	Beispiel für Code (inkl. Individualcode) (von 153)	Erläuterung des Codes
fsonst 18x, 12 %	GeS_7	nicht tragfähige Lösungen sonstiger Art (**sonst**ige **f**alsche)
Sonstige		
sonst 7x, 5 %	GeS_8	Lösungen, die nicht einschätzbar sind (z. B. Unklarheit über Anzahl der gefärbten Teile, schlecht lesbar, nicht eindeutige Lösung usw.). (**sonst**ige)
Keine Angabe		
kA 13x, 8 %	GeS_35	
	Es werden keine Angaben gemacht oder nur der Lösungsweg beschrieben oder Probleme mit der Aufgabe geäußert. (**k**eine **A**ngabe)	

Tabelle 6-1: Übersicht über die Codes für die Lösungen zu *Item 1c*

6.2.2 Ergebnisse und Interpretation

In diesem Abschnitt werden die Ergebnisse der schriftlichen Erhebung zu Item 1c dargestellt. Nach einem Überblick zu den Lösungshäufigkeiten und einem Vergleich mit denen der Items 1a und 1b bilden die vertieften Analysen und Interpretationen der codierten Bearbeitungen den Schwerpunkt des Abschnitts. Die Darstellung orientiert sich strukturell an den oben angeführten Kategorien.

Lösungshäufigkeiten und Vergleich mit den Items 1a und 1b

Abbildung 6-2 gibt einen Überblick über die Lösungshäufigkeiten für die Items 1a, 1b und 1c. Vergleicht man die Antwortverteilung für diese Items auf die einzelnen Kategorien, so lässt sich feststellen, dass Item 1c zwar nicht so häufig gelöst wurde wie Item 1a, aber häufiger als 1b: Die Häufigkeit der tragfähigen Lösungen für Item 1c liegt bei ca. 54 %, die für Item 1a bzw. 1b bei ca. 61 % bzw. ca. 40 %. Bei den Antworten der Kategorie *nicht tragfähig* sind es für Item 1a ca. 26 %, für Item 1b ca. 45 % und für Item 1c ca. 29 %.

Im Vergleich zu den Items 1a und 1b nimmt die Anzahl der Nichtbearbeitungen für Item 1c mit insgesamt 13 Nichtbearbeitungen stark zu. Dies ist vermutlich darauf zurückzuführen, dass es sich bei Item 1c um den dritten, mit den Items 1a und 1b inhaltlich zusammenhängenden Aufgabenteil handelt. So kann es sein, dass manche Schülerinnen und Schüler, die zuvor bereits Schwierigkeiten beim Bestimmen des Teils für 1/4 bzw. 1/6 hatten, hier nicht mehr weiter gemacht haben. Die Zahlen für die Kategorien *im Ansatz tragfähig* und *sonstige* bleiben über die Items hinweg nahezu gleich.

Der Überblick über die reinen Lösungshäufigkeiten zeigt damit zunächst, dass knapp mehr als die Hälfte der Lernenden in der Lage war, Anteile bei gegebenem Ganzen und Teil mathematisch korrekt zu identifizieren und anzugeben. Um tiefergehende Informationen über die Vorgehensweisen der Lernenden zu erhalten, ist ein Blick auf die Codes und ihre inhaltliche Interpretation notwendig.

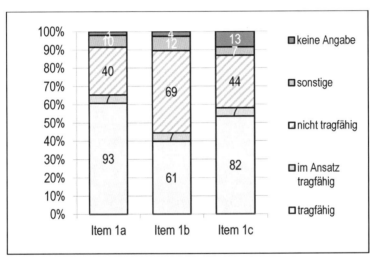

Abb. 6-2: Verteilung der Antworten auf Kategorien für die Items 1a, 1b und 1c

Vertiefte Analyse der als *tragfähig* codierten Lösungen: Richtige Identifizierung von Teil und Ganzem

In Tabelle 6-2 wird ein schematischer Überblick über die Interpretation der Lösungen der Kategorie *tragfähig* gegeben (vgl. auch die Ausführungen in Abschnitt 5.2.2). Links steht der Code, daneben seine Häufigkeit in dieser Erhebung. In der dritten Spalte findet man die Interpretation des Codes: Hier wird die Beziehung zwischen dem Bild und der Angabe für den Anteil interpretiert, indem der Zusammenhang als mathematischer Ausdruck und als schematische Zeichnung dargestellt wird. Das vermutlich fokussierte Ganze ist hier und im Folgenden durch grüne Umrahmungen gekennzeichnet, während der Teil ausgefüllt ist. Dabei wird zwischen dem Teil für 1/4 und dem Teil für 1/6 durch unterschiedliche Rottöne differenziert. Bei den Prozentangaben handelt es sich erneut um gerundete Werte. Diese Festlegungen gelten sinngemäß auch für die Realisierungen innerhalb der anderen Kategorien.

Alle tragfähigen Bearbeitungen nutzen den ganzen Kreis als das relevante Ganze. Die Lösungshäufigkeit für *Code r* (ca. 28 %) gibt damit auch direkt die Anzahl der Schülerinnen und Schüler an, die die gesamte Aufgabe 1 durchgängig tragfähig gelöst haben. Diese Zahl ist zur Mitte der 7. Klasse hin eher erstaunlich gering, deckt sich damit allerdings in etwa mit den Befunden anderer Studien (vgl. z. B. Wartha 2007, S. 192).

Anteil, Code(s) und Beispiel(e), Lösungshäufigkeit(en) (gerundet), Interpretation			
Richtige Identifikation der Teil-Ganzes-Beziehung			
r (5/12)	absolut: 43 prozentual: 28 %	5 von 12 Segmenten / Stücken	tragfähig
r_ab	absolut: 39 prozentual: 25 %	z. B. 10 von 12 Segmenten / Stücken	

Tabelle 6-2: Überblick über die Bearbeitungswege der Kategorie *tragfähig*

Vertiefte Analyse der als *im Ansatz tragfähig* codierten Lösungen: Betrachtung des Rests bzw. Beschränkung des Ganzen auf einen Ausschnitt

Anteil, Code(s) und Beispiel(e), Lösungshäufigkeit(en) (gerundet), Interpretation			
Angabe des Anteils für den gefärbten Rest bzw. Nicht-Berücksichtigung des Bezugs des Anteils auf das Gesamtganze			
RV 2/12	absolut: 6 prozentual: 4 %	2 (= 12 – 10) von 12 Segmenten / Stücken	im Ansatz tragfähig
ENKG 2/10	absolut: 1 prozentual: 1 %	2 von 10 Segmenten / Stücken	

Tabelle 6-3: Überblick über die Bearbeitungswege der Kategorie *im Ansatz tragfähig*

Die Kategorie *im Ansatz tragfähig* wird durch zwei Codes konkretisiert. Der *Code RV* stellt in gewisser Weise einen Grenzcode zwischen den beiden Katego-

6.2 Analysen der schriftlichen Produkte zum Bestimmen des Anteils   199

rien *tragfähig* und *im Ansatz tragfähig* dar (vgl. Tab. 6-3; grau sind die beiden gefärbten Teile): Es wurde hier vermutlich nicht der Anteil für den gefärbten Teil, sondern für den ungefärbten Rest angegeben. Bei insgesamt zehn gefärbten Stücken wird als Anteil 2/12 angegeben. Der Code spielt hier zahlenmäßig eine eher untergeordnete Bedeutung: Nur sechs Lernende (ca. 4 %) haben die Aufgabe auf diese Weise gelöst.

GeS_49

Abb. 6-3: Burhans (GeS_49) Lösung: 2/10

Besonders aufschlussreich im Hinblick auf den Umgang mit Teil, Anteil und Ganzem ist eine Bearbeitung, die mit dem *Code ENKG* erfasst wurde: Hier entspricht die Bearbeitung für das Ablesen des Anteils der des Einzeichnens des Teils. Die durchgängige Verwendung dieses Bearbeitungswegs für zwei verschiedene Konstellationen deutet darauf hin, dass es sich hierbei um eine konzeptionelle Bearbeitung handelt. Im Folgenden wird diese Lösung genauer interpretiert:

Burhan (GeS_49; vgl. Abb. 6-3) hat zunächst in den Items 1a und 1b beide Anteile durchgängig entsprechend *Code ENKG* (Einschränkung des Nenners auf kleineres Ganzes) gefärbt (vgl. Abschnitt 5.2) und erhält damit zwei gefärbte Kreissegmente von insgesamt zehn Kreissegmenten, die er durch Markierungen von den übrigen abtrennt. Den Anteil für den insgesamt gefärbten Bruchteil vom Kreis gibt er für Item 1c mit 2/10 an.

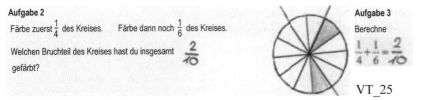

VT_25

Abb. 6-4: Bearbeitung aus einem Vortest: übereinstimmendes Rechnen und Einzeichnen

Damit hat Burhan innerhalb des Kreisganzen insgesamt über die Aufgabe hinweg drei neue Ganze geschaffen: Jeweils eines für die beiden Items 1a und 1b, welche er anschließend für Item 1c als ein neues Ganzes zusammenfasst, auf das che er anschließend für Item 1c als ein neues Ganzes zusammenfasst, auf das sich die Summe der beiden Teile zu 1/4 bzw. 1/6 bezieht. Somit ergibt sich das Ganze für das Ablesen des Anteils als zehn Kreissegmente.

Natalies (VT_25; Abb. 6-4) Bearbeitung aus einem Vortest zeigt sogar sowohl für das inhaltliche Bestimmen des Anteils am Kreisbild als auch für den dort abgefragten Kalkül das Ergebnis 2/10 (für die Aufgabe vgl. Hasemann 1981 und 1986a). Zwar kann Natalie hier auch die Parallelität der beiden Aufgaben erkannt haben, die Ergebnisse empirischer Studien lassen dies jedoch als eher unwahrscheinlich erscheinen (siehe z. B. Hasemann 1986b, S. 16). Somit hat Natalie hier vermutlich Brüche als Multiplikative Teil-Ganzes-Relation II (abgeschlossenes Teil-Ganzes-System, vgl. Abschnitt 1.5.2) gedeutet und komponentenweise addiert (für diesen Erklärungsansatz der Addition vgl. auch den absoluten Anteil bei Malle 2004).

Auch wenn die Übergeneralisierung der Multiplikationsregel auf syntaktischer Ebene sicherlich die häufigere Fehlerursache für das Fehlermuster des komponentenweisen Addierens ist (Padberg 1986, S. 62, Swan 2001, S. 149, Wartha 2007, S. 193 u. v. a.), gibt es also zuweilen auch semantische Ursachen wie im hier dokumentierten Fall. Diesen sollte auch auf inhaltlicher Ebene begegnet werden. So kann dafür sensibilisiert werden, dass sich ein Bruch nicht immer auf ein Ganzes beziehen muss, das in so viele Teile geteilt wurde, wie es die Zahl im Nenner suggerieren könnte. Was diese Schülerinnen und Schüler bereits verstanden zu haben scheinen, ist jedoch, dass ein Anteil Beziehungen zwischen Zahlen ausdrückt.

**Vertiefte Analyse der als *nicht tragfähig* codierten Lösungen:
Uminterpretation des Anteils und Vernachlässigung des Ganzen**

Die als nicht tragfähig codierten Bearbeitungen haben die Gemeinsamkeit, dass Anzahlen von gefärbten Kreisteilen im Zähler und / oder Nenner des Anteils verwendet und kombiniert werden. Allerdings unterscheiden sie sich darin, welche Teile aus der Zeichnung Berücksichtigung finden (vgl. Tab. 6-4).

Bei Lösungen, die mit dem *Code VH* erfasst wurden, werden die gefärbten Segmente für 1/4 und 1/6 in ein Verhältnis zueinander gesetzt. In der zweiten Ausprägung des Codes wird anscheinend ein Verhältnis von gefärbten zu nicht gefärbten Kreissegmenten angegeben. Diese Vorstellung stellt eine dokumentierte Fehlvorstellung zu Brüchen dar (vgl. z. B. Wartha 2007, S. 52). Sie wird als sogenannte Teil-zu-Teil-Strategie beschrieben (vgl. ebenfalls z. B. Di Gennaro et al. 1990, S. 748 ff. u. S. 756).

Die größte Gruppe unter den nicht tragfähigen Bearbeitungen, der ein Bearbeitungsweg zuzuordnen ist, stellen Lösungen dar, die mit dem *Code N=S* bezeichnet wurden (15 Bearbeitungen). Im Hinblick auf den Umgang mit Teil, Anteil und Ganzem lässt sich feststellen, dass bei dieser Lösung die Anzahl der gefärbten Kreissegmente nicht, wie es mathematisch korrekt wäre, als Zähler verwendet wird, sondern als Nenner des Bruchs. Woher die 1 im Zähler genommen wird, kann nicht interpretiert werden.

Dieser Bearbeitungsweg entspricht dem fehlerhaften Einzeichnen gemäß dem *Code N=S* für Item 1a und 1b: Die Gesamtanzahl der gefärbten Kreisteile wird ermittelt und mit dem Nenner des Anteils identifiziert. Somit bewegt sich diese Lösung innerhalb der natürlichen Zahlen; eine Teil-Ganzes-Relation zwischen dem gefärbten Kreisteil und dem Kreis wird nicht hergestellt. Aus mathematischer Sicht wird der Teil aus den Items 1a und 1b zum Ganzen umgedeutet.

Fünf Lernende (ca. 3 %) haben keinen Anteil, sondern die Anzahl der gefärbten Kreisteile als Lösung angegeben (*Code abs*).

Anteil, Code(s) und Beispiel(e), Lösungshäufigkeit(en) (gerundet), Interpretation			
Uminterpretation des Anteils und Vernachlässigung des Ganzen			
VH	absolut: 6 prozentual: 4 %	4 Teile und 6 Segmente / Stücke 4/6 oder 2 Teile und 10 (4 + 6) Segmente / Stücke 2/10	ODER nicht tragfähig
N=S	absolut: 15 prozentual: 10 %	10 Teile insgesamt (als Anteil) 1/10	
abs	absolut: 5 prozentual: 3 %	10 (Teile)	

Tabelle 6-4: Überblick über die Bearbeitungswege der Kategorie *nicht tragfähig*

Zusammenhang des Einzeichnens des Teils und Ablesens des Anteils

Betrachtet man die Kompetenz des Ablesens von Anteilen isoliert, so waren wie bereits beschrieben insgesamt ca. 54 % der Schülerinnen und Schüler erfolgreich (*Code r_ab*). Wenn man die Kompetenz in den Zusammenhang der Aufgabe stellt, d. h. danach fragt, wie viele Lernende den der Aufgabe zugehörigen Anteil

5/12 richtig einzeichnen und ablesen, so ergibt sich eine Zahl von nur ca. 28 % an richtigen Lösungen (*Code r*).

Das deutet darauf hin, dass die Kompetenzen des (graphischen) Bestimmens des Teils (Items 1a und 1b) und des Ablesens des Anteils aus einer bildlichen Darstellung zumindest für diese Lernendengruppe nicht unbedingt direkt zusammenhängen müssen: Beim Wechseln von *Konstellation I* zu *Konstellation II* innerhalb des Kontexts „Anteile und Teile vom Kreis" (gesuchter Teil → gesuchter Anteil) werden Uminterpretationen des Ganzen nicht unbedingt konstant über die Items 1a / 1b und 1c vorgenommen: Wer z. B. beim Einzeichnen jeweils die Vorstellung „1/4 bedeutet vier Stücke" aktiviert, der kann beim Ablesen des Anteils auch durchaus die mathematisch tragfähige Vorstellung aktivieren und den Anteil auf das Ganze 12 bezogen richtig als 9/12 oder 3/4 ablesen). Dieses Wechseln betrifft die Lösungen der 39 Schülerinnen und Schüler, die zwar in den Items 1a und 1b mindestens einen Teil nicht tragfähig markiert, den von ihnen eingefärbten Anteil des Kreises jedoch richtig abgelesen haben. Von diesen Lernenden haben 25, d. h. fast zwei Drittel, Item 1a tragfähig bearbeitet. Die Antwort zu Item 1b wurde in der Mehrheit der Fälle dem *Code N=S* zugerechnet (21 der insgesamt 39 Antworten), gefolgt von *Code 1S* (11 Bearbeitungen). Von den 30 Jugendlichen, die in Item 1a und 1b konsequent der Zahl im Nenner des Bruchs entsprechend viele Teile vom Kreis eingefärbt haben (*Code N=S*), haben fünf den eingefärbten Anteil richtig abgelesen. Umgekehrt haben bis auf drei Lernende alle, die bei Item 1c entsprechend *Code N=S* gearbeitet haben, auch in den beiden Items 1a und 1b mit diesem Bearbeitungsweg die Anteile im Kreis identifiziert.

Hasemann (1986a) betont ebenfalls, dass das Erkennen und Herstellen von Bruchteilen für Lernende durchaus verschiedene Anforderungen darstellen können (vgl. Hasemann 1986a, S. 115 f.). Dabei stellt er fest, dass das Erkennen meist leichter fällt, was sich auch in dieser Erhebung zu bestätigen scheint: Fasst man die beiden Items 1a und 1b zusammen, so erscheint das Ablesen des Anteils deutlich leichter als das Einzeichnen des Teils. Während 59 Lernende (ca. 39 %) beide Items 1a und 1b richtig gelöst haben, sind es für Item 1c insgesamt sogar 82 Lernende (ca. 54 %), die für den eingefärbten Teil den richtigen Anteil abgelesen haben. Das könnte daran liegen, dass beim Ablesen des Anteils eine „Regel" angewendet werden kann: Der Zähler steht für die relevanten Stücke, der Nenner für alle Stücke. Im umgekehrten Fall des Einzeichnens vom Teil, muss der Anteil als eine Beziehung zwischen dem vorhandenen Ganzen und dem noch nicht vorhandenen Teil interpretiert werden. Dazu muss das Ganze dem Anteil entsprechend erst strukturiert werden. In diesem Schritt scheint eine größere Schwierigkeit für Lernende zu liegen – vor allem, wenn zu diesem Anteil keine spontan abrufbare mentale Repräsentation wie beim Anteil 1/4 im Kreis verfügbar ist.

6.3 Diskussion der empirischen Befunde

Im Folgenden werden die vorgestellten empirischen Befunde entlang der im Hinblick auf Konstellation II *„Gegeben sind Teil und Ganzes – gesucht ist der Anteil"* konkretisierten Forschungsfragen diskutiert und eingeordnet.

**Erste konkretisierte Forschungsfrage:
Wie gehen Lernende in *Konstellation II* mit Teil, Anteil und Ganzem um?**

a) Wie identifizieren und nutzen sie das Ganze, wenn sie den Anteil bestimmen sollen und ihnen dazu ein kontinuierliches strukturiertes Ganzes vorgegeben wird?

b) Welche individuellen Vorstellungen vom Ganzen lassen sich mit diesen Strukturierungen in Verbindung bringen?

Zu a): Wie identifizieren und nutzen sie das Ganze, wenn sie den Anteil bestimmen sollen und ihnen dazu ein kontinuierliches strukturiertes Ganzes vorgegeben wird?

Im Hinblick auf die Identifizierung und das Nutzen eines bereits vorgegebenen strukturierten kontinuierlichen Ganzen zum Bestimmen des Anteils lassen sich auf Grundlage der empirischen Daten folgende Aussagen treffen:

1. Die Interpretation des Ganzen zum Ablesen des Anteils gelingt der Mehrheit der an der schriftlichen Erhebung teilnehmenden Lernenden.

2. Das Ganze wird z. T. umgedeutet, indem Ausschnitte betrachtet werden oder es wird nicht genutzt.

<u>Zu 1.:</u> *Die Interpretation des Ganzen zum Ablesen des Anteils gelingt der Mehrheit der an der schriftlichen Erhebung teilnehmenden Lernenden.*

Ca. 54 % der Lernenden haben zumindest in der Kreisrepräsentation von Item 1c in *Konstellation II* das Ganze mathematisch korrekt identifiziert. Sie lesen somit den gefärbten Anteil vom Kreis mathematisch tragfähig ab und interpretieren die Struktur des Ganzen angemessen (vgl. *Code r* bzw. *r_ab*). Dies kann u. U. damit erklärt werden, dass beim Ablesen des Anteils das relevante Ganze *expliziter* gegeben ist (vgl. Forschungsfrage 2).

Ähnliche Befunde zur Bestimmung des Anteils bei gegebenem strukturierten Ganzen zeigen sich auch in anderen Studien: Für einen Kreis, der in acht gleich große Stücke geteilt war, von denen sechs gefärbt waren, haben in der Studie PALMA in Klasse 7 nach Behandlung der Bruchzahlen sogar 82,2 % der insgesamt 1239 Schülerinnen und Schüler den Anteil richtig abgelesen (vgl. Wartha 2007, S. 156 f.). In Klasse 5 waren es dagegen nur knapp 63 % der Lernenden (vgl. ebd.). Dabei ist zu beachten, dass der in der vorliegenden Studie in der Aufgabenlogik richtige Bruch 5/12 in der Regel keine spontan abrufbare Repräsentation wie der in PALMA genutzte Anteil 3/4 besitzt, so dass sich dort eventuell auch aus diesem Grunde die höhere Lösungshäufigkeit ergibt.

<u>Zu 2.</u>: *Das Ganze wird z. T. umgedeutet, indem Ausschnitte betrachtet werden oder es wird nicht genutzt.*

Die schriftlichen Produkte der Lernenden geben Hinweise darauf, dass das Ganze beim Ablesen des Anteils nicht immer tragfähig genutzt wird. Dies kann z. T. auch mit der Interpretation dessen, was ein Anteil ist, in Verbindung stehen.

Die mit den *Codes ENKG* und *VH* erfassten Lösungen liefern Hinweise darauf, dass potenziell auch andere Interpretationen von dem, was ein Anteil ist, einen Einfluss auf die Lösung haben können: So scheinen Lernende, die in Zähler und Nenner des Anteils die Anzahlen der jeweils gefärbten Teile schreiben (*Code VH*), aus mathematischer Sicht eine Vorstellung von Verhältnissen zu aktivieren, während Lernende, die nach dem durch den *Code ENKG* beschriebenen Bearbeitungsweg vorgehen, das Ganze auf einen zuvor in den Items 1a und 1b festgelegten Ausschnitt reduzieren.

Wie für Item 1a und 1b (*Konstellation I*) sind auch für Item 1c Bearbeitungen, die mit dem *Code N=S* erfasst werden (Nenner gibt das Ganze an), die häufigste identifizierbare nicht tragfähige Strategie. Das häufige Vorkommen dieser Interpretation des Anteils wird empirisch auch in anderen Untersuchungen belegt (z. B. Wartha 2007, S. 157). Diese Lösungen deuten darauf hin, dass das Ganze für die Bestimmung des Anteils für manche Lernende eine geringere Bedeutung zu haben scheint, als der gefärbte Teil des Ganzen: Sie interpretieren den Teil als Nenner des Anteils (siehe auch Forschungsfrage 2).

Zu b): Welche individuellen Vorstellungen vom Ganzen lassen sich mit diesen Strukturierungen in Verbindung bringen?

Im Hinblick auf *Konstellation II* lassen sich weniger individuelle Vorstellungen vom Ganzen identifizieren. Nicht tragfähige Lösungen kommen hier meist dadurch zu Stande, dass das Ganze, d. h. in diesem Fall der Kreis, gar nicht als Ganzes wahrgenommen und konzeptualisiert wird, sondern dass z. B. der Teil stärker fokussiert wird (*Code N=S*) oder mit natürlichen Zahlen gearbeitet wird (*Code abs*).

6.3 Diskussion der empirischen Befunde

Zweite konkretisierte Forschungsfrage:
Wie können Schwierigkeiten und Hürden von Lernenden im Zusammenhang mit der *Konstellation II* überwunden werden?
Im Hinblick auf Schwierigkeiten und Ansätze zu deren Überwindung lassen sich folgende Aussagen treffen:

1. *Die Bestimmung des Anteils (Konstellation II) scheint manchen Lernenden leichter zu fallen, als die Bestimmung des Teils (Konstellation I).*
2. *Die Tatsache, dass für die Bestimmung des Anteils zunächst ein geeignetes Ganzes gewählt werden muss, ist nicht für alle Lernenden selbstverständlich. Hier ergeben sich Ansätze für die Bearbeitung von Schwierigkeiten.*

<u>Zu 1.</u>: *Die Bestimmung des Anteils (Konstellation II) scheint manchen Lernenden leichter zu fallen, als die Bestimmung des Teils (Konstellation I).*

Das Ablesen des Anteils fällt den hier befragten Lernenden im Vergleich zum Einzeichnen im Allgemeinen leichter (wenn man vom „einfachen" Anteil 1/4 absieht): Beim Ablesen eines Anteils steht das Ganze viel stärker im Fokus als beim Einzeichnen. Beim Einzeichnen des Teils muss die Situation noch mehr strukturiert werden, indem die Anteile zunächst auf die Fläche bezogen werden müssen, um daraus die Anzahl relevanter Flächen zu bestimmen. Der Anteil gibt nur „verschlüsselt" – als Ausdruck einer Beziehung zwischen Teil und Ganzem – Informationen über die Anzahl der zu färbenden Kreisstücke.

Im Vergleich zwischen den beiden Kompetenzen Einzeichnen des Teils und Ablesen eines Anteils lässt sich darüber hinaus feststellen, dass die Tätigkeiten des Einzeichnens von Anteilen und des Ablesens von Anteilen nicht zwangsläufig miteinander gekoppelt sind: Schülerinnen und Schüler, die nach fehlerhaften Bearbeitungswegen Anteile einzeichnen, können die gefärbten Anteile z. T. wieder selbst richtig ablesen, d. h. für das Ablesen ein anderes Vorgehen aktivieren als für das Einzeichnen (*Code r_ab*). Hier lässt sich somit die Notwendigkeit der Differenzierung der *Konstellationen I* und *II* ablesen: Trotz des in den drei Aufgabenteilen vergleichbaren Kontexts „Anteile und Teile vom Kreis" stellen sie für Lernende unterschiedliche Betrachtungsweisen dar, die zu anderen (auch unterschiedlich erfolgreichen) Bearbeitungswegen führen. Beim Ablesen und Einzeichnen von Anteilen und Teilen handelt es sich nicht um direkte Umkehroperationen voneinander: Mit diesen beiden Operationen hängt jeweils ein anderer Umgang mit dem Ganzen zusammen, der für Lernende eine Hürde darstellen kann und expliziert werden muss. So zeigen sich hier deutlich die triadische Beziehung von Teil, Anteil und Ganzem und ihr Einfluss auf Bearbeitungswege.

Zu 2.: *Die Tatsache, dass für die Bestimmung des Anteils zunächst ein geeignetes Ganzes gewählt werden muss, ist nicht für alle Lernenden selbstverständlich. Hier ergeben sich Ansätze für die Bearbeitung von Schwierigkeiten.* Das Identifizieren des Ganzen, d. h. das Erkennen, dass zur Lösung dieser Aufgabe die Beziehung zwischen zwei Zahlen – dem Ganzen und dem Teil – das entscheidende Kriterium ist, ist für die Mathematisierung der Beziehung zwischen Teil und Ganzem, d. h. das Ablesen des Anteils, entscheidend. Darüber hinaus ist es auch wichtig, dass die Beziehung zwischen dem Teil und dem *richtigen* Ganzen hergestellt wird, d. h. dass innerhalb der bildlichen Darstellung der Situation der passende, d. h. situationsadäquate Ausschnitt ausgewählt wird.

Für Item 1c ist zwar das Ganze in Form des strukturierten Kreises bildlich präsent, dennoch ist seine Interpretation nicht für alle Lernenden offensichtlich: So lassen sich 27 der insgesamt 51 als im Ansatz oder nicht tragfähig eingeschätzten Bearbeitungen auf eine Umdeutung oder Nicht-Beachtung des Ganzen zurückführen (vgl. die *Codes ENKG, VH, N=S* und *abs*). Somit ist eine entscheidende Hürde, das richtige Ganze in der jeweiligen Situation überhaupt „herauszulesen" – auch wenn dieses bereits wie hier konkret gegeben ist. Der Analysefokus auf das Ganze kann hier somit helfen, fehlerhafte Bearbeitungen bei dieser klassischen Aufgabe zu Brüchen zu erklären: Die Perspektive auf den Umgang mit dem Ganzen kann aus diagnostischer Sicht dazu beitragen, einzelne Fehler in ihrem Zustandekommen besser zu verstehen. Damit ergeben sich die Interpretation und Strukturierung des Ganzen sowie überhaupt eine Sensibilisierung für dessen Relevanz (als Bezugsgröße) erneut als für Lernende zu explizierende Aspekte eines flexiblen Umgangs mit Brüchen.

7 Vorstellungen und Strukturierungen beim Bestimmen des Ganzen

In diesem Kapitel wird *Konstellation III „Gegeben sind Teil und Anteil, gesucht ist das Ganze"* sowohl in Prozess- als auch in Produktperspektive vertieft ausgewertet: Mit Hilfe der Test-Items 2b, 2c, 3a, 3b und 4a, 4b soll untersucht werden, welche Zusammenhänge und auch impliziten Annahmen für die Bestimmung und Beschaffenheit des Ganzen unter Berücksichtigung unterschiedlicher Qualitäten (diskret und kontinuierlich) aus Lernendenperspektive relevant sind.

Dem Test vorausgehend wurde ein Teil dieser Aufgaben auch in halbstandardisierten Interviews eingesetzt. Dort erwiesen sich Aufgaben zur *Konstellation III* als sehr herausfordernd für die Schülerinnen und Schüler, so dass diese in der nachfolgenden schriftlichen Erhebung im Vergleich zu den anderen Konstellationen mit so vielen Items belegt ist.

In Abschnitt 7.1 werden zunächst die übergeordneten Forschungsfragen ausgeschärft. In Abschnitt 7.2 wird die vertiefte Analyse der Items 2b und 2c mittels Codierung dargestellt. Dieser folgt in 7.3 die Analyse von vier ausgewählten Bearbeitungsprozessen aus der dieser Arbeit zugrunde liegenden Interviewstudie. Abschnitt 7.4 verdichtet die Ergebnisse zur *Konstellation III* mit einem aus diskreten Objekten zusammengesetzten Teil.

In Abschnitt 7.5 erfolgt die vertiefte Analyse der Test-Items 3a und 3b bzw. 4a und 4b zu flächigen (strukturierten) Ganzen; Abschnitt 7.6 stellt die Auswertung von Interviewausschnitten zum selben inhaltlichen Bereich dar. In Abschnitt 7.7 werden die empirischen Befunde zu *Konstellation III* diskutiert und auf die konkretisierten Forschungsfragen bezogen.

7.1 Konkretisierung der übergeordneten Forschungsfragen

Die Test-Items 2b und 2c bzw. 3a, 3b und 4a, 4b sowie die entsprechenden Interviewepisoden sollen dazu dienen, Vorstellungen und Strukturierungen von Lernenden im Hinblick auf das Ganze zu untersuchen. Dabei unterscheiden sich die Aufgaben in der Qualität von Teil, Anteil und Ganzem: In den Aufgaben 3 und 4 werden geometrische Formen als (flächiger) Teil vorgegeben. In den Items 2b (Stammbruch) und 2c (Nicht-Stammbruch) ist der vorgegebene Teil diskret.

Für die Analyse wird zwischen den Prozessen in den Interviews und den Produkten aus der schriftlichen Erhebung unterschieden. Diese Unterscheidung betrifft auch die Formulierung der konkretisierten Forschungsfragen:

1. *Wie gehen Lernende in Konstellation III mit Teil, Anteil und Ganzem um?*

    a) Welche Bearbeitungswege lassen sich in den <u>schriftlichen Produkten</u> der Lernenden erkennen und wie strukturieren diese die Zusammenhänge zwischen Anteil und Teil, um das Ganze zu bestimmen, wenn eine Menge bzw. ein flächiger Teil und ein Nicht- bzw. Stammbruch vorgegeben sind?

    b) Welche Strategien werden in den <u>Interviews</u> genutzt, um das Ganze zu bestimmen? Wie entwickeln sie sich und wie nutzen sie die Zusammenhänge zwischen Teil, Anteil und Ganzem, wenn eine Menge bzw. ein flächiger Teil und ein Nicht- bzw. Stammbruch vorgegeben sind?

    c) Welche weiteren individuellen Bedingungen und Vorstellungen werden neben den fachlich notwendigen mit dem Ganzen verbunden?

2. *Wie können Schwierigkeiten und Hürden von Lernenden im Zusammenhang mit der Konstellation III überwunden werden?*

7.2 Analysen der schriftlichen Produkte zum Bestimmen des Ganzen (diskreter Teil)

In diesem Abschnitt werden die schriftlichen Bearbeitungen zu den Test-Items 2b und 2c analysiert (vgl. Abb. 7-1): Teil und Anteil sind gegeben, das Ganze ist gesucht (für ähnliche Aufgaben im Rahmen einer Unterrichtsreihe bzw. Tests siehe z. B. Alexander 1997, S. 162 f.; Hasemann 1981). Neben einer konkreten Zahlangabe werden in beiden Items explizit auch der Rechenweg und eine bildliche Darstellung abgefragt.

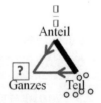

In Abschnitt 7.2.1 wird die Codierung der schriftlichen Produkte aus dem Test dargestellt: Zunächst wird – analog zu der Analyse von Item 2a in Abschnitt 5.3.1 – die Codierung der Rechenwege beschrieben; daran schließt sich die Beschreibung der Codierung der Bilder an. In Abschnitt 7.2.2 werden die Ergebnisse der Analyse und deren Interpretation dargestellt.

7.2 Analysen der schriftlichen Produkte zum Bestimmen des Ganzen (diskreter Teil) 209

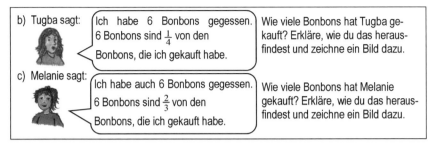

Abb. 7-1: Test-Items 2b und 2c

7.2.1 Auflistung der Codierung der Rechenwege und Bilder für die Items 2b und 2c

Im Folgenden werden die Codes für die Rechenwege und die Bilder zu den Items 2b und 2c für eine bessere Übersicht in einer tabellarischen Darstellung (Tab. 7-1 bis 7-4) erklärt. Als Bild wird eine Bearbeitung dann gewertet, wenn sie ikonische Elemente beinhaltet; als Rechenweg werden verbale Bearbeitungen gewertet, die über eine Bildbeschreibung hinausgehen (vgl. Abschnitt 5.3.1; dort finden sich auch Erläuterungen zu der Zuordnung der Codes der Rechenwege und Bilder zu den Kategorien *tragfähig, im Ansatz tragfähig, nicht tragfähig, sonstige, keine Angabe* und *nur Bilder*). Die Zahllösungen wurden wie für Item 2a unabhängig vom gewählten Bearbeitungsweg codiert. Bei den Angaben zu den relativen Häufigkeiten der Codes handelt es sich um gerundete Werte.

Rechenwege zu Item 2b: Teil 6 und Anteil 1/4 gegeben – Ganzes gesucht

Code Häufigkeit abs. (rel.)	Beispiel für Code (inkl. Individualcode) (von 153)	Erläuterung des Codes
Tragfähige Lösungen		
V 46x, 30 %	$4 \cdot 6 = 24$ GeS_68	Es wird 4 · 6 oder 6 · 4 gerechnet. (**V**ervielfachen)
HZ 4x, 3 %	6, 12, 18, 24 $\frac{1}{4} \in 4 = 24$ GeS_4	Es wird in 4er Schritten abgezählt / hochgezählt bzw. es werden die einzelnen Viertel angegeben. ODER: Es wird die 6 und der Rest betrachtet. (**H**ochzählen)

7 Vorstellungen und Strukturierungen beim Bestimmen des Ganzen

Code Häufigkeit abs. (rel.)	Beispiel für Code (inkl. Individualcode) (von 153)	Erläuterung des Codes
T:A 4x, 3 %	$6 : \frac{1}{4} = \frac{6 \cdot 4}{1 \cdot 1} = \frac{24}{1} = 24$ Erklärung: Man muss herausfinden wie viele sie gekauft hat, deswegen hab ich gekillt gerechnet. GeS_94	Es wird 6 : 1/4 oder 6 : 1 · 4 gerechnet. (**T**eil **d**urch **A**nteil)
rsonst 4x, 3 %	tragfähige Lösungen sonstiger Art (**sonst**ige **r**ichtige)	
Im Ansatz tragfähige Lösungen		
RestA 1x, 1 %	Sie hat 6 Bonbons gegessen das sind 1/4 und Blieben übrig GeS_55	Es wird der zum Ganzen fehlende Anteil angegeben. (**Rest** zum **A**nteil)
TA·A 2x, 1 %	$6 \cdot \frac{1}{4} = \frac{1}{24}$ GeS_95	Es wird 1/6 · 1/4 oder 1/4 : 6 gerechnet, aber 1/4 : 1/6 oder 6 · 1/4 aufgeschrieben. (**T**eil als **A**nteil **m**al **A**nteil)
Nicht tragfähige Lösungen		
AG 2x, 1 %	viele Bonbons hat Tugba gekauft? 4 re, wie du das herausfindest und zeichne ein Bild da $4 \cdot 4 = 16$ GeS_140	Es wird 16 : 4 oder 4 · 4 gerechnet. (**a**nderes **G**anzes)
T·A 6x, 4 %	$\frac{1}{4} \cdot 6 = \frac{1 \cdot 6^3}{4 \cdot 2} = \frac{3}{2}$ / $\frac{1}{4} \cdot 6 = \frac{1 \cdot 6^2}{4 \cdot 1} = \frac{3}{1}$ Ich finde es komisch, das es keine ganze Zahl ist. GeS_36	Es wird 6 · 1/4 oder 6 : 4 gerechnet. (**T**eil **m**al **A**nteil)
Y 5x, 3 %	Erkläre, wie du das herausfindest und zeichne ein Bild dazu. $6 \cdot 4 + 1 = 25 - 6 = 19$ GeS_34	Es wird 6 · 4 + 1 oder 6 · 4 + 1 − 6 (GeS_34) gerechnet. („**T**eil mal **N**enner plus **Z**ähler" / „**T**eil mal **N**enner plus **Z**ähler minus **T**eil")
fsonst 3x, 2 %	nicht tragfähige Lösungen sonstiger Art (**sonst**ige **f**alsche)	
Sonstige Lösungen		
sonst 6x, 4 %	Lösungen, die nicht einschätzbar sind (**sonst**ige)	

7.2 Analysen der schriftlichen Produkte zum Bestimmen des Ganzen (diskreter Teil) 211

Code Häufigkeit abs. (rel.)	Beispiel für Code (inkl. Individualcode) (von 153)	Erläuterung des Codes
Nur Bilder (für Beispiele siehe Tabelle 7-3)		
NBT 4x, 3 %	**N**ur **B**ilder: **t**ragfähige Bilder	
NBA 3x, 2 %	**N**ur **B**ilder: Im **A**nsatz tragfähige Bilder	
NBN 16x, 10 %	**N**ur **B**ilder: **n**icht tragfähige Bilder	
Keine Angabe		
kA 47x, 31 %	nichts hingeschrieben, Probleme geäußert oder Lösung durchgestrichen (**k**eine **A**ngabe)	

Tabelle 7-1: Übersicht über die Codes für die Rechenwege zu *Item 2b*

Rechenwege zu Item 2c: Teil 6 und Anteil 2/3 gegeben – Ganzes gesucht

Code Häufigkeit abs. (rel.)	Beispiel für Code (inkl. Individualcode) (von 153)	Erläuterung des Codes
Tragfähige Lösungen		
R 29x, 19 %	$6:2=3$ $3 \cdot 3 = 9$ GeS_66 $\frac{1}{3} = 3\ Bonbons$ $\frac{3}{3} = 9\ Bonbons$ GeS_68	Es wird 6 : 2 · 3 gerechnet oder es werden die Teile für 1/3 und 3/3 (z. T. mit Zwischenschritt 2/3) aufgeschrieben. Teilweise wird auch nur der Wert eines Drittels berechnet und als Ergebnis direkt 9 gefolgert. (**R**unterrechnen)
H 2x, 1 %	$6 \cdot 3 = 18$ $18 : 2 = 9$ GeS_91	Es wird 6 · 3 : 2 gerechnet. (**H**ochrechnen)
E 1x, 1 %	GeS_65	Der Zähler des Anteils 2/3 wird auf 6 gebracht; der Nenner wird analog angeglichen. (**E**rweitern)
HZ 4x, 3 %	GeS_128	Es wird das fehlende Drittel angeguckt. (**H**alber **Z**ähler)
T:A 4x, 3 %	$6 : \frac{2}{3} = \frac{6 \cdot 3}{2} = \frac{18}{2} = 9$ GeS_99	Es wird 6 : 2/3 oder 6 · 3/2 gerechnet. (**T**eil **durch A**nteil)

Code Häufigkeit abs. (rel.)	Beispiel für Code (inkl. Individualcode) (von 153)	Erläuterung des Codes
rsonst 1x, 1 %	tragfähige Lösungen sonstiger Art (**sonst**ige **r**ichtige)	
Nicht tragfähige Lösungen		
T·A 6x, 4 %	GeS_126	Es wird 6 · 2/3 oder 6 : 3 · 2 gerechnet. (**T**eil **mal A**nteil)
nD 9x, 6 %	GeS_67	Es wird 6 · 3 gerechnet. (**n**eues **D**rittel)
GG 2x, 1 %	GeS_59	Es wird 6 · 3 · 2 oder 3 · 6 · 2 gerechnet. (Stammbruch-**G**anzes **verdoppeln**)
Y 5x, 3 %	GeS_71	Es wird 6· 3 + 2 oder 6· 3 + 2 – 6 gerechnet. („**T**eil **mal N**enner **plus Z**ähler" / „**T**eil **mal N**enner **plus Z**ähler **minus T**eil")
fsonst 13x, 8 %	nicht tragfähige Lösungen sonstiger Art (**sonst**ige **f**alsche)	
Sonstige Lösungen		
sonst 2x, 1 %	Lösungen, die nicht einschätzbar sind (**sonst**ige)	
Nur Bilder (für Beispiele siehe Tabelle 7-4)		
NBT 2x, 1 %	**n**ur **B**ilder: **t**ragfähige Bilder	
NBA 2x, 1 %	**n**ur **B**ilder: im **A**nsatz tragfähige Bilder	
NBN 13x, 8 %	**n**ur **B**ilder: **n**icht tragfähige Bilder	
NBS 1x, 1 %	**n**ur **B**ilder: Bilder, die nicht einschätzbar sind (**s**onstige)	
Keine Angabe		
kA 57x, 37 %	nichts hingeschrieben, Probleme geäußert oder Lösung durchgestrichen (**k**eine **A**ngabe)	

Tabelle 7-2: Übersicht über die Codes für die Rechenwege zu *Item 2c*

7.2 Analysen der schriftlichen Produkte zum Bestimmen des Ganzen (diskreter Teil) 213

Bilder zu Item 2b: Teil 6 und Anteil 1/4 gegeben – Ganzes gesucht

Code Häufigkeit abs. (rel.)	Beispiel für Code (inkl. Individualcode) (von 153)	Erläuterung des Codes
Tragfähige Lösungen		
K 10x, 7 %	GeS_18	Im Bild sind die 6 und die 24 bzw. 6/24, 4 6er-Gruppen (bzw. durch Beschriftung wird die 6 als Viertel sichtbar gemacht) und die 1/4 zu erkennen. (**k**omplett)
E 1x, 1 %	GeS_63	Erkennbar sind die 6 und die 24 bzw. 6/24 und die 1 und die 4 bzw. 1/4. Die Zahlbeziehungen werden in je eigenen Zeichnungen verdeutlicht, die dann miteinander in Beziehung gebracht werden. (**E**rweitern)
rsonst 6x, 4 %	tragfähige Bilder sonstiger Art (**sonst**ige **r**ichtige)	
Im Ansatz tragfähige Lösungen		
TVG 4x, 3 %	GeS_20	Im Bild sind die 6 von 24 bzw. 6/24 bzw. 6 und 18 erkennbar. Die 4 bzw. 1/4 sind nicht hervorgehoben. (**T**eil **v**om **G**anzen)
TVGR 2x, 1 %	GeS_142	Im Bild sind die 6 und die 24 durch eine Rechnung bzw. räumlich voneinander getrennt dargestellt. (**T**eil **v**om **G**anzen **r**äumlich getrennt)
nicht tragfähige Lösungen		
T 2x, 1 %	GeS_29	Im Bild ist nur die 6 zu erkennen. Die 24 und die 4 bzw. die 1/4 sind nicht zu erkennen. (**T**eil)
A 11x, 7 %	GeS_1	Im Bild sind die 1 von 4 bzw. 1/4 zu sehen. Die 6 und die 24 sind nicht zu erkennen (z. T. in eine Rechnung einbezogen). (**A**nteil)
NT 2x, 1 %	GeS_26	Im Bild sieht man die 4 und die 6 bzw. 4/6. (**N**enner vom **T**eil)
Bfsonst 22x, 14 %	nicht tragfähige Bilder sonstiger Art (**sonst**ige **f**alsche)	
Keine Angabe		
OB 93x, 61 %	kein Bild vorhanden (**o**hne **B**ild)	

Tabelle 7-3: Übersicht über die Codes für die Bilder zu *Item 2b*

Bilder zu Item 2c: Teil 6 und Anteil 2/3 gegeben – Ganzes gesucht

Code Häufigkeit abs. (rel.)	Beispiel für Code (inkl. Individualcode) (von 153)	Erläuterung des Codes
Tragfähige Lösungen		
K 8x, 5 %	GeS_61	Im Bild sind die 6 und die 9 bzw. 6/9, drei 3er-Gruppen (bzw. durch Beschriftung wird die 3 als Drittel sichtbar gemacht) und die 2/3 zu erkennen. (**k**omplett)
E 1x, 1 %	GeS_65	Im Bild sind die 6 und die 9 bzw. 6/9 und die 2 und die 3 bzw. 2/3 zu erkennen. Beide Zahlbeziehungen werden in jeweils einer eigenen Zeichnung verdeutlicht, die dann miteinander in Beziehung gebracht werden. (**E**rweitern)
NN 5x, 3 %	GeS_18	Im Bild sieht man die 3 und die 9 bzw. die 1/3. Die 2/3 werden nicht deutlich gemacht. (Einteilung durch Ne**nn**er)
Im Ansatz tragfähige Lösungen		
TVG 5x, 3 %	GeS_28	Im Bild sind die 6 von 9 bzw. 6/9 bzw. 3 und 6 erkennbar. Die 2 und die 3 bzw. die 2/3 sind nicht hervorgehoben. (**T**eil **v**om **G**anzen)
Nicht tragfähige Lösungen		
A 8x, 5 %	GeS_56	Im Bild sind die 2 von 3 bzw. 2/3 zu sehen. Die 6 und die 9 sind nicht zu erkennen. (**A**nteil)
TA 3x, 2 %	GeS_92	Es werden zwei Zeichnungen gemacht: Es sind die 6 und die 2/3 als Teil-Ganzes-System (entweder als 2 und 3 durch Bruchstrich getrennt oder als 2 von 3) erkennbar. (**T**eil und **A**nteil)
TvSG 4x, 3 %	GeS_21	Im Bild sind 6 und 18 bzw. 6/18 erkennbar bzw. 12 und 18. Die 9 und die 2/3 sind nicht erkennbar. (**T**eil **v**om **S**tammbruch-**G**anzen)
TT 5x, 3 %	GeS_10	In der Zeichnung ist entweder nur die 4 (d. h. 2/3 von 6) zu erkennen oder die 4 als Teil von 6 oder eine Strukturierung der 6 in drei Teile. (**T**eil vom **T**eil)
Bfsonst 14x, 9 %	nicht tragfähige Bilder sonstiger Art (**sonst**ige **f**alsche)	

Code Häufigkeit abs. (rel.)	Beispiel für Code (inkl. Individualcode) (von 153)	Erläuterung des Codes
Sonstige Lösungen		
Bsonst 2x, 1 %	Bilder, die nicht einschätzbar sind (**sonst**ige)	
Keine Angabe		
OB 98x, 4 %	kein Bild vorhanden (**o**hne **B**ild)	

Tabelle 7-4: Übersicht über die Codes für die Bilder zu *Item 2c*

7.2.2 Ergebnisse und Interpretation zu Item 2b und 2c

In diesem Abschnitt werden die Ergebnisse der schriftlichen Erhebung dargestellt: An einen Überblick zu den Lösungshäufigkeiten für die Zahllösungen, Rechenwege und Bilder schließen sich die qualitativen Analysen und Interpretationen der codierten Rechenwege und Bilder als Schwerpunkt dieses Abschnitts an. Die Darstellung orientiert sich strukturell an den oben genannten Kategorien.

Lösungshäufigkeiten für die Zahllösungen, Rechenwege und Bilder

76 bzw. 54 Lernende (ca. 50 % bzw. ca. 35 %) haben für Item 2b bzw. 2c die *richtige Zahllösung* für das Ganze angegeben (vgl. Abb. 7-2). *Nicht tragfähige Antworten* gaben 39 bzw. 63 Schülerinnen und Schüler (ca. 25 % bzw. ca. 41 %). Damit fällt Item 2b wesentlich besser aus als Item 2c. Dies kann vermutlich auf die durch den Stammbruch leichter zu mathematisierende und strukturierende Konstellation zurückzuführen sein. In einer Studie von Hasemann wurde zum Vergleich eine ähnliche Aufgabe, bei der vier Kuchenstücke ikonisch als 2/7 repräsentiert wurden, von 63 % der teilnehmenden Real- und 15 % der Hauptschüler und -schülerinnen gelöst (Hasemann 1981, S. 85).

Bei den Rechenwegen finden sich ebenfalls Hinweise darauf, dass diesen Lernenden Item 2b anscheinend leichter als Item 2c gefallen ist: Die Anzahl *tragfähiger Bearbeitungen* nimmt ab, während die Zahl der *nicht tragfähigen Bearbeitungen* und der *Nicht-Bearbeitungen* zunimmt (ca. 38 % zu 27 % tragfähige bzw. 10 % zu 23 % nicht tragfähige und 31 % zu 37 % Nicht-Bearbeitungen).

Die Verteilung der Bilder auf die einzelnen Kategorien sieht in beiden Items sehr ähnlich aus: Die als *nicht tragfähig eingeschätzten Bilder* stellen die größte Gruppe der bildlichen Lösungen in beiden Teilen dar (die Zahlen sind vergleichbar mit den entsprechenden Häufigkeiten für Item 2a; vgl. Abschnitt 5.3.2). Weit mehr als die Hälfte der Lernenden hat kein Bild für Item 2b bzw. 2c angegeben.

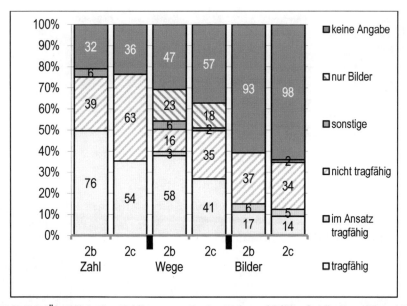

Abb. 7-2: Überblick über Zahllösungen, Rechenwege und Bilder für die *Items 2b* und *2c*

Den Testunterlagen kann entnommen werden, dass zwölf Lernende Item 2b und elf Lernende 2c vollständig tragfähig bearbeitet, d. h. sowohl eine richtige Zahllösung als auch einen tragfähigen Rechenweg und ein geeignetes Bild angegeben haben. Erstaunlich ist dabei, dass trotz der unterschiedlichen Verteilungen der Antworten auf die Kategorien, jeweils in etwa gleich viele Lernende pro Item vollständig tragfähige Lösungen angegeben haben (vgl. auch Item 2a). Insgesamt haben zwei Lernende Aufgabe 2 vollständig tragfähig bearbeitet. Für eine genauere Analyse dieses Phänomens, etwa, ob dies generell an der Art der angefertigten Zeichnungen oder Rechenwege liegt, die im Einzelfall von Item zu Item nicht ohne Modifizierung übertragbar sind, sind weitere Untersuchungen notwendig, die im Rahmen dieser Arbeit nicht mehr systematisch geleistet werden können.

Die Zahllösungen sind ähnlich wie für Item 2a relativ weit gestreut. In beiden Items stellt die *richtige Zahllösung* erneut die häufigste Lösung dar. Bei der Angabe *sonst* handelt es sich um nicht interpretierbare Angaben (nicht lesbar oder mehr als eine Zahllösung angegeben).

Im Folgenden werden die wesentlichen Rechenwege und Bilder vergleichend interpretiert. Dabei werden die Bilder wie bereits in Abschnitt 5.3.2 kategorienweise schematisch dargestellt, um die in ihnen angelegten Zahlbeziehungen zu verdeutlichen (Tab. 7-5 bis 7-10). Die Ausführungen für die konkrete Gestaltung dieser Bilder gelten hier sinngemäß.

Vertiefte Analyse der als *tragfähig* codierten Rechenwege und Bilder: Nutzen von Strukturen

Insgesamt zeigt sich eine Vielfalt an tragfähigen Lösungen, die das richtige Ganze 24 bzw. 9 durch das Nutzen struktureller Zusammenhänge erhalten.

Rechenwege: Nutzen von Einheiten

Der Zugang über die Multiplikation vom Nenner des Bruches mit dem Teil (4 · 6 = 24) ist der für Item 2b mit Abstand am häufigsten gewählte tragfähige Rechenweg: 46 Lernende (30 %) haben diesen Weg gewählt (vgl. *Code V* in Tab. 7-1). Weitere interpretierbare tragfähige Bearbeitungen bestehen darin, das Ganze sukzessive durch eine Strukturierung zu erzeugen, etwa durch das wiederholte Addieren des Teils oder das Betrachten einer Teil-Rest-Struktur (vier Jugendliche; *Code HZ*). Dabei formulieren nicht alle Lernende eine inhaltliche Begründung ihres Rechenweges, sondern notieren auch nur die syntaktische Rechnung.

Einen ähnlichen Weg über das Bilden von Einheiten findet man auch für Item 2c, für das die häufigste tragfähige Lösung darin besteht, den Teil zunächst zu halbieren (d. h. neue Einheiten zu bilden) und anschließend die so erhaltene Einheit mit drei zu multiplizieren: 29 Lernende (19 %) haben die Aufgabe auf diese Weise gelöst (*Code R*; vgl. Tab. 7-2). Alternativ werden an dieser Stelle auch weitere strukturelle Zusammenhänge genutzt, wie etwa die Teil-Rest-Struktur.

Den umgekehrten Weg, bei dem die Rechnung 6 · 3 : 2 ausgeführt wird, haben im Vergleich nur sehr wenige Lernende gewählt (zwei Lernende; vgl. *Code H* in Tab. 7-2). Hierbei wird zunächst das Ganze zum Stammbruch 1/3 bestimmt. Anschließend muss dieses Ganze dann strukturiert werden, indem durch die Zerlegung mit dem Zähler Einheiten gebildet werden. Diese Denkrichtung scheint schwieriger zu sein; vermutlich liegt das daran, dass, wenn man inhaltlich denkt, zwischenzeitlich das Ganze wechselt: Kurzfristig wird mit einem größeren Ganzen (18) gearbeitet, als mit dem, das zu dem Anteil 2/3 gehört (9). Einige Schülerinnen und Schüler im Test und in den Interviews konnten diese Hürde, die in der Interpretation dieses neuen Ganzen steckt, nicht überwinden (vgl. Abschnitt 7.3.2 und *Code nD*).

Damit kann der Zähler ungleich 1 eine Schwierigkeit für Lernende darstellen, denn er muss für die Konstellation geeignet interpretiert werden. So wird z. B. bei der Mehrheit der Bearbeitungen zu Item 1b die 1 im Zähler des Anteils und ihre strukturelle Bedeutung nicht explizit thematisiert und wird damit auch nicht problematisiert. Anders ist es bei Mario (GeS_33; Abb. 7-3): Er folgert, dass die

1 am Ergebnis nichts ändert, erscheint allerdings auch nicht vollständig sicher. Die Rolle des Zählers ist in diesem Fall tatsächlich nicht für das Ergebnis entscheidend, jedoch ist sein struktureller Zusammenhang mit dem Teil und dem Ganzen spätestens bei Nicht-Stammbrüchen relevant (vgl. den Abschnitt zu den nicht tragfähigen Lösungen zu Item 2c).

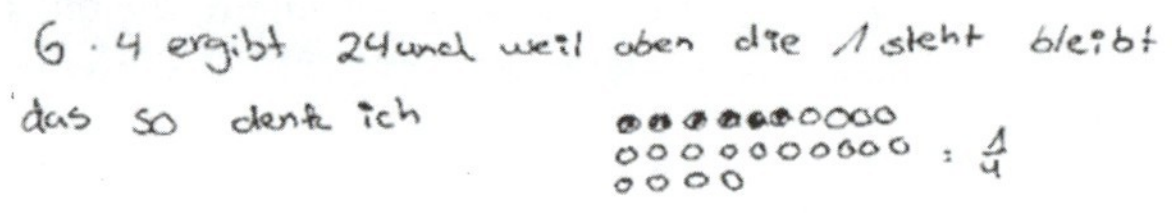

Abb. 7-3: Mario (GeS_33) reflektiert die 1 im Zähler

Code	Häufigkeit (gerundet) von 153 (von 60)	Graphische Repräsentation des Anteils: schematische Deutung	Einschätzung
	Verdeutlichung der strukturellen Beziehungen der Zahlen		
K	1, 4, 6 und 24 absolut: 10 prozentual: 7 % (17 %)	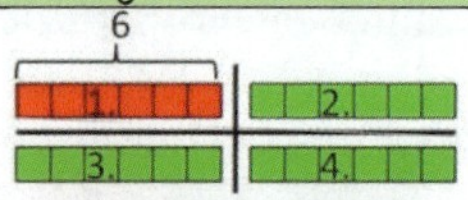	tragfähige Bilder
E	1 und 4 und 6 und 24 absolut: 1 prozentual: 1 % (2 %)	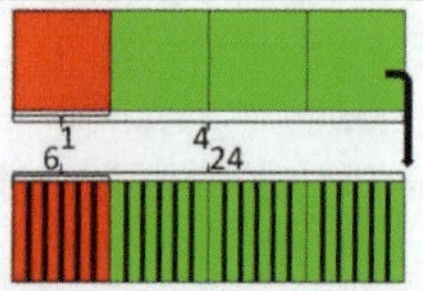	tragfähige Bilder

Tabelle 7-5: Schematischer Überblick für *Item 2b*: *tragfähige Bilder*

Code	Häufigkeit (gerundet) von 153 (von 55)	Graphische Repräsentation des Anteils: schematische Deutung	Einschätzung
	Verdeutlichung der strukturellen Beziehungen der Zahlen		
K	2, 3, 6 und 9 absolut: 8 prozentual: 5 % (15 %)	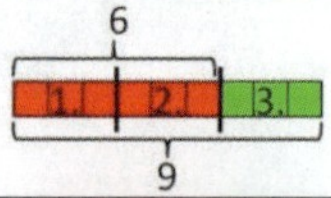	tragfähige Bilder
E	2 und 3 und 6 und 9 absolut: 1 prozentual: 1 % (2 %)	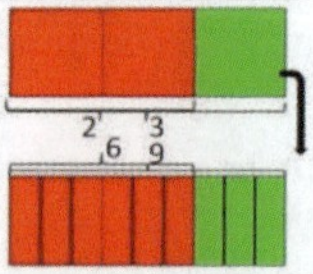	tragfähige Bilder
NN	3 und 9 absolut: 5 prozentual: 3 % (9 %)	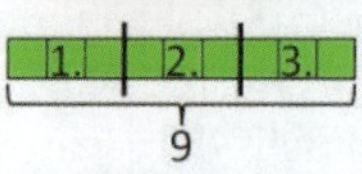	tragfähige Bilder

Tabelle 7-6: Schematischer Überblick für *Item 2c*: *tragfähige Bilder*

7.2 Analysen der schriftlichen Produkte zum Bestimmen des Ganzen (diskreter Teil) 219

Umkehrung der Rechenoperation

Neben diesen Wegen, die die Zusammensetzung des Ganzen zu fokussieren scheinen, gibt es für Item 1b auch vier Bearbeitungen, die das Ganze durch die Umkehrung der Rechenoperation der zuvor bearbeiteten *Konstellation I* bestimmen, indem sie den Teil durch den Anteil dividieren (vgl. *Code T:A* in Tab. 7-1).

Erweitern

Das Erweitern bzw. inhaltliche Hochrechnen, das für Item 2a den mit Abstand häufigsten Lösungsweg darstellt, wurde für Item 2b gar nicht und für Item 2c nur in einem Fall gewählt. Das könnte ein Hinweis darauf sein, dass das Erweitern meist im Hinblick auf das Ganze gesehen wird, d. h. z. B. im Hinblick auf die Einteilung eines flächigen Ganzen oder das Umbilden von Mengen, und nicht auf den relevanten Teil bezogen werden kann.

Bilder: Explizieren von Beziehungen

Bei den Bildern lassen sich für beide Items Bearbeitungen nachweisen, bei denen alle relevanten Zahlen aus der Aufgabenstellung für die Darstellung der Lösung genutzt werden (vgl. Tab. 7-5 und 7-6 für schematische Darstellungen der Codes, die wie die entsprechenden Tabellen in Abschnitt 5.3.2 die in den Zeichnungen jeweils zugrunde liegenden Strukturen und Zusammenhänge zwischen Teil, Anteil und Ganzem verdeutlichen sollen).

Vertiefte Analyse der als *im Ansatz tragfähig* codierten Rechenwege und Bilder: Uminterpretation des Ergebnisses, Betrachtung von Ausschnitten

In der Kategorie *im Ansatz tragfähig* wurden Rechenwege nur für Item 2b erfasst. Sie haben zahlenmäßig auch keine große Bedeutung in dieser Erhebung. Zum einen wurde bei der Betrachtung einer Teil-Rest-Struktur nicht der Teil, sondern der Anteil fokussiert (*Code RestA*), zum anderen haben Lernende eine andere Operation aufgeschrieben, als sie tatsächlich durchgeführt haben und gleichzeitig eine Operation gewählt, die zwar das richtige Ergebnis erkennen lässt, allerdings inhaltlich schwer erklärbar ist: Es wird 1/4 : 1/6 oder 6 · 1/4 aufgeschrieben, aber es wird 1/6 · 1/4 bzw. 1/4 : 6 gerechnet. Somit kommt im Ergebnis ein Anteil (1/24) heraus, dessen Nenner mit dem gesuchten Ganzen identifiziert werden kann.

Den Tabellen 7-7 und 7-8 können die codierten, im Ansatz hilfreichen Bilder entnommen werden. Diese zeigen zwar Teil und Ganzes, beziehen jedoch den vorgegebenen Anteil nicht mit ein, so dass sie eher einen Endzustand darstellen.

7 Vorstellungen und Strukturierungen beim Bestimmen des Ganzen

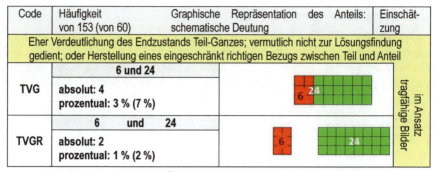

Code	Häufigkeit von 153 (von 60)		Graphische Repräsentation des Anteils: schematische Deutung	Einschätzung
Eher Verdeutlichung des Endzustands Teil-Ganzes; vermutlich nicht zur Lösungsfindung gedient; oder Herstellung eines eingeschränkt richtigen Bezugs zwischen Teil und Anteil				
TVG	6 und 24			im Ansatz tragfähige Bilder
	absolut: 4 prozentual: 3 % (7 %)			
TVGR	6 und 24			
	absolut: 2 prozentual: 1 % (2 %)			

Tabelle 7-7: Schematischer Überblick für *Item 2b*: *im Ansatz tragfähige Bilder*

Code	Häufigkeit (gerundet) von 153 (von 55)	Graphische Repräsentation des Anteils: schematische Deutung	Einschätzung
Eher Verdeutlichung des Endzustands Teil-Ganzes; vermutlich nicht zur Lösungsfindung gedient; oder Herstellung eines eingeschränkt richtigen Bezugs zwischen Teil und Anteil			
TVG	6 und 9		im Ansatz tragfähige Bilder
	absolut: 5 prozentual: 3 % (9 %)		

Tabelle 7-8: Schematischer Überblick für *Item 2c*: *im Ansatz tragfähige Bilder*

Vertiefte Analyse der als *nicht tragfähig* codierten Rechenwege und Bilder: Falsche Bezugnahme und strukturelle Deutungen

Besonders aussagekräftig für die Analyse von Lernendenvorstellungen und Aussagen über die Komplexität der Zusammenhänge zwischen Teil, Anteil und Ganzem ist die Betrachtung der als *nicht tragfähig* eingestuften Antworten, denn hier lassen sich z. T. Denkhürden für Lernende im Umgang mit diesen Komponenten identifizieren.

Bei den als nicht tragfähig codierten Rechenwegen lassen sich grob zwei Arten von Hürden feststellen: Zum einen die *Identifikation des (richtigen) Ganzen* und zum anderen die *Strukturierung der Zusammenhänge zwischen Teil, Anteil und Ganzem*. Anders als bei Item 2a lassen sich größere Gruppen von gleichartigen Bearbeitungen ausmachen, was unter der Einschränkung, dass es sich hier um eine vergleichsweise kleine Erhebung handelt, dafür sprechen kann, dass dies Umsetzungen sind, die allgemeinere Hürden für Lernende darstellen.

7.2 Analysen der schriftlichen Produkte zum Bestimmen des Ganzen (diskreter Teil) 221

Umdeutung des Ganzen

Der Teil 6 wird als Ganzes für den Anteil umgedeutet. Damit wird die *Konstellation III* formal in die *Konstellation I* umgedeutet, indem ein Anteil vom ursprünglichen Teil bestimmt wird (*Code T·A*). Diese Lösung kommt in beiden Items jeweils sechsmal vor (vgl. Tab. 7-1 bzw. 7-2). Der Bezug des Anteils auf den Teil lässt sich für Item 2c auch in den bildlichen Lösungen nachweisen (*Bilder-Code TT*; fünf Bearbeitungen, vgl. Tab. 7-10). Schließlich gibt es auch Lösungen für Item 2b, bei denen ein neues Ganzes für die Berechnung des Teils herangezogen wird, das nicht innerhalb der für das Item gegebenen Zahlen gefunden werden kann (*Code AG*): Das Ganze ist dabei 16 und wurde u. U. von Item 2a übernommen.

Strukturelle Deutung des Zählers als Hürde

Der Zähler wird strukturell falsch verwendet bzw. gedeutet. Dies wird besonders deutlich für Item 2c, da der Zähler ungleich eins ist und damit bei den meisten Umsetzungen erst hier offensichtlich in Erscheinung tritt. So können drei Verwendungen des Anteils unterschieden werden:

1. *Ausblenden des Zählers (Item 2c)*: Der Teil wird zum Stammbruchganzen in Beziehung gesetzt, d. h. der Anteil wird als Stammbruch genutzt (*Code nD*; neun Bearbeitungen). Diese Umsetzung kann auch auf strukturellen Überlegungen beruhen. So kann z. B. als möglicher inhaltlicher Hintergrund die Komplementarität der Anteile 1/3 und 2/3 fokussiert und damit das Ganze als für 1/3 und 2/3 gleich angenommen werden (1/3 und 2/3 ergeben zusammen 3/3, gehören also zum selben Ganzen; vgl. auch Abschnitt 7.3.4). Hier lassen sich auch entsprechende bildliche Lösungen nachweisen (*Bilder-Code TvSG*, vier Bearbeitungen).

2. *Fokus auf das Verdoppeln (Item 2c)*: Das zu 1/3 gehörige Ganze wird verdoppelt (*Code GG*, zwei Bearbeitungen). Dieser Vorgehensweise kann eine syntaktische Verrechnung aller Zahlen zugrunde liegen (6 · 3 · 2), allerdings gibt es auch Hinweise darauf, dass durchaus inhaltliche Überlegungen zu dieser Lösung führen können. So kann hier eine Hürde darin liegen, als Konsequenz der Verdopplung des Anteils (d. h. den Wechsel von 1/3 zu 2/3) eine Halbierung des Stammbruchganzen (d. h. von 18 zu 9) vorzunehmen (vgl. Abschnitt 7.3.2).

3. *Nutzen des Zählers als natürliche Zahl (Item 2b und 2c)*: Bei dieser Umsetzung wird der Zähler als natürliche Zahl verwendet und zu dem mit Hilfe des Nenners des Anteils berechneten Stammbruchganzen addiert (*Code Y*, in beiden Items jeweils fünf Bearbeitungen). Ob eine und wenn ja, welche inhaltliche Deutung dieser Lösung zugrunde liegt, kann aus den Daten nicht erschlossen werden.

Weitere interpretierbare *nicht tragfähige Bilder*, die zu den Items 2b und 2c angefertigt wurden, stellen keine oder andere nicht tragfähige strukturelle Zusammenhänge zwischen Teil, Anteil und Ganzem her (vgl. in Tab. 7-9 und 7-10 die *Codes T, NT, A, TA*). Die relativ große Gruppe sonstiger nicht tragfähiger Bilder zerfällt z. T. in sehr kleine Einzelfälle und wird nicht weiter aufgeschlüsselt.

Code	Häufigkeit (gerundet) von 153 (von 60)	Graphische Repräsentation des Anteils: schematische Deutung	Einschätzung
	Keine hilfreiche Nutzung der strukturellen Beziehungen der Zahlen		
T	6 absolut: 2 prozentual: 1 % (3 %)	6	nicht tragfähige Bilder
A	1 und 4 absolut: 11 prozentual: 7 % (18 %)	4 1	
NT	4 und 6 absolut: 2 prozentual: 1 % (3 %)	6 4	

Tabelle 7-9: Schematischer Überblick für *Item 2b: nicht tragfähige Bilder*

Code	Häufigkeit (gerundet) von 153 (von 55)	Graphische Repräsentation des Anteils: schematische Deutung	Einschätzung
	Keine hilfreiche Nutzung der strukturellen Beziehungen der Zahlen		
A	2 und 3 absolut: 8 prozentual: 5 % (15 %)	3 2	nicht tragfähige Bilder
TA	2 und 3 und 6 absolut: 3 prozentual: 2 % (5 %)	3 2 6	
TvSG	6 von 18 absolut: 4 prozentual: 3 % (7 %)	6 18	
TT	4 von 6 absolut: 5 prozentual: 3 % (9 %)	6 4	

Tabelle 7-10: Schematischer Überblick für *Item 2c: nicht tragfähige Bilder*

Bildliche Darstellungen als Strukturierungshilfen

Bei den Bildern ist auch der Wechsel der Darstellungsart sowohl im Hinblick auf die Fachliche Klärung als auch die Didaktische Strukturierung ein wichtiger Faktor: Die Bilder zeigen, dass Lernende nicht immer in der Darstellungsart argumentieren, die durch die Aufgabenstellung nahegelegt wird (s. a. Abschnitt 5.4). So nutzen sie z. B. im Kontext der Bonbons (diskreter Teil) nicht notwendig die Darstellung durch ebenfalls diskrete Objekte, sondern schaffen auch noch weitere Strukturen oder deuten diese um.

Abb. 7-4: Simones (VT_115) Lösung durch Verbindung von Darstellungen

Die Verbindung verschiedener Darstellungsarten im Zusammenhang mit dem Wechsel der Qualität des Ganzen kann durchaus hilfreich sein: So nutzt Simone (VT_115; 115 steht hier für Klasse 1, Schülerin 15) den Kreis zur Strukturierung ihrer Zeichnung, mit der sie das Ganze zum Anteil 1/8 und Teil 4 bestimmt (vermutlich verteilt sie immer vier Bonbons auf die Kreissegmente, um das Ganze als 8/8 und 1/8 als 4 Bonbons zu erhalten; vgl. Abb. 7-4). Beim Bestimmen des Ganzen zum Anteil 2/3 und Teil 6 kann sie so auch in ihrer rechten Zeichnung erkennen, dass ihr für den Stammbruch erfolgreicher Bearbeitungsweg des Vervielfachen des Teils hier nicht stimmt. Simones Bilder verweisen auf die Kraft, die diese als Vorstellungs- und Strukturierungshilfe haben können, um solche komplexeren Konstellationen (z. B. mit Nicht-Stammbrüchen) zu erschließen.

Diese Feststellung, dass Bilder tatsächlich zur Generierung einer Lösung genutzt werden und nicht erst im Anschluss als Illustration dienen, lässt sich jedoch für den Haupttest z. T. relativieren: Dort haben nur relativ wenige Lernende überhaupt Bilder angefertigt. Der Wechsel von der diskreten zur flächigen Darstellung wurde ebenso wie deren Verbindung häufiger vorgenommen.

Zwischenfazit

Insgesamt zeigen sich bei beiden Items und bezogen auf alle drei Aspekte – Bilder, Rechenwege und Zahllösungen – eine Vielzahl an Aspekten:

- *Vielfalt tragfähiger Lösungen:* Die Breite an unterschiedlichen mathematisch tragfähigen Bearbeitungen ist bemerkenswert. Sie verdeutlicht im Hinblick auf die fachliche Klärung, dass diese zunächst so elementaren und im

Unterricht häufig über Standardverfahren eingeführten Aufgaben von Lernenden auch nach Einführung des Kalküls viel aspektreicher und variabler bearbeitet wurden, als zuvor vermutet. So werden hier Strategien wie das Erweitern (*Code E*) oder das Bilden verschiedener Einheiten (*Codes V, HZ, R, H*) genutzt.

- *Verschiedene Qualitäten vom Ganzen:* Die Bilder unterscheiden sich z. T. in der Qualität des genutzten Ganzen. So weisen manche Bilder kontinuierliche Aspekte auf, obgleich das vorgegebene Ganze diskret ist. Die Verbindung beider Qualitäten in einem strukturierten Ganzen ermöglicht eine strukturierte Darstellung der Konstellation.

- *Strukturelle Schwierigkeiten:* Gleichzeitig zeigt sich die Variabilität aber auch bei den nicht oder nur im Ansatz tragfähigen Lösungen. Diese offenbaren eine breit gestreute Palette an Hürden und Umdeutungen von strukturellen Zusammenhängen, die z. T. in der fachlichen Struktur verankert sind und auf implizite Annahmen verweisen (dies zeigt sich in den nachfolgenden Prozessanalysen vertieft). So stellt die Interpretation des Zählers für Item 2c eine Hürde dar, die sich sowohl in den Bildern als auch den Rechenwegen äußert (*Codes nD, TVsG, GG, Y*). Auch die Uminterpretation der Konstellation und das Heranziehen eines neuen Ganzen stellen Vorgehensweisen von Lernenden dar (*Codes T·A, TT, AG*). Die im Ansatz tragfähigen Bilder zeigen schließlich die Schwierigkeit, einen relativen Zusammenhang zwischen Teil, Anteil und Ganzem herzustellen (*Codes T, NT, TA*).

Insgesamt lassen sich nicht alle Rechenwege und Bilder für beide strukturgleichen Items nachweisen. Dennoch gibt es in einigen Fällen ähnliche Phänomene.

7.3 Analysen der Prozesse zum Bestimmen des Ganzen (diskreter Teil)

In diesem Abschnitt werden ausgewählte Prozesse aus den Interviews zur *Bonbonaufgabe I* bzw. *II* dargestellt und analysiert. Dabei sollen die Analysen einen tieferen Einblick in die Konstruktion der Lösung ermöglichen; d. h. das Herstellen und Nutzen von Zusammenhängen zwischen den Komponenten und das Begründen einzelner Bearbeitungswege stehen im Vordergrund der Analyse.

Insgesamt werden die Bearbeitungsprozesse von vier Schülerinnen und Schülern – Simon und Akin sowie Laura und Melanie – vertieft analysiert und dargestellt (vgl. auch Abschnitt 2.5.1 zur Auswahl dieser Interviews für die vertiefte Analyse). Das Besondere an den Interviewsituationen und damit auch ihr Beitrag zu der vorliegenden Arbeit im Vergleich zu den schriftlichen Bearbeitungen ist gerade der explorative Charakter der Aufgaben für diese Lernenden: Sie haben zur Bestimmung der Größe des Teils oder des Ganzen noch kein „Standardverfahren" kennen gelernt, so dass die Analyse hier besonders aufschlussreich im Hinblick darauf zu sein verspricht, wie die Schülerinnen und Schüler an die Bearbeitung heran gehen und die Konstellation strukturieren und welche Bedingungen und impliziten Annahmen sie an die Aufgabe und damit an die Zusammenhänge von Teil, Anteil und Ganzem herantragen. Dabei besteht die Vermutung, dass manche dieser intuitiven – da noch nicht durch ein mathematisches Verfahren abrufbaren – Lösungswege, aber auch fehlerhafte Strukturierungen gerade wegen ihrer alternativen Zugangsweisen eine Grundlage für die Analyse nicht tragfähiger Produkte auch anderer Lernender bieten können.

In Abschnitt 7.3.1 wird ein erfolgreicher Bearbeitungsprozess zur *Bonbonaufgabe I* dargestellt. Simon und Akin gelingt die Lösung der Aufgabe bis auf eine zwischenzeitliche Umdeutung der Konstellation problemlos. Dieser Ausschnitt dient auch dazu, den im darauf folgenden Abschnitt 7.3.2 analysierten Bearbeitungsprozess zur *Bonbonaufgabe II* vorzubereiten: Die Jungen greifen dort in der modifizierten Konstellation auf bekannte Strategien und Modellierungen zurück, die sie jedoch nicht mathematisch tragfähig an die geänderten Bedingungen anpassen können.

Der Gesprächsausschnitt in 7.3.3 stellt den Bearbeitungsprozess zur *Bonbonaufgabe I* von Melanie und Laura dar. Auch dieser Prozess ist gelungen, jedoch zeigen sich unter anderem unterschwellig Vorstellungen vom Anteil, die hier partiell hinderlich sein können. Der Abschnitt 7.3.4 stellt schließlich einen komplexen Bearbeitungsprozess vor, in dem Laura über das systematische Variieren, Vergleichen und Beobachten von Veränderungen operativ die Lösung der *Bonbonaufgabe II* erschließt und diese validiert. Hierbei wird deutlich, wie durch das Untersuchen und Nutzen von Zusammenhängen Erkenntnisse zu strukturellen Beziehungen entwickelt werden.

7.3.1 Simon und Akin bearbeiten die *Bonbonaufgabe I*: Multiplizieren von Teil und Nenner (1:14 – 12:06)

Einordnung der Szene in das Gesamtinterview

Die folgende Szene stellt die erste Aufgabe im Interview mit Simon und Akin dar (Zeile 1 bei 1:14 des Gesamtinterviews). Ein Überblick über die Aufgaben, die die Jungen in ca. elf Minuten bearbeiten, wurde in Abschnitt 2.5.1 gegeben.

Simon nutzt in diesem Bearbeitungsprozess erfolgreich die Strategie, das Ganze durch die Multiplikation des Nenners des Anteils mit dem Teil zu erhalten. Diese wenden Akin und er anschließend dann auch bei der Nicht-Stammbruch-Konstellation der *Bonbonaufgabe II* an (vgl. Abschnitt 7.3.2).

Auch wenn in diesem Interviewausschnitt mit der *Bonbonaufgabe I* (vgl. Abb. 7-5) eigentlich zwei Konstellationen bearbeitet werden (Bestimmen des Teils und Ergänzen zum Ganzen) wird er in diesem Abschnitt analysiert. Der Grund liegt darin, dass zum einen die Bestimmung des Ganzen den zentralen Inhaltsbereich der Aufgabe darstellt und zum anderen ein Isolieren der beiden Konstellationen in diesem Auszug ein Auseinanderreißen des Interviewausschnitts zur Folge hätte: Beide Konstellationen gehen aufgabenbedingt fast nahtlos ineinander über, so dass ein klarer Schnitt in der Argumentation der beiden Jungen nicht nur nicht möglich wäre, sondern auch das Verständnis der Szene behindern würde.

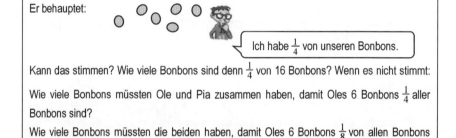

Abb. 7-5: Bonbonaufgabe I

Zeile 1-47: Was ist 1/4 von 16 Bonbons?

...

7	A	Du hast so nen großen Rechteck und dann hast du 16 Striche. *[deutet mit zwei Fingern einen großen Kasten auf dem Arbeitsblatt an; murmelt etwas Unverständliches]* oder sollen wir einfach hinschreiben?
8	S	Ja ich bin am überlegen, weil
9	A	Hallo, du musst ja nur zum Beispiel jetzt 16 und davon musst du - 1/4 - ja, Teiler machen *[zeigt auf das Aufgabenblatt]* - oder man kann auch immer s-, nein man kann ja, das sind doch gar nicht 1/4, oder? *[schaut die Interviewerin an]*
...		
13	A	*...weil 4 wären 1/4...*
14	S	*...6 und 6 und nochmal 12 und dann nochmal 6 das ist ja dann schon*
15	A	*18*
16	S	*18*

...

7.3 Analysen der Prozesse zum Bestimmen des Ganzen (diskreter Teil) 227

Nachdem Simon (S) und Akin (A) die Aufgabe gelesen und die Aufgabenstellung geklärt haben (Z. 1-8), beschreibt Akin eine Lösungsidee, die darin besteht, 16 und 1/4 aufeinander zu beziehen („*Teiler machen*"; Z. 9), und stellt fest, dass der Anteil zum vorgegebenen Teil 6 nicht 1/4 ist (Eine interpretative Unschärfe entsteht in dieser Szene durch die Wahl der Zahlen für die Aufgabenstellung, so dass nicht immer zu interpretieren ist, ob Akin die 1/4 mit 4 z. T. konzeptuell gleichsetzt. Diese Schwierigkeit zeigt sich auch in seiner schriftlichen Antwort und deren Erklärung in den nicht abgedruckten Zeilen 40-47). Anschließend führt er zur Begründung an, dass der zu 1/4 gehörende Teil von 16 ja 4 ist (Z. 10-13; nicht vollständig abgedruckt). Simon findet eine andere Begründung indem er dreimal die 6 addiert und 18 erhält (Z. 14-18; nicht vollständig abgedruckt). Vermutlich betrachtet er die 6 als Teil und reproduziert diesen so oft, bis er bei einer Zahl angelangt ist, die größer als das vorgegebene Ganze 16, aber noch nicht so groß wie das Ganze für den Anteil 1/4 (d. h. 4 · 6) ist, um 16 als Ganzes zu widerlegen. Diese Idee greift Akin später auf (Z. 44).

Beide Jungen verschriftlichen ihre Antworten (Z. 19-47, hier nicht abgedruckt) und Simon wendet sich im Anschluss der Frage aus der Aufgabenstellung zu, wie viel 1/4 von 16 Bonbons ist (Z. 47). Diese Frage hatte Akin bereits kurz zuvor betrachtet (Z. 40-44, hier nicht abgedruckt).

Zeile 48-64: Was ist das Ganze zum Teil 6 und zum Anteil 1/4?

Das Ganze zum Teil 6 und zum Anteil 1/4 bestimmen beide Jungen sehr schnell: Akin erläutert, dass er 6·4 gerechnet hat, da 1/4 ja sechs Bonbons sind.

Zeile 65-125: Was ist das Ganze zum Anteil 1/8 und zum Teil 6?

...
67	A	1/8 von allen Bonbons, - 1/8. 6 mal 8. *[geflüstert]*
68	S	Das ist schwer.
69	A	48 - häh, ich hab die Aufgabe irgendwie nicht verstanden. *[liest vor]* Wie viele Bonbons müssen beide haben, damit Oles 6 Bonbons - 1/8 von allen Bonbons wäre, also
...		
73	A	Irgendwas mit 3 - oder?
74	S	*[murmelt]* 6 mal 8, 6 mal 8, 6 mal 8
75	A	ja, äh 3
76	S	8, 16 *[geflüstert]*...
77	A	3, da muss <u>3</u> immer...
78	S	...<u>nein</u>, das kann, hier sind ja schon, 1/4 sind ja schon <u>24</u> Stück. *[zeigt auf die vorherige Aufgabe]*
79	A	Ja , ja 24, 8, also wenn du...

80	S	...ach ja stimmt, ist ja weniger dann, ähm
81	A	*[murmelt etwas Unverständliches, vermutlich etwas mit 3]*
82	S	*[lacht]* Wieso?
83	A	Weil 3 mal 8 sind ja- 24 *[zieht das Wort lang]*.
84	S	Nein.
85	A	Doch, 3 mal 8 sind 24.
86	S	Ja doch; und dann, das waren 44 , 44
87	A	...*[unverständlich]*
88	S	44

...

Akin nennt nach dem Lesen der Aufgabenstellung (Z. 65-66) direkt die richtige Rechenoperation, mit der die Lösung berechnet werden kann (6 · 8; Z. 67), berechnet das für die Aufgabe richtige Ergebnis 48, stutzt und meint, er hätte die Aufgabenstellung nicht richtig verstanden (Z. 69). Es könnte sein, dass diese Irritation durch den komplizierten Aufgabentext vielleicht auch in Kombination mit der im Vergleich zu 24 viel größeren Zahl 48 zu Stande kommt (Dass Akin hier die beiden Anteile 1/4 und 1/8 vergleicht und irritiert ist, dass er bei dem größeren Anteil das kleinere Ganze erhält, wäre prinzipiell auch denkbar, lässt sich aber nicht am Datenmaterial belegen.). In den hier nicht abgedruckten Zeilen 70-72 folgt eine Klärung der Aufgabenstellung.

Simon hat bisher anscheinend versucht, 6·8 zu bestimmen und hat zunächst Teile des Produkts berechnet bzw. schrittweise die 8 vervielfacht (vgl. Z. 74, 76). Er erhält als Lösung 44 (Z.86). Akin argumentiert mit 24, dem Ganzen zum Anteil 1/4 und zum Teil 6 (z. B. in Z. 85).

Insgesamt scheinen sich die Jungen in dieser Szene zwar aufeinander zu beziehen, allerdings verfolgen sie unterschiedliche Strategien. Somit ist nach ca. zehn Minuten des Interviewausschnitts eine Situation erreicht, in der beide Schüler unterschiedliche, falsche Lösungen erhalten haben, was beim einen an der Interpretation der Aufgabenstellung, beim anderen an einem Flüchtigkeitsfehler beim Rechnen zu liegen scheint.

Nachdem beide Jungen ihre Lösung aufgeschrieben haben (Z. 89-94; hier nicht abgedruckt), erklären Simon und Akin, aufgefordert durch die Interviewerin, ihre Lösungen (Z. 95-125; hier nicht abgedruckt). Dabei werden sowohl Simons Rechenfehler als auch Akins Umdeutung der Konstellation sichtbar (Zeilen 108-111 und 118 / 122). Simon erklärt seine Lösung, indem er auf die Struktur der zuvor bearbeiteten Aufgabe verweist (Z. 105-107). Beide Jungen einigen sich auf die Lösung 48 (Z. 108-111).

7.3 Analysen der Prozesse zum Bestimmen des Ganzen (diskreter Teil) 229

Zusammenfassung der Ergebnisse und Interpretation
Simon und Akin nutzen in beiden Aufgabenteilen eine geeignete Rechenoperation, um die Aufgaben zu lösen. So erhalten sie für jede der Aufgaben zum Bestimmen des Ganzen die richtige Bonbonanzahl, indem sie den Nenner des Anteils mit der Anzahl der vorhandenen Bonbons multiplizieren. Zwar verrechnet sich Simon zunächst und Akin interpretiert zwischenzeitlich die Aufgabenstellung um, jedoch scheint es sich hierbei nur um ein Versehen zu handeln.

Nutzen interner Strukturen und operativer Strategien
Simon nutzt interne Strukturen und operative Strategien, um seine Lösung zu begründen. So widerlegt er die 6 als 1/4 von 16 nicht durch die Berechnung des Anteils, den 6 von 16 darstellen würde, sondern durch ein Vervielfachen der 6 (Z. 14-16): Er zeigt, dass 3 · 6 bereits größer als das vorgegebene Ganze ist und schließt daraus, dass 6 kein Viertel von 16 sein kann. Darüber hinaus kann er auch strukturelle Beziehungen zwischen Aufgaben herstellen, denn er erkennt die Parallelität der Aufgabenstellung für die Anteile 1/4 und 1/8 (Z. 105; hier nicht abgedruckt).

Qualität des Ganzen
Sprachlich lassen sich Hinweise finden, dass Simon z. T. das Wort „Ganzes" doppelt zu verwenden scheint (Z. 59; nicht abgedruckt): Zum einen in einer eher alltagssprachlichen Verwendung im Sinne von „alles, was da ist" und zum anderen als mathematischen Fachausdruck für die Bezugsgröße.
Akin scheint z. T. verschiedene Vorstellungen vom Ganzen und vom Anteil zu vermischen bzw. zu verbinden (Z. 7-9; nicht vollständig abgedruckt): Teilweise deutet seine Bearbeitung darauf hin, dass er den Teil 6, der sich in diesem Fall diskret aus Einheiten zusammensetzt, als eine Einheit interpretiert, die 1 von 4 Stücken, d. h. 1/4 darstellt und sich damit in die ihm aus dem Unterricht bekannte kontinuierliche Vorstellung überführen lässt. In der Interviewsituation zur *Bonbonaufgabe II* ist diese Interpretation jedoch nicht hilfreich (vgl. die Analyse im Abschnitt 7.3.2).

Wechsel der Konstellation
Akin scheint auch die Aufgabenstellung auf eigene Weise im Hinblick auf die Elemente, die variiert werden sollen, zu deuten (Z. 73-99; nicht vollständig abgedruckt). Dabei erscheint das Wechseln der Konstellation subtil – auch z. T. durch die Verbindung zweier Konstellationen in der ersten Teilaufgabe: Die *Konstellation I*, einen Teil vom Ganzen zu berechnen, überträgt Akin auch auf

die zweite Teilaufgabe, ohne den Strukturwechsel, der damit für die Aufgabe einhergeht, zu bemerken. Gleichwohl ist ihm – darauf aufmerksam gemacht – der Unterschied zwischen seiner berechneten Aufgabe und der vorgegebenen Aufgabe bewusst. Das einmal vorhandene Ganze 24 zusammen mit der Aufgabenstellung, den Teil von einem Ganzen zu bestimmen, hat für ihn anscheinend eine starke Signalwirkung, so dass er den vorgegebenen Teil 6 in der Aufgabenstellung nach einem ersten Ansatz nicht weiter nutzt.

Insgesamt meistern beide Schüler damit die ihnen gestellten Aufgaben erfolgreich. Ihre zwischenzeitlichen Schwierigkeiten lassen sich eher auf die Formulierung der Aufgabenstellung bzw. die Art der Zahlen (6·8 scheint als Ergebnis zumindest für Simon nicht sicher auswendig verfügbar) zurück führen.

7.3.2 Simon und Akin bearbeiten die Bonbonaufgabe II: Stammbruchganzes nehmen oder Verdoppeln (36:37 – 48:22)?

Einordnung der Szene in das Gesamtinterview

Dieser Interviewausschnitt hat die Bearbeitung der *Bonbonaufgabe II* zum Inhalt: Gegeben sind der Teil 6 und der Anteil 2/3; gesucht ist das Ganze. Dabei ist die Aufgabe etwas anders gestellt als Item 2c der Haupttest-Version und wird nur mündlich präsentiert: *„Könnt ihr mal versuchen' das rauszukriegen, wie viele Bonbons müssten das denn sein, wenn er 2/3 der Bonbons hätte."* (Z.16).

Die *Bonbonaufgabe I* (vgl. Abschnitt 7.3.1) haben Simon und Akin so souverän gelöst, dass sich die Interviewerin gegen Ende des Interviews nach der Bearbeitung weiterer Aufgaben dazu entscheidet, die für die Lernenden zum Zeitpunkt des Interviews inhaltlich unbekannte und im Vergleich schwere *Bonbonaufgabe II* zu stellen (vgl. Abschnitt 2.5.1 für eine Übersicht über die Interviewinhalte).

Beide Jungen gelangen zu unterschiedlichen falschen Lösungen, nämlich 18 und 36. Während 18 im Test eher häufig vorkam, trat 36 im schriftlichen Test seltener auf. Im Fall der Lösung 36 kann das Interview dazu dienen, eine inhaltliche Erklärungsbasis für die Lösung im Test zu bieten, die bei alleiniger Betrachtung der schriftlichen Dokumente zunächst als rein syntaktisch motiviert betrachtet werden könnte: Sie besteht darin, den Bruch in seine Komponenten getrennt mit dem Teil zu multiplizieren, d. h. es wird die Rechnung 6·3·2 durchgeführt. Dabei kann als erstes die Vermutung geäußert werden, dass Lernende, die so vorgehen, die Zahlen aus dem Text zusammen suchen und diese einfach irgendwie miteinander kombinieren. Die Analyse dieses Interviews ergänzt diese Interpretation um die Interpretation des Zustandekommens über inhaltliche strukturelle Überlegungen. Der Test wiederum lässt Aussagen über die in einer größeren Gruppe vorkommende Häufigkeit dieser Lösung zu.

7.3 Analysen der Prozesse zum Bestimmen des Ganzen (diskreter Teil)

Gegen Ende des Interviews entwickelt Akin durch einen Hinweis der Interviewerin eine weitere Lösung, indem er die sechs Bonbons intern strukturiert und diese Struktur nutzt. Allerdings wird bis zum Schluss keine Lösung für beide Jungen erreicht, auf die sie sich einigen und bei der sie sich sicher sind.

Die hier betrachtete Episode, die den Abschluss des Interviews bildet, beginnt mit Zeile 1 bei 36:37 Minuten des Gesamtinterviews und umfasst fast 12 Minuten.

Zeile 1-31: Formulierung der ersten Lösung des Problems: 18 versus 36

...
14	I	So wenn, ähm, da haben wir uns ja angeguckt, dass, der Ole ähm hat einmal 16 ähm, hat 6 Orangenbonbons und jetzt haben wir ja überlegt, wie viele Bonbons müssen es sein, wenn er <u>ein</u> Viertel von allen Bonbons hätte, wie viel Bonbons müssten es sein, wenn es ein <u>Achtel</u> von allen Bonbons wäre.
15	A	Mhm
16	I	Könnt ihr mal versuchen´ das rauszukriegen, wie viele Bonbons müssten das denn sein, wenn er 2/3 der Bonbons hätte.
...		
29	A	...Ach so! 6·3...
30	S	...36!
31	A	Nein 6 · 3 sind - 18! *[guckt zur Interviewerin]*

Die Aufgabe wird von der Interviewerin (I) als eine Knobelaufgabe eingeführt, da Simon (S) und Akin (A) zu diesem Zeitpunkt noch keine systematischen unterrichtlichen Erfahrungen mit diskreten Ganzen gemacht haben und es sich um einen Nicht-Stammbruch handelt (Z. 1-14; nicht vollständig abgedruckt). Die Interviewerin knüpft an die zuvor bereits bearbeitete *Bonbonaufgabe I* an, bei der die vorgegebenen sechs Bonbons jeweils unterschiedliche Stammbruch-Anteile vom Ganzen darstellten (vgl. auch Abschnitt 7.3.1). Anschließend wird die neue Aufgabe gestellt, die darin besteht, die Gesamtbonbonanzahl für den Teil 6 und den Anteil 2/3 zu bestimmen.

Wie schwierig die *Konstellation III* zu formulieren und zu begreifen ist, zeigt sich an der Länge des Prozesses, in dem die Interviewerin ihre zunächst unpräzisen Formulierungen immer weiter ausschärft und die Jungen in mehreren Versuchen die Aufgabenstellung zu formulieren versuchen. Dieser Prozess ist in Z. 29 abgeschlossen.

Formulierung einer Lösung

Simon erhält 36 Bonbons für das Ganze und Akin 18 (Z. 30-31). Akin nutzt für seine Lösung nur den Nenner des Anteils und multipliziert diesen mit dem Teil 6. Er identifiziert somit die Struktur richtig und verwendet die 6 als Teil, nutzt als Anteil allerdings den zu 2/3 gehörigen Stammbruch. Einerseits erkennt Akin somit die Struktur der Aufgabe, d. h. dass hier der Teil vervielfältigt werden muss, um das Ganze zu erhalten. Andererseits nutzt er aber nicht alle Informationen, die in der Konstellation gegeben sind, da er den Zähler des Bruches 2/3 nicht in seiner Rechnung berücksichtigt.

Hier ist nicht erkennbar, ob Akin die für ihn neue Konstellation einfach in eine bereits bekannte überführt, d. h. die Situation vereinfacht, indem er sie strukturell abändert (z. B. weil er nicht weiß, was er mit dem Zähler des Anteils mathematisch tun soll – wohl wissend, dass er die Lösung verändern müsste). Alternativ wäre es denkbar, dass Akin davon überzeugt ist, dass der Zähler die Lösung der Aufgabe nicht weiter beeinflusst. Im letztgenannten Fall würde er davon ausgehen, dass ein Ganzes für Drittel immer aus drei Teilen besteht und wenn ein Teil dieses Ganzen bekannt ist (unabhängig davon, ob er nun ein oder zwei Drittel vom Ganzen ausmacht), das Ganze immer über das dreifache Reproduzieren des Teils zu erhalten ist. An dieser Stelle ist eine entscheidende Hürde, zu erkennen, dass ein vorgegebener Teil, aus dem das Ganze reproduziert werden kann, auch eine nicht-elementare Einheit, d. h. ein Nicht-Stammbruch, sein kann.

Es spricht im Hinblick auf den weiteren Verlauf des Interviews einiges dafür, dass sich Akin an dieser Stelle zwar der 2/3 in der Aufgabenstellung bewusst ist, diese jedoch zusammen mit der 6 als entsprechenden Teil nicht in Verbindung setzt. Simon wiederum strukturiert sich die Situation anders: Er erhält als Lösung 36, die er im weiteren Interviewverlauf erklärt:

Zeile 32-49: Simon erklärt seine Lösung

32	S	Und das Ganze 2 mal. *[guckt zu Akin, der zu überlegen scheint]*
33	I	Müsst ihr mal überprüfen eure Lösungen. Ihr könnt ja mal gucken ob das hinkommt...
34	S	... *[teilweise parallel zur Interviewerin, zeigt mit dem Stift auf Akins Blatt]* Guck, weil er hat ja 2/3. - 1/3 wäre 18´ ....
35	A	... Das sind jetzt...
36	S	... und 2/3 wären 36.
...		
48	S	...Ich meine 36. *[guckt zur Interviewerin]*
49	A	Ich meine 18. *[guckt zur Interviewerin]*

7.3 Analysen der Prozesse zum Bestimmen des Ganzen (diskreter Teil) 233

Wie Simon mit den Zahlen aus der Aufgabenstellung zu seinem Ergebnis 36 kommt, führt er wie folgt aus: Der Teil 6 wird mit dem Nenner und dem Zähler des Bruches multipliziert (Z. 32-36). Indem er so vorgeht, nutzt er im Gegensatz zu Akin alle in der Aufgabenstellung genannten Zahlen. Dabei verfolgt Simon allerdings anscheinend nicht das Ziel, die Zahlen der Aufgabenstellung lediglich „wild" miteinander zu kombinieren nach dem Motto „Alles was in der Aufgabenstellung steht, muss auch irgendwie genutzt werden.": Im Gegenteil zeigt sich im Verlauf des Interviews, dass er mit dem Multiplizieren der 6 mit Zähler und Nenner durchaus inhaltliche Vorstellungen zu verbinden scheint, die etwas darüber aussagen, wie er die Beziehung zwischen dem Teil, dem Anteil und dem Ganzen denkt und strukturiert. So erhebt er sofort Einspruch gegen Akins Lösung, der lediglich den Nenner mit dem Teil multipliziert: Das Ganze muss zweimal genommen werden (Z. 32). Ob Simon mit dem Wort „Ganzes" die Lösung von Akin umgangssprachlich bezeichnet oder ob er die 18 als ein Ganzes für 1/3 – in Abgrenzung zu dem Ganzen zu 2/3 – bezeichnet, lässt sich hier nicht eindeutig klären. Wie Simon inhaltlich auf diese Lösung kommt, präzisiert er weiter, nachdem die Interviewerin beide Jungen dazu auffordert, ihre unterschiedlichen Lösungen zu überprüfen (Z. 34-36). Simons Lösungsfindung kann als operatives Vorgehen beschrieben werden:

Interpretation I: Verdoppeln

Simon hat 18 als Ganzes zum Teil 6 und zum Anteil 1/3 identifiziert. Nun könnte er vom Anteil 1/3 auf den Anteil 2/3 operativ rückverändern wollen. Vergleicht er 1/3 mit 2/3, so erhält er den einen Anteil aus dem anderen durch eine Verdopplung.

Aus der Erfahrung, dass die Verdopplung des Anteils bei gleichbleibendem Ganzen mit einer Verdopplung des Teils einhergeht (vgl. Abb. 7-6, links), schließt er fälschlich, dass die Verdopplung des Anteils bei gleichbleibendem Teil auch eine Verdopplung des Ganzen bewirkt (vgl. Abb. 7-6, rechts; alternativ könnte er daraus folgernd auch den Teil 6 zu 12 verdoppeln). Dieser Rückschluss erscheint durchaus plausibel, wenn er auch aus fachlicher Sicht nicht tragfähig ist.

Interpretation II: 18 ist 1/3 (vom Ganzen) und 2/3 werden berechnet

Andererseits könnte Simon hier im Blick haben, dass 18 selbst zu 1/3 von einem nicht näher bestimmten Ganzen wird. Damit würde er das einmal gefundene Ganze im Konstellationsdreieck auf die Stelle des Teils „verschieben" und die Funktion der einzelnen Komponenten im Konstellationsdreieck verändern.

Damit würde er die Aufgabe, die ihm gestellt wurde, uminterpretieren und unterschiedliche Konstellationen miteinander in Beziehung setzen. Eine Argumentation könnte dann etwa so aussehen:
1. 6 ist 1/3, also ist das Ganze zu 1/3 ja 18.
2. 18 besteht aus Dritteln, also kann man für 18 auch 1/3 sagen (sprachliches Gleichsetzen von Anteil und Ganzem zum Anteil; „pars pro toto")
3. 2/3 sind aber gegeben, also muss der Anteil 1/3 noch mal verdoppelt werden. Da 18 zu 1/3 gehört, muss man für 2/3, den Teil doppelt nehmen und erhält für 2/3 demnach 36. Das Ganze (das hier aber für die Situation nur implizit interessiert, da 2/3 in der Aufgabenstellung steht) wäre, da noch 1/3 zum Ganzen fehlt, 54.

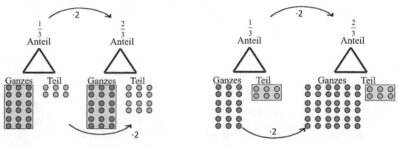

Abb. 7-6: Interpretation I

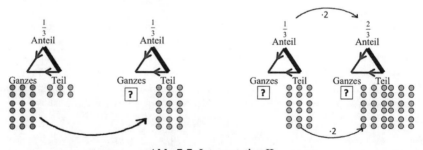

Abb. 7-7: Interpretation II

Für *Interpretation II* (vgl. Abb. 7-7) spricht eher Simons weitere Argumentation: „...und 2/3 wären 36." (Z. 36). Hier hat Simon die 6 als Drittel vermutlich nicht mehr in seinem Fokus, sondern nutzt die berechneten 18 als einen Teil von dreien, die das gesuchte Ganze produzieren. Da in der Aufgabenstellung nicht 1/3,

7.3 Analysen der Prozesse zum Bestimmen des Ganzen (diskreter Teil) 235

sondern 2/3 vorkommen, muss auch das „1/3-Ganze" zweimal genommen werden.
Dieser Deutung widerspricht jedoch seine Erklärung im späteren Verlauf des Interviews (vgl. Z. 80): Dort ändert er den gegebenen Teil von 6 in 12 ab, was für die Verdoppelungsstrategie spricht (vgl. *Interpretation I*).
Hier ist schlussendlich nicht ganz klar, welche Argumentation er genau vornimmt. Da Simon bereits zuvor den Begriff „das Ganze" in verschiedenen Funktionen gebraucht hat (vgl. z. B. die *Bonbonaufgabe I*), kann keine endgültige Aussage getroffen werden.

Bedeutung von Anteil, Zähler und Nenner

Im weiteren Verlauf des Interviews versichert sich Akin, der noch nicht von dieser Lösung überzeugt scheint, bei der Interviewerin über die Bedeutung der Zahlen in einem Bruch (Z. 37-47; hier nicht abgedruckt). In diesem Abschnitt wird deutlich, dass er den Bruch in einer für ihn bekannten außermathematischen Situation mit einem / mehreren kontinuierlichen Ganzen zu deuten versucht und die 2 im Zähler lediglich mit der 3 im Nenner, aber nicht mit dem Teil 6 oder dem gesuchten Ganzen in einen Zusammenhang bringt: Die Schülerinnen und Schüler dieser Klasse hatten im Unterricht zuvor den Bruch als Teil eines kontinuierlichen Ganzen bzw. als Teil mehrerer kontinuierlicher Ganzer als Ergebnis von Verteilungssituationen kennen gelernt. Auf die letztgenannte Situation referiert seine Gleichsetzung des Nenners mit Personen (zur Bruchrechnung mit Pizza-Verteilungssituationen vergleiche z. B. Streefland 1986 und Winter 1999). Dabei besteht in dieser Konstellation auch noch die zusätzliche Schwierigkeit, dass das Ganze nicht gegeben ist. Zur Lösung der vorliegenden Aufgabe muss jedoch der Anteil multiplikativ auf das Ganze bezogen werden, d. h. es handelt sich nicht mehr um einen Bruch als Ergebnis einer Verteilungssituation, bei dem der Zähler selbst als das relevante Ganze interpretiert werden kann.

Die Idee des Verteilens verfolgt Akin auch im weiteren Verlauf des Interviews.

Zeile 50-63: Überprüfung der unterschiedlichen Lösungen mit Bildern

Die Interviewerin fordert Simon und Akin auf, ihre Lösungen zu überprüfen (Z. 50-52). Eine Schwierigkeit der Situation besteht darin, dass die Interviewerin in Z. 55 auf Simons Frage zum Arbeitsauftrag reagiert, aber Akin dadurch auch gleichzeitig seine unmittelbar zuvor gestellte Frage, ob sich in dieser Aufgabe drei Leute ein Ganzes teilen sollen, als positiv beantwortet zu sehen scheint, denn er bekräftigt das Teilen durch 3 Leute.

Beide Jungen fertigen Zeichnungen für ihre Lösungen an: Simon beginnt damit, 36 „Bonbons" in zwei Reihen zu zeichnen (diese beinhalten einmal 20 und einmal 16 Bonbons). Im weiteren Verlauf des Interviews versucht er, diese 36 Bonbons intern zu strukturieren. Akin zeichnet zunächst eine „Bonbongruppe" mit sechs Bonbons und erhält daraus 18 als 3/3, d. h. als aus drei 6er-Gruppen zusammengesetzt. Dabei ist bemerkenswert, dass er beim Durchzählen und Zeichnen der Bonbons 6 als 1/3 bezeichnet und auch 2/3 explizit als zwei 6er „Bonbonhaufen" markiert, obgleich in der Aufgabenstellung 6 als 2/3 vorgegeben ist. Diesen Widerspruch zwischen seiner Lösung und den Vorgaben aus der Aufgabenstellung scheint er allerdings nicht zu bemerken oder zu beachten.

Zeile 64-72: Strukturieren der Bilder

64	I	Mhm. Mal eben warten
65	A	[guckt auf Simons Zeichnung; überrascht / beeindruckt, lacht; Simon und die Interviewerin lachen auch] Oha!
66	S	[beendet seine Zeichnung] So. Fertig. o o o o o oo o o oo o oo o oo o oo o oo o o o ooo o o o oo ooo
67	I	Ganz viele Bonbons.
68	S	Nein jetzt hab ich wieder'. Nein, doch. Ich meine – dieses, dieses, dieses ... [Simon beginnt dabei damit, die ersten 18 Bonbons in seiner Zeichnung zu färben.] ● ● ● ● ● ● ● ● ● ● ● ● ● ● ● ● ● ● o o oo o o o ooo o o o oo ooo
69	A	[parallel zu Simon, der die Bonbons mit „dieses" durchzählt] ...Ich hab´s jetzt schon aufgeteilt.
70	S	dieses, dieses ...
71	A	[zu Simon] Und dieses. [Beginnt mit dunkelblauen Punkten die ersten sechs Bonbons zu markieren] ● ● ● ₀°°₀ °₀°₀° ● ● ● °₀°₀ °₀°
72	S	Zwei, vier, sechs, – acht – zehn – zwölf – [zählt beim Markieren der Bonbons leise weiter in Zweierschritten durch] [wieder lauter] 18. Das wäre – <u>1</u> /3 von dem Ganzen glaube ich. [gedehnt; umrandet die ersten 18 Bonbons]

Simon überarbeitet seine Zeichnung, indem er die ersten 18 Bonbons markiert (Z. 68). Diese bezeichnet er im Folgenden als „*1 /3 von dem Ganzen*" (Z. 72). Dabei scheint er selbst noch unsicher über die Richtigkeit seiner Lösung zu sein (gedehntes „*glaube ich*" in Z. 72). Eventuell kann auch die Bemerkung der Interviewerin in Z. 67 („*Ganz viele Bonbons*") mit der sie spontan auf die Überraschung von Akin reagiert, Simon irritieren.

7.3 Analysen der Prozesse zum Bestimmen des Ganzen (diskreter Teil) 237

Akin überarbeitet seine Zeichnung ebenfalls und markiert die erste 6er Bonbongruppe. Vermutlich steckt dahinter die Idee, die Zahl 6 aus der Aufgabenstellung in seiner Zeichnung nachzuweisen und diese als zugrunde liegende Struktur hervor zu heben. Darauf könnte auch seine zuvor gemachte Erklärung in Z. 69 abzielen.

Zeile 73-86: Simon erklärt seine Lösung

...

78	S	Nein, weil guck mal Akin, er hat ja 6 Bonbons.
79	A	ja
80	S	Und das Ganze hat er ja 2 mal, also er hat ja 12 Bonbons schon mal.
81	A	ja
82	S	Weil er hat ja 2/3 und...
83	A	... *[teilweise gleichzeitig mit Simon]* ja also zwölf, hier, das sind die 12 *[hält mit einer Hand die dritte Bonbongruppe auf seiner Zeichnung zu und zeigt auf die restlichen zwei mal 6 Bonbons]* hier...
84	S	...Nein ich weiß nicht wie ich das erklären soll...
85	A	...Na erklär doch.
86	S	Muss eigentlich 6· 6 rechnen. Weil 6 Bonbons - mal - 6 Bonbons. *[Pause, 2 sec, lacht]* Ich weiß nicht.

Nachdem Akin Simons Lösung ablehnt (in den nicht abgedruckten Zeilen 73-77 entsteht ein Hin- und Her zwischen den beiden), erklärt Simon seine gezeichnete Lösung: Ole hat seinen Teil der sechs Bonbons (er nennt ihn „das Ganze") zweimal, also müssen insgesamt schon 12 Bonbons da sein (Z. 80). Hier ändert er die gegebene Konstellation ab, indem er den Teil 6, der ursprünglich auf den Anteil 2/3 bezogen war, als Teil auf den Anteil 1/3 bezieht. Er fokussiert in diesem Moment beide Zahlen aus der Aufgabenstellung und versucht sie miteinander in Beziehung zu bringen. Die 2/3 stecken dabei in dem „*Und das Ganze hat er ja 2 mal*" (Z.80; vgl. Abb. 7-8).

Auch an dieser Stelle stimmt Akin seiner Argumentation noch zu, da sie sich mit seiner Lösung in Einklang bringen lässt (Z. 81): In seiner Zeichnung mit den drei 6er Bonbongruppen lassen sich auch sowohl die 6 als auch die 2/3 und die 12 ablesen (vgl. auch Z. 83).

Nun greift Simon zu einer rechnerischen Begründung seiner Lösung und stellt sie als ein Vielfaches von 6 dar: „*Muss eigentlich 6·6 rechnen. Weil 6 Bonbons – mal – 6 Bonbons. [Pause, 2 sec, lacht] Ich weiß nicht.*" (Z. 86). Die Begründung für diese Rechnung liefert er wenig später in Z. 93.

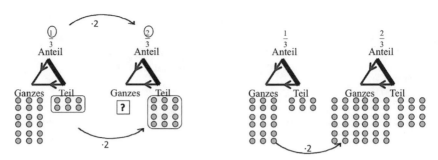

Abb. 7-8: „Und das Ganze hat er ja 2 mal, also er hat ja 12 Bonbons schon mal"

Zeile 87-92: Es können nicht mehr als 6 Bonbons sein

87	I	Mh, wenn ihr noch mal an den Kuchen denkt...
88	A	...Aber ähm wenn er jetzt so macht, dann kriegt er ja immer mehr dazu. Obwohl er ja immer nur 6 behalten darf. - Eigentlich *[unverständlich]*. *[guckt Simon an] [Pause, 2 sec]* Er hat doch 6. Wie kann er auf einmal mehr haben? - *[guckt zur Interviewerin, dann wieder zu Simon]* Das geht ja nicht. - Deswegen könnten nur 12 sein oder...
89	S	...Weil guck mal. Wir haben das ja hier haben wir das ja auch so gerechnet. Dieses, das hier *[zeigt auf das Blatt mit der Bonbonaufgabe mit den sechs Bonbons, die 1/8 sind]* 6 • 8 haben wir ja hier auch gerechnet, ...
90	A	...ja...
91	S	...ne?
92	A	Und hier sind's 6•3. *[zeigt auf sein Blatt, wo er die drei Päckchen zu je sechs Bonbons gezeichnet hat]*

Akin führt nun an, was ihn an Simons Lösung stört: Wenn man die Aufgabe wie Simon löst, bekommt Ole immer mehr Bonbons dazu, d. h. sein Teil wird größer (Z. 88). In dieser Aussage steckt ein scheinbarer Widerspruch zu seiner eigenen Lösung, bei der 2/3 ebenfalls mehr als 6 Bonbons sind.

So könnte es sein, dass Akin die Struktur der sechs Bonbons im Zusammenhang mit „Dritteln" als die entscheidende Struktur interpretiert: In seiner Zeichnung besteht jedes Drittel aus sechs Bonbons. Würden mehr Bonbons für das Ganze angenommen werden, so würde dies im Sinne operativer Vorgehensweisen bei Erhalt der Bedingung „Das Ganze wird in Drittel zerlegt" die Größe des Teils beeinflussen (vgl. Abb. 7-9). Damit scheint Akin auf den Erhalt der Größe eines Drittels zu schauen. Es könnte auch sein, dass Akin das Ganze für die Aufgabenstellung hier nicht mehr als 18 sieht, sondern als 12 (also die 2/3 seines zuvor berechneten Ganzen). Dafür würde seine Äußerung „*Deswegen könnten nur 12 sein [...]*" (Z. 88) sprechen.

7.3 Analysen der Prozesse zum Bestimmen des Ganzen (diskreter Teil)

Simon hingegen scheint eine andere Strukturierung der Konstellation im Blick zu haben: Er verweist auf die analoge Aufgabe mit dem Stammbruch 1/8 und die Rechnung 6 · 8, wobei er ihre Parallelität herausstellt (Z. 89). Seine Idee, die Akin abzulehnen scheint, führt er im weiteren Verlauf des Interviews aus.

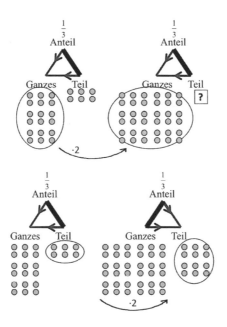

Abb. 7-9: Vergrößern des Ganzen und Beibehalten des Anteils vergrößert den Teil

Zeile 93-144: 2/3 ist so viel wie 1/6

93   S   Nein, 6 · 6, weil - er hat ja 2 /3 *[zeigt beim Sprechen erst auf den Zähler des Bruchs 2/3 und dann auf den Nenner]* und 2/3 wäre ja – glaube *[gedehnt]* ich so viel wie 1 Sechstel.
94   A   *[lehnt sich seitlich nach hinten]* Nein.
...

Simon erklärt seine Rechnung 6·6, indem er den zweiten Faktor 6, mit den Dritteln in Verbindung bringt: 2/3 sind so viel wie 1/6 (Z. 93). Diese Ableitung des Ergebnisses kann wiederum durch eine operative Vorgehensweise zu Stande gekommen sein: Bisher hat Simon als Lösung der Aufgabe immer die Rechnung (6·3)·2 ausgeführt (vgl. z. B. Z. 34, 36). In Z. 86 hat er zwar bereits die Rechnung 6·6 erwähnt, hier stellt er nun aber explizit die Identität von 2/3 und 1/6 her: Das Multiplizieren des Teils 6 zunächst mit der 3 und anschließend mit der 2 erzeugt dasselbe Ganze, wie das direkte Multiplizieren der 6 mit dem Ergebnis des Produktes 3 · 2. Das Produkt 3 · 2 wiederum steht für Simon im direkten Zusammenhang mit dem Anteil 2/3: Er berechnet das Ganze zum Anteil 2/3 und zum Teil 6 über eine Multiplikation des Teils mit Zähler und Nenner. In den zuvor berechneten Aufgaben mit Stammbrüchen wurde nun das Ganze berechenbar, indem der Teil mit dem Nenner des Anteils multipliziert wurde. Da 2 · 3 = 6 ist und 6 · 6 die Berechnungsvorschrift für das Ganze zum Teil 6 und den Anteil 1/6 wäre, folgert er daraus vermutlich, dass die Identität 2/3 = 1/6 gilt (vgl. Abb. 7-10). Diese Ableitung nutzt er hier kurz, stutzt dann aber selbst (Er leitet die Äquivalenz nur zögernd ab: „*[...] glaube [gedehnt] ich [...]*" (Z. 93) und etwas später „*Ich weiß nicht.*" (Z. 97; nicht abgedruckt)). Diese Erklärung überzeugt auch Akin nicht (Z. 94).

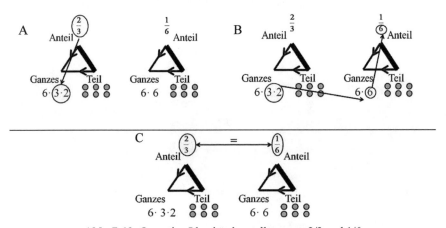

Abb. 7-10: Operative Identitätsherstellung von 2/3 und 1/6

An dieser Stelle des Gespräches ist nach etwa neun Minuten des Gesamtausschnitts des Interviews erneut eine Patt-Situation erreicht, denn keiner der Jungen ist von der Lösung des anderen überzeugt, beharrt aber auf seiner eigenen. So weist Akin in seiner Zeichnung sowohl den Teil 6 als 1/3 vom Ganzen als auch den Anteil 2/3 als 12 nach und betont die Unveränderlichkeit des Teils 6 (Z. 110-144; nicht abgedruckt).

Zeile 145-180: Strukturierung der 6 in Drittel

...

151   I   Das sind jetzt von 6 Bonbons 2/3?

7.3 Analysen der Prozesse zum Bestimmen des Ganzen (diskreter Teil) 241

...
176 A Also zum Beispiel das sind ja jetzt hier wenn ich 1/3´ - ähm von 6 zeichnen würde, also 1/3 von 6 ...
177 S [leise] ... Das ist zu schwer...
178 A ...dann ist das jetzt so [umrandet die 2 hinteren Bonbons der unteren Reihe der ersten Bonbongruppe auf seinem Blatt in hellblau] 2/3 sind die hier [umrandet die erste Spalte der Bonbongruppe] und 3/3 ist das hier [umrandet die restlichen zwei Bonbons aus dieser Gruppe]

179 I Mhm
180 A von 6 - ja.

Anders als bei der letzten Patt-Situation ergreift nun Simon das Wort: So identifiziert er Akins gezeichneten Bonbons als 1/3 (Z. 145; hier nicht abgedruckt). Das wäre im Einklang mit der bereits an anderer Stelle in diesem Interview beschriebenen Hypothese, dass Simon das Ganze zu 1/3 mit 1/3 gleichsetzt. Andererseits könnte er auch so seine Lösung 36 plausibel machen: Sind die 18 gezeichneten Bonbons 1/3, dann wären 36 Bonbons doppelt so viel, d. h. 2/3.

Im Folgenden versuchen Simon und Akin, 2/3 von 6 zu bestimmen. Dabei halten sie sich eine ganze Weile damit auf, 1/3 von 6 zu berechnen (Z. 159-175; nicht abgedruckt).

Im Anschluss zeichnet Akin 1/3 von 6 korrekt in seiner Zeichnung mit den drei 6er-Gruppen ein. Diese Struktur ergänzt er durch das Markieren aller Drittel.

Zeile 181-203: Neue Strukturierung der 6

181 I Und wenn die 6 jetzt 2/3 sind? Nützt dir das was mit der Einteilung?
182 A [Pause, 4 sec] Irgendwie schon. Dann kann das 9 sein. Also
183 I Was, das Ganze oder was könnte 9 sein?
184 A Also der geht jetzt - weil das geht 2/3 und das sind ja 6 und 6 kann man ja teilen.
185 I Wie würdest du das teilen?
186 A Ja durch 3. Hier durch [will noch etwas in der Zeichnung ergänzen; stutzt]
187 I Sonst mal das noch mal neu hin eben.
188 A [Beginnt eine neue Zeichnung: Zeichnet zwei horizontale Reihen Bonbons übereinander] [nach jeder Reihe] So - so.
189 I Mhm
190 A Also, eigentlich. 6, von 6 - das diese 6 sind ja jetzt 1/3 ja und dann wenn ich dann noch mal 3 mache äh [zeichnet eine vertikale Reihe mit drei Bonbons dazu] dann ist das eigentlich...
191 S [verfolgt, was Akin macht] Ja, ja? Mach doch noch mal 3 und noch mal 3... [lachen beide] und noch mal 3... [z. T. gleichzeitig mit Interviewerin]

192	I	...und jetzt?
193	A	Ja, eigentlich sind das jetzt also die 6, also die also 6 sind ja 2/3 von der ganzen Aufgabe.
194	I	Mhm
195	A	Ja – und 3/3 können ja nur 9 sein, weil – man kann ja. Ich weiß, ich weiß jetzt nicht, wie ich das erklären soll. Ich kann das schlecht erklären.
196	I	Aber du bist jetzt bei 9 als Ergebnis? Oder...
197	A	... also – also wenn man – ich weiß jetzt nicht, ich bin durcheinander!
198	I	Ok, ähm, dann können wir hier jetzt auch Schluss machen. Die Aufgabe ist auch wirklich knifflig.

...

Nachdem Simon und Akin sich mit der Frage auseinander gesetzt haben, was 1/3 bzw. 2/3 *von* 6 ist, stellt die Interviewerin die Frage, was passiert, wenn 6 jetzt selbst 2/3 ist und ob Akins zuvor ausgeführte Idee der Strukturierung der 6 ihm bei der Lösung helfen könnte (Z. 181). Damit verändert sie die Struktur, die die Jungen bearbeitet haben, denn 6 wird nicht mehr als Ganzes, sondern als der das Ganze erzeugende Teil behandelt, so wie es auch der Struktur der Aufgabenstellung entspricht.

Auf diesen Impuls reagiert Akin nach einer kurzen Pause, indem er die richtige Lösung 9 (Z. 182) und als Erklärung die Teilbarkeit von 6 nennt (Z. 184). Auf die Frage der Interviewerin, wodurch er teilen würde, gibt Akin 3 an, (Der weitere Verlauf des Interviews spricht dafür, dass er eigentlich meint, die 6 in Dreiergruppen einzuteilen): Nach dem Rat der Interviewerin, die Zeichnung noch einmal neu anzufertigen (Z. 187), zeichnet Akin zwei Reihen mit je drei „Bonbons" übereinander (Z. 188). Die Schnelligkeit, mit der er auf den Hinweis der Interviewerin zum Strukturieren der Zeichnung mit der korrekten Antwort 9 reagiert, bestärkt die Deutung, dass sich Akin zuvor mit „durch 3" teilen versprochen hat und eigentlich „zu jeweils 3 aufteilen" meinte. Eventuell denkt er aber auch von zwei Seiten des Problems aus: Einmal von der vorgegebenen 6, die er auch zeichnerisch repräsentiert vor sich liegen hat und einmal von der durch Überlegungen erhaltenen 9.

Auch wenn Akin in Z. 190 wiederum formuliert, dass die 6 nun 1/3 ist, scheint die weitere Folge seiner Erklärung darauf hinzudeuten, dass er die 6 als zerlegt in (nicht genannte zwei) Drittel denkt, denn im nächsten Moment ergänzt er drei weitere Bonbons (Z. 190) und erläutert dann, dass die 6 ja 2/3 *„von der Aufgabe"* ist (Z. 193, 195; vgl. Abb. 7-11). Diese Erläuterung ist eine plausible Erklärung der Lösung 9 für die Aufgabe. Allerdings scheint Akin von dieser Lösung bzw. Erklärung nicht wirklich überzeugt: Darauf deuten sowohl seine Wortwahl („*eigentlich*", Z. 190, 193) als auch die Tatsache hin, dass er angibt, die Lösung letztendlich nicht erklären zu können (Z. 195). Der Hinweis der Interviewerin

7.3 Analysen der Prozesse zum Bestimmen des Ganzen (diskreter Teil)

auf die Strukturierung der 6 bewirkt damit, dass sich Akin die Konstellation neu strukturiert und aus der Veränderung der Struktur auf die Konsequenz schließen kann (es ergibt sich die 9 als Ganzes). Allerdings ist er sich nach den langen und unterschiedlichen Strukturierungen nicht sicher, ob diese neue Strukturierung nun stimmt.

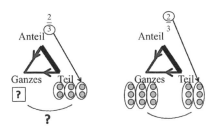

Abb. 7-11: Wie nutzt die Strukturierung der 6?

Letztendlich ergibt sich für die Jungen kein festes Endergebnis: Beide erkundigen sich zum Schluss nach der richtigen Lösung (Z. 199-203; nicht abgedruckt).

Zusammenfassung der Ergebnisse und Interpretation

Insgesamt zeigt dieser Interviewausschnitt, dass die mit der Aufgabe dargebotene Konstellation komplex ist (allerdings nicht nur für Lernende, die sich diesen Inhalt erst erarbeiten, vgl. Abschnitt 7.2).

Nutzen des Stammbruchs

Die Präsenz des Nicht-Stammbruchs anstelle des Stammbruchs bewirkt, dass Strategien, die zuvor durchführbar waren, nun nicht mehr greifen. So erhält Akin über die bisher erfolgreiche Strategie des Multiplizierens des Teils mit dem Nenner des Anteils hier nicht das richtige Ganze. Er scheint allerdings zunächst mit seinem Ergebnis zufrieden, vermutlich da er es auf die zuvor bearbeiteten Konstellationen zurückführen kann (vgl. 7.3.1).

Hier ist neben der Identifizierung der gleichartigen Struktur (bei beiden Bonbonaufgaben handelt es sich um *Konstellation III*) auch das Erfassen der unterschiedlichen Funktionsweise des Anteils innerhalb der Konstellation entscheidend. Den ersten Schritt führt Akin durch, den zweiten Schritt geht er nicht: Er identifiziert mit dem Nicht-Stammbruch innerhalb des Stammbruch-Ganzen interne Strukturen.

Mit dem Zähler multiplizieren

Simon passt seine zuvor für den Stammbruch genutzte Strategie an, indem er den Zähler ungleich 1 mit in seine Rechnung einbezieht. Dabei verfährt er bei dieser Operation nicht willkürlich, sondern nutzt operative Vorgehensweisen. So stellt er z. B. auch kurzzeitig die Identität von 1/6 und 2/3 her.

Diese Vorgehensweisen führen ihn allerdings nicht zum richtigen Ergebnis, da er die Richtung der Veränderung gleichsinnig annimmt und sich dabei vermutlich an einem Teil-Anteil-Ganzes-System orientiert, bei dem das Ganze fest vorgegeben ist (etwa der Überzeugung folgend „Ein doppelt so großer Anteil bedeutet einen doppelt so großen Teil (vom selben Ganzen)"). Diese Einsicht scheint er auf das gesuchte Ganze zu übertragen.

Dabei handelt es sich bei seiner Lösung für das Ganze im Vergleich zu dem von Akin um eine im Test seltener vorkommende Mathematisierung: Die Idee, den Zähler in die Berechnung des Ganzen einzubeziehen, verfolgen sowohl im Test als auch in den Interviewsituationen einzelne Lernende (vgl. Abschnitt 7.2.2). Die Schwierigkeit, die beim Übergang vom Stammbruch zum Nicht-Stammbruch entsteht, ist, dass eine Multiplikation oder Division mit der 1 nichts an dem Ergebnis selbst ändert, dieselbe Operation mit einer Zahl ungleich 1 aber schon. Daher wird hier ein explizites Reflektieren über die Funktion des Zählers für das Ganze notwendig. Akin scheint diese Anforderung für sich zu lösen, indem er den Zähler nicht für die Konstruktion des Ganzen nutzt, sondern ihn erst im Anschluss in seinem konstruierten Ganzen rückinterpretiert.

Die „subtile" 1 im Zähler von Stammbrüchen thematisieren auch Miriam (M) und Fatima (F) in einem Interview zur *Bonbonaufgabe II* (Interview I-7). Sie nutzen dabei eine Begründung für die Multiplikation mit dem Zähler, die die Gleichartigkeit des Kalküls zur *Bonbonaufgabe I* und nicht interne Größenrelationen von Teil, Anteil und Ganzem im Vergleich von Stammbruch und Nicht-Stammbruch fokussiert:

21	F	Ich glaub 6 mal 3 und das dann noch mal 2, oder?
22	F, M	*[beide lachen]*
23	M	Ja, aber da ham wir - ja bei dem 1/4 und bei dem 1/6 ham wir die 1 weggelassen - aber hier sind ja 2...
24	F	...ja aber das wär ja auch *[tippt mit dem Stift auf den Zettel von der vorherigen Aufgabe]* - das wär ja dann ja auch - das sind ja 8 - hier haben wir ja auch - 6 mal 8 gemacht und das warn ja 41, 41 mal 1 das wären ja auch 41, deswegen... *[tippt dabei regelmäßig auf das Blatt der vorherigen Aufgabe]*
25	M	...mhm stimmt...
26	F	...deswegen hab ich 6 mal 3 und das dann nochmal das mal 2.

Miriam und Fatima scheint bewusst zu sein, dass sie den Zähler mit in die Rechnung einbeziehen müssen und dass beide Aufgaben – die mit dem Anteil 2/3 und

7.3 Analysen der Prozesse zum Bestimmen des Ganzen (diskreter Teil) 245

mit dem Anteil 1/8 (sie reden von 1/6, da sie hier kurzfristig die Rolle der 8 und der 6 in der Aufgabe „1/8 sind 6 Bonbons" tauschen) – eine Parallelität aufweisen. Diese Parallelität übertragen sie nun auch auf den Lösungsweg. Für den Zähler 1 ergab sich allerdings keine Notwendigkeit, diesen mit in die Rechnung einzubeziehen, so dass er hier erst im Nachhinein bei der von der Konstellation her strukturgleichen Aufgabe gedeutet wird (Z. 23; Miriam und Fatima haben sich lediglich bei dem Produkt 6 · 8 verrechnet). Dabei ist das Entscheidende, dass dort eine Division durch den Zähler dieselbe Konsequenz wie eine Multiplikation mit dem Zähler hat, so dass ein in dieser Hinsicht nur begrenzt tragfähiger Ansatz in der *Bonbonaufgabe I* nicht bemerkt werden muss.

So zeigt sich in den Prozessanalysen, dass Lernende für die Interpretation des Zählers und dessen Nutzen für die Strukturierung der Konstellation verschiedene Kriterien und Orientierungspunkte heranziehen. Während Simon den Zähler auf das gesamte Teil-Anteil-Ganzes-System im Nachhinein zur Generierung eines neuen Systems heranzieht und dabei verschiedene Systeme zu vergleichen scheint, interpretiert Akin ihn als strukturimmanenten Teil eines aus dem Stammbruch generierten Systems. Miriam und Fatima wiederum deuten den Zähler eher auf der Kalkülebene, indem sie die (nachträglich thematisierte) Operation für den Stammbruch auf den Nicht-Stammbruch übertragen.

So werden z. T. zwar dieselben Ergebnisse generiert; die Begründungen und Deutungen können dabei aber auf unterschiedlichen Ebenen verortet sein. Das Wissen um diese unterschiedlichen Bezugnahmen und Deutungen ist wichtig im Hinblick auf mögliche Förderimpulse, denn die Schwierigkeiten z. B. dieser zwei Interviewpaare sind konzeptionell ganz unterschiedlich gelagert.

Der Anteil als „abgeschlossenes Teil-Ganzes-System"

Neben der Schwierigkeit der Bestimmung des Ganzen, ist die Deutung des Zählers zumindest für Akin kurzfristig deshalb schwierig, weil er den Anteil vor dem Hintergrund einer anderen Vorstellung von Bruch zu deuten scheint: Interpretiert man den Anteil nicht relativ in Bezug auf ein neues Ganzes, sondern als Ergebnis eines Verteilungsvorganges, so ist die Rekonstruktion des Ganzen schwierig. Vielleicht ist dies auch ein Grund dafür, dass Akin zum Stammbruch wechselt, für den er gut ein Ganzes bestimmen kann, und in diesem Kontext die 2/3 rückinterpretiert. Dieses Problem erleben auch andere Lernende, wie sich z. B. auch im bereits erwähnten Interview mit Miriam und Fatima an anderer Stelle zeigt.

Die Beispiele zeigen deutlich, dass es für Lernende nicht selbstverständlich ist, eine jeweils der zu mathematisierenden Situation angemessene Grundvorstellung zu aktivieren oder sie auf die Situation anzuwenden: Die Identifikation und Interpretation des Ganzen etwa im Hinblick auf dessen Qualität sowie die weiteren Eigenschaften der Konstellation und deren Interpretation sind entscheidend für eine erfolgreiche Bearbeitung. Dabei sind diese Strukturierungsleistungen auf einer Ebene unterhalb der Grundvorstellungen als komplexe Konstrukte verortet (vgl. auch Abschnitt 1.2.2).

Strukturierung der Konstellation über Bilder

Der Strukturierung der Bilder, die Akin während des Bearbeitungsprozesses anfertigt, kommt gegen Ende des Interviews eine entscheidende Bedeutung zu: Strukturiert Akin zunächst auch bei seinen Rechnungen immer mit Hilfe des Nenners, kann er unter Bezugnahme auf seine Zeichnung und mit dem Impuls der Interviewerin schließlich eine weitere Strukturierung vornehmen, indem er den Zähler des Anteils nutzt. Dies führt ihn so zum mathematisch richtigen Ergebnis für das Ganze. Allerdings bleibt nach den vielfältigen Strukturierungen, die Akin zuvor bereits vorgenommen hatte, auch diese ambivalent. Generell scheint jedoch die Strukturierung über Bilder ein geeignetes Hilfsmittel zu sein, sich neue und komplexe Zusammenhänge zwischen Teil, Anteil und Ganzem zu erschließen und diese zu überprüfen (vgl. auch Abschnitt 7.2.2).

Der Test relativiert diese Aussage jedoch insofern, als insgesamt nur sehr wenige Bilder angefertigt wurden und auch diese nicht immer mathematisch hilfreich sind. So garantiert die Aufforderung alleine, ein Bild anzufertigen, noch keine erfolgreiche Strukturierung einer Konstellation.

Insgesamt zeigt sich an diesem Prozess, dass Simon und Akin wesentliche Aspekte der Konstellation berücksichtigen.

7.3.3 Laura und Melanie bearbeiten die Bonbonaufgabe I: Einheiten bilden (0:41 – 7:01)

Einordnung der Szene in das Gesamtinterview

Die folgende Szene zur *Bonbonaufgabe I* (vgl. Abb. 7-12), die mit Zeile 1 bei 0:41 Minuten des Gesamtinterviews einsetzt, steht ganz zu Beginn des Interviews mit Laura (L) und Melanie (M) (vgl. die Übersicht in Abschnitt 2.5.1).

Beide Mädchen bewerten in einem ersten Schritt – obgleich dies kein intendierter Inhalt der Aufgabenstellung ist – die Verteilungssituation der Bonbons im Hinblick auf gerechtes Teilen. Die Aufgabe lösen sie anschließend korrekt und sicher in insgesamt weniger als sieben Minuten und nutzen dabei strukturelle Zusammenhänge. Damit zeigt dieses Interview einen gelungenen Bearbeitungsprozess.

7.3 Analysen der Prozesse zum Bestimmen des Ganzen (diskreter Teil) 247

Ole und Pia haben zusammen 16 Orangenbonbons. Ole hat 6 Orangenbonbons.
Er behauptet:

Ich habe $\frac{1}{4}$ von unseren Bonbons.

Kann das stimmen? Wie viele Bonbons sind denn $\frac{1}{4}$ von 16 Bonbons? Wenn es nicht stimmt: Wie viele Bonbons müssten Ole und Pia zusammen haben, damit Oles 6 Bonbons $\frac{1}{4}$ aller Bonbons sind?
Wie viele Bonbons müssten die beiden haben, damit Oles 6 Bonbons $\frac{1}{8}$ von allen Bonbons wären?

(Bildrechte (Ole) Cornelsen-Verlag)

Abb. 7-12: Die *Bonbonaufgabe I*

Zeile 1-27: Bestimmen von 1/4 von 16

...

5	M	*[Murmelt etwas]* Das ist - wie nicht gleich, wenn der Ole 6 orangene Bonbons hat und dann die Pia - 10...
6	L	...ja das stimmt.
7	M	Ja, weil dann müsste äh ja – beide 8 haben - sonst...
8	L	...ja...
9	M	...wenn`s gerecht wär. *[Laura nickt zustimmend]*
10	L	Mh ja ich habe - aber er behauptet ja, ich hätte 1/4 von unseren Bonbons - aber hat er - äh Hälfte hat er nicht *[Melanie nickt]* - gerecht wär ja, wenn er `ne Hälfte.
11	M	Mhm *[nickt]*
12	L	Aber ist das dann 1/4 von - mh, `n Viertel wär`s glaub ich...
13	M L	...wenn man 4 - also 4 - 4 und 4 und 4 *[zählt mit dem Finger in der Luft; murmelt etwas Unverständliches] [Laura parallel vermutlich „etwas"]*
14	L	...wenn man 4 hätte - genau, `n Viertel wär`s, wenn man 4 hätte.

...

Zunächst bewerten die Mädchen nach dem Lesen der Aufgabe diese im Hinblick auf das gerechte Teilen (Z. 5-11), das zuvor für die Entwicklung des Bruchkonzeptes im Klassenunterricht eine große Bedeutung hatte (z. B. im Pizzakontext). Diese Vorstellung scheint Melanie mit den Bonbons zu verbinden bzw. auf diese diskrete Menge zu übertragen. Dieser Fokus wird u. U. durch die relativ komplizierte Formulierung der Aufgabe wenn nicht hervorgerufen, so doch zumindest begünstigt.

Im Anschluss berechnet Melanie 1/4 von 16 (Z.13): Sie addiert viermal die 4 und kommt so auf 16. Unklar ist an dieser Stelle, wie sie genau auf die 4 als Teil kommt, da sie in ihrer Äußerung nicht vom Ganzen für die Bestimmung des

Teils ausgeht, sondern additiv die 16 aus der 4 rekonstruiert. Vermutlich aktiviert sie hier eine mentale Repräsentation der 16 als Summe 4 + 4 + 4 + 4, die ihr als Zahlensatz vertraut ist. Andererseits kann sie auch die Rechnung 16 : 4 im Kopf durchgeführt haben und überprüft durch das fortgesetzte Addieren der 4 den so von ihr bestimmten Teil auf seine Richtigkeit hin.

Beide Mädchen schreiben jeweils einen kurzen Antworttext auf (Z. 15-27; nicht abgedruckt).

Z. 28-35: Das Ganze zum Anteil 1/4 bestimmen: wiederholtes Verdoppeln

28	L	*[liest vor]* Wenn das stimmt, wie viele Bonbons müsste Ole und Pia zusammen haben, damit Oles 6 Bonbons 1/4 aller Bonbons sind? - Dann müssten das - 24 sein - weil...
29	M	...mhm...
30	L	...ja...
31	M	...weil es 6 plus 6 sind 12 und dann nochmal...
32	L	...ja...
33	M	...6 plus 6 sind 12 - plus 12 sind...
34	L	... *[parallel]* und 12 ja - mal 4 sozusagen - also es müssten 24 sein - ja, es müssten 24 sein.

...

Die Teilaufgabe, das Ganze zum Teil 6 und zum Anteil 1/4 zu bestimmen, lösen die Mädchen in knapp 30 Sekunden. In Z. 28 ist Laura die erste, die die Zahl 24 für das Ganze nennt und Melanie erklärt diese Lösung in Z. 31 / 33, wiederum additiv wie in Z. 13 für die 16. Damit rekonstruiert Melanie das Ganze durch fortgesetztes Verdoppeln, d. h. sie nutzt innerhalb des Ganzen Strukturen, die durch das Zusammenfassen von Vierteln entstehen. Laura findet eine weitere Möglichkeit der Beschreibung der Lösung: Sie nutzt viermal das Viertel (Z. 34). Im Anschluss schreiben beide Schülerinnen ihre Lösungen auf (Z. 35).

Z. 36-54: Verdoppeln des Ganzen zum Anteil 1/4 ergibt das Ganze zu 1/8

36	M	*[liest vor]* Wie viele Bonbons müssten die beiden haben, damit Oles 6 Bonbons 1/8 von allen Bonbons sind?
37	L	Dann nochmal eigentlich, müsste es nochmal das Doppelte von 24 sein, also 48.
38	M	*[nickt]*
39	L	Dann wäre die Hälfte davon - 24...
...		
44	M	doch 24 ist die Hälfte von dem Ganzen, von der 48...
45	L	...genau - also äh - 6 nein ähm, 8 mal die, also 8 mal die Bonbons wärn 48 Bonbons...

7.3 Analysen der Prozesse zum Bestimmen des Ganzen (diskreter Teil)   249

46	M	...ja...
47	L	...also...
48	M	...falsch...
49	L	...also äh - also 48 Bonbons müssten es sein.

...

Auch die Aufgabe zum Anteil 1/8 lösen Laura und Melanie sehr schnell. Direkt zu Beginn in Z. 37 nennt Laura die Lösung, indem sie das Ganze zum Teil 6 und zum Anteil 1/8 aus dem Ganzen zum Teil 6 und zum Anteil 1/4 durch Verdoppeln rekonstruiert. Ihr Vorgehen kann damit z. B. durch folgende Strategien interpretiert werden: Die erste Strategie ist als operative Vorgehensweise zu charakterisieren, wenn sie nämlich den operativen Zusammenhang der beiden Anteile nutzt, indem sie 1/8 als die Hälfte von 1/4 identifiziert und somit das Ganze gegensinnig ändert, d. h. verdoppelt. Der Anteil wird im bereits berechneten Konstellationsdreieck von 1/4 in 1/8 geändert. Diese Operation muss nun auch Konsequenzen für die anderen Größen haben. Der Teil 6 soll gemäß der Aufgabenstellung erhalten bleiben, d. h. die Konsequenz aus der Operation muss sich auf das Ganze beziehen (vgl. Abb. 7-13). So können z. B. Zahlbeziehungen betrachtet werden: Ein Verdoppeln des Nenners bewirkt ein Verdoppeln des Ganzen. Die Konsequenz des Veränderns des Anteils für das Ganze gewinnt vor allem bei der Bearbeitung der *Bonbonaufgabe II* für Laura und Melanie eine große Bedeutung.

Andererseits – so die zweite Interpretation des Vorgehens – kann Laura die operativen Veränderungen auch direkter auf Melanies in der vorangehenden Aufgabe genutzte Strategie des schrittweisen Zählens / Addierens zurück geführt haben, ohne (bewusst) den direkten Zusammenhang der beiden Anteile zu nutzen.

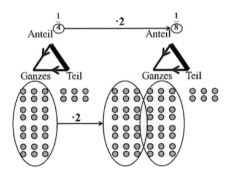

Abb. 7-13: Konsequenz des Halbierens des Anteils für das Ganze

Im Folgenden (Z. 39-45; nicht vollständig abgedruckt) überprüft Laura die 48 als das Doppelte von 24 noch einmal, indem sie die 48 halbiert und wieder die 24 erhält. Anschließend erzeugt sie erneut das gesuchte Ganze, diesmal explizit durch Ausnutzen des Nenners des Anteils: Sie multipliziert den Teil mit dem Nenner des Anteils und erhält als Ergebnis das gesuchte Ganze (wieder) als 48 (Z. 45).

Nachdem die Mädchen ihre Lösungen schriftlich festgehalten haben (Z. 50, 51, hier nicht abgedruckt), äußert Laura die Idee, dass 1/8 *„das Doppelte davon"* ist (Z. 53; nicht abgedruckt). Es bleibt allerdings unklar, worauf sie sich mit dieser Aussage genau bezieht: Zum einen kann sie die Vorstellung verfolgen, dass 1/8 ein doppelt so großer Anteil wie 1/4 ist. Dann könnte sie auf die Nenner der beiden Anteile fokussieren und den Größenvergleich zwischen 4 und 8 absolut betrachten. Andererseits kann sie aber auch 1/8 bzw. 1/4 mit „dem Ganzen zu 1/8" bzw. „dem Ganzen zu 1/4" sprachlich identifizieren oder einfach die Hälfte von 48 meinen. An dieser Stelle wird seitens der Interviewerin nicht weiter auf diesen Aspekt eingegangen.

Zusammenfassende Interpretation

Obwohl Laura und Melanie im Unterricht noch keine systematischen Erfahrungen mit diskreten Ganzen gesammelt haben, lösen sie alle drei Aufgabenteile sehr schnell und sicher. Dabei konstruieren sie das Ganze auf unterschiedliche Arten, indem sie interne Strukturen nutzen, die sich über die mathematischen Zusammenhänge der Anteile sowohl innerhalb einer Aufgabe als auch über die Aufgabenteile hinweg ergeben.

Nutzen unterschiedlicher Strukturierungen

So überprüfen Laura und Melanie die 4 als 1/4 von 16 über einzelne Additionsschritte des Teils (Z. 13). Das Ganze zum Teil 6 und Anteil 1/4 bestimmen sie über wiederholtes Verdoppeln des Teils 6, nutzen damit die Zerlegung des Ganzen in die Anteile 1/4 und 1/2 (vgl. Z. 31). Darüber hinaus bestimmen sie das Ganze auch über das Produkt von Teil und Nenner des Anteils (Z. 45). Diese unterschiedlichen Strukturierungen zeigen sich auch in den Produkten der schriftlichen Erhebung (vgl. *Code HZ* und *Code V* in Abschnitt 7.2).

Das Ganze zum Anteil 1/8 bei gleichbleibendem Teil 6 rekonstruieren sie schließlich über den Bezug zur zuvor bearbeiteten Aufgabe (der Teil ist 6 und der Anteil ist 1/4): Das bereits berechnete Ganze kann verdoppelt werden, um das gesuchte zu erhalten. Hinter diesen Operationen scheinen tiefergehende strukturelle Betrachtungen und operative Einsichten zu stecken. Dabei kann dieses Herstellen von Beziehungen über verschiedene Konstellationen hinweg u. U. auch dazu

7.3 Analysen der Prozesse zum Bestimmen des Ganzen (diskreter Teil)   251

beitragen, dass Laura bei der *Bonbonaufgabe II* das Ganze zum Anteil 2/3 über das Ganze zum zugehörigen Stammbruch rekonstruiert: Die Strategie des Nutzens von operativen Zusammenhängen, die hier sehr fruchtbar sind, nutzt vor allem Laura im weiteren Verlauf des Interviews (vgl. Abschnitt 7.3.4).

Eine weitere Besonderheit und Stärke in Lauras Argumentationen ist die Betrachtung von Strukturen aus unterschiedlichen Blickwinkeln: So berechnet sie zunächst das Ganze zum Anteil 1/8, um es im nächsten Schritt selbständig zu validieren (vgl. Z. 39, 45).

Eine Vorstellung, die stets zumindest unterschwellig mit den Zusammenhängen zwischen Teil, Anteil und Ganzem bei Melanie vorhanden zu sein scheint, ist die des gerechten Teilens: Neben der Größe des Ganzen und eines Teils zu einem Anteil ist auch entscheidend, wie sich der Rest zum betrachteten Teil verhält und wie die einzelnen Teile des Rests zueinander in Beziehung stehen.

7.3.4 Laura und Melanie bearbeiten die Bonbonaufgabe II: Zusammenhänge operativ erschließen (30:33 – 37:35)

Einordnung der Szene in das Gesamtinterview

Nach den Aufgaben, in denen das Ganze diskret und der Anteil ein Stammbruch ist (*Bonbonaufgabe I*; vgl. 7.3.3), bearbeiten Laura und Melanie zunächst eine Aufgabe zum Ergänzen zum Ganzen mit Flächen (Quadrat, vgl. Abschnitt 7.6.3) und zur Argumentation zur Beziehung zwischen Teil und Ganzem (*Merves Problem*, für die Darstellung der Aufgabe vgl. Abschnitt 2.6.3).

Die Aufgabenstellung für die in diesem Abschnitt analysierte *Bonbonaufgabe II* ist die folgende: „*Wenn die 6 Bonbons, die Ole hat, 2/3 von allen Bonbons sind, die Ole und Pia zusammen haben, wie viele Bonbons haben die beiden zusammen?*" (für eine Sachanalyse vgl. Abschnitt 2.6.2).

Während dieser Episode dominiert Laura das Gespräch. Melanie zieht sich teilweise zurück und arbeitet an einer Zeichnung zur Aufgabe, weshalb die Interviewerin auch stärker auf Laura fokussiert: Vor allem Laura nutzt für die Lösung der Aufgabe operative Strategien. Diese lassen Einblicke in die Argumentationen und Strukturierungen der Konstellation zu und zeigen einerseits, wie komplex die Aufgabe für Lernende ist, die sich diese Inhalte zum ersten Mal erarbeiten. Andererseits zeigen sie auch, wie durch das systematische Variieren der Komponenten Anteil, Teil, Ganzes tiefere Einsichten in die Zusammenhänge der Konstellation gewonnen werden können. Gleichzeitig können Rückschlüsse darüber gewonnen werden, wie Lernende die Konstellation strukturieren und mit welchen (intuitiven) Annahmen sie an die Lösung herangehen.

Der hier betrachtete Transkriptausschnitt setzt mit Zeile 1 bei 30:33 Minuten des Gesamtinterviews ein. Insgesamt dauert die Episode ca. sieben Minuten.

Zeile 1-21: Übernahme des Ganzen zum Anteil 1/3

...
4	L	2/3?
5	I	Mhm.
6	L	Wenn das 1/3...
7	M	...18 Bonbons haben.
8	L	Nein,...
9	M	...doch...
10	L	...wenn das 1/3 wäre, dann ...
11	M	... *[flüstert murmelnd]* 18 Bonbons ...
12	L	...wenn das 1/3 wäre, dann wären das...
13	I	*[reicht zwei leere Blätter rein]*...Ihr könnt auch noch mal, wenn ihr was schreiben wollt oder rechnen wollt, da drauf schreiben.
14	M	Also 1/3 ist, sind diese 6 Bonbons und wenn man diese Bonbons jetzt <u>dreimal</u> nehmen würde...
15	L	...wenn er 2/6 hätte dann *[Pause 2 sec]* nee, 2/3?
16	I	2/3, mhm.
17	L	2/3, wenn das 2/3 wären dann hätte er
18	M	18 Bonbons.
19	L	*[überlegt 5 sec.]* mh 2/3, wenn 1 - *[Pause 2 sec]* Jetzt muss ich noch mal grad überlegen, ich bring mich schon selbst durcheinander.
20	M	*[Melanie zeichnet parallel drei Reihen mit jeweils sechs „Bonbons", wobei sie nach der zweiten Reihe kurz stoppt und zu überlegen scheint.]*
21	L	Also 1/3, wenn das 1/3 wärn, wärns 6 mal 3, dann wären das 18´ - Dann wärn das 18 Bonbons - und - wenn das 2/3 wären - *[Pause 3 sec]*, wären das nicht eigentlich auch 18 Bonbons? Das würd auch nicht gehen. *[Melanie zählt in der Zwischenzeit die gezeichneten Bonbons nach und beginnt damit, die ganze obere Reihe in rot zu markieren, d. h. 6 Bonbons.]*

Die Interviewerin knüpft an die bereits gelöste Bonbonaufgabe an und führt die neue als Knobelaufgabe ein. Laura vergewissert sich zunächst über die Aufgabenstellung und den gegebenen Anteil (Z. 1-4; nicht vollständig abgedruckt). Nachdem die Interviewerin den Anteil 2/3 bestätigt hat, bezieht sich Laura zunächst dennoch auf den Stammbruch 1/3: „*Wenn das 1/3...*" (Z. 6). An dieser Stelle des Interviews ist die Konsequenz bzw. der Zweck, den Laura aus dieser Überlegung ziehen will, nicht eindeutig: Zum einen besteht die Möglichkeit, dass sie die Konstellation mit Nicht-Stammbruch uminterpretiert. So könnte sie sie in eine ihr aus den vorangehenden Aufgaben her bekannte Konstellation mit einem

7.3 Analysen der Prozesse zum Bestimmen des Ganzen (diskreter Teil) 253

Nicht-Stammbruch überführen bzw. die beiden Konstellationen gleichsetzen und den Zähler des Bruches in seiner Funktion für diese Aufgabe gewissermaßen nicht berücksichtigen. Zum anderen kann hinter der Verwendung des Stammbruches die Überlegung stecken, die bekannte Konstellation zu nutzen, um daraus die Lösung für das neue, unbekannte Problem mit dem Nicht-Stammbruch, bei dem der Zähler berücksichtigt werden muss, zu erschließen – etwa so: „Wenn das Ganze für 1/3 so aussieht, wie sähe es denn aus, wenn man jetzt 2/3 als Anteil hätte und sonst alles gleich bliebe?" Hinter dieser Überlegung würde der Versuch stecken, die beiden Konstellationen strukturell miteinander in Beziehung zu setzen und durch das operative Variieren einer einzelnen Komponente (hier des Zählers des Anteils) unter Beibehaltung aller übrigen Bedingungen (des Teils und der Drittelstrukturierung) Rückschlüsse für die Ursprungssituation zu gewinnen: Wenn der Anteil von 2/3 in 1/3 verändert wird, dann kann das Ganze wie für die *Bonbonaufgabe I* berechnet werden. Dann könnten aus diesem Rückschlüsse für das Ganze zum Anteil 2/3 gezogen werden.

Diese zweite Interpretation von Lauras Vorgehen wird etwas später in Z. 10 / 12 und dann noch einmal in Z. 21 (vgl. unten) bestärkt: Laura nutzt den Konjunktiv und setzt damit die beiden Konstellationen sprachlich voneinander ab („*...wenn das 1/3 wäre, dann wären das...*"; Z. 12).

Melanie rekonstruiert die 18

Melanie gibt als Antwort 18 Bonbons (Z. 7 und dann noch mal in Z. 11). Unklar ist jedoch, ob sich diese Antwort auf Lauras Verwendung der 1/3 bezieht oder auf die Konstellation mit Anteil 2/3. So könnte Melanie an dieser Stelle die Antwort auf Lauras angefangene Überlegung „*Wenn das 1/3 ...*" (Z. 6) geben und dabei im Kopf behalten, dass es sich hierbei um eine andere als die ursprünglich gegebene Konstellation handelt. Eine weitere mögliche Deutung könnte sein, dass Melanie die Konstellation der Drittel aus zwei Blickwinkeln sieht: Da 1/3 und 2/3 sich zu einem Ganzen ergänzen, ist 18 jeweils das richtige Ganze, denn dieses hat sie aus dem Anteil 1/3 berechnet (vgl. Abb. 7-14). Dabei würde sie jedoch nicht berücksichtigen, dass der Teil zum Anteil 2/3 in diesem Fall nicht 6 wäre.

Der weitere Verlauf des Interviews (vgl. z. B. Z. 14) lässt rückblickend noch eine weitere Interpretation zu: Melanie setzt hier u. U. wissentlich die vorliegende Konstellation mit der Konstellation mit dem Stammbruch gleich und erhält damit das Ergebnis 18 als Ganzes. In diesem Fall wäre der Teil 6 nun 1/3 des Ganzen. Indem sie so vorgeht, identifiziert sie entweder zwei Anteile (1/3 und 2/3) miteinander – eventuell in der Annahme, dass beide Anteile mit dem Teil 6 das selbe Ganze liefern – oder sie weicht auf die leichter zu berechnende Konstellation mit dem Stammbruch aus, da sie diese bereits aus den vorangegangenen Aufgaben her kennt und sie sicher mathematisieren kann (d. h. als „Ausweichen" den Zähler ignorieren). Dahinter könnte aber auch die Idee stecken, dass, wenn man einmal ein Ganzes für eine Anzahl von Dritteln gefunden hat, dieses Ganze unveränderlich ist, da 3/3 immer das Ganze ergibt. Dass dabei in beiden Konstellationen unterschiedlich viele Drittel zum Ganzen fehlen bzw. dass der zu 2/3 gehörige Teil bei der Mathematisierung „6 ist 1/3" größer ist als in dem vorgegebenen System, ist in dieser Lösung ausgeblendet: Der Zähler des Anteils scheint in einer solchen Argumentation nicht wichtig zu sein.

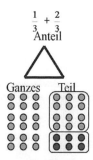

Abb. 7-14: 2/3 und 1/3 gehören zum selben Ganzen

Der Unterschied zu der hypothetischen Transformation des Anteils besteht dabei darin, dass bei einer so gedachten Variation des Anteils die gesamte Konstellation als strukturell anders festgesetzt und zum Endzustand wird, während bei einer hypothetischen Variation der Form „Was wäre, wenn der Anteil 1/3 wäre?" die Variation zu einem Hilfsmittel wird, die unbekannte Konstellation operativ aus einem bekannten System und dessen Eigenschaften abzuleiten: Hier liegt der Fokus auf der Konsequenz, die eine Veränderung einer Komponente für die anderen mit sich bringt.

Unterschiedliche Perspektiven auf das Ändern des Anteils

In Z. 14 nutzt Melanie explizit den Anteil 1/3 und ordnet ihn dem Teil 6 zu: „*Also 1/3 ist, sind diese 6 Bonbons und wenn man diese Bonbons jetzt dreimal nehmen würde...*". Hier ist allerdings wieder nicht ganz eindeutig, wie die 1/3 zu Stande kommen: Entweder hat Melanie an dieser Stelle den Anteil verwechselt (die Aufgabe wurde verbal eingeführt) oder sie geht auf den Ansatz von Laura ein, sich das zum Nicht-Stammbruch gehörende System zu überlegen, allerdings mit nicht eindeutig zu klärender Konsequenz bzw. Absicht.

In Z. 17 / 18 scheint es allerdings wahrscheinlich, dass Melanie wirklich die 18 als Lösung für die ursprünglich gegebene Konstellation sieht: Sie vollendet für Laura den angefangenen Satz, in welchem diese nach einer klärenden Rückfrage

7.3 Analysen der Prozesse zum Bestimmen des Ganzen (diskreter Teil)

an die Interviewerin (Z. 15) den Teil 6 mit dem Anteil 2/3 identifiziert: *„2/3, wenn das 2/3 wären, dann hätte er" „18 Bonbons".* Melanie überlegt nicht „was wäre wenn", sondern setzt (bewusst oder unbewusst) die 1/3 als Anteil für die 6 Bonbons fest und bleibt beim Ganzen 18.

Laura springt an dieser Stelle wieder von 1/3 zurück zum Anteil 2/3 – d. h. sie ändert an dem Konstellationsdreieck den Anteil 1/3 zurück in 2/3 – und versucht scheinbar nun erneut, mit dem in der Aufgabe gegebenen Anteil das Ganze zu rekonstruieren. An der Stelle kommt sie aber zunächst nicht weiter und äußert explizit ihre Verwirrung (Z. 19). Hier wird allerdings deutlich, dass sie sich beim Ausweichen auf den Anteil 1/3 bewusst ist, dass dies eine andere Konstellation darstellt, da sie flexibel zwischen den beiden Anteilen hin und her springt: Ihre explizit formulierte Verwirrung zeigt, dass sie über die (nicht leicht zu durchdringende) Konsequenz der Veränderung des Anteils 1/3 in 2/3 für das Ganze angefangen hat nachzudenken.

Melanies 1. Bild zur Aufgabe

Neben den Rechnungen, die Laura und Melanie anfertigen, sind auch die Bilder dazu geeignet, die Bearbeitungswege der Schülerinnen besser zu verstehen: Melanie fertigt – vermutlich auf den Impuls der Interviewerin hin – im Folgenden eine Zeichnung zu ihrer Lösung an (vgl. Z. 20 ff. im Transkript): Sie zeichnet drei parallele Reihen mit jeweils sechs Bonbons. Anschließend markiert sie sechs Bonbons (die ganze obere Reihe) mit roten Punkten. Im weiteren Verlauf ergänzt Melanie diese Zeichnung sukzessive durch weitere Strukturierungen.

Diese Struktur ist in Übereinstimmung mit der Deutung, dass Melanie den Anteil 2/3 als Ausdruck der Beziehung zwischen dem Teil 6 und dem gesuchten Ganzen in 1/3 umdeutet: Eine Reihe steht für den gegebenen Teil 6 (sechs Bonbons), d. h. jede Reihe ist 1/3 vom Ganzen (von 18). Ob sie bei der Zeichnung zunächst die 18 im Blick hat und in dieses Ganze die 6 als Struktur sieht, woraufhin sich der Anteil 1/3 für den Teil 6 ergibt (d. h. als „Rückwärtsprobe" für die Lösung 18) oder ob sie das Ganze additiv unter Verwendung des Teils 6 konstruiert und dabei von dem Anteil 1/3 ausgeht, um damit ihre bereits mehrfach genannte Lösung 18 zu rechtfertigen bzw. zu verifizieren, ist dabei nicht identifizierbar.

Übernehmen des Ganzen zu 1/3

Während Melanie ihre Zeichnung anfertigt, nimmt Laura ebenfalls erneut die Idee mit dem Anteil 1/3 auf und nennt hier zum ersten Mal das aus diesen Zahlen resultierende Ganze 3 · 6 = 18 Bonbons. Anschließend schwenkt sie über zum geforderten Anteil 2/3 und leitet dafür zunächst ebenfalls als Ganzes 18 ab: *„Also 1/3, wenn das 1/3 wärn, wärns 6 mal 3 dann wären das 18' - Dann wärn das*

18 Bonbons - und - wenn das 2/3 wären - [Pause 3 sec], wären das nicht eigentlich auch 18 Bonbons? Das würd auch nicht gehen." (Z. 21).
Die Gründe für die Übertragung des Ganzen von der einen zur anderen Konstellation nennt sie nicht. Eventuell fokussiert sie in diesem Moment die identischen Nenner der beiden Brüche und geht davon aus, dass Drittel bei vorgegebenem Teil immer dasselbe Ganze liefern (d. h. sie ändert an der Konstellation nur den Anteil, was für sie zunächst keine Konsequenzen für die anderen Komponenten bewirkt). Eine weitere mögliche Deutung wäre, dass sie die Komplementarität der beiden im Gespräch immer wieder genutzten Anteile 1/3 und 2/3 als zwei Seiten desselben Systems mit jeweils anderem Teil aber identischem Ganzen im Blick hat (1/3 und 2/3 ergeben zusammen 3/3, d. h. das Ganze; vgl. die mögliche Deutung von Melanies Aussage in Z. 7 / 11 und die entsprechende Abb. 7-14): Die Anteile 1/3 und 2/3 gehören jeweils zum selben Bild.

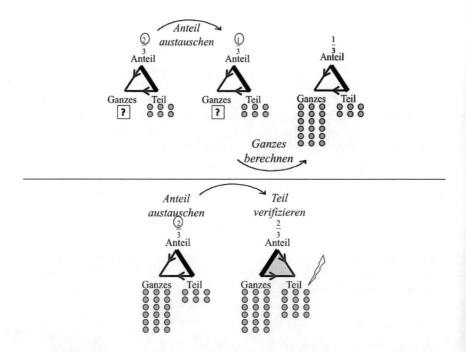

Abb. 7-15: Lauras erster Versuch, das Ganze zu erhalten. Möglichkeit 1 der Probe

Der Eindruck, dass eine dieser beiden Ideen hinter der Argumentation stecken könnte, wird durch die Parallelität der Argumentation verstärkt. Bemerkenswert

7.3 Analysen der Prozesse zum Bestimmen des Ganzen (diskreter Teil)　　　257

ist aber, dass Laura erneut die beiden Konstellationen mit 1/3 bzw. 2/3 sprachlich auseinander hält und nicht die Anteile miteinander identifiziert. Ihre erste konkret geäußerte Idee zum neuen Ganzen (das zum Teil 6 und zum Anteil 2/3) besteht also darin, dass das Ganze trotz geändertem Anteil erhalten bleibt. Wie sie zu dieser Ableitung des Ergebnisses genau kommt, ist nicht mit Sicherheit zu bestimmen. Vielleicht fokussiert sie im ersten Augenblick die Einteilung in Drittel als ein wesentliches und charakterisierendes Strukturmerkmal der Konstellation, das das Ergebnis festlegt (Dies wäre im Einklang mit beiden Deutungen.).

Diese Lösung widerlegt Laura anschließend direkt selbst (Z. 21 *„Das würd auch nicht gehen"*). Auch diesmal äußert sie nicht die Gründe für ihre Entscheidung. Denkbar wäre so zum einen, dass sie, nachdem sie die 18 als Ganzes zum Anteil 1/3 berechnet hat (3. Dreieck in Abb. 7-15), von der 18 ausgehend den zu 2/3 gehörigen Teil berechnet (4. / 5. Dreieck). Da dieser nicht 6, sondern 12 beträgt, die gegebenen Bedingungen der Konstellation also nicht erhalten bleiben, muss der Fehler bei der Berechnung des Ganzen vorliegen und deshalb die Lösung falsch sein. Eine weitere Validierungsmöglichkeit für das Ergebnis besteht darin, zu berechnen, welchen Anteil der vorgegebene Teil 6 von dem hier neu berechneten Ganzen 18 ausmacht.

Damit ist der erste Versuch von Laura, das Ganze durch die Variation des Anteils zu berechnen, zunächst gescheitert; bzw. das alleinige Verändern des Anteils (und die Beibehaltung aller weiteren Komponenten) führt noch nicht zur erwünschten Konsequenz.

Zeile 22-36: Halbieren des Ganzen zum Anteil 1/3

22	I	Ihr könnt das, du kannst das ja auch ausprobieren.
23	L	Ja, ich bleib mal bei Melanie. *[guckt zu Melanie]*
24	M	Mh? *[guckt von ihrer Zeichnung auf]*
25	I	Ihr dürft's auch zusammen machen.
26	L	Ja, das wär glaub ich auch irgendwie logischer, weil also...
27	M	...wenn er 2/3. Also - 1/3 haben würde, dann würde er ja, das sind jetzt 18 Bonbons *[zeigt auf ihre Zeichnung]*, müssten die dann haben und dann hat er 6 Bonbons von diesen 18 Bonbons, dann hat er 1/3.
28	I	Mhm
29	L	Joa aber es sollen ja, also er soll ja <u>2</u> /3. Also wenn das, wenn diese 6 Orangenbonbons da 3, 2/3 wären - dann ...
30	M	... Aber wenn man ...
31	L	...Würde man, würde man doch rein theoretisch die <u>Hälfte</u> *[leicht gedehnt]* von 18 nehmen. Aber das würde wiederum gar nicht gehen, die Hälfte von 18 geht ja gar nicht. *[Melanie zeichnet weiter in rot; guckt auf]*
32	M	Die Hälfte von 18 ist 9.
33	L	Geht das?

34	M	Was?
35	L	Jo das geht wirklich, das geht auf, oh.
36	L	*[lachen]*
	M	

Nach ca. zwei Minuten, die die beiden Mädchen bereits an der Aufgabe arbeiten und in der sie meist parallel unterschiedlichen Strategien und Wegen nachgegangen sind und Laura die Lösung 18 als falsch identifiziert hat, gibt die Interviewerin den Impuls zum Ausprobieren (Z. 22).

Melanie erklärt ihre Lösung

Melanie nutzt die Situation, um ihre bis zu diesem Zeitpunkt angefertigte Zeichnung zu erklären (Z. 27): „*...wenn er 2/3. Also – 1/3 haben würde, dann würde er ja, das sind jetzt 18 Bonbons [zeigt auf ihre Zeichnung], müssten die dann haben und dann hat er 6 Bonbons von diesen 18 Bonbons, dann hat er 1/3.*". Sie leitet damit eine Lösung für das Problem ab, indem sie 2/3 durch 1/3 ersetzt. Sie nimmt nun die 18 Bonbons, die sie zuvor aus dem Anteil 1/3 und dem Teil 6 berechnet hatte, als gegebenes Ganzes und berechnet den Anteil, den die in der Aufgabenstellung gegebenen sechs Bonbons von diesem Ganzen ausmachen: 1/3. Indem sie so argumentiert, schafft sie sich eine Begründung dafür, dass der Anteil 1/3 zu den sechs Bonbons „passt". Sie variiert auf diese Weise die Richtung der Aufgabenstellung. Damit ersetzt sie jedoch zwei der drei Objekte im Konstellationsdreieck, d. h. sie schaut nicht auf die Konsequenz einer operativen Variation. Dadurch, dass sie 6 als Teil nutzt und das Ganze durch die vorher berechnete 18 ersetzt, ändert sich auch der Anteil und es kommen die zuvor von ihr festgelegten 1/3 heraus. Damit hat Melanie in gewisser Weise einen Zirkelschluss vollzogen, denn sie überprüft das, was sie vorausgesetzt hat. So verifiziert sie auch ihre Lösung 18 als zufriedenstellendes Ergebnis. Auffällig ist, dass Melanie zunächst den Anteil 2/3 erwähnt, aber direkt zum Anteil 1/3 über geht (vgl. Beginn Z. 27).

Nicht 18, sondern die Hälfte von 18

Laura beurteilt Melanies Interpretation der Konstellation als nicht passend (Z. 29). Den Einwand von Melanie (Z. 30) lässt sie diese nicht ausführen, sondern führt ihre Idee mit den 2/3 aus.

An dieser Stelle ihrer Argumentation und der Zuhilfenahme des Anteils 1/3, hat sie anscheinend zum ersten Mal eine andere konkrete Zahl als die 18 (bzw. zunächst erst einmal eine Berechnungsstrategie) für das Ganze im Kopf. Diese leitet sie aus dem Ganzen für 1/3 durch Halbieren ab: „*...Würde man würde man*

7.3 Analysen der Prozesse zum Bestimmen des Ganzen (diskreter Teil) 259

doch rein theoretisch die Hälfte [leicht gedehnt] von 18 nehmen. Aber das würde wiederum gar nicht gehen, die Hälfte von 18 geht ja gar nicht." (Z. 31).

Hier könnte die Idee hinter stecken, dass wenn der gleiche Teil einen doppelt so großen Anteil ausmacht, das Ganze kleiner sein muss – und zwar genau halb so groß. D. h. das Verdoppeln des Anteils kann man durch das Halbieren des Ganzen „rückgängig" machen. Alternativ wäre auch denkbar, dass Laura das Halbieren von zwei Seiten aus denkt: Den Anteil 2/3 aus der Aufgabenstellung, um an den bekannten Anteil 1/3 zu gelangen und das berechnete Ganze 18, um an das gesuchte Ganze zu gelangen.

Damit führt Laura an zwei Stellen des Konstellationsdreiecks operative Veränderungen durch: Sie halbiert diesmal nicht nur den Anteil, sondern auch das zu diesem Teil gehörige Ganze, wobei sie die Konsequenz dieses Halbierens untersucht: Zunächst meint Laura, dass die Hälfte von 18 nicht *„geht"* (Z. 31). Aus dem weiteren Interviewverlauf lässt sich vermuten, dass das „Nicht-Gehen" auf die Teilbarkeit von 18 durch 2 und nicht auf die Richtigkeit der Strategie bezogen ist, denn nachdem Melanie die Hälfte von 18 errechnet hat (Z. 32), stellt Laura fest: *„Joa das geht wirklich, das geht auf, oh."* (Z. 35; vgl. Abb. 7-16).

Eine weitere Deutung für die Begründung von Lauras Vorgehen könnte sein, dass Laura auf die Erkenntnisse aus der zuvor berechneten *Bonbonaufgabe I* Bezug nimmt (vgl. Abschnitt 7.3.3). Dort haben die Mädchen unter anderem das Ganze zum Anteil 1/8 aus dem Ganzen zum Anteil 1/4 bestimmt. Aus dem Halbieren des Bruches durch Verdoppeln des Nenners des Anteils haben sie auf die Verdopplung des Ganzen geschlossen: Das Ganze zum Anteil 1/4 ist 24, d. h. das Ganze zum Anteil 1/8 muss 48 sein. Unter Nutzung dieses operativen Wissens um Strukturen in dieser Aufgabe könnte Laura die Struktur der beiden Aufgaben vergleichen: Wenn ein Vergrößern des Nenners ein Vergrößern des Ganzen bewirkt, so kann ein Vergrößern des Zählers dies wieder rückgängig machen, d. h. eine gegensinnig orientierte Konsequenz haben (vgl. Abb. 7-17). Wie Laura ihre operative Vorgehensweise hier für sich begründet, kann nicht endgültig geklärt werden. Die aufgezeigten Möglichkeiten offenbaren jedoch ein hohes Maß an heuristischen, operativen Strategien und das Nutzen komplexer Zusammenhänge.

Nachdem Melanie festgestellt hat, dass das Halbieren der 18 funktioniert (vgl. Z. 32), scheint für Laura die Lösung der Aufgabe nach ca. 2,5 Minuten, die sie sich bisher mit dieser beschäftigt hat, klar zu sein. Während der restlichen Zeit des Interviews beschäftigt sie sich nun damit, das Ergebnis „neun Bonbons" auf einem weiteren Weg herzuleiten bzw. die Lösung zu überprüfen. Melanie verfolgt bis dahin anscheinend eine andere Strategie bzw. hat eine andere Zahl für das Ganze berechnet, da sie immer wieder Widerspruch gegen Lauras Lösung erhebt (z. B. Z. 30).

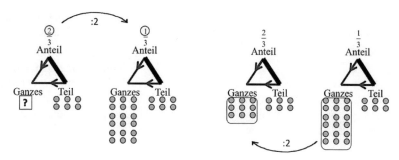

Abb. 7-16: Das Stammbruch-Ganze halbieren

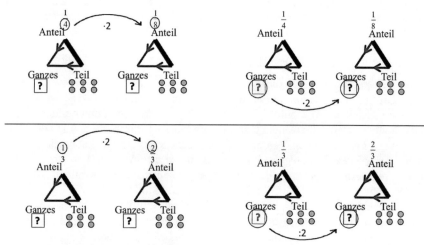

Abb. 7-17: Zusammenhang operativer Strategien bei beiden Bonbonaufgaben

Zeile 37-49: Überprüfen der 9 als mögliche Lösung

37 L Ja dann - ja dann *[Pause 2 sec]* könnt er nicht bei 6 Bonbons könnte man ja genau 2 - Doch, das würde gehen. - weil dann würd nämlich noch 1 /3 übrig bleiben. Also 3 Bonbons. *[Pause 2 sec]*

38 M Dann müsste... *[markiert mit dem Stift drei Punkte der mittleren Reihe und kringelt die restlichen drei zusammen mit der unteren Reihe rot ein, so dass insgesamt die Hälfte der Bonbons - auch optisch symmetrisch - markiert sind]*

39 L ... Dann wären das also so zu sagen, also wenn das 2/3 wären, hätte er *[fängt an, drei Reihen Bonbons zu zeichnen, nicht im Video zu sehen] [lachen beide]* - dann wären's insgesamt 9 Bonbons und wenn er dann 2 /3 hätte *[markiert zwei Reihen mit je 3 Bonbons in ihrer Zeichnung; im Video nicht vollständig zu sehen; parallel*

7.3 Analysen der Prozesse zum Bestimmen des Ganzen (diskreter Teil)   261

markiert Melanie die restlichen drei Bonbons aus der mittleren Reihe und die obere Reihe in blau; Pause 5 sec] hätte er halt - die Bonbons hier *[zeigt auf die Bonbons]* dann wären das wieder 6 Bonbons. Und - er hat halt 2/3´ und 2/3 sind ja eigentlich auch 1/6 - nein, -

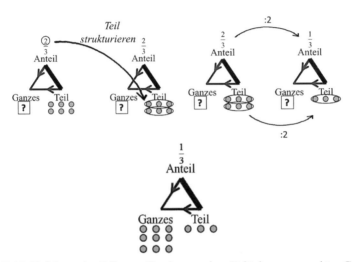

Abb. 7-18: Halbieren des Teils zum Bestimmen eines Drittels vom gesuchten Ganzen

Zunächst ergänzt Laura 2/3 zu einem vollen Ganzen, indem sie argumentiert, dass bei 2/3 noch 1/3 zum Ganzen fehlt. Sie berechnet, dass das fehlende Drittel aus drei Bonbons bestehen muss (Z. 37). Der nicht ausgeführte Satz könnte darauf hindeuten, dass Laura die sechs Bonbons in zwei Gruppen einteilt – den 2/3 entsprechend, die diese vom Ganzen darstellen sollen. So könnte sie auf diesem Weg zu dem Teil 3 (zum Anteil 1/3) gelangen, indem sie die 6 und die 2/3 halbiert. Andererseits kann sie auch von der 9 ausgehend diese überprüfen, indem sie den zum Ganzen fehlenden Teil, d. h. den Rest, als Differenz vom Ganzen und vom Teil errechnet, diesen zweimal in den Teil 6 steckt und ihn somit als 2/3 vom Ganzen verifiziert (vgl. Abb. 7-18, 7-19). Ob sie nun zunächst von der 6 ausgeht, diese zerlegt und damit 1/3 als 3 erhält oder ob sie zunächst die Differenz vom Ganzen und vom Teil errechnet und diese als den zum Ganzen gehörigen Anteil 1/3 identifiziert, kann hier nicht entschieden werden. Insgesamt nutzt sie sehr flexibel Operationen am Konstellationsdreieck: Sie halbiert den Anteil und den Teil und nutzt den neuen Teil, um das Ganze zu überprüfen.

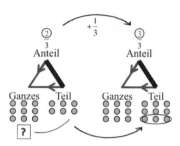

Abb. 7-19: Den Teil für 1/3 über die Differenz von Teil und Ganzem berechnen

Zu diesem Zeitpunkt des Gesprächs überarbeitet Melanie ihre Zeichnung (Z. 38): Sie überlagert die bisherige Struktur der drei Reihen zu je sechs Bonbons, indem sie die Hälfte der Bonbons zunächst mit Punkten markiert und anschließend einkreist. Dabei teilt sie die Bonbons symmetrisch in zwei Gruppen, indem sie die mittlere Reihe halbiert und zusammen mit der unteren Reihe rot umrandet.

Diese Markierung überlagert die Einteilung der 18 in Drittel. Melanie erläutert ihre Strukturierung der Zeichnung nicht weiter (und die Interviewerin fragt an der Stelle auch nicht nach), so dass nicht sicher erschlossen werden kann, welche Strategie sie in diesem Augenblick verfolgt.

Verifizieren des Teils 6 als 2/3 vom Ganzen

Im nächsten Schritt verifiziert Laura ihre Lösung für das Ganze praktisch von der anderen Seite her, indem sie das Ganze 9 und den Anteil 2/3 als gegeben annimmt und nun aus diesen beiden Angaben den zugehörigen Teil (sechs Bonbons) berechnet, der wiederum in der Aufgabenstellung gegeben ist (Z. 39). Dazu nimmt sie ein strukturiertes Bild zu Hilfe (vgl. ihre Zeichnung in Z. 39 des Transkripts): Sie ordnet die neun Bonbons in drei Reihen zu je drei Bonbons an, wodurch sie eine Strukturierung des Ganzen in Drittel erhält. Davon markiert sie die ersten beiden Reihen (2/3), was sechs Bonbons – der vorgegebenen Zahl aus der Aufgabenstellung – entspricht. Damit hat sie den gegebenen Teil aus der Aufgabenstellung als Ergebnis erhalten und durch die gleichzeitige Verwendung des Anteils 2/3 die Richtigkeit ihrer Lösung verifiziert. So hat sie diesmal das Ganze und den Anteil als gegeben angenommen und den Teil als Resultat erhalten. Anders als Melanie in Z. 27 ist ihre Argumentation mathematisch tragfähig. Wie bereits an früherer Stelle beschrieben, hat Laura dieselbe Strategie zum

7.3 Analysen der Prozesse zum Bestimmen des Ganzen (diskreter Teil) 263

Überprüfen ihrer Lösung verwendet wie Melanie, allerdings hat sie im Gegensatz zu dieser alle in der Aufgabenstellung gegebenen Größen erhalten. Nach der Herleitung der sechs Bonbons als dem in ihrer Variation der Aufgabe gegebenen Teil, resümiert Laura: „(...) und 2/3 sind ja eigentlich auch 1/6 (...)" (Z. 39). An dieser Stelle ist nicht zu erkennen, wie sie auf diese Schlussfolgerung kommt. Eine Idee, die womöglich dahinter stecken könnte, wäre, dass sie hier im ersten Augenblick 2/3 auf der Ebene von Zahlbeziehungen und -umformungen in 1/6 umrechnen will. Auch im entsprechenden Interview mit Simon und Akin wird die Identität von 1/6 und 2/3 kurzfristig überlegt. Allerdings erscheint ihr diese Schlussfolgerung anscheinend merkwürdig, denn sie hinterfragt die Identität von 2/3 und 1/6 sofort selbst (Z. 39 und Z. 40 / 41; nicht abgedruckt).

Die folgende Episode (Z. 42-48; nicht abgedruckt) beschäftigt sich mit Melanies Überprüfung der Gleichheit von 2/3 und 1/6. Vermutlich aufgrund dieser für sie letzten Unklarheit in ihrer Lösung vergewissert sich Laura noch einmal der Aufgabenstellung (Z. 49; nicht abgedruckt).

Zeile 50-60: Die Lösung der Aufgabe

50 I ... Genau. Wie viel müssten die <u>zusammen</u> haben wenn er das wenn er 2/3 hat.
51 M *[flüstert]* 2/3
52 L 2, ja, dann ja doch dann ist die Aufgabe irgendwie logisch...
53 M ... *unverständlich; vielleicht: dann hat sie aber weniger]* ...
54 L ...Weil dann hat die - <u>Pia</u> die hat er mit der Pia geteilt, ne, dann hätte die Pia die <u>Hälfte</u> von seinen 6 Bonbons. Also 3. Also wären´s insgesamt 9. Also - ja...
55 M ... *[unverständlich; vermutlich: 6 müssten aber ...]*
56 L ... etwas unlogisch gesagt, also - dann müssten, - also wenn das, wenn das 2/3 wären diese 6 Bonbons hier, 2/3...
57 I ...mhm...
58 L ... wären, äh 6 Bonbons davon wenn das 2/3 wären, dann müsste die Pia *[gedehnt]* nämlich weniger haben als der Ole´, also plus - 3 weil es sind insgesamt 6, also kommt das auf 9 raus, weil - 1/3 wären in dem Fall, also 1/3 wären in dem Fall äh - 3´ Bonbons, dann wären 2/3 6 Bonbons und 3/3, also das Ganze 9 Bonbons...
[Melanie zeichnet parallel (an der ersten Zeichnung Markierungen in blau und eine neue Zeichnung mit drei Reihen mit jeweils drei Bonbons).]
59 I ...Mhm...
60 L ... Also 9 Bonbons insgesamt - würde die dann - würden die dann haben. *[guckt zu Melanie, die die ganze Zeit am Bild zeichnet; Melanie guckt auf, 6 sec]*

Nachdem die Interviewerin die Aufgabenstellung bestätigt (Z. 50), scheint nun für Laura ihre erarbeitete Lösung richtig und auch logisch nachvollzieh- und begründbar zu sein und sie rekonstruiert die neun Bonbons erneut (Z. 52, 54, 58): Diesmal argumentiert sie über die unbekannte Anzahl der Bonbons von Pia, die noch zum zu bestimmenden Ganzen ergänzt werden müssen und die sie ins Verhältnis zu den sechs Bonbons von Ole setzt (Z. 54). Sie konstruiert damit das Ganze aus den Teilen für die Anteile 1/3 und 2/3, d. h. das Ganze als Summe der Teile, die zu den Anteilen 1/3 und 2/3 gehören.

Diese strukturelle Beziehung zwischen 1/3 und 2/3 als das Doppelte bzw. die Hälfte hat sie bereits für die erste Bestimmung der Lösung 9 zielführend genutzt.

Das fehlende Drittel als Hälfte der vorgegebenen 2/3 rekonstruieren

Laura spricht davon, dass Pia die Hälfte von Oles Bonbons hat und Ole mit Pia geteilt hat. Wie sie auf diese Lösung gekommen ist, lässt sich hier nur vermuten: Die im Hinblick auf den Verlauf des Interviews plausibelste Interpretation besteht darin, dass Laura nicht über das Teilen von Oles konkreten Bonbons argumentiert, sondern über die Relationen der Anteile: Da Pia 1/3 der Bonbons haben muss, damit das Ganze 3/3 ist, und Ole 2/3 vom Ganzen hat, hat Pia die Hälfte seines Anteils, was auch der Hälfte seiner Bonbons entsprechen muss (nur der Anzahl und nicht seinen konkreten Bonbons, die ihm dann „weggenommen" werden): Denn Anteil und Teil verhalten sich zueinander proportional, wenn das Ganze gleich bleibt.

In einer erneuten Argumentationskette, die im Wesentlichen der soeben ausgeführten entspricht, konstruiert sie das Ganze 9 erneut durch das Addieren der Bonbonanzahlen von Pia und Ole. Zum Schluss nennt sie für jedes einzelne Drittel den zugehörigen Teil und konstruiert und bestätigt damit ihre gefundene Lösung 9 als die Gesamtanzahl der Bonbons (Z. 58).

Melanies Argumentation

Melanie hat sich während dieser Argumentation bis auf drei Äußerungen (Z. 51, 53, 55) zurückgehalten. Diese Stellen sind im Video nicht gut zu verstehen, da Melanie z. T. flüstert.

Die Verteilungsstrategie des gerechten Teilens setzt sich in ihrer ersten Zeichnung fort, in der sie die bisher nicht rot markierten Bonbons (drei Bonbons der mittleren und drei der oberen Reihe) blau umrahmt (vgl. Z. 58). Anschließend verfolgt sie eine weitere Strategie, indem sie parallel zu Lauras Erklärungen ebenfalls eine Zeichnung mit neun Bonbons (drei Reihen mit je drei Bonbons) anfertigt (vgl. Z. 58).

Diese zwei konzeptionell unterschiedlichen Bilder direkt hintereinander sind erstaunlich. Was Melanie bezweckt bzw. wie sie die Konstellation deutet und welche Lösung sie letztendlich annimmt, kann nicht erschlossen werden.

7.3 Analysen der Prozesse zum Bestimmen des Ganzen (diskreter Teil)

Zeile 61-80: Rückblick

Der restliche Teil des Interviews beschäftigt sich mit der rückblickenden Erklärung des ersten Lösungsansatzes. Hier zeigt sich, dass dieses Vorgehen problematisch im Hinblick auf die daraus generierbaren Erkenntnisse ist (vgl. auch Selter / Spiegel 1997, S. 102, 108): Über das Interview hinweg hat Laura bereits mehrere Male auf verschiedenen Wegen die Lösung 9 für die Aufgabe bestimmt und verifiziert. Wenn man so an einem Problem arbeitet, kann es schwerfallen, sich im Nachhinein noch an einen bestimmten Arbeitsschritt oder Gedankengang zu erinnern – zumal dieser auch einfach ein spontaner Einfall gewesen sein kann.

Zusammenfassende Interpretation

Beide Mädchen identifizieren in diesem Abschnitt die der Aufgabe zugrunde liegende Struktur (*Konstellation III*) richtig, indem sie den Teil 6 als Teil eines zu bestimmenden Ganzen deuten.

Laura scheint das ganze Gespräch über den Anteil 2/3 als den in der Aufgabe gegebenen Anteil im Blick zu behalten, während Melanie zumindest z. T. die Strategie zu verfolgen scheint, die Aufgabe in die bekannte Problemsituation mit gegebenem Stammbruch zu transformieren. Dabei ist allerdings unklar, ob der Grund dafür darin liegt, dass sie davon ausgeht, dass wenn sich der Anteil ändert, das Ganze trotzdem konstant bleiben muss (etwa da es insgesamt drei Drittel bleiben, die zusammen ein Ganzes ergeben). Weitere alternative Deutungen könnten sein, dass sie an eine andere Verteilungsstrategie denkt („gerechtes" Teilen; hervorgerufen etwa durch die Formulierung der Aufgabe: „zusammen") oder dass sie eine Art Vermeidungsstrategie verfolgt und das gestellte Problem auf einen bekannten Fall (die zuvor bearbeitete Rekonstruktion des Ganzen bei gegebenem Teil als Stammbruch) abändert.

Komplexe operative Vorgehensweisen nutzen

Die Aufgabe, das Ganze bei einem gegebenen Nicht-Stammbruch zu rekonstruieren, fällt den Mädchen anscheinend schwerer als die Rekonstruktion des Ganzen bei einem Stammbruch: Die Konstellation erscheint deutlich schwieriger und auch zu einem guten Teil vom Denkweg her verwirrender. Sowohl an der Analyse der Sachsituation als auch der Interviewszene wird deutlich, dass es sich hierbei um einen hoch komplexen, kognitiv fordernden Prozess handelt: Es müssen gleichzeitig drei Relationen in den Blick genommen werden – die Beziehung zwischen Teil / Anteil, Anteil / Ganzem und Ganzem / Teil. Dieses Beziehungsgeflecht macht – vor allem, wenn noch kein Standardverfahren zur Verfügung steht und eigenständiges inhaltliches Durchdringen der Situation gefordert ist – eine Lösung der Aufgabe durch operative Vorgehensweisen fruchtbar.

Zeile	operative Vorgehensweisen	Konstanten	mögliche Strategie	Konsequenz
6-14	**Anteil:** 2/3 → 1/3	Teil: 6	Rückführen auf eine bekannte Konstellation	nicht expliziert
15-20	**Anteil:** 1/3 → 2/3	Teil: 6	Rückspringen zur ursprünglichen Konstellation	nicht expliziert
21	**Anteil:** 2/3 → 1/3	Teil: 6	Rückführen auf eine bekannte Konstellation	Ganzes: 18
21	**Anteil:** 1/3 → 2/3	Teil: 6	Struktur übernehmen	Ganzes: 18
29-35	**Ganzes:** 18 → Hälfte von 18	Teil: 6 Anteil: 2/3	Struktur beibehalten und Ganzes anpassen	Ganzes: 9
37	**Anteil:** 1/3 + 2/3 **Teil:** 3	Ganzes: 9	Ergänzen der 2/3 zum Ganzen und Berechnung, welcher Teil dann fehlen würde	Ganzes: 9 stimmt
39	**Teil vom Ganzen ausgehend bestimmen**	Ganzes: 9 Anteil: 2/3	2/3 berechnet von 9 (Wechsel der Konstellation)	Verifizierung der berechneten 9 Bonbons
47-60	**Ganzes:** 6 **Anteil:** 1/2 → 1/3 vom gesuchten Ganzen **Teil:** 3	Teil: 6 Anteil: 2/3	Rekonstruktion des fehlenden Teils für 1/3 aus den bekannten 2/3; 1/3 ist die Hälfte von 2/3	9 als Summe der Teile (Teil-Rest bzw. Summe 1/3 + 1/3 + 1/3)

Tabelle 7-11: Überblick über Lauras operative Vorgehensweisen

Dabei nutzt Laura sehr erfolgreich flexible operative Vorgehensweisen, indem sie verschiedene Komponenten der Konstellation austauscht, gegeneinander variiert und miteinander kombiniert, um weitere zu berechnen, zu bestätigen bzw. zu widerlegen (vgl. z. B. Z. 39 und Tab. 7-11 sowie Abb. 7-20): Der Tabelle kann ein Überblick über die operativen Vorgehensweisen von Laura entnommen werden, die diese im Verlaufe der Episode vornimmt. Die erste Spalte bezieht sich auf die jeweilige Stelle im Transkript. Der zweiten Spalte können die operativen Variationen entnommen werden, d. h. eine Angabe darüber, welche Komponenten der Konstellation Laura austauscht / variiert. Die dritte Spalte gibt die im Vergleich zur vorher betrachteten Konstellation unveränderten Komponenten an. Die vierte und fünfte Spalte beziehen sich auf die mit den operativen Vorgehensweisen möglicherweise verbundenen Strategien bzw. deren Konsequenzen.

So betrachtet Laura zum Beispiel auch eine Teil-Rest-Zerlegung des Ganzen und berechnet die zum Ganzen fehlende Bonbonanzahl über das Halbieren vom Teil 6 und vom Anteil 2/3 (Z. 54). Melanie nutzt diese Teil-Reststruktur nicht; sie scheint zumindest teilweise das gerechte Teilen als zentrale Verteilungsstrategie zu verfolgen (vgl. auch Abb. 7-20). Diese Strategie hilft ihr allerdings nicht weiter. Vielleicht ist das auch ein Grund dafür, dass sie den Anteil 1/3 so stark in den Fokus für die Konstruktion des Ganzen nimmt: Beim Teilen eines Ganzen in 3/3 entstehen drei gleichgroße „gerechte" Teile.

Die Analyse dieser individuellen Bearbeitungsprozesse der beiden Mädchen geben damit Einblicke in mentale Operationen, die in dieser Tiefe und Komplexität nicht zu erwarten waren und auch in dieser Intensität nicht aus den schriftlichen Produkten hervorgehen. So ähnelt Lauras Bild, welches sie während ihres Lösungsprozesses anfertigt, Zeichnungen, die auch in der schriftlichen Erhebung angefertigt wurden (vgl. *Code K*), jedoch werden erst hier die komplexen Abläufe deutlich, die zu deren Entstehung geführt haben können.

Dies untermauert den Wert solcher Interviewanalysen für die Erhebung individueller Denkwege und damit auch die Konstruktion von Lernumgebungen.

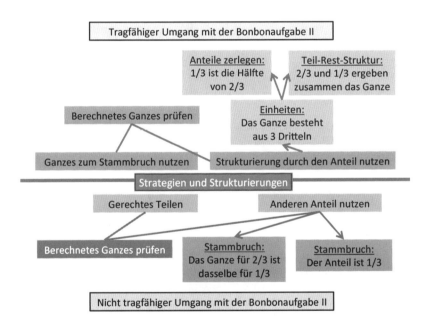

Abb. 7-20: Strategien in der Argumentation von Melanie und Laura

7.4 Verdichtung: *Konstellation III* mit diskretem Teil

Die Analyse der schriftlichen Erhebung und der Interviews zeigt, wie vielfältig die Umsetzung von *Konstellation III* mit einem diskreten Teil sein kann. Dabei ermöglichen die Analysen der Interviewsequenzen einen tieferen Einblick in die individuellen Strukturierungen der Beziehungen zwischen Teil, Anteil und Ganzem, während die schriftlichen Produkte eine Einordnung hinsichtlich der Reichweite der Phänomene ermöglichen.

- *Erfolgreiche Bearbeitung der Konstellation:* Der quantitative Überblick zeigt, dass ca. 50 % der Lernenden für Item 2b bzw. 35 % für Item 2c im schriftlichen Test die richtige Zahllösung für das Ganze gefunden haben. Für die Rechenwege und Bilder sind es jeweils weniger, was z. T. auch darauf zurückzuführen sein könnte, dass die Lernenden diese Anforderung überlesen haben. Gleichwohl zeigt sich insgesamt, dass die Aufgabe nicht allen Lernenden leicht gefallen ist.

- *Vielfältige Strukturierungen:* Die Lernenden können (auch bei nicht richtigen Lösungen, vgl. z. B. die Bearbeitung der Bonbonaufgabe durch Akin in 7.3.2) potenziell Zusammenhänge zwischen den Komponenten herstellen und Einsichten in deren strukturelle Funktionsweisen besitzen bzw. gewinnen. So nutzen sie z. T. neben der Multiplikation von Zähler und Nenner auch weitere strukturierende Zusammenhänge zwischen den Anteilen, wie zum Beispiel das fortgesetzte Verdoppeln oder Bilden und Umbilden weiterer Einheiten (*Codes V, RZ, R, H*) oder das Erweitern als inhaltliches Hochrechnen (*Code E*).

- *Operative Vorgehensweisen:* Die Prozesse in den Interviews offenbaren die Komplexität der Generierung von Lösungen über operative Vorgehensweisen. Letztere werden dabei genutzt, um Einsichten in die strukturellen Zusammenhänge zwischen Teil, Anteil und Ganzem zu gewinnen.

- *Schwierigkeiten mit Nicht-Stammbrüchen:* Einige strukturelle Zusammenhänge können für manche Lernenden eine Hürde darstellen, insbesondere wenn sie den intuitiven Annahmen widersprechen. So bedeutet das Verdoppeln des Anteils nicht auch ein Verdoppeln des Ganzen, wenn der Teil fest für den Anteil festgelegt ist. Manche Lernende scheinen jedoch einen gleichsinnigen Zusammenhang anzunehmen (vgl. Abschnitt 7.3.2).
Hier liegt eine große Herausforderung für Strukturierungen bei Zählern größer eins. Daher wird dieser von manchen Lernenden nicht (offensichtlich) in die Rechnung integriert (und statt dessen das Ganze zum Stammbruch berechnet, *Code nD*) oder er wird auf andere Art und Weise eingerechnet (*Code GG* oder *Y*). Dabei zeigen die Prozessanalysen der Interviews, dass hinter der fehlerhaften syntaktischen Nutzung des Zählers durchaus inhaltliche Überlegungen stecken können.
Auch in anderen Untersuchungen zeigen sich Schwierigkeiten von Lernenden im Zusammenhang mit dem Bestimmen des Ganzen: In einer Untersuchung von Hasemann mit Hauptschülerinnen und -schülern, denen eine

7.4 Verdichtung: Konstellation III mit diskretem Teil

strukturgleiche, jedoch bildlich repräsentierte Aufgabe zur *Bonbonaufgabe II* zur Bearbeitung gegeben wurde, stellte sich heraus, dass diese Lernenden große Schwierigkeiten hatten, die Aufgabe zu bearbeiten (vgl. Hasemann 1981). Zwar zeigen sich in der vorliegenden Erhebung im Gesamtbild aller Schülerinnen und Schüler andere Verteilungen der Lösungshäufigkeiten, jedoch lassen auch hier die Ergebnisse Schwierigkeiten von Lernenden erkennen. Die Schwierigkeit der Berücksichtigung des Zählers ist dabei nicht auf *Konstellation III* beschränkt (siehe z. B. Padberg 2009, S. 99 ff. für Schwierigkeiten bei der Berücksichtigung des Zählers für *Konstellation I*). Die Thematisierung der Bedeutung von Zähler und Nenner erscheint wichtig (vgl. auch Peter-Koop / Specht 2011, S. 18 bezogen auf kontinuierliche Teile).

- *Relativer Bezug des Anteils auf das Ganze:* Als hinderliche Vorstellung kann erneut die Überbetonung des Teils eines Ganzen identifiziert werden (vgl. Prediger 2008a). In den Bildern werden Teil und Anteil z. T. unverbunden dargestellt (*Code TA*). Teilweise werden – sowohl für die Rechenwege als auch die Bilder – auch Teile des Anteils mit dem Teil in Verbindung gebracht (z. B. *Code TT, T·A*).

- *Verbindung verschiedener Qualitäten vom Ganzen:* In der vorliegenden Studie lassen sich Hinweise dafür finden, dass Lernende beim Bearbeiten einer Konstellation zwischen verschiedenen Qualitäten des Ganzen wechseln. Dazu liefern sowohl die Interviews als auch die schriftlichen Bearbeitungen Hinweise: So kann eine Verbindung mit einem flächigen Ganzen in einem diskreten Kontext helfen, sich die Konstellation geeignet zu strukturieren und Zusammenhänge herzustellen. Solche produktiven Verbindungen finden sich z. B. bei Aufgabe 2. Schwierigkeiten kann ein Wechsel dann bereiten, wenn Strategien, die nicht für alle Qualitäten des Ganzen gleichermaßen geeignet sind, auf andere Ganze übertragen werden (müssen).

- *Bilder:* Das Anfertigen von Bildern kann helfen, sich Situationen zu Strukturieren, ist aber kein Selbstläufer.

Insgesamt verweisen die vielfältigen (operativen) Zugangsweisen auf ein großes Potenzial für einen flexiblen Umgang mit Brüchen.

In den folgenden Abschnitten werden Produkte und Prozesse zu *Konstellation III* mit einem flächigen Teil / Ganzen dargestellt und vertieft analysiert.

7.5 Analysen der schriftlichen Produkte zur Bestimmung des Ganzen (flächiger Teil)

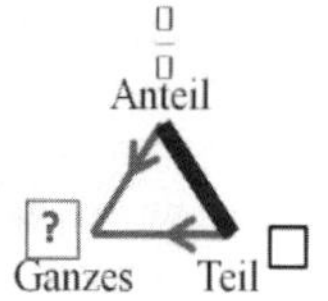

In diesem Abschnitt werden die schriftlichen Bearbeitungen zu den Test-Items 3a und 3b sowie 4a und 4b vertieft analysiert. Dabei handelt es sich in beiden Fällen um einen flächigen Teil und einen Stammbruch, zu dem das Ganze bestimmt werden soll. Ähnliche Aufgaben finden sich auch z. T. im Zusammenhang mit der Konzeption von Unterrichtsreihen (z. B. Grassmann 1993b, Alexander 1997, Cramer et al. 2009) oder diagnostischen Interviews (z. B. Peter-Koop / Specht 2011).

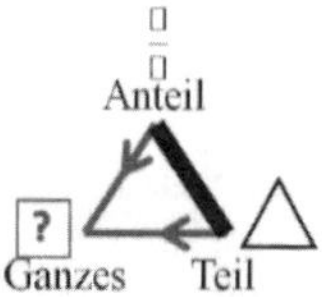

In Abschnitt 7.5.1 wird zunächst das für die Items 3a und 3b entwickelte Codierschema dargestellt. Im Abschnitt 7.5.2 folgen die Darstellung der Ergebnisse und deren Interpretation. Die Abschnitte 7.5.3 und 7.5.4 für die Test-Items 4a und 4b sind analog aufgebaut. In Abschnitt 7.5.5 werden die beiden Aufgaben 3 und 4, die inhaltlich viele Gemeinsamkeiten besitzen, miteinander im Hinblick auf den Umgang mit Teil, Anteil und Ganzem verglichen.

7.5.1 Auflistung der Codierung der Lösungen für die Items 3a und 3b

Im Folgenden werden die Codes für die Lösungen zu den Items 3a und 3b für eine bessere Übersicht in einer tabellarischen Darstellung erklärt (Tab. 7-12 und 7-13; für die Aufgabe vgl. Abb. 7-21). Die Codes werden durch die Zuordnung zu Kategorien *tragfähig*, *im Ansatz tragfähig*, *nicht tragfähig*, *sonstige* bzw. *keine Angabe* gewertet. Die Prozentangaben sind gerundet.

Aufgabe 3	In dieser Aufgabe kannst du ohne Lineal zeichnen.
a) Tobi und seine Freunde haben sich Erdbeer-Sahne-Kuchen gekauft. Tobis Stück ist $\frac{1}{3}$ vom ganzen Kuchen. Unten hat er sein Stück aufgezeichnet. Wie könnte der ganze Kuchen aussehen? Zeichne ihn!	
b) Mara und ihre Freundinnen haben sich auch Erdbeer-Sahne-Kuchen gekauft. Maras Stück ist $\frac{1}{6}$ vom ganzen Kuchen. Unten hat sie ihr Stück aufgezeichnet. Es ist genauso groß wie Tobis Stück. Wie könnte der ganze Kuchen aussehen? Zeichne ihn!	

Abb. 7-21: Test-Items 3a und 3b

7.5 Analysen der schriftlichen Produkte zur Bestimmung des Ganzen (flächiger Teil) 271

Besonderheiten der Codierung

Einige Lernende haben ihre Lösungen mit Anteilen beschriftet, wobei diese Beschriftung nicht immer mathematisch korrekt ist. Da sie nicht Teil der Aufgabenstellung ist, bleibt sie bei der Codierung unberücksichtigt.

Bei der Codierung werden Zeichenungenauigkeiten eingeräumt. So werden Lösungen als tragfähig gewertet, auch wenn z. B. einzelne Quadrate leicht in der Größe abweichen, aber das Bauprinzip erkennbar ist.

Lösungen zu Item 3a: Das Quadrat ist 1/3 – Ganzes gesucht

Code Häufigkeit abs (rel.)	Beispiel für Code (inkl. Individualcode) (von 153)	Erläuterung des Codes
Tragfähige Lösungen		
I 79x, 52 %	GeS_5	Es werden 2 Quadrate horizontal oder vertikal zu einer Reihe ergänzt. (**I**-Form)
L 15x, 10 %	GeS_34	Es werden 2 Quadrate zu einem Haken / L ergänzt. (**L**-Form)
T 5x, 3 %	GeS_45	Es werden 2 Quadrate zu einem T ergänzt. (**T**-Form)
IG 3x, 2 %	GeS_151	Es werden andere Formen, die insgesamt etwa die Größe des fehlenden Teils zum Ganzen haben an das Quadrat angezeichnet. (insgesamt **G**anzes)
U 2x, 1 %	GeS_143	Es werden zwei Quadrate ohne direkte Verbindung zueinander ergänzt. (**u**nverbunden)
Im Ansatz tragfähige Lösungen		
nD 2x, 1 %	GeS_79	Es werden mehr als 2 Quadrate ergänzt und ein neues Drittel innerhalb der so entstehenden Form durch Zusammenfassung mehrerer Quadrate zu einer neuen Einheit definiert. Die äußere Form des Ganzen ist ein Rechteck. (**n**eues **D**rittel)
Nicht tragfähige Lösungen		
WG 1x, 1 %	GeS_74	Es werden weniger als 2 Quadrate ergänzt; die Größe / Form der Stücke wird z. T. beibehalten; teilweise werden Stücke ergänzt, die eine andere Form haben. Z. T. ist das Ganze symmetrisch und ähnelt dem Ursprungsquadrat. (**w**eniger als das **G**anze)
MG 5x, 3 %	GeS_53	Es werden mehr als 2 Quadrate ergänzt; die Größe / Form der Stücke wird z. T. beibehalten. Z. T. ist das Ganze symmetrisch und ähnelt dem Ursprungsquadrat. (**m**ehr als das **G**anze)

Code Häufigkeit abs (rel.)	Beispiel für Code (inkl. Individualcode) (von 153)	Erläuterung des Codes
gget 3x, 2 %	GeS_1	Das Quadrat oder ein neues etwa gleich großes Quadrat wird in 3 Teile (gleich groß) geteilt. (**g**erecht **get**eilt)
aget 15x, 10 %	GeS_24	Das Quadrat oder ein neues etwa gleich großes Quadrat wird ENTWEDER in 3 unterschiedlich große Stücke ODER in mehr oder weniger als 3 Stücke geteilt. (**a**nders **get**eilt)
fsonst 3x, 2 %		nicht tragfähige Lösungen sonstiger Art (**sonst**ige **f**alsche)
Sonstige Lösungen		
sonstD 6x, 4 %	GeS_13	Sonstige Lösungen, bei denen die Darstellung geändert und ein Ganzes gezeichnet wird, das aus 3 (bzw. Teil b) 6) gleich großen Stücken besteht. Das Quadrat wird nicht direkt genutzt. (**sonst**ige **D**arstellungswechsel)
sonstR 4x, 3 %	GeS_20	Sonstige Lösungen, bei denen ein großes Rechteck neben das kleine Quadrat gemalt wird. Es wird aber keine Beziehung zwischen den beiden hergestellt. (**sonst**ige **R**echteck)
sonst 9x, 6 %		Lösungen, die nicht einschätzbar sind (**sonst**ige)
Keine Angabe		
kA 1x, 1 %		Es wird nichts hingeschrieben, die vorhandene Lösung wird wieder durchgestrichen oder durch einen Kommentar wieder zurück genommen. (**k**eine **A**ngabe)

Tabelle 7-12: Übersicht über die Codes für die Lösungen zu *Item 3a*

Lösungen zu Item 3b: Das Quadrat ist 1/6 – Ganzes gesucht

Code Häufigkeit abs (rel.)	Beispiel für Code (inkl. Individualcode) (von 153)	Erläuterung des Codes
Tragfähige Lösungen		
I 18x, 12 %	GeS_31	Es werden 5 Quadrate horizontal zu einer Reihe ergänzt. (**I**-Form)
R 75x, 49 %	GeS_5	Es werden 5 Quadrate zu einem Rechteck ergänzt (2 Reihen unter- bzw. nebeneinander mit jeweils 3 Quadraten). (**R**echteck)

7.5 Analysen der schriftlichen Produkte zur Bestimmung des Ganzen (flächiger Teil)

Code Häufigkeit abs (rel.)	Beispiel für Code (inkl. Individualcode) (von 153)	Erläuterung des Codes
WZ 5x, 3 %	GeS_35	Es werden 5 Quadrate zu anderen zusammenhängenden Formen ergänzt. (**w**eitere **z**usammenhängende Formen)
IG 3x, 2 %	GeS_16	Es wird eine zusammenhängende Form der Größe von 5 Quadraten ergänzt. (**i**nsgesamt **G**anzes)
U 1x, 1 %	GeS_143	Es werden 5 weitere Quadrate ergänzt, die nicht miteinander verbunden sind. (**u**nverbunden)
Nicht tragfähige Lösungen		
MG 6x, 4 %	GeS_86	Es werden mehr als 5 Quadrate ergänzt; Größe / Form der Stücke wird z. T. beibehalten. Z. T. ist das Ganze symmetrisch und ähnelt dem Ursprungsquadrat. (**M**ehr als ein **G**anzes)
WG 3x, 2 %	GeS_144	Es werden weniger als 5 Quadrate ergänzt; die Größe / Form der Stücke wird z. T. beibehalten; teilweise werden die Stücke unverbunden ergänzt. Z. T. ist das Ganze symmetrisch und ähnelt dem Ursprungsquadrat. (**W**eniger als ein **G**anzes)
gget 10x, 7 %	GeS_26	Das Quadrat wird in 6 Stücke geteilt (gleich groß). (**g**erecht **get**eilt)
aget 8x, 5 %	GeS_25	Das Quadrat wird ENTWEDER in 6 Stücke (dabei sind die Teile unterschiedlich groß) oder in mehr oder weniger als 6 Stücke geteilt. (**a**nders **get**eilt)
AG 4x, 3 %	GeS_70	Es wird das für den Aufgabenteil a) richtige Ganze übernommen (und z. T. auf 6 verteilt). (**a**nderes **G**anzes)
fsonst 3x, 2 %	nicht tragfähige Lösungen sonstiger Art (**sonst**ige **f**alsche)	

Code Häufigkeit abs (rel.)	Beispiel für Code (inkl. Individualcode) (von 153)	Erläuterung des Codes
Sonstige Lösungen		
sonstD 4x, 3 %	GeS_13	Sonstige Lösungen, bei denen die Darstellung geändert und ein Ganzes gezeichnet wird, das aus 3 (bzw. Teil b) 6) gleich großen Stücken besteht. Das Quadrat wird nicht direkt genutzt. (**sonst**ige **D**arstellungswechsel)
sonstR 5x, 3 %	GeS_20	Sonstige Lösungen, bei denen ein großes Rechteck neben das kleine Quadrat gemalt wird. Es wird aber keine Beziehung zwischen den beiden hergestellt. (**sonst**ige **R**echteck)
sonst 3x, 2 %	Lösungen, die nicht einschätzbar sind (**sonst**ige)	
Keine Angabe		
kA 5x, 3 %	Es wird nichts hingeschrieben, die vorhandene Lösung wird wieder durchgestrichen oder durch einen Kommentar wieder zurück genommen. (**k**eine **A**ngabe)	

Tabelle 7-13: Übersicht über die Codes für die Lösungen zu Item 3b

7.5.2 Ergebnisse und Interpretation zu den Items 3a und 3b

In diesem Abschnitt werden die Ergebnisse der schriftlichen Erhebung dargestellt. Zunächst wird ein Überblick zu den Lösungshäufigkeiten gegeben. Den Schwerpunkt bilden anschließend die vertieften Analysen und Interpretationen der codierten Zeichnungen des Ganzen. Diese werden itemübergreifend vergleichend vorgenommen, wobei sich die Darstellung strukturell an den oben angeführten Kategorien orientiert. Abb. 7-22 kann die Verteilung der Bearbeitungen auf die Kategorien für die Items 3a und 3b entnommen werden.

Beide Items wurden von der Mehrheit der Schülerinnen und Schüler erfolgreich bearbeitet: 104 von 153 Lernenden (ca. 68 %) haben Item 3a und 102 (ca. 67 %) haben Item 3b tragfähig gelöst. Insgesamt zeigt sich damit, dass die Items 3a und 3b von dieser Gruppe im Allgemeinen gut bearbeitet wurden.

Den Testunterlagen kann entnommen werden, dass von den 104 Jugendlichen, die Item 3a tragfähig bearbeitet haben, 90 auch Item 3b tragfähig bearbeitet haben. Umgekehrt gibt es 12 Lernende, die Item 3a nicht tragfähig oder im Ansatz tragfähig gelöst haben, wohl aber Item 3b. Der Anteil an sich scheint bei reiner Betrachtung der Lösungshäufigkeiten damit zunächst keinen größeren Einfluss auf die Bearbeitung der Aufgabe zu haben. Mit einem qualitativen Blick auf die Bearbeitungswege lassen sich jedoch Unterschiede ausmachen, wie die folgende qualitative Analyse der einzelnen Bearbeitungen zeigt. Für den Einsatz ähnlicher Aufgaben zu diagnostischen Zwecken vgl. z. B. Peter-Koop / Specht 2011.

7.5 Analysen der schriftlichen Produkte zur Bestimmung des Ganzen (flächiger Teil) 275

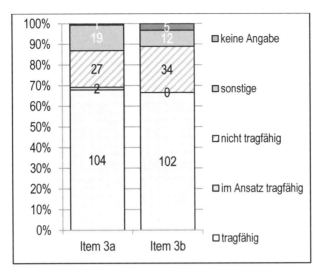

Abb. 7-22: Zuordnung der Bearbeitungen zu Kategorien für die Items 3a und 3b

**Vertiefte Analyse der als *tragfähig* codierten Lösungen:
Vielfältige tragfähige Formen des Ganzen**

Die Bilder zu den Items 3a und 3b werden hier und im Folgenden in schematischen Darstellungen kategorienweise pro Item dargestellt und bei Bedarf ergänzend genauer beschrieben (vgl. Tab. 7-14). Dabei handelt es sich mit wenigen Einschränkungen um die Nachbildung beispielhafter Originallösungen. Die Einschränkungen beziehen sich dabei darauf, dass pro Code nur eine Lösung dargestellt wird. Damit wird eine Auswahl der unter diesen Code fallenden Lösungen getroffen, an der das codierte gemeinsame Merkmal gut sichtbar wird.

Das Ganze wird durch einen dicken Rahmen dargestellt; das vorgegebene Quadrat ist gefärbt. Gestrichelte Linien deuten die Strukturierung des Ganzen an. Diese Festlegungen gelten sinngemäß auch für die Darstellungen der Codes der anderen Kategorien für die Items 3a und 3b.

Häufige und weniger häufige Realisierungen des Ganzen

Die Realisierungen des tragfähigen Ganzen sind – da die Aufgabe offen gestellt wurde – vielfältig: Es werden zusammenhängende (kontinuierliche (strukturierte): *Codes I, L, T, IG* für Item 3a; *Codes I, R, WZ, IG* für Item 3b) oder unzusammenhängende (diskrete: *Code U*) Ganze gezeichnet, bei denen mehrere Stücke ergänzt wurden, die zusammen die Größe von zwei bzw. fünf Quadraten haben (meist ebenfalls Quadrate). Die zusammenhängenden Formen überwiegen dabei. Die unverbundenen Lösungen (*Code U*) können auf eine diskrete Vorstellung des Ganzen verweisen, welche eventuell durch den Kontext der Kuchenstücke hervorgerufen wird.

Die große Präferenz für die Lösungen vom *Code I* (Item 3a) bzw. *Code R* (Item 3b) kann u. U. zum einen auf die Einfachheit des Zeichnens dieser Formen und zum anderen auf deren Nähe zur ursprünglichen Form des Teils zurückgeführt werden (jeweils Rechtecke). Umgekehrt kann das geringere Vorkommen des Ganzen nach *Code L* darauf hinweisen, dass diese Form von manchen Lernenden als „komisch" angesehen wird, da dort eine „unvollständige" (geometrische) Form entsteht. Für eine nähere Betrachtung dieses Phänomens siehe auch die in den Abschnitten 7.6.1 bzw. 7.6.2 analysierten Interviews.

Meist werden weitere Quadrate ergänzt; nur wenige Lösungen (*Codes IG* und *U*) nutzen andere Formen oder eine andere Anzahl der zu ergänzenden Teile.

Bemerkenswert ist insgesamt, dass die Mehrheit der Lernenden das Ganze als aus einzelnen identifizierbaren Stücken – unverbunden oder nicht – zusammengesetzt darstellt. Das kann ebenfalls zum einen aus dem Kontext resultieren, zum anderen aber auch als Begründung für die Lösung dienen.

Tabelle 7-14: Überblick über die Codes der Kategorie *tragfähig* für Item 3a und 3b

Vertiefte Analyse der als *im Ansatz tragfähig* codierten Lösungen: Definieren eines neuen Drittels

In der Kategorie *im Ansatz tragfähig* wurden zwei Bearbeitungen mit dem *Code nD* erfasst. Die beiden Jugendlichen, deren Lösungen mit diesem Code erfasst werden, nutzen das vorgegebene Quadrat als einen Teil vom Ganzen (Rechteck), definieren aber gleichzeitig auch ein neues Drittel (einmal auch als „Kuchen-

7.5 Analysen der schriftlichen Produkte zur Bestimmung des Ganzen (flächiger Teil) 277

schicht" bezeichnet; vgl. die schematische Darstellung in Tab. 7-15). Diese Art der Realisierung des Ganzen kann in der vorliegenden Erhebung nur für den Anteil 1/3 festgestellt werden und nur für das Quadrat.

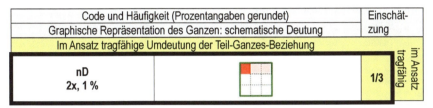

Tabelle 7-15: Überblick über die Kategorie *im Ansatz tragfähig* für Item 3a

Vertiefte Analyse der als *nicht tragfähig* codierten Lösungen:
Nichterhalt der Gesamtfläche, fehlerhafte Zusammenhänge, Umdeutungen

Tabelle 7-16 kann ein Gesamtüberblick über die in dieser Erhebung vorkommenden Lösungen entnommen werden, welche als nicht tragfähig in Bezug auf den Umgang mit Teil, Anteil und Ganzem eingeschätzt wurden. Bei den *Codes MG* und *WG* deuten die dicken gestrichelten Linien an, dass der zugehörige Teil für das mathematisch tragfähige Ganze zu viel oder zu wenig vorhanden ist.

Tabelle 7-16: Überblick über die Codes der Kategorie *nicht tragfähig* für Item 3a und 3b

Nichterhalt der Gesamtfläche und fehlerhafte Zusammenhänge

Mit dem *Code MG* werden diejenigen Lösungen erfasst, bei denen Lernende mehr Fläche ergänzt haben, als es ein mathematisch korrektes Ganzes erfordern würde. Sie liefern Hinweise darauf, dass hier u. U. ähnlich wie bei *Code nD* Formbeziehungen zwischen dem vorgegebenen Teil und dem zu konstruierenden Ganzen hergestellt werden. Für Item 3b ist der *Code MG* weniger häufig und auch von seiner äußeren Gestalt verweist er nicht immer so sehr auf eine Formnähe zwischen dem vorgegebenen Teil und dem gesuchten Ganzen.

Der *Code WG* beschreibt Lösungen, bei denen weniger Fläche ergänzt wurde, als für ein mathematisch korrektes Ganzes nötig wäre. In drei von vier Fällen (bei zwei Aufgabenteilen) ist das entstehende Ganze ein Quadrat.

Bearbeitungen, die mit dem *Code AG* erfasst wurden, stellen einen mathematisch nicht tragfähigen Zusammenhang zwischen den beiden „Kuchensituationen" her.

Umdeutung der Konstellation

Mit den *Codes gget* bzw. *aget* werden die Lösungen codiert, bei denen die Lernenden das Quadrat nicht ergänzt, sondern aufgeteilt haben. Damit haben sie auch die Konstellation verändert: Der Teil wird zum Ganzen.

Im Fall von *Code gget* wird das Verteilen des vorgegebenen Quadrates mathematisch korrekt vorgenommen. Dabei ist auffällig, dass hier kein Schüler / keine Schülerin nur **ein** Drittel bzw. Sechstel im Quadrat eingezeichnet hat, sondern dass immer drei bzw. sechs gleich große Stücke eingezeichnet wurden. Dabei wird nicht immer eines der so entstehenden Stücke auch markiert, so dass sich hier u. U. auch eine für Brüche typische Fehlvorstellung manifestieren kann: „1/3 bedeutet ein Ganzes, das in drei Teile aufgeteilt ist". Das würde bedeuten, dass diese Lernenden den Anteil mit der Zerlegung des Ganzen identifizieren. Dabei wird diese Strategie häufig bei schwachen Lernenden beobachtet und als Ausweichen auf natürliche Zahlen gedeutet (s. Wartha 2007, S. 53).

Mit dem *Code aget* wird eine weitere Gruppe von Lösungen codiert, bei denen das Quadrat zwar auch aufgeteilt wird, diese Aufteilung jedoch entweder aus ungleich großen Stücken besteht oder mehr als drei bzw. sechs Stücke innerhalb des Quadrates umfasst. Hier wird nicht nur die Konstellation uminterpretiert, sondern es wird auch der Anteil verändert bzw. es gibt Anzeichen dafür, dass Schülerinnen und Schüler das neue Quadrat-Ganze auch z. T. noch einmal umdeuten und nur Teile des Quadrates als Ganzes nutzen (vgl. *Code ENKG* für Item 1a bzw. 1b).

Die Bearbeitungen, welche mit dem *Code sonstB* codiert wurden, sind nicht eindeutig: Neben das vorgegebene Quadrat wird ein Kreis gezeichnet, der in drei

7.5 Analysen der schriftlichen Produkte zur Bestimmung des Ganzen (flächiger Teil) 279

bzw. sechs gleich große Stücke geteilt wird. Eventuell kann dies darauf hindeuten, dass auf die Form des Kreises als Darstellungsmittel ausgewichen wird und das Darstellen von 1/3 bzw. 1/6 von einem Ganzen im Zentrum steht (vgl. auch den Interviewausschnitt in Abschnitt 7.6.1).

Zwischenfazit

Insgesamt zeigt sich bei der Analyse der Items 3a und 3b eine Vielzahl von Lösungen und Phänomenen, die auf individuelle Vorstellungen vom Ganzen verweisen können. Einige von ihnen gehen über die aus fachlicher Sicht tragfähigen Anforderungen an das Ganze hinaus, was z. T. auch das Anfertigen tragfähiger Lösungen behindern kann:

- *Vielzahl tragfähiger Lösungen:* Die Mehrheit der Lernenden (ca. 68 % für Item 3a und ca. 67 % für Item 3b) konnten im schriftlichen Test die Aufgabe tragfähig bearbeiten.

- *Formenvielfalt:* Es lassen sich vielfältige Realisierungen des Ganzen in dieser Erhebung unterscheiden (jeweils fünf codierte Gruppen für Item 3a bzw. 3b). Dabei werden meist einzelne Stücke der Ausgangsform direkt an die vorhandene Form ergänzt (strukturiertes kontinuierliches Ganzes; z. B. *Code I* mit 52 % der Bearbeitungen für Item 3a bzw. 12 % für Item 3b).

- *Bedingungen an das Ganze:* In dieser Untersuchung gibt es Hinweise darauf, dass Lernende z. T. individuelle Forderungen an das Ganze stellen, die über die mathematisch notwendigen Kriterien hinausgehen. So scheinen manche Lernende z. B. als Ganzes eine zum vorgegebenen Teil ähnliche Form anzustreben. Dabei können auch mathematisch nicht tragfähige Lösungen entstehen (z. B. *Code nD* oder *Codes MG / WG*).

- *Umdeutung der Konstellation:* Die Umdeutung der Konstellation in eine Verteilungssituation stellt in beiden Aufgabenteilen die häufigste fehlerhafte Lösung in dieser Erhebung dar (*Codes aget, gget*). Das Darstellungsmittel wird eher selten gewechselt (*Codes sonstD, sonstR*). Im Gegensatz zu den Items 2b und 2c (Abschnitt 7.2 bzw. 7.3), wo sich der Wechsel des Darstellungsmittels z. T. als hilfreich erwies, verstellt er hier den Blick für das Wesentliche der Aufgabe.

- *Zusammenhänge zwischen verschiedenen Konstellationen:* Sie lassen sich in dieser Erhebung nur vereinzelt nachweisen und betreffen sowohl tragfähige Übertragungen von Strukturen als auch nicht tragfähige (*Codes IG* bzw. *AG*).

Neben diesen Schwierigkeiten und Potenzialen auf der Vorstellungsebene gibt es auch auf struktureller Ebene im Hinblick auf die Durchdringung von Zusammenhängen zwischen Teil, Anteil und Ganzem sowohl Chancen als auch Hürden: Durch den Vergleich von Strukturen kann ein tiefergehendes Verständnis von Zusammenhängen zwischen Teil, Anteil und Ganzem erreicht werden (z. B. „Das Ganze zum Anteil 1/6 ist jetzt doppelt so groß wie das zum Anteil 1/3"; vgl. auch Kapitel 8). Gleichzeitig zeigt sich aber auch, dass diese Sichtweise kein Selbstläufer ist.

7.5.3 Auflistung der Codierung der Lösungen für die Items 4a und 4b

Im Folgenden werden die Codes für die Lösungen zu den Items 4a und 4b für eine bessere Übersicht in einer tabellarischen Darstellung erklärt (vgl. Tab. 7-17 und 7-18; bei den Prozentangaben handelt es sich um gerundete Werte; für die Aufgabe vgl. Abb. 7-23). Die Codes werden den Kategorien *tragfähig, vermutlich tragfähig, im Ansatz tragfähig, nicht tragfähig, sonstige* und *keine Angabe* zugeordnet.

Besonderheiten bei der Codierung

Bei der Codierung der Antworten werden erneut Zeichenungenauigkeiten eingeräumt. Die Kategorie *vermutlich tragfähig* wurde dabei für diese Aufgabe zusätzlich eingeführt: So weisen die Lösungen, die dieser Kategorie zugeordnet wurden, Besonderheiten auf, die zum einen von einem mathematisch tragfähigen Ganzen stärker abweichen als eine reine Zeichenungenauigkeit oder weitere Flächen beinhalten, die vermutlich Füllflächen darstellen. Zum anderen lassen sich aber tragfähige mathematische Grundstrukturen erkennen. Dabei scheint das wesentliche Kriterium für die Gestaltung zu sein, dass das Ganze eine besondere Form erhält. Es werden somit vermutlich individuelle und mathematische Ansprüche gegeneinander ausgehandelt.

Aufgabe 4	In dieser Aufgabe kannst du ohne Lineal zeichnen.
Das Dreieck unten ist ein Viertel. Wie könnte das Ganze aussehen? Zeichne es!	
Jetzt ist das Dreieck ein Achtel. Wie könnte das Ganze jetzt aussehen? Zeichne es!	

Abb. 7-23: Test-Items 4a und 4b

Analog zu den Items 3a bzw. 3b wird eine Beschriftung der Zeichnung bei der Codierung nicht berücksichtigt. Ebenfalls bleibt unberücksichtigt, ob das vorgegebene Dreieck in die Zeichnung direkt einbezogen wird oder ob neu gezeichnet wird, solange der Bezug klar ist, da in der Aufgabenstellung nicht vorgegeben

7.5 Analysen der schriftlichen Produkte zur Bestimmung des Ganzen (flächiger Teil) 281

wurde, ob das vorgegebene Dreieck für die Zeichnung genutzt werden soll (für einen unklaren Bezug vgl. *Code sonstDr*).

Lösungen zu Item 4a: Das Dreieck ist 1/4 – Ganzes gesucht

Code Häufigkeit abs (rel.)	Beispiel für Code (inkl. Individualcode) (von 153)	Erläuterung des Codes
Tragfähige Lösungen		
D 31x, 20 %	GeS_24	Es werden 3 Dreiecke zu einem größeren Dreieck ergänzt. (**D**reieck)
Z 37x, 24 %	GeS_62	Es werden 3 Dreiecke ergänzt. Die Dreiecke werden immer Spitze an Basis umgedreht nebeneinander gezeichnet. (**Z**ickzack)
S 5x, 3 %	GeS_34	Es werden 3 Dreiecke ergänzt. Die Dreiecke werden mit einer Spitze an einem gemeinsamen Punkt und Seitenkante an Seitenkante ausgerichtet. (**S**pitze an Spitze)
rsonst 8x, 5 %	GeS_29	Sonstige richtige Bearbeitungen: Es werden ENTWEDER Dreiecke in anderer Art und Weise ergänzt (z. B. nicht an den Kanten zusammenhängend) ODER es werden mehr oder weniger Stücke ergänzt, aber diese Stücke zusammen sind in etwa so groß wie das zum Ganzen fehlende Stück ODER es werden mehrere richtige Lösungen angeboten. (**sonst**ige **t**ragfähige)
Vermutlich tragfähige Lösungen		
sGS 3x, 2 %	GeS_99	Es werden 3 Dreiecke ergänzt; Form und Größe der Stücke erscheinen leicht angeglichen für ein „schönes Ganzes": Halbes Achteck; es wird vermutlich eine glatte Kante angestrebt. (**s**chönes **G**anzes **S**pitze an Spitze)
sGW 4x, 3 %	GeS_39	Es werden 3 Dreiecke ergänzt; Form und Größe der Stücke werden z. T. aufgegeben für ein „geometrisch schönes Ganzes": z. B. Quadrat oder Rechteck; die Größe kommt aber insgesamt ungefähr hin. (**s**chönes **G**anzes **w**eitere Formen)
SK 1x, 1 %	GeS_27	Es werden 3 größere Dreiecke um das Dreieck gezeichnet; das ursprüngliche Dreieck liegt innerhalb der anderen Dreiecke (Sonderfall: Es werden auch Dreiecke innerhalb des vorgegebenen Dreiecks eingezeichnet). (**Sk**alieren)
LF 1x, 1 %	GeS_86	Es werden 3 Dreiecke ergänzt. Dabei enthält das entstehende Ganze weitere Formen, die vermutlich „Lückenfüller" sind und für das Ganze nicht zählen. (**L**ücken-**F**üller)

Code Häufigkeit abs (rel.)	Beispiel für Code (inkl. Individualcode) (von 153)	Erläuterung des Codes
Im Ansatz tragfähige Lösungen		
AnzS 4x, 3 %	GeS_26	Das Dreieck wird durch 3 Stücke ergänzt, die allerdings eine andere Größe haben. Größe und Form sind stark verändert oder die ergänzte Fläche entspricht nicht 3 Dreiecken. Die Abweichung von dem mathematisch korrekten Ganzen ist größer als bei sGW. (**Anz**ahl **S**tücke)
Nicht tragfähige Lösungen		
MG 5x, 3 %	GeS_35	Es werden mehr als 3 Dreiecke ergänzt und die Größe / Form der Stücke wird nicht angeglichen. (**m**ehr als das **G**anze)
WG 6x, 4 %	GeS_1	Dem Dreieck werden noch weitere Stücke hinzugefügt, die zusammen weniger als 3 Dreiecke ergeben und / oder unterschiedlich groß sind. (**w**eniger als das **G**anze)
gget 3x, 2 %	GeS_43	Das Dreieck wird in 4 Stücke geteilt. Dabei sind alle 4 Stücke gleich groß. (**g**erecht **get**eilt)
aget 14x, 9 %	GeS_75	Das Dreieck wird ENTWEDER in 4 Stücke geteilt. Dabei sind die Stücke unterschiedlich groß. ODER es wird in mehr oder weniger als 4 Stücke geteilt. (**a**nders **get**eilt)
fsonst 2x, 1 %	nicht tragfähige Lösungen sonstiger Art (**sonst**ige **f**alsche)	
Sonstige Lösungen		
sonstD 3x, 2 %	GeS_104	Sonstige Lösungen: Lösungen, bei denen die Darstellung geändert und ein neues Ganzes gezeichnet wird, das aus 4 Stücken besteht. Das Dreieck wird nicht direkt genutzt. (**sonst**ige **D**arstellungswechsel)
sonstDr 5x, 3 %	GeS_20	Sonstige Lösungen: Es wird ein großes Dreieck neben das kleine Dreieck gemalt, aber es wird keine Beziehung zwischen den beiden hergestellt. (**sonst**ige **Dr**eieck)
sonst 9x, 6 %	GeS_22	Sonstige Lösungen, die nicht zu interpretieren sind: Es werden 2 Lösungen angegeben (eine richtig, eine falsch und keine durchgestrichen) oder es ist nicht entscheidbar, ob die Strategie tragfähig ist, was zum Ganzen gehört, usw.. (**sonst**ige)
Keine Angabe		
kA 12x, 8 %	Die Aufgabe wird nicht verstanden, nicht gekonnt, als nicht lösbar empfunden oder nicht bearbeitet. (**k**eine **A**ngabe)	

Tabelle 7-17: Übersicht über die Codes für die Lösungen zu *Item 4a*

7.5 Analysen der schriftlichen Produkte zur Bestimmung des Ganzen (flächiger Teil) 283

Lösungen zu Item 4b: Das Dreieck ist 1/8 – Ganzes gesucht

Code Häufigkeit abs (rel.)	Beispiel für Code (inkl. Individualcode) (von 153)	Erläuterung des Codes
Tragfähige Lösungen		
R 9x, 6 %	GeS_63	Es werden 7 Dreiecke zu einer Raute / gespiegelten Dreieck ergänzt. (**R**aute)
AD 8x, 5 %	GeS_118	Es werden 7 Dreiecke ergänzt zu einem (z. T. liegenden) Dreieck mit einer abgeschnittenen Spitze. (**a**bgeschnittenes **D**reieck)
Z 27x, 18 %	GeS_49	Es werden 7 Dreiecke ergänzt. Die Dreiecke werden immer Spitze an Basis umgedreht nebeneinander gezeichnet. (**Z**ickzack)
GZ 11x, 7 %	GeS_15	Es werden 7 Dreiecke ergänzt. Die Dreiecke werden zu viert immer Spitze an Basis umgedreht aneinander gelegt. Die beiden 4er Gruppen werden untereinander gezeichnet. (**G**espiegelt **Z**ickzack)
rsonst 14x, 9 %	GeS_67	Sonstige richtige Bearbeitungen: Es werden ENTWEDER Dreiecke in anderer Art und Weise ergänzt (z. B. nicht an den Kanten zusammenhängend). ODER es werden mehr oder weniger Stücke ergänzt, aber diese Stücke zusammen sind in etwa so groß wie das zum Ganzen fehlende Stück ODER es werden mehrere richtige Lösungen angeboten. (**sonst**ige **t**ragfähige)
Vermutlich tragfähige Lösungen		
sGS 8x, 5 %	GeS_4	Es werden 7 Dreiecke ergänzt; Form und Größe der Stücke erscheinen leicht angeglichen für ein „schönes Ganzes": Achteck oder Siebeneck mit weiterem Stück; es wird vermutlich eine glatte Kante angestrebt. (**s**chönes **G**anzes **S**pitze an Spitze)
sGW 2x, 1 %	GeS_125	Es werden 7 Dreiecke ergänzt; Form und Größe der Stücke werden z. T. aufgegeben für ein „schönes Ganzes": z. B. Rechteck; Größe kommt insgesamt ungefähr hin. (**s**chönes **G**anzes **w**eitere Formen)
SK 1x, 1 %	GeS_27	Es werden 7 größere Dreiecke um das Dreieck gezeichnet; das ursprüngliche Dreieck liegt innerhalb der anderen Dreiecke. (**Sk**alieren)

7 Vorstellungen und Strukturierungen beim Bestimmen des Ganzen

Code Häufigkeit abs (rel.)	Beispiel für Code (inkl. Individualcode) (von 153)	Erläuterung des Codes
Im Ansatz tragfähige Lösungen		
AnzS 2x, 1 %	GeS_91	Das Dreieck wird durch 7 Stücke ergänzt, die allerdings eine andere Größe haben. Größe und Form sind stark verändert oder die ergänzte Fläche entspricht nicht 7 Dreiecken. Die Abweichung von dem mathematisch korrekten Ganzen ist größer als bei sGW. (**Anz**ahl **S**tücke)
Nicht tragfähige Lösungen		
MGD 4x, 3 %	GeS_133	Es werden mehr als 7 Dreiecke ergänzt und die Größe / Form der Stücke wird nicht angeglichen. Das Ganze ist wieder ein Dreieck. (**m**ehr als das **G**anze, **D**reieck)
MG 4x, 3 %	GeS_9	Es werden mehr als 7 Dreiecke ergänzt und die Größe / Form der Stücke wird nicht angeglichen. Das Ganze ist symmetrisch. (**m**ehr als das **G**anze)
WG 9x, 6 %	GeS_35	Dem Dreieck werden noch weitere Stücke hinzugefügt, die zusammen weniger als 7 Dreiecke ergeben und / oder unterschiedlich groß sind. (**w**eniger als das **G**anze)
AG 5x, 3 %	GeS_1	Es wird dasselbe Ganze angegeben, wie für den Anteil 1/4. (**a**ltes **G**anzes)
aget 14x, 9 %	GeS_77	Das Dreieck wird ENTWEDER in 8 Stücke geteilt. Dabei sind die Stücke unterschiedlich groß. ODER es wird in mehr oder weniger als 8 Stücke geteilt. (**a**nders **get**eilt)
fsonst 4x, 3 %	nicht tragfähige Lösungen sonstiger Art (**sonst**ige **f**alsche)	
Sonstige Lösungen		
sonstD 1x, 1 %	GeS_57	Sonstige Lösungen: Lösungen, bei denen die Darstellungsart geändert und ein neues Ganzes gezeichnet wird, das aus 8 Stücken besteht. (**sonst**ige **D**arstellungswechsel)
sonstDr 4x, 3 %	GeS_20	Sonstige Lösungen: Es wird ein großes Dreieck neben das kleine Dreieck gemalt, aber es wird keine Beziehung zwischen den beiden hergestellt. Z. T. ist diese Form aber größer als die Form bei Teil a), wenn diese Lernenden dort genauso gearbeitet haben. (**sonst**ige **Dr**eieck)

7.5 Analysen der schriftlichen Produkte zur Bestimmung des Ganzen (flächiger Teil) 285

Code Häufigkeit abs (rel.)	Beispiel für Code (inkl. Individualcode) (von 153)	Erläuterung des Codes
sonst 8x, 5 %	GeS_78	Sonstige Lösungen, die nicht zu interpretieren sind: Es werden 2 Lösungen angegeben (eine richtig, eine falsch und keine durchgestrichen) oder es ist nicht entscheidbar, ob die Strategie tragfähig ist, was zum Ganzen gehört, usw.. (**sonst**ige)
Keine Angabe		
kA 18x, 12 %		Die Aufgabe wird nicht verstanden, nicht gekonnt, als nicht lösbar empfunden oder nicht bearbeitet. (**k**eine **A**ngabe)

Tabelle 7-18: Übersicht über die Codes für die Lösungen zu *Item 4b*

7.5.4 Ergebnisse und Interpretation zu den Items 4a und 4b

In diesem Abschnitt werden die Ergebnisse der schriftlichen Erhebung dargestellt. Zunächst wird ein Überblick zu den Lösungshäufigkeiten gegeben. Den Schwerpunkt des Abschnitts bilden die vertieften Analysen und Interpretationen der codierten Zeichnungen. Da die Items 4a und 4b viele Gemeinsamkeiten mit den Items 3a und 3b aufweisen und die Bearbeitungen z. T. ähnliche Phänomene offenbaren, wird die Darstellung der Ergebnisse hier verkürzt.

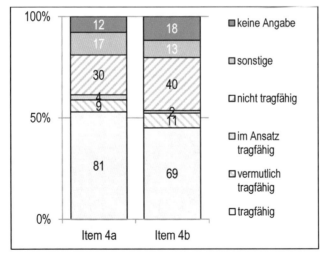

Abb. 7-24: Zuordnung der Bearbeitungen zu Kategorien für die Items 4a und 4b

Abb. 7-24 kann die Verteilung der Lösungen auf die Kategorien entnommen werden: Ca. 53 % der Lernenden haben Item 4a und ca. 45 % haben Item 4b tragfähig bearbeitet. Zu den potenziell tragfähigen Bearbeitungen kommen noch die Bearbeitungen der Kategorie *vermutlich tragfähig* hinzu, so dass sich die Zahl erfolgreicher Bearbeitungen auf 59 % bzw. 52 % erhöht. Dennoch bleibt damit ein leichter Abfall der Lösungserfolge von Item 4a zu 4b bestehen. 72 Schülerinnen und Schüler (ca. 47 %) haben beide Aufgabenteile tragfähig oder vermutlich tragfähig gelöst. Für Item 4a sind 20 % der Bearbeitungen als *nicht tragfähig* eingestuft worden; für Item 4b sind es ca. 26 %. Ca. 8 % der Lernenden haben Item 4a und ca. 12 % haben Item 4b nicht bearbeitet.

Vertiefte Analyse der als *tragfähig codierten* Lösungen:
Vielfältige tragfähige Formen des Ganzen

Tabelle 7-19 kann eine schematische Übersicht über die einzelnen Codes der Kategorie *tragfähig*, deren beispielhafte Realisierungen und Häufigkeiten entnommen werden (vgl. auch die entsprechenden Tabellen in Abschnitt 7.5.2; die dort aufgeführten Festlegungen für die Darstellung gelten hier sinngemäß).

Das Ganze wird auf vielfältige Weisen bestimmt, wobei sowohl zusammenhängende als auch nicht zusammenhängende Formen (unter *Code rsonst* erfasst) erzeugt werden. Darüber hinaus können Lösungen unterschieden werden, bei denen drei / sechs Dreiecke oder mehr bzw. weniger als drei / sechs Stücke ergänzt werden, bei denen die Größe des Ganzen aber ungefähr stimmt (*Code rsonst*).

Tabelle 7-19: Übersicht über die tragfähigen Bearbeitungen für Item 4a und 4b

7.5 Analysen der schriftlichen Produkte zur Bestimmung des Ganzen (flächiger Teil)

Vertiefte Analyse der als *vermutlich tragfähig* codierten Lösungen: Besonderheiten bei der Gestaltung des Ganzen

Die Bearbeitungen, die der Kategorie *vermutlich tragfähig* zugerechnet wurden, deuten darauf hin, dass einige Lernende dem von ihnen gezeichneten Ganzen besondere Eigenschaften – bewusst oder unbewusst – zuschreiben. Für diese Codes wurde keine tabellarische Übersicht angefertigt; hier ist eine schematische Darstellung oftmals nicht so möglich, dass daraus das Besondere der Zeichnungen deutlich würde. Insgesamt wurden dieser Kategorie neun Bearbeitungen für Item 4a und elf Bearbeitungen für Item 4b zugerechnet.

Füllflächen

Bei Lösungen vom *Code LF* sind zwar drei Dreiecke ergänzt worden, allerdings wurden die einzelnen Dreiecke so miteinander verbunden, dass ein eingeschlossenes Quadrat entsteht. Die korrekte Anzahl der Dreiecke spricht dafür, dass das Quadrat nicht als Teil des Ganzen anzusehen ist. Diese Deutung wird durch ein Interview gestützt (Interview I-4).

„Begradigung" von Ecken und Kanten

Lösungen, die mit den *Codes sGW* bzw. *sGS* codiert wurden, erhalten die Anzahl der zu ergänzenden Stücke, ändern aber deren Form und Größe ab (vgl. Abb. 7-25 und die Tabellen 7-17 und 7-18). Das so entstehende Ganze weist Besonderheiten (wie relativ glatte Kanten und Übergänge) auf. Dabei ist zu vermuten, dass die Form der Teile für den Erhalt dieser „besonderen" Form des Ganzen (unter Berücksichtigung der mathematisch notwendigen Anzahl an zu ergänzenden Stücken) angeglichen wurde. Darüber hinaus ist es ebenfalls möglich, dass diese Lernenden das Zeichnen gleichartiger Dreiecke ohne Geodreieck nicht bewerkstelligen konnten und somit Kompetenzen eine Rolle spielen können, die das Zeichnen und nicht notwendig mathematische Konzepte betreffen.

GeS_1   GeS_34

Abb. 7-25: Vergleich von *Code sGS* (links) und *S*: „geometrisch besondere" Formen
Die Markierungen stammen von der Verfasserin der vorliegenden Arbeit.

Vergrößern

Eine singuläre Bearbeitung stellt eine mit *SK* codierte Lösung dar, die auf die Idee des Skalierens verweisen kann. Hier wurden in und um das Dreieck jeweils zu den Seiten des ursprünglichen Dreiecks parallele Dreiecke gezeichnet, so dass das neue Ganze durch ein (kontinuierliches) Vergrößern der Ursprungsform entsteht. Es ist nicht eindeutig, ob durch die Umrandungen ein Ganzes entstehen sollte, das genau viermal so groß wie das ursprüngliche Dreieck ist oder ob es bei der Vergrößerung lediglich auf die Anzahl der das kleine Dreieck umrahmenden Dreiecke ankommt.

Vertiefte Analyse der als *im Ansatz tragfähig* codierten Lösungen: Veränderung der Grundform bei gleichzeitiger Veränderung der Größe

Weitere Lösungen, die ebenfalls vermutlich ein besonderes Ganzes im Blick haben, wurden in der Kategorie *im Ansatz tragfähig* mit dem *Code AnzS* erfasst. Hierbei handelt es sich um Bearbeitungen, bei denen die ergänzten Stücke von der Anzahl und Grundform her (annähernd) stimmen; allerdings weicht das so entstehende Ganze von der Größe her vom genau konstruierten auch unter Berücksichtigung einer gewissen Zeichenungenauigkeit deutlich ab. U. U. deuten die Lösungen darauf hin, dass die Eigenschaft des Teils, ein Dreieck zu sein, stärker fokussiert wurde, als dessen genauen geometrischen Eigenschaften.

Vertiefte Analyse der als *nicht tragfähig* codierten Lösungen: Nichterhalt der Gesamtfläche, fehlerhafte Zusammenhänge, Umdeutungen

Ein schematischer Überblick über die einzelnen Codes der Kategorie *nicht tragfähig* kann Tabelle 7-20 entnommen werden.

Nichterhalt der Gesamtfläche

Bei fünf Bearbeitungen für Item 4a und insgesamt acht für 4b wurden mehr als drei bzw. sieben Stücke ergänzt, die auch jeweils nicht entsprechend von der Größe her angeglichen wurden (*Codes MG* und *MGD*). Für Item 4b ergibt sich ein Dreieck, so dass das Ganze wieder der Form des Teils gleicht (*Code MGD*).

Code WG erfasst in beiden Teilen die zweithäufigste nicht tragfähige Art von Lösungen: Die Anzahl der ergänzten Stücke wird reduziert und ihre Größe und Form werden so verändert, dass das Ganze kleiner als ein mathematisch korrektes Ganzes ist.

7.5 Analysen der schriftlichen Produkte zur Bestimmung des Ganzen (flächiger Teil) 289

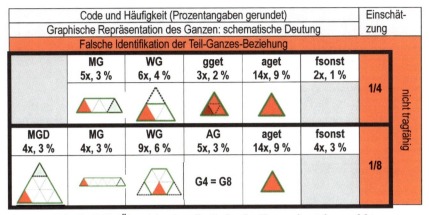

Tabelle 7-20: Übersicht über die Codes der Kategorie *nicht tragfähig*

Fehlerhaftes Herstellen von Zusammenhängen

Ein geringer Teil der Lösungen für Item 4b (3 %) besteht darin, das einmal gefundene Ganze für Item 4a auch für Item 4b zu verwenden (*Code AG*). Allerdings werden hier im Gegensatz zu Aufgabe 3 durch die Lernenden keine entsprechenden Strukturierungen des Ganzen vorgenommen, so wie in Abb. 7-26 in Interview I-3: Hier wurde das für den Anteil 1/4 gefundene Ganze zunächst in acht Stücke geteilt, bevor vier weitere Dreiecke ergänzt wurden.

Abb. 7-26: Verteilen oder Ergänzen?

Umdeutung der Konstellation

Die größte Gruppe der als nicht tragfähig eingeschätzten Bearbeitungen in beiden Items sind solche, die das vorgegebene Dreieck verteilen und damit zum Ganzen umdeuten (*Codes aget* und *gget*).

Zwischenfazit

Bei der Analyse von Item 4a und 4b zeigt sich eine Vielfalt an unterschiedlichen Lösungen, die sich verschiedenen Phänomenen zuordnen lassen und auf individuelle Vorstellungen von Lernenden zum Ganzen hinweisen:

- *Lösungshäufigkeiten:* Insgesamt haben etwas mehr als die Hälfte der Lernenden Item 4a (53 %) und etwas weniger als die Hälfte Item 4b (45 %) tragfähig bearbeitet. 8 % bzw. 12 % der Lernenden haben die Items nicht bearbeitet.

- *Formenvielfalt:* Das Ganze wird auf vielfältige Art und Weise *tragfähig* bestimmt, wobei zusammenhängende Formen aus einzelnen Dreiecken bei weitem überwiegen (*Codes D, Z, S, R, GZ, AD*).

- *Ähnlichkeit zwischen Teil und Ganzem:* Die Realisierung des Ganzen als größeres Dreieck für Item 4a stellt für dieses Item die zweithäufigste *tragfähige* Realisierung dar (*Code D*).

- *Strukturelle Besonderheiten:* Die als *im Ansatz* bzw. *vermutlich tragfähig* eingestuften Lösungen geben Hinweise darauf, dass diese Lernenden Formen für das Ganze angestrebt haben, die geometrische Besonderheiten aufweisen und dadurch vom mathematisch tragfähigen Ganzen von der Größe her abweichen (z. B. *Codes sGS, sGW*). Füllflächen, die durch geometrische Anordnungen entstehen oder andere Verfahren zur Lösungsgenerierung wie Skalieren erhalten in dieser Erhebung nur eine untergeordnete Bedeutung (*Codes SK, LF*).

- *Umdeutung der Konstellation:* Die häufigste *nicht tragfähige* Realisierung besteht in der Interpretation des Teils als Ganzes (*Codes gget und aget*). Wenige Lernende geben in beiden Teilen dasselbe Ganze an (*Code AG*). In beiden Teilen wechseln Lernende das Darstellungsmittel (*Code sonstD*).

Im Folgenden werden die Befunde zu Item 4a und 4b mit denen zu Item 3a und 3b vergleichend betrachtet.

7.5.5 Vergleich zwischen den Items 3a, 3b, 4a und 4b

Die Empirie deutet darauf hin, dass die Aufgabe, ein Ganzes zu zeichnen, manche Lernende vor die Aufgabe stellt, ihre individuellen Vorstellungen und Ansprüche mit den mathematisch zentralen Kriterien in Einklang zu bringen. Im Wesentlichen zeigen sich dabei für die vier Items ähnliche Phänomene, wobei – vermutlich durch die Form des Teils – diese leicht unterschiedlich ausgeprägt sind.

7.5 Analysen der schriftlichen Produkte zur Bestimmung des Ganzen (flächiger Teil) 291

Lösungshäufigkeiten

Vergleicht man die Verteilung der Lösungen, so fällt auf, dass Aufgabe 3 von mehr Lernenden tragfähig bearbeitet wurde, was vermutlich auf die zeichnerisch schwerer zu realisierende Form des Dreiecks in Aufgabe 4 zurückzuführen ist. U. U. kommt hier auch dem fehlenden Kontextbezug eine Bedeutung zu, obgleich dieser in den Lösungen zu Aufgabe 3 selbst kaum thematisiert wird.

Für beide Aufgaben ist ein Abfall *tragfähiger Bearbeitungen* von Teil a) zu Teil b) zu beobachten. Die Zahl *nicht tragfähiger Bearbeitungen* nimmt sowohl jeweils von Item a) nach b) als auch über die Aufgaben hinweg, zu. Dabei lässt sich den Testdaten entnehmen, dass eine erfolgreiche Bearbeitung von Aufgabe 3 nicht notwendig eine erfolgreiche Bearbeitung von Aufgabe 4 und umgekehrt nach sich ziehen muss, auch wenn Aufgabe 3 einigen Lernenden leichter gefallen zu sein scheint.

Interpretation des Zusammenhangs zwischen Teil und Ganzem

In beiden Aufgabenteilen lässt sich der Einfluss des Teils auf die Gestaltung des Ganzen ausmachen: So weisen einige Bearbeitungen geometrische Besonderheiten in Bezug auf den Zusammenhang von Teil und Ganzem und in Bezug auf geometrische Charakteristika wie z. B. 180° Winkel auf.

In Aufgabe 3 ist eine Realisierung des Ganzen als Quadrat (d. h. größere Realisierung des Teils) nur über Hilfsstrategien möglich. Für Item 4a hingegen lässt sich mit dem vorgegebenen Anteil 1/4 ein größeres Quadrat erzeugen, was u. U. zu dem relativ hohen Lösungserfolg trotz schwierigerer Ausgangsform führt. Mit dieser Beziehung zwischen Teil und Ganzem hängt u. U. auch zusammen, dass z. T. zu viel oder zu wenig Fläche für eine tragfähige Realisierung des Ganzen ergänzt wurde (*Codes MG / WG / MGD*).

Häufig Umdeutung der Konstellation als Schwierigkeit

Beide Aufgaben zeigen, dass einige Lernende die vorgegebene Konstellation umgedeutet haben: So haben sie zum einen den Teil zum Ganzen umgedeutet (*Codes gget / aget*); zum anderen haben sie für die Darstellung des Ganzen andere Darstellungsmittel gewählt (*Codes sonstB, sonstD, sonstDr*). Das in beiden Aufgabenteilen vorkommende Aufteilen weist darauf hin, dass eine potenzielle Verwechslungsgefahr in Bezug auf die zu bearbeitende Konstellation vorliegt.

In der Vielfalt der möglichen Phänomene, die sich bei der Bearbeitung dieser Aufgaben zeigen können, äußert sich ein hohes diagnostisches Potenzial, um mehr über die Vorstellungen von Lernenden zu Teil, Anteil und Ganzem zu erfahren (vgl. auch Peter-Koop / Specht 2011). Die Anforderung, das Ganze zu bestimmen, ist dabei auch auf Nicht-Stammbrüche und unechte Brüche erweiterbar. Hier zeigen sich z. T. ähnliche Phänomene und Schwierigkeiten von Lernenden (vgl. ebd.). Darüber hinaus kann auch von einem Anteil zu einem anderen Anteil geschlossen werden (ebd.; Alexander 1997). In diesen Variationen wird das Bilden und Umbilden von Einheiten noch stärker betont.

7.6 Analysen der Prozesse zur Bestimmung des Ganzen (flächiger Teil)

In diesem Abschnitt werden ausgewählte Prozesse aus den Interviews zum Ergänzen eines flächigen Teils zum Ganzen vertieft analysiert. Dazu werden die Bearbeitungsprozesse von sechs Lernenden (Ramona und Jule, Simon und Akin sowie Laura und Melanie) vertieft analysiert und dargestellt.

In Abschnitt 7.6.1 liegt der Fokus der Analyse auf dem Wechsel verschiedener Darstellungen sowie auf der Form und der strukturellen Betrachtung des Ganzen: Ramona und Jule wechseln unter anderem die Darstellungen, betrachten verschiedene Ganze zu einem Teil und stellen zum Schluss Beziehungen her, wie ein vorhandenes Ganzes unter Ausnutzung des Anteils zu einem anderen Ganzen ergänzt werden kann.

In Abschnitt 7.6.2 haben der Kontext und die Unterscheidung zwischen der Alltagswelt und der Mathematik als mögliche Sichtweisen auf das Ganze Bedeutung: So ziehen Simon und Akin z. B. alltagsweltliche Beispiele zur Argumentation darüber heran, wann etwas ein Ganzes ist und wann nicht.

Der Gesprächsausschnitt in Abschnitt 7.6.3 nimmt die Konstruktion des Ganzen aus einzelnen Teilen in den Fokus, d. h. dessen interne Strukturierung und die Beziehung des Teils zum Ganzen. Dabei wird unter anderem im Ansatz das Kriterium der Anzahl der Teile für das Ganze hinterfragt.

7.6.1 Ramona und Jule ergänzen zum Ganzen: Form des Ganzen und strukturelle Beziehungen (11:22 – 22:06)

Einordnung der Szene in das Gesamtinterview

Dem hier analysierten Interviewausschnitt mit Ramona (R) und Jule (J) geht die Bearbeitung der *Bonbonaufgabe I* voraus (vornehmlich Bestimmung des Ganzen zu einem vorgegebenen diskreten Teil; für die Sachanalyse vgl. Abschnitt 2.6.2). Die Mädchen bearbeiten die Aufgabe, zu einem flächigen Teil (Quadrat), ein passendes Ganzes zu zeichnen (vgl. Abb. 7-27). Im Unterricht wurde zuvor bereits eine Aufgabe zum zeichnerischen Ergänzen eines Teils behandelt, bei der

7.6 Analysen der Prozesse zur Bestimmung des Ganzen (flächiger Teil)   293

der Anteil, den der bildlich gegebene Teil vom Ganzen darstellen soll, allerdings nicht vorgegeben war, sondern ein beliebiger Anteil genutzt werden durfte (vgl. Abb. 7-28). Daher ist die Vorgabe des Anteils, den der Teil vom Ganzen darstellt, für die Mädchen und ihre Mitschülerinnen und Mitschüler hier eine neue Anforderung: Konnte das Ganze zuvor beliebig gewählt werden, müssen nun strukturelle Überlegungen angestellt werden.

Das ist ein Drittel: □	Jetzt ist es ein Viertel / ein Sechstel □ □
Wie könnte dann die komplette Form aussehen?	Wie könnte jetzt das Ganze aussehen?

Abb. 7-27: Interviewaufgabe zum Ergänzen zum Ganzen (Quadrat)

In der Interviewepisode zeigen beide Mädchen eine hohe Reflexionsfähigkeit. Zunächst beginnen sie mit dem Ganzen zum Anteil 1/3, wechseln dann aber zum Anteil 1/4 über. Diese Teilaufgabe und auch die Aufgabe zum Anteil 1/6 lösen sie souverän. Im Anschluss wenden sie sich erneut dem Anteil 1/3 zu und können diese Aufgabe im zweiten Anlauf ebenfalls lösen.

Die hier analysierte Episode setzt mit Zeile 1 bei 11:22 Minuten des Interviews ein und umfasst insgesamt etwa zehn Minuten.

3 Zum Ganzen ergänzen

a) Welcher Anteil könnte in den Bildern dargestellt sein?

b) Ergänze zu einem Ganzen. Wie groß könnte jeweils der hier gezeigte Anteil sein?

c) Vergleicht eure Ergebnisse aus Aufgabe b) untereinander. Gibt es mehrere Lösungen? Begründet eure Antwort.

Abb. 7-28: Schulbuchaufgabe zum Ergänzen zum Ganzen aus Erprobungsfassung zu Barzel et al. (2012) © Cornelsen-Verlag

Zeile 1-28: Starten mit dem Ganzen für den Anteil 1/4 bzw. 1/6

Jule und Ramona überspringen zunächst beide nach kurzer Beschäftigung den Anteil 1/3 und lösen zunächst in ca. drei Minuten die Aufgabe zum Anteil 1/4 bzw. 1/6 souverän (vgl. ihre Zeichnungen in Abb. 7-29).

Abb. 7-29: Jules (links) und Ramonas Lösung zum Anteil 1/4 bzw. 1/6

In den folgenden zweieinhalb Minuten bearbeiten Ramona und Jule die zunächst ausgelassene Aufgabe.

Zeile 29-47: Bearbeitung der Aufgabe „Das Quadrat ist 1/3"

...
30	R	Ich denke es. - Deshalb ist diese gestrichelte Linie da, weil - das ja dann so schräg ist.
31	I	Wie meinst du das mit dem schräg?...
32	R	... Also das ist ja auch eine Form wenn das jetzt also jetzt, das ja ein <u>Rechteck</u>, das ist ja <u>auch</u> eine Form. - Ich hab gedacht, das müsste jetzt so nebeneinander *[macht eine Bewegung mit den Händen]* ge- gesetzt sein, jetzt so verschieden, also wenn jetzt <u>einer</u> in der Mitte ist´...
33	J	...Das hab ich auch zuerst gedacht...
...		
37	R	So muss das aussehen *[zeigt mit dem Stift über ihre Lösung]*, aber ich hab vorher gedacht´ *[schreibt „vorher gedacht"]* dass es so sein müsste. - Das ist jetzt mal dieses hier *[zeigt auf das vorgegebene Quadrat und zeichnet ein rotes Quadrat neu hin]*. Das es dann <u>so</u> sein müsste. <u>So</u> und dann <u>hier</u> noch so... *[zeichnet jeweils ein Quadrat dazu, so dass ein „Haken" entsteht; Jule beobachtet, was sie macht]*

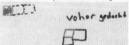

38	J	...Ja das hab ich auch zuerst gedacht, aber das...
39	R	...dass es so an verschiedenen <u>Seiten</u> gemacht werden soll...
40	J	...Ja stimmt, das <u>geht</u>. - Das würde auch gehen. Das ist auch noch ne Lösung *[Pause, 3 sec.]*
41	R	Geh- Ob das jetzt auch so geht hab ich gedacht, dass es jetzt nicht so geht, dass man das jetzt so verschieden so macht.

...

7.6 Analysen der Prozesse zur Bestimmung des Ganzen (flächiger Teil)

45 R Deshalb ja. - Deshalb. - Also – das hab ich glaub ich das geht so nicht, weil - sehr komisch, so keine Form ergibt.
...

Beide Schülerinnen ergänzen das Quadrat zum Anteil 1/3, indem sie zwei weitere Quadrate in einer Reihe zeichnen, so dass ein 1·3 Rechteck entsteht (Z. 29; nicht abgedruckt). Während Jule das von ihr gefundene Ganze wie die beiden anderen zuvor in vorgegebenen Teil und Rest strukturiert, farbig markiert und beschriftet, zeichnet Ramona ihre Lösung nur mit gestrichelten Linien (s. Z. 37 links). Das könnte ausdrücken, dass sie sich mit dieser Lösung nicht sicher ist, was auch ihr Kommentar in Z. 30 bestätigt. Auf die Rückfrage der Interviewerin hin (Z. 34-36; hier nicht abgedruckt), zeichnet Ramona ihre zuvor überlegte Lösung auf: Sie ergänzt an zwei Seiten des vorgegebenen Quadrates jeweils ein Quadrat der ursprünglichen Größe, so dass ein „Haken" entsteht (Z. 37). An dieser Stelle wird Ramonas Fähigkeit zur Selbstreflexion deutlich, denn sie unterscheidet explizit zwischen dem, was sie ursprünglich gedacht hat und dem, was sie nun für die eher angemessene Lösung hält. Das Kriterium, das sie anscheinend als wichtig angesehen hatte, ist, dass die Quadrate an unterschiedlichen Seiten des vorgegebenen Quadrates ergänzt werden müssen (Z. 39). Dieses Kriterium hat sie letztendlich dem Rechteck untergeordnet, das für sie eine Form darstellt (vgl. die Aufgabenstellung: hier wurde der Ausdruck „komplette Form" anstelle von „Ganzes" verwendet). Dennoch scheint sie das Rechteck nicht vollständig zufrieden zu stellen.

In Z. 41-47 (nicht vollständig abgedruckt) formuliert Ramona ihre Bedenken in Bezug auf die Lösung des Hakens, den auch Jule als zuvor überlegt angibt und nun als weitere Lösung akzeptiert (Z. 38-40): Es würde keine richtige Form, wie z. B. bei dem Viertel, entstehen (Z. 45). Gemeint ist vermutlich, dass der Haken aus ihrer Sicht zu einem Objekt mit nicht einspringenden Kanten (z.B. einem Quadrat), ergänzt werden müsste, damit er ein Ganzes darstellt.

Ramona scheint hier zwei Anforderungen an das Ganze gegeneinander abzuwägen: Zum einen die Form des Ganzen und zum anderen die Art der Verbindung der Quadrate zu einem Objekt (An welchen Seiten des vorgegebenen Quadrates darf man die fehlenden Quadrate ansetzen?). Insgesamt bleiben der von Ramona genutzte Begriff „schräg" und seine Interpretation im Kontext der Quadrate ambivalent. Es zeigt sich jedoch, dass die Relation zwischen Teil und Ganzem hier für beide Mädchen nicht im Vordergrund steht, sondern dass individuelle Forderungen an das Ganze herangetragen werden.

Zeile 48-71: Wechsel der Darstellungsform

Nach ungefähr sechs Minuten des Gesamtinterviewausschnitts wechselt Jule die Darstellungsart und beginnt damit, die vorgegebenen Anteile im Kreisbild darzustellen, da sie ihrer eigenen Aussage zu Folge Anteile besser mit Kreisen darstellen kann (vgl. auch die Bearbeitungen im Test zu *Code sonstD*, Abschnitt 7.5.1).

Damit wird neben der Darstellung implizit auch die Konstellation geändert, denn anstatt das Ganze ausgehend vom Teil zu bestimmen, wird das Ganze als gegeben vorausgesetzt und der von ihm abhängige Teil bestimmt (*Konstellation III* → *Konstellation I*).

Zeile 72-78: Erklärung der Lösung für 1/3

Zum Abschluss bittet die Interviewerin Ramona und Jule, ihre Lösungsideen noch einmal zu erläutern. An Jules Erklärung werden erneut implizite Annahmen deutlich, die für ihre Lösung relevant erscheinen und die über die mathematisch notwendigen Kriterien hinausgehen: Neben der Tatsache, dass *genau drei Quadrate* für das Ganze benötigt werden, ist auch die *Anordnung dieser Teile* entscheidend. Dabei scheint der letzte Punkt eventuell (auch) durch die Formulierung der Aufgabenstellung nahegelegt, denn prinzipiell können beide Mädchen auch weitere Formen, die diesem Kriterium nicht optimal entsprechen, als richtiges Ganzes identifizieren (im weiteren, hier nicht abgedruckten Verlauf des Interviews).

Jules Antwort macht deutlich, dass die Argumentation (auch sprachlich) gar nicht einfach ist: Zum einen sind die Quadrate in dieser Aufgabe Teile von einem Ganzen, d. h. sie sind 1/3 von einer größeren Einheit (die aber nicht visuell in dieser Aufgabe vorgegeben ist). Gleichzeitig kann so ein Quadrat aber auch als eigenständiges Objekt angesehen werden, das für sich allein gesehen ein „Ganzes" ist.

Zeile 79-101: Entdecken eines strukturellen Zusammenhangs

...

96	J	...Und was ich auch noch gedacht hab, ähm, hier *[zeigt auf das Ganze zu 1/6]* hatte ich ja diese Form schon und dann hab ich mir gedacht hier u- untere Reihe weg gedacht. Und da hatte ich ja diese - und da bin ich darauf gekommen, dass das eben genau dasselbe ist wie das jetzt - da oben...
97	R	Hab ich auch gerade dran. Drei Stück das ist ja <u>auch</u> 1/3 da hat man ja nur drei zu gemalt. *[unverständlich]* <u>Zwei mal</u> 1/3 - wären das dann. - Dann muss einfach nur das untere wegmachen. *[Jule vervollständigt weiter ihre Beschriftung]*

...

7.6 Analysen der Prozesse zur Bestimmung des Ganzen (flächiger Teil)

Nachdem Ramona auf die Aufforderung der Interviewerin hin auch die anderen beiden Lösungen erklärt hat (Z. 79-95; hier nicht abgedruckt), gibt Jule als wiedergegebene oder vermutlich spontan generierte Idee noch einen weiteren Weg zum Finden eines Ganzen zum Anteil 1/3 an: Ausgehend von dem Ganzen zum Anteil 1/6 denkt sie eine Zeile des von ihr gezeichneten 2·3-Rechtecks weg und erhält damit die von ihr zuvor gezeichnete Form für das Ganze zum Anteil 1/3 (Z. 97).

Im restlichen Teil dieser Interviewepisode erklärt Jule erneut ihre Kreisdarstellung (Z. 98-101).

Zusammenfassende Interpretation

An der Szene ist bemerkenswert, dass Ramona und Jule zwar zunächst mit dem Anteil 1/3 starten, dann jedoch beide erst das Ganze zu 1/4 bzw. zu 1/6 zeichnen. Beides gelingt ihnen sehr schnell und mathematisch korrekt. Auffällig ist, dass beide Schülerinnen als Ganzes für die Anteile Rechtecke (bzw. Quadrate für den Anteil 1/4) zeichnen, d. h. „geschlossene" Formen ohne einspringende Ecken. Die Präferenz für diese geometrisch besonderen Formen wurde auch bereits bei der vertieften Analyse der Testbearbeitungen dargestellt (vgl. konkret die *Codes I* und *R* mit ca. 52 % bzw. ca. 49 %). Für den Anteil 1/3 gelingt ihnen die Rekonstruktion des Ganzen allerdings nicht auf Anhieb, wobei der Grund hierfür, wie sich im Verlauf des Interviews herausstellt, darin liegt, dass beide Mädchen als Auswahlkriterium für die Form des Ganzen nicht nur die Anzahl der dafür benötigten Teile von der Größe des Ursprungsquadrates bzw. allgemeiner die zum Ganzen fehlende Fläche berücksichtigen: Sie suchen vielmehr gleichzeitig nach einer bestimmten äußeren Form für das Ganze. Diese Form finden sie schließlich in einem 1·3-Rechteck, das auch im Test aus vermutlich demselben Grund die mit Abstand häufigste Realisierung darstellt. Dabei scheint beiden Mädchen bewusst zu sein, dass für die Bestimmung des Ganzen die Anzahl der kleinen Quadrate letztendlich entscheidend ist (z. B. Z. 76).

In diesem Fokus auf die Anzahl der Teile, den sie letztendlich über individuelle Kriterien zu stellen scheinen, unterscheiden sie sich von anderen Lernenden: So haben in der schriftlichen Erhebung manche Lernende zu viel oder zu wenig Fläche ergänzt, um ein „schönes" Ganzes zu erzeugen (*Codes WG* und *MG*).

Neben der reinen Betrachtung der Anzahl der Teile als Konstruktionsprinzip für das Ganze, entwickelt Jule gegen Ende der Szene eine alternative Zugangsweise, indem sie Zusammenhänge zwischen verschiedenen Anteilen und damit operative Vorgehensweisen nutzt. Diese Sichtweise, die auf die Betrachtung interner Strukturen hindeutet, ist in der schriftlichen Erhebung nicht in der Breite rekonstruierbar.

Einschätzung Fokus	Kriterien für das (zeichnerische Bestimmen des) Ganze(n)	Inhalt	Beleg (Schüler / Schülerin)
arithmetische Struktur? geometrische Struktur?	Anzahl der Stücke / Form des Ganzen?	Zeichnet Quadrat aus vier Teilen zum Anteil 1/4	Z. 11 (J)
arithmetische Struktur	Teil und Rest	Strukturiert das gezeichnete Ganze in Teil und Rest	Z. 19-28 (J)
arithmetische Struktur? geometrische Struktur?	Anzahl der Stücke / Teil und Rest / Form des Ganzen?	Zeichnet Rechteck zum Anteil 1/6; Strukturiert die Zeichnung in Teil und Rest	Z. 28 (J)
		Zeichnet Quadrat zum Anteil 1/4 und Rechteck zu 1/6; färbt das vorgegebene Quadrat	Z. 28-29 (R)
geometrische Struktur	Form des Ganzen / Position des Stücks	Beschreibt die Zusammensetzung des Ganzen als „schräg"	Z. 30-39 (R)
		Bestätigt Ramonas Überlegung	Z. 33 (J)
geometrische Struktur	Form des Ganzen	Referiert auf eine „Viertelform"	Z. 42-44 (J)
geometrische Struktur		Es ergibt sich keine Form für das Ganze.	Z. 45 (R)
geometrische Struktur	Darstellungsmittel Kreis	In Kreisen fällt das Zeichnen von Anteilen leichter.	Z. 48-50 (J)
arithmetische Struktur? geometrische Struktur?	Anzahl der Stücke / Form des Ganzen?	Sie hat drei Kästchen im Kopf „verschoben".	Z. 73 (J)
arithmetische Struktur	Anzahl der Stücke	Es müssen noch zwei Kästchen ergänzt werden; 1 von drei.	Z. 76 / 78 (J)
		Einer von dreien, einer von 4, einer von 6	Z. 77 / 84 (R)
geometrische Struktur	Form des Ganzen	Das Ganze kann (zu einem Viereck) zusammengesetzt werden.	Z. 91-93 (R)
arithmetische Struktur	Zusammenhänge zwischen Anteilen nutzen	Das Ganze zu 1/3 entsteht aus dem zu 1/6 durch Halbieren.	Z. 96 (J)
			Z. 97 (R)

Tabelle 7-21: Überblick über die Argumentation von Ramona und Jule

Ungeklärt bleibt die Frage, ob Ramona und Jule eventuell mit dem Begriff „Form" im Aufgabentext zur ersten Teilaufgabe falsche Assoziationen verbinden, jedoch lassen sich auch bei der Verwendung des Begriffes „das Ganze" ebenfalls vielfältige Realisierungen des Ganzen im schriftlichen Test und Reflexionen in den Interviews finden, die dies relativieren können.

Eine Auffälligkeit in Jules Bearbeitung besteht darin, dass sie während und nach der Bearbeitung der einzelnen Teilaufgaben die Darstellung wechselt: Die Darstellung im Kreis ist ihr aus dem vorangegangenen Unterricht her bekannt. Somit scheint sie sich hier an dem im Unterricht erworbenen Wissen zu orientieren und dieses auf die neue Situation anzuwenden. Jedoch können sich dabei Hürden ergeben, denn die Konstellation, die sie damit betrachtet, ist nicht mit der vorliegenden Konstellation kompatibel: Sie geht vom Ganzen aus und bestimmt den Teil. Diese Sichtweise zeigt sich auch in wenigen Bearbeitungen des Tests (*Code sonstD*). Die interne Struktur des Ganzen scheint beiden Mädchen somit bewusst zu sein, jedoch könnte auch das Ausweichen auf die Darstellung im Kreis ein Hinweis darauf sein, dass sie noch nicht flexibel im Nutzen unterschiedlicher graphischer Repräsentationen sind.

Insgesamt lässt sich feststellen, dass die Mädchen sowohl mit fachlich tragfähigen als auch mit individuell abweichenden Argumenten arbeiten und zwischen diesen zu wechseln scheinen (vgl. Tab. 7-21). Dabei lassen sich diese Argumente sowohl arithmetischen als auch geometrischen Schwerpunkten zuordnen.

7.6.2 Simon und Akin ergänzen zum Ganzen: Form des Ganzen in Welt und Mathematik (12:07 – 20:14)

Einordnung der Szene in das Gesamtinterview

Die im Folgenden analysierte Szene aus dem Interview mit Simon (S) und Akin (A) folgt zeitlich der Bearbeitung der *Bonbonaufgabe I* (vgl. Abschnitt 7.3.1), welche die Jungen erfolgreich gelöst haben (Zeile 1 bei 12:05 Minuten des Gesamtinterviews). Sie umfasst ca. acht Minuten.

Die Aufgabe zum Ergänzen eines Quadrates zum Ganzen (vgl. Abb. 7-30) lösen beide Schüler richtig, wobei sie allerdings kurzzeitig irritiert erscheinen: Vor allem Simon scheint den Fokus auf bestimmte Merkmale der äußeren Gestalt des Ganzen zu lenken und findet aus diesem Grund nicht direkt eine Lösung für das Ganze zum Anteil 1/3. Akin hingegen kann auch in diesem Fall zur Angemessenheit eines Ganzen argumentieren: Er nutzt als Kriterium die Anzahl der zum Ganzen zu ergänzenden fehlenden Stücke.

Dieser Interviewausschnitt zeigt einen weiteren Aspekt für den Umgang mit dem Ganzen: Neben der Gestaltung des Ganzen an sich, scheint auch dessen außermathematische Realisierung bzw. Deutung für manche Lernende entscheidend zu sein. So unterscheidet vor allem Akin zwei Perspektiven auf das Ganze, für die er jeweils über eigene Kriterien für ein geeignetes Ganzes zu verfügen scheint:

Die mathematische und die Alltagsperspektive. Simon argumentiert hingegen oft mehr aus letzterer Sicht.

| Das ist ein Drittel: ☐ Wie könnte dann die komplette Form aussehen? | Jetzt ist es ein Viertel / ein Sechstel ☐ ☐ Wie könnte jetzt das Ganze aussehen? |

Abb. 7-30: Interviewaufgabe zum Ergänzen zum Ganzen (Quadrat)

Zeile 1-36: Der Haken ist kein Ganzes

...
21 A *[Akin zeichnet drei Quadrate in Form eines Hakens; noch ohne blaue Markierung. Simon überlegt, schaut dann zu der Zeichnung von Akin.]* Ich hab`s so...

22 S ...So würd ich das auch, aber ich weiß nicht... *[Simon zeichnet ebenfalls einen Haken aus drei Teilen]*
23 A ...ja dann mach doch einfach...
24 S ...das ist ja kein Ganzes...
25 A ...Ja...
26 S ...da fehlt was...
27 A ...wenn schon geht da ei-, ein, 1/4, aber - ist ja 1/3, wenn schon geht das so... *[zeigt auf das Aufgabenblatt]*
28 S ...ah, ich weiß wie. - So. *[Simon zeichnet ein Rechteck mit drei Teilen nebeneinander), murmelt etwas Unverständliches]*

...

Die Interviewerin führt die Aufgabe als eine „etwas andere Aufgabe" ein. Die durch die Aufgabenstellung angelegte ungewohntere Sichtweise äußert sich auch in dem relativ langen Abschnitt, in dem die Interviewerin die Aufgabenstellung in mehreren Schritten präzisiert (Z. 1-20; hier nicht abgedruckt).

Akin zeichnet als erste Lösung für das geforderte Ganze einen Haken, der aus drei Quadraten besteht (Z. 21). Simon äußert, obwohl er angibt, dass er das genauso machen würde (Z. 22), Zweifel, die er wenig später expliziert: Der Haken, den Akin gezeichnet hat, ist kein Ganzes (Z. 24), da da „was fehlt" (Z. 26). Dabei bezieht er sich vermutlich auf das zum großen Quadrat fehlende vierte Quadrat der Ursprungsgröße. Dennoch beginnt Simon während seines Gespräches mit Akin damit, ebenfalls einen Haken zu zeichnen.

7.6 Analysen der Prozesse zur Bestimmung des Ganzen (flächiger Teil)

Akins Aussage in Z. 27 deutet darauf hin, dass er Simons Einwand des unvollständigen Ganzen grundsätzlich nachvollziehen kann. Dennoch argumentiert er, dass 1/4 fehlen würde, das Quadrat aber 1/3 sein soll und somit seine Lösung richtig ist. Damit unterscheidet er verschiedene Anteile ausgehend von ihrer Beziehung zum Ganzen und schließt somit hier die Form als Kriterium für das Ganze aus. U. U. zeigt sich hier die Konsequenz einer operativen Vorgehensweise: Ist der Haken mit drei Quadraten gegeben und ergänzt man nun ein weiteres Quadrat, so ergibt sich zwar eine geschlossene Form, aber ein Quadrat ist dann eines von vier Quadraten, also 1/4. Rückschließend kann nun der Haken als Ganzes zum Anteil 1/3 mit einem arithmetischen Argument verifiziert werden: Verringert man die vier Quadrate, von denen jedes 1/4 ist, um ein Quadrat, so ergeben sich drei Quadrate, von denen jedes 1/3 von diesem neuen Ganzen ist.

Simon findet im Rechteck eine für ihn anscheinend zufriedenstellende Lösung, die auch Akin übernimmt (Z. 28-36, nicht vollständig abgedruckt). So lösen die Jungen die Aufgabe richtig, lassen aber erkennen, dass sie implizite Regeln für ein „besonderes" Ganzes zu aktivieren scheinen. Dies schärft sich im Fortlauf des Interviews weiter aus.

Zeile 37-68: Reden über die Lösung – sind beide Lösungen richtig?

...
50	A	Ja nicht direkt *[schaut Simon an]* - also - könnte ja auch richtig sein, kommt drauf an wie das aussah am Anfang.
51	I	Wie meinst du das?
52	A	Also, zum Beispiel, bei 'ne Kuchenform, wir ham auch zu Hause so 'ne Kuchenform *[zeigt auf den Haken, den er gemalt hat]* - also
53	I	Mhm
54	A	Dann können wir das ja auch durch 3 machen, so zum Beispiel.
55	I	Mhm - welcher Anteil wär denn da das - Quadrat?
56	A	1/3, also 1/3.
57	I	Mhm
58	A	Also, is auch richtig - theoretisch gedacht. *[lacht]*
59	S	Das könnte ja einfach so 'n langer Kuchen sein, weil so 'ne Form haben wir bei uns zu Hause. *[zeigt mit den Händen einen Abstand]*
60	I	Euch stört jetzt die Form von dem, an diesem - Haken da? *[Akin ergänzt in blau „1/3" an seiner Zeichnung]*
61	S	Von dem ja. *[ergänzt den Haken zum Quadrat]*
62	A	Von mir nicht. *[unverständlich; schüttelt den Kopf]*
63	I	Meinst du denn, dass das geht das geht oder geht das eher nicht?
64	S	Ich glaube eher nicht, weil...
65	A	...das geht doch, das ist doch auch 1/3, also wenn du jetzt 1 davon wegnimmst...

[zeigt auf das Blatt von Simon]
66   S   …ja lass mal, weil eigentlich ein Ganzes muss ja voll ausgefüllt sein. *[Akin malt in seinen Zeichnungen jeweils ein Drittel blau an.]* - Das kann ja jetzt nicht, ich kann ja auch nicht - äh - m- w- ne Wurst, Wurst stopfen hier und die hört dann hier auf *[zeichnet zwei Klammern]* und geht dann hier weiter. ⊂ ⊃

…

Akin, der bisher zwischen der Akzeptanz und der Ablehnung des „Hakens" geschwankt hat, schätzt diesen nun auf Nachfrage doch als ein mögliches richtiges Ganzes ein und zieht als außermathematisches Beispiel den Kontext „Kuchen" (Kuchenform) heran (Z. 50-54). Das entscheidende Kriterium scheint dabei die Anzahl der Stücke zu sein, d. h. die Möglichkeit des Aufteilens des Kuchens auf drei Personen.

Aus der Bestimmung des Anteils eines Quadrates am Ganzen folgert Akin anschießend, dass der Haken eine richtige Lösung ist (Betrachtung von *Konstellation II*). Diese Aussage schränkt er jedoch ein, denn er fügt noch hinzu „*theoretisch gedacht*" (Z. 58). Diese Äußerung deutet darauf hin, dass für Akin hier ein Unterschied zwischen der normalen Alltagswelt und der theoretischen – vermutlich mathematischen – Welt zu bestehen scheint: *Im normalen Leben* kann der Haken eine merkwürdige Form für ein Ganzes sein, *theoretisch gesehen* erfüllt er jedoch die Anforderungen, die an ein Ganzes gestellt werden müssen, denn jedes Quadrat stellt 1/3 vom Ganzen dar. Diese erste Sichtweise kann auch mit der Assoziation der Wortbedeutung von „Ganzes" zusammenhängen: So werden im alltäglichen Sprachgebrauch mit „ganz" häufig z. B. die Begriffe „vollständig", „unversehrt", „intakt" oder „alles" verbunden. Diese Wörter verweisen auf eine Vollständigkeit der betrachteten Objekte, so dass das „unvollständige" Quadrat, dass Simon in Akins Zeichnung zu deuten scheint, aus dieser Perspektive kein Ganzes darstellen kann.

Diese beiden hier konkurrierenden Sichtweisen auf das Ganze scheint Akin mit seinem Beispiel der Kuchenform versuchen zu verbinden. Damit betont er den Verteilungsvorgang zur Herstellung von Anteilen, der beiden Jungen aus dem Unterricht bekannt ist. So denkt er anscheinend von einem bereits bestehenden Ganzen ausgehend und nicht vom Teil.

Das Ganze muss voll ausgefüllt sein

Akin argumentiert wenig später gegen Simons Zeichnung eines vollständigen Quadrates aus vier kleinen Quadraten und für die Richtigkeit des Hakens, indem er die Konsequenz des Hinzufügens eines Quadrates durch Simon operativ rückgängig macht: „*…das geht doch, das ist doch auch 1/3, also wenn du jetzt 1 davon wegnimmst… [zeigt auf das Blatt von Simon]*" (Z. 65). Dies versucht

7.6 Analysen der Prozesse zur Bestimmung des Ganzen (flächiger Teil)

Simon im Folgenden durch ein außermathematisches Beispiel seinerseits zu widerlegen (Z. 66-68).

Insgesamt zeigt dieser Teil des Gespräches, dass die Jungen eigenständig versuchen, die Aufgabe mit Beispielen aus der Alltagswelt zu klären und zu erfassen. Dieser Versuch ruft jedoch das Problem der vollständigen geometrischen Gestalt des Ganzen hervor. So scheint die Lösung des Hakens zwar für Akin plausibel mathematisch ableitbar, jedoch für beide nicht vollständig zufriedenstellend kompatibel mit ihren alltagsweltlichen Erfahrungen, obgleich Akin auch hier den Ansatz des Wegnehmens entwickelt.

Zeile 69-84: Zeichnen des Ganzen zum Anteil 1/4 bzw. 1/6

Im Anschluss wenden sich die Jungen dem Anteil 1/4 zu: Akin zeichnet ein großes Quadrat aus vier Quadraten der vorgegebenen Größe, das bereits für den Anteil 1/3 zur Diskussion stand. Anschließend zeichnet er das Ganze zum Anteil 1/6 als Rechteck aus sechs Quadraten. Simon zeichnet sowohl für den Anteil 1/4 als auch 1/6 jeweils zwei Möglichkeiten: Ein Quadrat und ein 1·4-Rechteck, bzw. ein 2·3- und ein 1·6-Rechteck. Insgesamt ist an dieser Szene auffällig, dass hier die Gestalt des Ganzen keine Probleme zu bereiten scheint: Die entstehenden Formen erfüllen anscheinend das Kriterium des „Vollständig-Seins".

Zeile 85-109: Weitere Formen für das Ganze

Zum Abschluss des Interviews gibt die Interviewerin den Jungen noch zwei weitere Formen für das Ganze zum Anteil 1/4 vor, die sich in der Anordnung der einzelnen Quadrate unterscheiden. Während Akin für die erste Form (vier Quadrate angeordnet in T-Form) erneut über eine Verteilungssituation argumentiert, lehnt Simon sie ab. Akin nutzt im Folgenden die Variabilität der Anordnung der Teile als Argument, das er sich eventuell auch erst im Laufe des Interviews überlegt haben kann.

Auch die zweite Form für das Ganze (vier Quadrate in L-Form) akzeptiert Akin mit Hinweis auf das Kriterium der Stückanzahl (d. h. Einheiten).

Zusammenfassende Interpretation

Dieser Interviewausschnitt liefert erneut Hinweise darauf, dass für Lernende der Zusammenhang zwischen Teil und Ganzem noch weitere, über die fachlichen Aspekte hinausgehende, individuelle Komponenten aufweisen kann. Einen Überblick über die von Simon und Akin genutzten Argumente gibt Tabelle 7-21.

So stellt die Konstruktion des Ganzen für Simon mathematisch anscheinend kein großes Problem dar, da er sowohl Akins Lösung für den Anteil 1/3 zuvor auch überlegt zu haben scheint („*So würd ich das auch.*", Z. 22) als auch selbstständig eine Lösung im Verlauf des Gespräches findet. Dennoch ist die Anforderung, ein konkretes Ganzes zu zeichnen, für ihn hier durchaus eine anspruchsvolle Aufgabe: Obwohl er die Vorstellung zu aktivieren scheint, dass ein Ganzes zu dem vorgegebenen Teil aus drei gleich großen Quadraten bestehen muss, wenn das vorgegebene Quadrat als Baustein verwendet werden soll, bereitet ihm die konkrete Anordnung der einzelnen Teile Schwierigkeiten. Dennoch scheint Simon vor Augen zu haben, dass für ein richtiges Ganzes zwei Quadrate ergänzt werden können. Das wird in seiner ersten Äußerung deutlich, in der er Akins Lösung der Aufgabe einschätzt. Die generelle Ablehnung des Hakens oder der „T-Form" lassen sich in der schriftlichen Erhebung nicht nachweisen, jedoch kann die relativ geringe Häufigkeit beider Lösungen (*Codes L, T*; insgesamt 20 Lösungen) im Vergleich zu den anderen auf ähnliche konzeptuelle Schwierigkeiten hindeuten (siehe auch das Interview mit Ramona und Jule in Abschnitt 7.6.1).

Einschätzung Fokus	Kriterien für das (zeichnerische Bestimmen des) Ganze(n)	Inhalt	Beleg (Schüler / Schülerin)
arithmetische Struktur? geometrische Struktur?	Anzahl der Stücke / Form des Ganzen?	Zeichnet einen Haken aus drei Teilen	Z. 21 (A)
arithmetische Struktur geometrische Struktur	Anzahl der Stücke / Form des Ganzen	So hat sich Simon das auch vorgestellt, aber bei dem Haken fehlt etwas.	Z. 22-26 (S)
arithmetische Struktur	Anzahl der Stücke	Das Quadrat ist kein Ganzes zu 1/3.	Z. 27 (A)
arithmetische Struktur? geometrische Struktur?	Anzahl der Stücke / Form des Ganzen	Zeichnet ein 1·3-Rechteck	Z. 28 (S)
geometrische Struktur	Form des Ganzen	Beim Haken fehlt ein Stück.	Z. 44 (S)
geometrische Struktur	Form des Ganzen (lebensweltlich)	Eigentlich stimmt die „Lakritzstange". (1·3-Rechteck)	Z. 45 (A) Z. 47 (S)
arithmetische Struktur / geometrische Struktur	Anzahl der Stücke / Form des Ganzen? (lebensweltlich)	Das kommt drauf an, wie es vorher aussah: Eine Kuchenform kann man anschließend auch durch drei teilen.	Z. 50-54 (A)

7.6 Analysen der Prozesse zur Bestimmung des Ganzen (flächiger Teil)

Einschätzung Fokus	Kriterien für das (zeichnerische Bestimmen des) Ganze(n)	Inhalt	Beleg (Schüler / Schülerin)
arithmetische Struktur	Anzahl der Stücke	„Theoretisch" gedacht, ist der Haken ein richtiges Ganzes.	Z. 58 (A)
geometrische Struktur	Form des Ganzen (lebensweltlich)	Das Ganze könnte ein langer Kuchen sein.	Z. 59 (S)
arithmetische Struktur	Anzahl der Stücke	Wenn man von dem Quadrat ein Teil weg nimmt, dann sind es wieder drei und damit jedes 1/3.	Z. 65 (A)
geometrische Struktur	Form des Ganzen (lebensweltlich)	Ein Ganzes muss voll ausgefüllt sein – wie eine gestopfte Wurst.	Z. 66 (S)
arithmetische Struktur? geometrische Struktur?	Anzahl der Stücke / Form des Ganzen?	Das Zeichnen von Ganzen für die Anteile 1/4 und 1/6 fällt leicht und es werden verschiedene korrekte Formen angegeben.	Z. 69-78 (A) / (S)
arithmetische Struktur	Anzahl der Stücke (lebensweltlich?)	Bei 1/4 bekommen 4 Leute je 1/4, bei 1/6 wird das Ganze auf 6 Leute verteilt.	Z. 88-101 (A)
arithmetische Struktur	Anzahl der Stücke	Es gibt viele Möglichkeiten für die Gestaltung des Ganzen – es kommt auf die Anzahl der Teile an.	Z. 104 / 106 (A)

Tabelle 7-22: Überblick über die Argumentation von Simon und Akin

Bemerkenswert ist, dass Akin wiederum direkt den Einwand des unvollständigen Ganzen von Simon zu verstehen scheint (Z. 27). An dieser Stelle wird ein Kriterium für die Gestaltung eines Ganzen deutlich, die für Simon notwendig, für Akin jedoch lediglich eine spezielle Eigenschaft darzustellen scheint, die nicht unbedingt erfüllt sein muss, damit das entstehende Objekt ein passendes Ganzes wird: Die äußere Form. In diesem speziellen Fall scheint die einspringende Ecke des Ganzen für Simon ein „unvollkommenes" Ganzes zu suggerieren. Ob es dabei entscheidend ist, dass das Ganze die Form des Teils haben muss, nur größer, oder ob das Kriterium an das Ganze darin besteht, „glatte" Seiten oder eine bekannte geometrische Form zu haben, lässt sich hier nicht klären. Die Assoziation der Form von Teil und Ganzem deutet sich z. T. in den schriftlichen Produkten an (vgl. *Code MG*, aber auch *nD*, bei dem der Teil zu einem Teil eines neuen Drittels umgedeutet wurde).

Die Aufgaben mit den geraden Nennern gelingen beiden Jungen sofort und richtig. Hier ist das Erzeugen eines Ganzen ohne einspringende Ecken möglich, so dass das Problem des „unvollständigen" Ganzen nicht erneut aufkommt.

Im zweiten Teil des Interviews, in dem die Interviewerin verschiedene Formen des Ganzen einschätzen lässt, zeigt sich erneut die unterschiedliche Argumentationsgrundlage für das, was ein Ganzes sein soll. Dieser Wechsel der Bezugnahmen wird auch in Tabelle 7-22 sichtbar. Hier kann Akin verschiedene Ganze über die Anzahl der einzelnen Stücke als richtig identifizieren. Das Kriterium der äußeren Form zieht er nicht wieder explizit heran, sondern argumentiert über Verteilungssituationen. Akin scheint über das Interview hinweg die Anzahl der Stücke als das entscheidende Kriterium übernommen zu haben und auch Simons Ablehnung des Ganzen scheint ihn nicht (mehr) zu verunsichern.

Simon hingegen nutzt vermutlich zwar z. T. das Kriterium der Anzahl der Quadrate, d. h. implizit die Größenrelation zwischen Teil und Ganzem, jedoch ordnet er dieses individuellen Ansprüchen unter.

Insgesamt ist auffällig, dass beide Schüler Erklärungen aus dem Zusammenhang mit Essen und Trinken heranziehen (Kuchen, Lakritzstange, Wurst), um sich das Problem des richtigen Ganzen sinnhaft zu machen. Der Kontext scheint ihnen zum einen zu helfen, ein geeignetes Ganzes zu finden, jedoch bringt er auch z. T. eine Sichtbeschränkung mit sich: Simon legt zu starke Anforderungen an das Ganze, Akin hingegen unterscheidet auch zwischen den theoretisch denkbaren und den tatsächlich auszuführenden Ganzen (die eine Realisierung im Alltag besitzen) (vgl. Z. 58). Für ihn scheint dabei der Verteilungsvorgang eines Ganzen an mehrere Personen eine zentrale Vorstellung im Zusammenhang mit Anteilen zu sein.

Das Heranziehen außermathematischer Erklärungen ist in der schriftlichen Erhebung nicht in dieser Reichhaltigkeit beobachtbar (zumal da in Aufgabe 3 des Tests der Kontext Kuchen vorgegeben wurde).

7.6.3 Laura und Melanie ergänzen zum Ganzen: Anzahl der Quadrate (7:11 – 18:02)

Einordnung der Szene in das Gesamtinterview

Dieser Interviewausschnitt, in dem Laura (L) und Melanie (M) die Aufgabe zum Ergänzen zum Ganzen bearbeiten (vgl. Abb. 7-31), stellt den zweiten Bearbeitungsprozess in diesem Interview dar. Zuvor haben die Mädchen erfolgreich die *Bonbonaufgabe I* bearbeitet (vgl. Abschnitt 7.3.3). Der Ausschnitt setzt mit Zeile 1 bei 7:11 Minuten des Gesamtinterviews ein und umfasst ca. elf Minuten.

Die Mädchen lösen die Aufgaben souverän und reflektieren im weiteren Verlauf darüber, ob man für die Lösung auch mehr als zwei Kästchen ergänzen kann und das vorgegebene Quadrat trotzdem 1/3 bleibt.

7.6 Analysen der Prozesse zur Bestimmung des Ganzen (flächiger Teil) 307

Das ist ein Drittel: □ Wie könnte dann die komplette Form aussehen?	Jetzt ist es ein Viertel / ein Sechstel □ □ Wie könnte jetzt das Ganze aussehen?

Abb. 7-31: Interviewaufgabe zum Ergänzen zum Ganzen (Quadrat)

Da manche Phänomene bereits in den vorangehenden Interviews thematisiert wurden, werden im Folgenden nur die Transkriptstellen vertieft analysiert, die auf neue Aspekte verweisen (vgl. Tab. 7-23 für eine Übersicht über die Argumentation).

Zeile 1-18: „Das Quadrat ist 1/3" – Zeichnung einer ersten Lösung

Melanie findet nach der Klärung der Aufgabenstellung als erste Möglichkeit für das Ganze die Form eines Rechtecks und wenig später die eines „Turmes". Laura fügt hinzu, dass man zwei „Kästchen" an das vorhandene ergänzen könnte, ohne dabei genau zu sagen, wie sie diese anordnen würde.

Zeile 19-57: Gibt es noch weitere Möglichkeiten?

...

25 L Oder ja, oder so, aber gibt`s da nicht vielleicht noch irgendwie `ne andere Möglichkeit? Ja - öh - ja es sind bloß Kästchen, aber *[unverständlich]* wir hängen jetzt irgendwie nur 2 Kästchen dran, dass es insgesamt 3 Kästchen ergibt, aber irgendwie `ne andere Möglichkeit, mit der man irgendwie mehr Kästchen malen könnte, aber trotzdem es `n Drittel bleibt? *[beide scheinen zu überlegen]* eigentlich nicht oder?

...

31 L Muss, also das Kästchen hier ist ja immer 1/3, aber geht das vielleicht auch so, dass man mehr als jetzt nur zwei Kästchen dazu malt und das trotzdem 1/3 bleibt und dass- wir sind jetzt grad am überlegen.
32 I Mhm
33 L Aber wir glauben eigentlich nicht, weil dann müsste man irgendwie noch andere Kästchen dazu malen, die dann auch zusammen 1/3 wären, also - das geht irgendwie nicht.

...

38 L Mh, ja, äh, also wie`s eigentlich nicht gehen würde wär, wenn man jetzt zum Beispiel 9 Kästchen hätte und davon 1/3 einzeichnen müsste, dann müsste man allerdings `ne <u>Reihe</u> einzeichnen *[deutet mit dem Stift zwei waagerechte Reihen an]* - dann wär`s 1/3 oder, aber das geht ja nicht *[fährt mit dem Stift über ihr gefärbtes Kästchen]*, weil man soll ja äh nur das Kästchen benutzen, oder?

...

Laura und Melanie tauschen sich über Melanies Lösung aus während die Interviewerin kurz den Tisch wegen einer Unterbrechung verlässt (Z. 19-27; nicht vollständig abgedruckt). Laura bringt die Idee in das Gespräch ein, nach anderen Möglichkeiten zum Zeichnen des Ganzen zu suchen. Sie scheint nach einer Möglichkeit für das Ganze durch Variation der *Anzahl* der Kästchen (weniger der *Form* oder der *Anordnung*) zu suchen (Z. 25). Die *Anordnung* der Teile scheint hingegen für Melanie ein entscheidendes Kriterium zu sein, denn sie differenziert sogar zwischen der horizontalen und der vertikalen Darstellung eines 1·3-Rechtecks (Z. 20-24; hier nicht abgedruckt).

Beide Mädchen scheinen von der Variationsidee nicht überzeugt (Z. 26, 27; hier nicht abgedruckt). Dennoch erläutert Laura, aufgefordert durch die Interviewerin, im Folgenden ihre Idee zur Variation der Anzahl der Quadrate (Z. 29-31; nicht vollständig abgedruckt). Diese schränkt sie jedoch direkt selbst wieder ein bzw. präzisiert sie: Wenn mehr als zwei Kästchen ergänzt werden, dann müssten mehrere Kästchen zusammen 1/3 ergeben (Z. 33). Diese Aussage ist nicht ganz eindeutig: So kann Laura zum einen an eine gleichzeitige Variation der Anzahl und der Größe der Kästchen denken, so dass ein mathematisch korrektes Ganzes entsteht. Zum anderen kann sie auch nur an die Variation der Anzahl der Quadrate denken. Die zweite Deutung erscheint im weiteren Verlauf wahrscheinlicher. Die ihr zugrunde liegenden Überlegungen sind u. U. Ausdruck operativer Vorgehensweisen: Wenn mehr Kästchen der Größe des vorgegebenen Quadrates dazu kommen, verändert sich die Größe des Ganzen, denn z. B. neun Quadrate sind zusammen größer als drei Quadrate der gleichen Größe. Da das so entstehende Ganze also größer wird, ist es ein anderes Ganzes und die Strategie des Hinzufügens von mehr als zwei Quadraten der Ursprungsgröße kann daher keine richtige Lösung liefern. Für diese Deutung spricht ihre weitere Ausführung in Z. 38, wo sie an einem Gegenbeispiel erklärt (vgl. auch *Code nD* in Abschnitt 7.5.1-7.5.2). Diese Idee verfolgen die Mädchen auch im Folgenden weiter (Z. 39-57).

Insgesamt zeigen sich hier Lauras flexible Umdeutungen und (operativen) Variationen, die sie auch noch im weiteren Verlauf des Interviews praktiziert (vgl. auch Abschnitt 7.3.4 zur *Bonbonaufgabe II*).

Zeile 58-93: Andere Anordnung, Größe und Anzahl der Quadrate: Ist das ein Ganzes?

Melanie nutzt bei der Beschreibung ihrer Lösung erneut Bezeichnungen aus der Alltagswelt („Tunnel"), um das Ganze zu charakterisieren (siehe auch Abschnitt 7.6.2 für weitere Assoziationen aus dem Alltag).

Die Interviewerin gibt den beiden ein Ganzes aus drei Quadraten in Form eines Hakens vor. Lauras Einschätzung dazu ist bemerkenswert: Die Form des Ganzen

7.6 Analysen der Prozesse zur Bestimmung des Ganzen (flächiger Teil) 309

ist unerheblich, entscheidend ist aber, dass 1/3 eingezeichnet ist. Ihre Formulierung könnte allerdings ein Hinweis darauf sein, dass sie hier nicht das vorgegebene Quadrat als die das Ganze bestimmende Komponente deutet, sondern von dem Ganzen ausgehend guckt, ob Drittel eingezeichnet werden können. Melanie hingegen empfindet die Form des Hakens als merkwürdig.

Das von der Interviewerin vorgegebene „Ganze", das aus drei ungleich großen Quadraten besteht, lehnen beide Mädchen als falsch ab. Der restliche Teil dieser Episode beschäftigt sich mit Melanies und Lauras Versuch, das nicht passende Ganze zu einer geeigneten Form umzuwandeln.

Zeile 94-127: 1/4 zum Ganzen ergänzen

Nachdem die Aufgabenstellung geklärt ist, bestimmt Melanie das Ganze zum Anteil 1/4, indem sie das vorgegebene Quadrat zu einem großen Quadrat ergänzt; Laura zeichnet vier Quadrate übereinander (vgl. ihre Lösung zum Anteil 1/3). Gleichzeitig hat sie auch erneut das Variieren des Teils und des Ganzen im Blick, d. h. sie betrachtet allgemeinere, über die konkrete Aufgabe hinausgehende Strukturen: „*Und wenn man dann, ja da könnte man ja so, wie hier oben [zeigt mit dem Stift auf die erste Aufgabe] die gleiche, das gleiche wenn man mehrere ausmalen würde, dann könnte würde der Turm auch größer, aber in dem Fall, wenn das ein Kästchen ist, das nur ausgemalt werden darf, also wenn das nur das eine Kästchen ist [zeigt auf das Kästchen, das sie gefärbt hat] was 1/4 ist, dann kann man eigentlich nur 3 weitere Kästchen dazu malen*" (Z. 120). So erklärt Laura hier, wie sich das Ganze *verändern* würde, wenn man mehrere Kästchen ausmalen würde, d. h. wenn man das Viertel vergrößern würde. Diese operative Argumentation ist eine gute Grundlage für die Aufgabe *Merves Problem* (für die Analyse eines Bearbeitungsprozesses vgl. Abschnitt 8.2). Laura nutzt hier allerdings die Abhängigkeit des Ganzen vom Teil unter *Beibehaltung des Anteils* und nicht die *Beibehaltung des Teils*, wie es dort vorgegeben wird.

Zeile 128-141: Verallgemeinerung für das Finden eines Ganzen

Die Aufgabe zum Anteil 1/6 gelingt beiden Mädchen problemlos. Laura gibt eine allgemeine Regel zum Bestimmen des Ganzen an (Z. 139, 141): „*…mh ist ja, das ist ja eigentlich immer dasselbe, man muss immer, zum Beispiel bei 1/6 5 dran tun, bei 1/4 3 dran tun und bei 1/3 2 dran tun…*" und „*… also immer das was fehlt dazu malen*". Damit nutzt sie hier die Beziehung zwischen dem vorgegebenen Teil und dem zum Ganzen fehlenden Rest.

Zusammenfassende Interpretation

Dieses Interview zeigt im Vergleich zu den beiden anderen vertieft analysierten Interviews erweiterte Deutungen des Ganzen.

Variation des Ganzen über seine Form und die Anzahl seiner Quadrate

Direkt zu Beginn wird versucht, die Anzahl der zu ergänzenden Teile zu variieren. Gleichzeitig ist aber auch die Form des Ganzen ein wichtiges Kriterium. Beide Aspekte lassen sich auch in der schriftlichen Erhebung bzw. in anderen Prozessen nachweisen: So gibt es wenige Lösungen im Test, bei denen für den Anteil 1/3 nicht zwei Stücke ergänzt wurden, sondern größere Einheiten zusammengefasst wurden, so dass das vorgegebene Quadrat Teil eines neuen Drittels ist (*Code nD*). Der Fokus auf die Form des Ganzen kommt in dieser Untersuchung häufiger vor; so argumentieren etwa auch Simon und Akin über die Form des „Hakens". In den schriftlichen Produkten zeigt sich eine Reflexion über die Form nicht in dieser Prozesshaftigkeit, dennoch können durch die Verteilung der Codes häufige und weniger häufige Formen des Ganzen identifiziert werden: Der „Haken" stellt dabei eine eher seltene Realisierung dar (*Code L*).

Im Bearbeitungsprozess von Laura und Melanie kommt als weiteres neues Kriterium neben der konkreten Form auch die Ausrichtung des Ganzen zum Blatt hinzu (vgl. Melanies „Turm" und ihren „Tunnel"). Damit zeigt sich auch wieder der Bezug der gefundenen Formen zu verschiedenen „Welten": Die Begriffe „Turm" etc. verweisen auf alltagsweltliche Assoziationen des Ganzen, die neben eher fachlichen Aspekten bestehen. Dieses Phänomen zeigt sich auch in der Argumentation von Simon und Akin (vgl. Abschnitt 7.6.2).

Laura unternimmt Versuche, vorgegebene, nicht passende Ganze durch Verdopplung der Fläche und Umstrukturierungen so zu verändern, dass insgesamt ein Ganzes entsteht, das intern wieder als ein Vielfaches des Nenners des Anteils strukturiert werden kann. Für Laura scheint sich über den Verlauf des Interviews die Vorstellung zu verdichten, dass ein geeignetes Ganzes über die Anzahl seiner Teile bestimmt werden kann, ohne dass dabei eine konkrete Form mehr erwähnt werden müsste (z. B. in Z. 128-141). In der Argumentation über das Vergrößern des Ganzen unterscheidet sich dieses Interview von den beiden anderen.

Die von der Interviewerin eingebrachte Variation über die Größe und Anzahl der Teile (Z. 58-93) können die Mädchen zwar nachvollziehen und auf einer allgemeineren Ebene ausargumentieren, jedoch geht dieses Kriterium anscheinend nicht in ihr aktives Repertoire zur Erzeugung eines Ganzen ein.

7.6 Analysen der Prozesse zur Bestimmung des Ganzen (flächiger Teil)   311

Variieren von Strukturen

Insgesamt zeigt diese Episode, dass das Umgehen mit und Variieren von Strukturen ein guter Anlass zum Diskutieren und Argumentieren über die wesentlichen Merkmale eines Ganzen sein kann. Beide Mädchen können flexibel Konstellationen variieren und umdeuten. Dies gelingt ihnen auch z. T. ohne die Unterstützung der Interviewerin, denn so ist es Laura, die hier auf die Anzahl der für das Ganze benötigten Stücke selbständig zu sprechen kommt (vgl. Z. 25; für die verschiedenen Argumentationen der beiden Mädchen vgl. auch Tab. 7-23).

Dabei gibt es Hinweise darauf, dass für Lernende diese aus fachlicher Sicht „einfachen" Variationen und Zusammenhänge zwischen Teil und Ganzem keineswegs von sich aus plausibel sind, sondern Anlässe zum Erkunden und Erforschen darstellen können. So erscheint die Frage nach der Konsequenz der Variation der Anzahl der Quadrate auf das Ganze und den Anteil zunächst noch nicht vollständig überschaubar für die Mädchen.

Einschätzung Fokus	Kriterien für das (zeichnerische Bestimmen des) Ganze(n)	Inhalt	Beleg (Schüler / Schülerin)
geometrische Struktur	Form des Ganzen	Das Ganze zu 1/3 könnte ein Rechteck sein.	Z. 8 (M)
arithmetische Struktur?	Anzahl der Stücke	Man könnte noch hier 2 Kästchen dranmalen.	Z. 9 (L)
geometrische Struktur	Form des Ganzen (lebensweltlich)	Man könnte einen Turm machen.	Z. 10 (M)
geometrische Struktur?	Form des Ganzen?	Es gibt mehrere Möglichkeiten.	Z. 11 (L)
arithmetische Struktur? geometrische Struktur?	Anzahl der Stücke / Form des Ganzen?	Laura zeichnet ein vertikales Rechteck aus drei Teilen.	Z. 17 (L)
geometrische Struktur?	Form des Ganzen? Ausrichtung des Ganzen?	Melanie zeichnet zwei Lösungen: Ein Ganzes aus drei Teilen als 1·3-Rechteck und als 3·1-Rechteck	Z. 17-20 (M)
arithmetische Struktur	Anzahl der Stücke	1/3 ist 1 von 3 Stücken.	Z. 22 (M)
arithmetische Struktur	Anzahl der Stücke	1 Kästchen von 3 ist 1/3.	Z. 29 (L)

Einschätzung Fokus	Kriterien für das (zeichnerische Bestimmen des) Ganze(n)	Inhalt	Beleg (Schüler / Schülerin)
arithmetische Struktur? geometrische Struktur?	Anzahl der Stücke Art der Stücke?	Könnte man mehr als 2 Kästchen anhängen, dass es 1/3 bleibt?	Z. 25-32 (L)
arithmetische Struktur? geometrische Struktur?	Anzahl der Stücke Einheiten Größe der Stücke	Dann müssten mehrere Kästchen zusammen 1/3 sein und das geht irgendwie nicht.	Z. 33 (L)
arithmetische Struktur? geometrische Struktur?	Anzahl der Stücke Einheiten Beschaffenheit der Stücke	Man könnte mehrere Kästchen zusammen nehmen: von 9 ist 1/3 eine Reihe, aber man soll ja das vorgegebene Kästchen nutzen, also geht das nicht.	Z. 38-45 (L / M)
geometrische Struktur	Form des Ganzen (auch lebensweltlich)	Das Ganze ist wie ein Tunnel / Rechteck / Linie	Z. 58-62 (M / L)
arithmetische Struktur / arithmetische Struktur	Relation zum Ganzen?	Die Form ist egal, Hauptsache, es ist 1/3.	Z. 64-67 (L)
geometrische Struktur	Form des Ganzen	Der Haken ist eine komische Form.	Z. 68 (M)
arithmetische Struktur? geometrische Struktur?	Anzahl der Stücke / Form des Ganzen?	Den Haken kann man zu einer anderen Form mit anderen Dritteln ergänzen.	Z. 69-71 (L)
arithmetische Struktur? geometrische Struktur?	Die drei Stücke dürfen nicht ungleich groß sein	Der Haken mit ungleich großen Stücken ist kein richtiges Ganzes.	Z. 80-93 (L / M)
arithmetische Struktur? geometrische Struktur	Anzahl der Stücke? Form des Ganzen	Das Ganze zum Anteil 1/4 kann ein „Turm" oder auch ein „Viererding" sein.	Z. 114-118 (L / M)
arithmetische Struktur geometrische Struktur	Anzahl der Stücke Einheiten Form des Ganzen	Wenn man mehrere Kästchen ausmalt und den „Turm" verlängert, kann man 1/4 darstellen. Wenn man das vorgegebene Quadrat nutzen muss, darf man nur drei weitere ergänzen.	Z. 120 (L)
arithmetische Struktur	Anzahl und Größe der Stücke	Man kann mehrere Stücke zu neuen Stücken zusammenfassen.	Z. 121-127 (L / M)

Einschätzung Fokus	Kriterien für das (zeichnerische Bestimmen des) Ganze(n)	Inhalt	Beleg (Schüler / Schülerin)
arithmetische Struktur? geometrische Struktur	Anzahl der Stücke? Form des Ganzen	Man kann einen Turm zeichnen. Es müssen nur 5 Stücke ergänzt werden.	Z. 129-138 (L / M)
arithmetische Struktur	Anzahl der Stücke / Teil-Rest	Man muss immer die fehlenden Kästchen dazu tun: 1/6 → 5, 1/4 → 3, 1/3 → 2	Z. 139 (L)

Tabelle 7-23: Überblick über die Argumentation von Laura und Melanie

7.7 Diskussion der empirischen Befunde

In diesem Abschnitt werden die Befunde zur *Konstellation III „Gegeben sind Anteil und Teil, gesucht ist das Ganze"* entlang der konkretisierten Forschungsfragen diskutiert und eingeordnet.

Die hier vertieft analysierten Aufgaben finden sich in ähnlicher Form z. T. in Lehrgängen oder diagnostischen Tests bzw. Interviews (z. B. Hasemann 1981, Alexander 1997, Peter-Koop / Specht 2011), jedoch lassen sich in der einschlägigen Literatur nur wenige empirische Daten zu Lösungswegen oder Lösungshäufigkeiten finden (z. B. Hasemann 1981). Die vorliegende Studie untersucht diese Aufgaben gezielt mit dem Fokus auf die Vorgehensweisen von Lernenden zur Bestimmung des Ganzen und mit Blick auf das Herstellen von Zusammenhängen zwischen Teil, Anteil und Ganzem.

Erste konkretisierte Forschungsfrage:
Wie gehen Lernende in *Konstellation III* mit Teil, Anteil und Ganzem um?

a) Welche Bearbeitungswege lassen sich in den <u>schriftlichen Produkten</u> der Lernenden erkennen und wie strukturieren diese die Zusammenhänge zwischen Anteil und Teil, um das Ganze zu bestimmen, wenn eine Menge bzw. ein flächiger Teil und ein Nicht- bzw. Stammbruch vorgegeben sind?

b) Welche Strategien werden in den <u>Interviews</u> genutzt, um das Ganze zu bestimmen? Wie entwickeln sie sich und wie nutzen sie die Zusammenhänge zwischen Teil, Anteil und Ganzem, wenn eine Menge bzw. ein flächiger Teil und ein Nicht- bzw. Stammbruch vorgegeben sind?

c) Welche weiteren individuellen Bedingungen und Vorstellungen werden neben den fachlich notwendigen mit dem Ganzen verbunden?

Im Folgenden werden die Forschungsfragen 1a) und 1b) im Sinne einer Verdichtung wieder gemeinsam betrachtet, da sich hier viele Parallelen zeigen.

Zu a) bzw. b): Wie strukturieren Lernende die Zusammenhänge zwischen Teil, Anteil und Ganzem, wenn eine Menge bzw. ein flächiger Teil und ein Nicht- bzw. Stammbruch vorgegeben sind?

Im Hinblick auf die schriftlichen Produkte und die Prozesse in den Interviews lassen sich folgende Aspekte und Vorgehensweisen unterscheiden:

1. Tragfähige Zusammenhänge werden meist über Einheiten (operativ) hergestellt. Dabei unterscheiden sich die Vorgehensweisen teilweise für verschiedene Anteile und Teile.

2. Für den flächigen Teil scheint neben den Einheiten, in die das Ganze zerlegbar ist, auch deren konkrete Anordnung eine Bedeutung für Lernende zu haben.

3. Nicht tragfähige Bearbeitungen lassen sich z. T. auf inhaltliche Schwierigkeiten (z. B. Uminterpretation von Strukturen) zurückführen.

<u>Zu 1.:</u> *Tragfähige Zusammenhänge werden meist über Einheiten (operativ) hergestellt. Dabei unterscheiden sich die Vorgehensweisen teilweise für verschiedene Anteile und Teile.*

Die Analyse der sechs vertieft analysierten Items zeigt, dass die Schülerinnen und Schüler sowohl in den Interviews als auch im schriftlichen Test eine Vielzahl tragfähiger Vorgehensweisen genutzt haben, um das Ganze zu bestimmen.

Für das diskrete Ganze zeigt sich, dass Lernende vielfältige Strukturierungen vornehmen und nutzen, wie das fortgesetzte Verdoppeln des Teils oder das Bilden und Umbilden von Einheiten (durch den Nenner des Anteils) oder die Teil-Rest-Struktur (*Codes V, RZ, R, H*). So ist das Vervielfachen des Teils im schriftlichen Test die häufigste tragfähige Lösung für Item 2b.

Die Prozesse in den Interviews lassen komplexe mentale Operationen zu Tage treten, die in dieser Reichhaltigkeit nicht zu erwarten waren. Es lassen sich operative Vorgehensweisen ausmachen, die weit über die später auch in der Prozentrechnung für die entsprechende Grundaufgabe III standardisierten Rechenverfahren hinausgehen. So werden z. T. systematische Veränderungen der Strukturen vorgenommen oder operativ Begründungen und Zusammenhänge abgeleitet und

7.7 Diskussion der empirischen Befunde

validiert (wie z. B. das Ganze zum Anteil 2/3 aus dem Ganzen zum Anteil 1/3; vgl. Abschnitt 7.3.4). Auch bei den Aufgaben zum flächigen Teil zeigen sich operative Vorgehensweisen, wenn etwa darüber reflektiert wird, ob der „Haken" (*Code L*) ein geeignetes Ganzes zum Anteil 1/3 ist (vgl. Abschnitt 7.6.2).

Den Bildern in Aufgabe 2 kommt vermutlich für die Lösungsprozesse an sich nicht immer eine große Bedeutung zu. Sie können aber – z. B. in der diskretkontinuierlichen Kombination – als Strukturierungshilfe zum Erarbeiten der Lösung dienen, wie die Prozesse in den Interviews zeigen. Hier besteht für die Gestaltung von Lernprozessen ein Potenzial, das systematischer genutzt werden kann. So kann auch der Hinweis auf eine Strukturierung der Zeichnung helfen, Zusammenhänge zu erarbeiten und zu überdenken.

Im Hinblick auf das Zeichnen des Ganzen bei gegebenem flächigen Teil lässt sich feststellen, dass es auch hier eine Vielzahl möglicher Umsetzungen gibt, wie das Ganze aus dem Teil und dem Anteil rekonstruiert wird. Diese Vielfalt betrifft hier jedoch weniger die strukturelle, als die gestalterische Ebene.

<u>Zu 2.:</u> *Für den flächigen Teil scheint neben den Einheiten, in die das Ganze zerlegbar ist, auch deren konkrete Anordnung eine Bedeutung für Lernende zu haben.*

Für den flächigen Teil wird in der Mehrzahl der Bearbeitungen zwar das Ganze als mehrfache Replikation des vorgegebenen Teils erzeugt (Skalierungen oder Teil-Rest-Strukturen kommen nur sehr selten vor; vgl. *Code SK* und *IG*; dies kann aber auch u. U. mit der Aufgabenstellung zusammen hängen). Die Vielfalt ergibt sich hier jedoch nicht über verschiedene interne Strukturierungen, sondern über die verschiedenen äußeren *Formen des Ganzen* (z. B. *Codes D, Z, S* für Item 4b). Auch das tragfähige Ergänzen anders geformter Stücke oder einer anderen Anzahl von Stücken kommt so gut wie nicht vor (z. B. ein Teil der Bearbeitungen zum *Code rsonst* für Item 4b). Das bedeutet jedoch nicht, dass diese Schülerinnen und Schüler andere Kriterien für ein Ganzes grundsätzlich nicht anlegen können, wie die Ergebnisse der Interviewanalysen andeuten.

So scheinen Lernende bestimmte äußere Eigenschaften des Ganzen unterschiedlich stark zu gewichten. Insgesamt lassen sich für die Gestaltung des Ganzen zum kontinuierlichen Teil folgende Aspekte identifizieren:

- Es wird die richtige Form und die richtige Anzahl an Teilen ergänzt.
- Es wird sinngemäß ein Stück ergänzt, dass der Summe der fehlenden Teile entsprechen soll. Dabei gibt es unterschiedliche Abstufungen:
    o Es wird im Verhältnis richtig ergänzt.
    o Eine harmonische schöne Form als Ganzes wird angestrebt (z. B. die Ausgangsform in größer). Dabei scheint eine wichti-

ge Orientierung auch der Blick auf aus dem Alltag oder Unterricht bekannte Formen zu sein (vgl. z. B. die Assoziationen von Simon, Akin, Laura und Melanie in den Interviews).

- Es wird die Form der Teile beibehalten, aber die Anzahl der Stücke variiert, so dass aus diesen ein harmonisches schönes Ganzes konstruiert werden kann.

- Es wird die Anzahl der zu ergänzenden Teile beibehalten, aber die Form wird (vermutlich zugunsten eines harmonischen schönen Ganzes) angeglichen.

<u>Zu 3.</u>: *Nicht tragfähige Bearbeitungen lassen sich z. T. auf inhaltliche Schwierigkeiten (z. B. Uminterpretation von Strukturen) zurückführen.*

Für das Ergänzen des diskreten Teils zum Ganzen gibt es eine Vielzahl nicht tragfähiger Bearbeitungen: Die Schwierigkeiten bei *Konstellation III* nehmen vom Stammbruch zum Nicht-Stammbruch zu. Während beim Stammbruch vor allem der Teil zum Ganzen umgedeutet oder der Zähler des Anteils zum mathematisch korrekten Ganzen hinzugerechnet wird (*Codes T·A, Y*), sind die Schwierigkeiten für den Nicht-Stammbruch deutlich anders gelagert. Hier bereitet die notwendige Strukturierung durch den Zähler (bzw. überhaupt dessen Einbeziehung) Schwierigkeiten (*Codes nD, GG*): So wird er z. T. nicht genutzt oder seine Bedeutung für das Ganze wird – z. B. vor dem Hintergrund der Erfahrungen mit Verteilungssituationen – umgedeutet (z. B. Abschnitt 7.3.2). Die Lösungen zum *Code GG* lassen sich alleine aus den schriftlichen Daten heraus inhaltlich schlecht einordnen und verweisen zunächst auf die Anwendung eines falschen Kalküls. Die Prozessanalyse des Interviews mit Simon und Akin liefert hier jedoch auch eine inhaltliche alternative Deutung: So kann die Multiplikation mit dem Zähler in einem falsch angenommenen Zusammenhang zwischen Teil, Anteil und Ganzem bestehen (gleichsinnig; vgl. Abschnitt 7.3.2).

Die häufigste Schwierigkeit für den flächigen Teil besteht in der Verwendung des Teils als Ganzes (*Codes gget, aget*; vgl. auch die Umdeutung des Teils zum Ganzen beim diskreten Teil, *Code T·A*). Diese Irritation ist möglicherweise auf die für Lernende u. U. ungewohntere Konstellation zurück zu führen, wie sich auch z. T. in den Interviews zeigt. Dabei lässt sich eine Zunahme der Schwierigkeit von Aufgabe 3 zu 4 feststellen.

Es zeigen sich auch Hinweise auf die Schwierigkeit der Überbetonung einer einzigen Darstellung, wie den Kreis: Einige Lernende wechseln die Darstellung in der Art, dass aus der Bestimmung des Ganzen z. T. die Bestimmung des Teils zum Ganzen wird (vgl. Jules Bearbeitung in Abschnitt 7.6.1 und die *Codes sonstD, sonstDr, sonstR*).

7.7 Diskussion der empirischen Befunde

Gleichzeitig offenbaren sich fehlerhafte bzw. z. T. zu enge Vorstellungen von dem, was ein Ganzes ist.

Zu c): Welche weiteren individuellen Bedingungen und Vorstellungen werden neben den fachlich notwendigen mit dem Ganzen verbunden?

Die individuellen Vorstellungen, die in dieser Untersuchung zu Tage treten, lassen sich zwei Bereichen zuordnen: Zum einen dem Bereich struktureller Zusammenhänge und zum anderen dem der äußeren Gestalt.

In den Interviews argumentieren einige Lernende für den flächigen Teil durchaus mit mathematischen Strukturen, wie Teil und Rest oder mit der Anzahl der zu ergänzenden Teile und variieren diese auch teilweise. Wieder andere suchen in ihrem Alltag nach konkreten Repräsentanten für die Form des Ganzen: Das, was als Form in der Alltagswelt erscheint, kann auch als Ganzes akzeptiert werden. Diese Repräsentanten helfen den Lernenden dabei, über die von ihnen gefundenen Ganzen zu reden, können aber auch den Fokus von den Zusammenhängen und Strukturen weglenken, die letztendlich die entscheidenden mathematischen Bezugspunkte für die Konstruktion des Ganzen – auch im Hinblick auf diskrete Mengen – sind. Dabei werden z. T. die mathematischen Anforderungen an ein Ganzes eingeschränkt: So wird das Ganze etwa zu Gunsten der äußeren Form in seiner Größe durch das Hinzufügen weiterer Stücke, die Anpassung der Größe der einzelnen Teile oder das Weglassen von Teilen variiert und erfüllt damit nicht immer die fachlichen Kriterien eines Ganzen (vgl. z. B. die *Codes AnzS, MGD* für Item 4b). Zu diesem Phänomen zählt auch die Beobachtung, dass manche Lernende einen starken visuellen Zusammenhang zwischen dem Teil und dem Ganzen herstellen (z. B. *Codes MG, MGD*).

Im Zusammenhang mit der Darstellung vom Ganzen lässt sich auch in anderen Untersuchungen der Fokus mancher Lernender auf die äußere Gestalt des Ganzen anstelle interner Zusammenhänge und Strukturen erkennen. So stellen einige Schülerinnen und Schüler in einer Untersuchung von Malle / Huber (2004) die Additionsaufgabe $1/2 + 1/3 = 5/6$ mit unterschiedlichen Ganzen dar (vgl. ebd., S. 21). Was zunächst als reines Problem der Darstellung erscheinen mag, kann auf eine nicht tragfähige Umsetzung von Strukturen verweisen. Für diskrete Mengen ist letztendlich die äußere Form ein nicht greifendes Kriterium, was dafür spricht, strukturelle Zusammenhänge zunehmend in den Blick zu nehmen (vgl. auch 7.4).

Für das Bestimmen des Ganzen zu einem flächigen Teil zeigt sich in den Interviews, dass Lernende z. T. das Ganze *in verschiedenen Kontexten deuten (können)*, auf welche sie ihre Argumentationen stützen. Dabei wechseln sie z. T. auch zwischen diesen verschiedenen Bezugsbasen und bearbeiten Teilaspekte. Je nach eingenommener Perspektive können sie dann auch unterschiedliche Kriterien für die Bewertung eines Ganzen nutzen, welche auch unverbunden nebeneinander bestehen können: Das Interview mit Simon und Akin (Abschnitt 7.6.2) zeigt, dass Akin zwischen verschiedenen Kontexten für die Argumentation zu einem geeigneten Ganzen wechseln kann: Den Haken (*Code L*) kann er aus arithmetischer Perspektive über die Anzahl der Stücke als geeignetes Ganzes identifizieren, während er aus einer geometrischen oder auch alltagsweltlichen Perspektive Simons Vorbehalte gegenüber einem „unvollständigen" Ganzen nachvollziehen kann und selbst Beispiele zur Argumentation (Kuchenkontext) heranzieht. Ähnliche Phänomene zeigen sich auch in anderen Interviews.

Diese Interpretationen in den verschiedenen „Welten" können sowohl eine Verständigung und Argumentation über bestimmte Phänomene erleichtern (etwa das Verteilen im Kuchenkontext als Rechtfertigung des gefundenen Ganzen in Abschnitt 7.6.2 oder die Klassifizierung des Ganzen als „Turm", den man, wenn man mehr Teile markiert, größer machen muss in Abschnitt 7.6.3) als auch den Blick für wesentliche Aspekte versperren (wenn etwa das „Ganze" immer als „komplette Form" gedeutet wird).

Bei dem diskreten Teil zeigen sich vor allem individuelle Vorstellungen über *strukturelle Zusammenhänge* zwischen Teil und Ganzem. So werden diese z. T. gleichsinnig gedacht: Das Erfassen von *Konstellation III* bedeutet für Lernende z. T. einen Bruch mit zuvor erarbeiteten Zusammenhängen zwischen Teil, Anteil und Ganzem, die explizit aufgegriffen und thematisiert werden müssen. So muss auch das Ganze als eine flexible Größe angenommen werden können, die sich durch Teil und Anteil bestimmen lässt und nicht von vornherein notwendigerweise da sein muss, damit Anteile und Teile betrachtet werden können.

Die in dieser Erhebung zu Tage tretenden Vorstellungen und Strukturierungen zeigen somit, dass die aus fachlicher Sicht klare *Konstellation III* für Lernende nicht unbedingt so unmittelbar zugänglich ist, wie angenommen.

Zweite konkretisierte Forschungsfrage:
Wie können Schwierigkeiten und Hürden von Lernenden im Zusammenhang mit der *Konstellation III* überwunden werden?

Besonders die Ergebnisse aus den Interviews zeigen in der Reichhaltigkeit der Vorgehensweisen, die noch durch kein Standardverfahren vereinheitlicht sind, ein hohes Potenzial an Zugängen und Strukturierungen, die weiter aufgegriffen und thematisiert werden sollten. So zeigen manche Lernende eine erstaunliche Flexibilität darin, sich Konstellationen umzustrukturieren oder Probleme von unterschiedlichen Seiten anzugehen. In diesem Umgang mit Strukturen und Zusammenhängen steckt ein Potenzial für eine flexiblere Sicht auf das System aus Teil, Anteil und Ganzem: So haben Lernende, die sich nur auf die Formeln

7.7 Diskussion der empirischen Befunde

verlassen, ein viel geringeres Repertoire an Werkzeugen, sich komplexe Sachverhalte zu erschließen. Gehen Lernende explorativ und operativ-probierend an Problemstellungen heran, bietet sich ihnen die Chance, Zusammenhänge durch gezieltes Variieren der Komponenten in ihrem Funktionieren und Ineinandergreifen zu erforschen, zu verstehen und selbst im Anschluss aktiv zu nutzen. Der Kalkül kann dabei aus der aktiven Auseinandersetzung mit den Strukturen inhaltlich motiviert entstehen.

Gleichzeitig können durch das operative Explorieren auch scheinbare Selbstverständlichkeiten und intuitive Annahmen verständnisorientiert geprüft und hinterfragt werden: Das Wissen um die Schwierigkeit der Strukturierung von *Konstellation III* muss aufgegriffen werden, um sie explizit zu thematisieren (und erkunden zu lassen). Fragen wie „Wie erreiche ich durch Variation von Teil und Anteil ein größeres / kleineres Ganzes?" „Was ändert sich, wenn ich vom Stammbruch zum Nicht-Stammbruch übergehe?" können dazu ebenso beitragen, wie das Anfertigen von Bildern. Bei letzteren ist auch das Sensibilisieren für die wesentlichen Strukturmerkmale einer Zeichnung entscheidend. Aber auch auf formschöne Ganze verengte Vorstellungen brauchen Gegenbeispiele in Aufgaben der *Konstellation I*. Damit gehen die Vorstellungen mancher Lernenden z. T. erheblich über die Anforderungen, die die Mathematik an ein Ganzes stellt, hinaus und können damit die Sicht auf das eigentlich Wesentliche der Situation verstellen. Hier können sich Aktivitäten ergeben, in denen die Lernenden neben der Form verschiedener Ganzer auch weitere Aspekte in den Blick nehmen, diese vergleichen und systematisieren. Es zeigt sich in den Interviews z. B. auch, dass Lernende, wenn sie zur Reflexion aufgefordert werden, auch durchaus weitere Realisierungen des Ganzen und Kriterien entdecken und nachvollziehen können. Diese müssen jedoch nicht (unbedingt) in ihr aktives Repertoire eingehen.

Im Wechsel zwischen verschiedenen Sichtweisen auf die Konstellation (z. B. zur Überprüfung der vervollständigten *Konstellation III* die *Konstellation I* heranziehen und den Teil zum Ganzen prüfen) steckt ebenfalls ein Potenzial zum Flexibilisieren von Sichtweisen auf das Ganze und die Zusammenhänge mit dem Teil und dem Anteil.

8. Zusammenhänge zwischen Konstellationen

In den Kapiteln 5 bis 7 wurden die *Konstellationen I bis III* sowohl anhand von schriftlichen Produkten als auch Bearbeitungsprozessen in Interviews untersucht. Dabei handelte es sich vor allem um die *Intra-Perspektive*. In Kapitel 8 werden Konstellationen aus der *Inter-Perspektive* betrachtet (vgl. Abschnitt 1.7.5): Hierbei rücken Zusammenhänge zwischen Teil, Anteil und Ganzem über die einzelne, konkrete Konstellation hinweg in den Blick. Wenn Lernende mit verschiedenen Konstellationen gleichzeitig arbeiten, müssen sie nicht nur die Zusammenhänge zwischen *einem konkreten* Teil, Anteil und Ganzem erkunden bzw. herstellen. Vielmehr müssen sie alle drei Komponenten Teil, Anteil und Ganzes gleichzeitig in den Blick nehmen und mit anderen Konstellationen vergleichen, sie in andere Konstellationen überführen oder sie mit anderen Konstellationen kombinieren. Dabei können sich die gleichzeitig betrachteten Konstellationen sowohl in ihrer Art (z. B. wird *Konstellation I* mit *Konstellation III* kombiniert) als auch in konkreten (Zahl-)Werten unterscheiden.

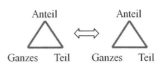

Beim Herstellen von Zusammenhängen zwischen verschiedenen Konstellationen kommt operativen Strategien eine Bedeutung zu (vgl. Abschnitt 1.8.1): Mit ihnen lassen sich verschiedene Konstellationen ineinander überführen und vergleichen.

Manche Lernende nutzen die Konsequenzen operativer Strategien bereits bei der Betrachtung *einer einzelnen Konstellation* als „Werkzeug" (vgl. Abschnitt 1.8.2 und 7.3.4), z. B.: „Wenn ich das Ganze zum Anteil 2/3 suche, kann ich zunächst das Ganze zum Anteil 1/3 berechnen, doch was folgt daraus für das gesuchte Ganze?" Bei der hier mit Item 3c vorgestellten Inter-Perspektive wird das Arbeiten mit verschiedenen Konstellationen jedoch notwendig, um das gestellte Problem zu lösen. Fragen, die sich hier stellen, um Zusammenhänge zwischen den Komponenten zu verstehen und Veränderungen von einer Konstellation zur anderen konstruktiv zu nutzen, sind dann z. B.: Welchen Einfluss hat das Austauschen einer der drei Komponenten Teil, Anteil und Ganzes auf die Konstellation und wie unterscheidet sich diese dann von der ursprünglichen Konstellation? Oder: Wenn das Quadrat 1/3 ist, sieht das Ganze so aus. Wenn das Quadrat 1/6 ist, sieht es so aus. Welche Veränderung bewirkt nun, dass der Teil zu 1/3 größer / kleiner als der zu 1/6 ist?

Nach der Darstellung der konkretisierten Forschungsfragen wird zunächst ein Bearbeitungsprozess vorgestellt. Im Anschluss werden schriftliche Lösungen als Auswahl aus der möglichen Bearbeitungsvielfalt dargestellt. Dieses Vorgehen soll für die in der Aufgabe angelegte Komplexität sensibilisieren: Der Interviewausschnitt macht die kognitiven Anforderungen deutlich, die für Lernende in der Aufgabe stecken. So stellt das Argumentieren über die hier abgefragten Zusammenhänge für Lernende oft keine Routine dar: Die Analyse eines konkreten erfolgreichen Bearbeitungsprozesses zeigt trotz herausragender Argumentationsleistung der beiden Schüler kognitive Hürden, die für Lernende entstehen können. Damit stellt der Prozess zwar eine „Sternstunde" dar, lässt aber durchaus allgemeinere Phänomene erkennen.

Die im Test eingesetzte Aufgabe wird nicht vertieft mittels Codierung ausgewertet: Die Interviews zeigen bereits den hohen Anspruch, der im Ausformulieren der Zusammenhänge steckt; die schriftliche Fixierung stellt daher eine noch größere Herausforderung für Lernende dar. Einige Schülerinnen und Schüler sind ihr dennoch nachgekommen, obgleich nicht alle Antworten interpretierbar waren. Daher kann diese Aufgabe zwar nicht vollständig codiert werden, jedoch soll auf die Darstellung ausgewählter Bearbeitungen nicht verzichtet werden, um die Leistungen der Lernenden zu würdigen: Diese bieten aufschlussreiche Einblicke in die Strukturierung von Zusammenhängen zwischen Teil, Anteil und Ganzem unter unterschiedlichen Gesichtspunkten.

Das Kapitel schließt mit der Zusammenfassung der empirischen Befunde zu den konkretisierten Forschungsfragen.

8.1 Konkretisierung der übergeordneten Forschungsfragen

Mit Item 3c, in der es um die Argumentation zu verschiedenen Ganzen im Kuchenkontext geht, soll untersucht werden, inwiefern das gleichzeitige Umgehen mit unterschiedlichen Konstellationen dazu beitragen kann, das Ganze und die Zusammenhänge zwischen Teil, Anteil und Ganzem flexibel zu nutzen und Strukturen zu erkunden. Dabei ist bei der hier dargestellten Kombination die gleichzeitige Einnahme zweier Sichtweisen hilfreich: Die der Abhängigkeit des Ganzen vom Teil (des Kuchens von der Stückgröße) und die der Abhängigkeit des Teils vom Ganzen (des Kuchenstücks vom Kuchen; vgl. Abb. 8-1). Die Forschungsfragen können damit wie folgt konkretisiert werden:

1. *Wie stellen Lernende Zusammenhänge zwischen Konstellationen her?*

    a. *Welche Vorstellungen zu den Zusammenhängen zwischen Teil, Anteil und Ganzem aktivieren die Lernenden beim Umgang mit verschiedenen Konstellationen?*

    b. *Worauf stützen die Lernenden ihre Argumentation?*

2. *Wie können Schwierigkeiten und Hürden von Lernenden im Zusammenhang mit dem Herstellen von Zusammenhängen zwischen verschiedenen Konstellationen überwunden werden?*

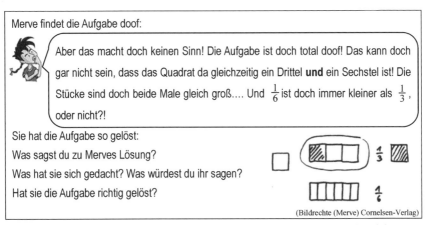

Abb. 8-1: Merves Problem: „Und 1/6 ist doch immer kleiner als 1/3, oder nicht?!"

8.2 Simon und Akin bearbeiten Merves Problem: Der wachsende Kuchen (29:37 – 36:35)

Einordnung der Szene in das Gesamtinterview

Der folgende Interviewausschnitt mit Simon (S) und Akin (A) schließt sich an die Bearbeitung einer Aufgabe zum Ergänzen eines Teils zum Ganzen mit einer Strecke an. Dieser Szene geht wiederum die in Abschnitt 7.6.2 interpretierte Episode voraus, in der die Schüler ein vorgegebenes Quadrat zeichnerisch zu einem Ganzen ergänzen.

In der hier bearbeiteten Aufgabe wundert sich Merve, dass das gleiche Quadrat einmal 1/3 und einmal 1/6 sein soll. Als Anlass zum Argumentieren ist ihre Zeichnung abgedruckt: Einmal ist das vorgegebene Quadrat 1/3 und einmal wurden drei dieser Quadrate jeweils in der Mitte halbiert, so dass Sechstel entstehen (Abb. 8-1). Die Zeichnung nimmt damit Bezug auf die Vorstellung, dass sich beide Anteile auf dasselbe Ganze beziehen.

Simon und Akin bearbeiten die Aufgabe in insgesamt sieben Minuten. Nach ca. zwei Minuten gibt Simon bereits eine anschauliche Beschreibung vom Zusammenhang zwischen der Größe des Kuchens und der einzelnen Stücke. Während des restlichen Interviews wird Merves Zeichnung diskutiert. Der Kern der Aufgabe, dass hier zwei Sichtweisen auf das Ganze konkurrieren (gleich große versus unterschiedlich große Ganze), ist zu diesem Zeitpunkt allerdings bereits geklärt.

Der Interviewausschnitt wurde für die Analyse ausgewählt, da es sich um eine herausragende Argumentationsleistung vor allem von Simon handelt, die in den schriftlichen Bearbeitungen in ihrer Genese so nicht beobachtbar ist. Gleichzeitig zeigen sich aber auch kognitive Herausforderungen, die in diesem Arbeitsauftrag stecken. Dies wird besonders deutlich in Zeile 24 des Interviewtranskripts.

Zeile 1-15: Einstieg in die Aufgabe

In diesem Gesprächsabschnitt werden technische Dinge besprochen; (die hier nicht abgedruckte Zeile 1 beginnt bei 29:37 Minuten des Gesamtinterviews). Die Interviewerin führt in die Aufgabe ein und stellt den Zusammenhang zur zuvor bearbeiteten Quadrat-Aufgabe her. Nachdem sich die Jungen auf die Aufgabe eingelassen haben und die Aufgabenstellung geklärt ist, entwickelt Simon eine Lösung (vgl. Z. 16).

Zeile 16-20: Muss der Kuchen größer oder kleiner werden?

16	S	Das müsste, dann is, wenn das jetzt 'n Kuchen wäre, das wäre jetzt hier 1/3 *[fährt mit dem Stift die Kanten des Quadrates auf dem Blatt ab, das für 1/3 steht]* - dann müsste d-das Sechstel, müsste eigentlich kleiner gemacht werden, wenn der Kuchen genauso groß ist *[zeigt auf das Quadrat, das für 1/6 steht]*. Also der Kuchen ist dann einfach nur vergrößert.
17	A	Mhmh *[verneinend]* muss doch gleich groß sein, wenn du, die macht doch eigentlich mit... *[zeigt auf das Aufgabenblatt]*
18	S	...Ja ich meine, weil - guck, hier ist das Stück ja genauso groß wie hier *[zeigt auf das Ganze aus drei Stücken und dann auf das Ganze aus sechs Stücken aus der Quadrataufgabe von A]* und der Kuchen müsste dann ja nur kleiner sein und nicht -
19	A	äh ja...
20	S	...äh ja - die Stücke

Simon zieht den Kontext „Kuchen" für seine Erklärung heran. Zunächst bezieht er sich auf das Quadrat, das 1/3 vom Ganzen darstellen soll. Die nächste Aussage ist etwas schwieriger zu deuten: „*dann müsste der des Sechstel, müsste eigentlich kleiner gemacht werden, wenn der Kuchen genauso groß ist [Zeigt auf das Quadrat, das für 1/6 steht.]. Also der Kuchen ist dann einfach nur vergrößert*" (Z. 16). Hier wären grundsätzlich mehrere Deutungen möglich: Es ist möglich, dass Simon von der gleichen Größe der Quadrate ausgeht und davon die Größe des Ganzen – des „Kuchens" – ableitet, der für den Anteil 1/6 „*kleiner gemacht*"

8.2 Simon und Akin bearbeiten Merves Problem

werden müsste. Dann würde er allerdings eine Veränderung in die falsche Richtung vornehmen. Im nächsten Satz kehrt er die Änderungsrichtung dann wieder um (*„Also der Kuchen ist dann einfach nur vergrößert"*). Damit könnte er insgesamt auf die zweite Sichtweise des Problems – die Variabilität des Ganzen – ansprechen. Eventuell bezieht Simon sich aber auch darauf, dass bei einem Kuchen, der einmal in drei und einmal in sechs Stücke geteilt wird, eines der sechs Stücke kleiner als eines der drei Stücke ist. Diese Sichtweise würde der von Merve entsprechen, die das gleiche Ganze annimmt und die Drittel deshalb jeweils halbiert. Diese Perspektive würde Simon aber hier erweitern, indem er für 1/6 den größeren Kuchen folgert.

Im Hinblick auf den weiteren Verlauf des Interviews ist die zweite Interpretation wahrscheinlicher: Simon scheint hier zunächst mit einem Ganzen für beide Anteile zu argumentieren und die Abhängigkeit des Teils von diesem Ganzen zu betrachten. Daraus kann er auf die Notwendigkeit der Größenveränderung des Kuchens schließen: Wenn die Kuchengröße (der Gesamtkuchen) in beiden Fällen (bei 1/3 und 1/6) gleich sein soll, so ist dies nur möglich, wenn das vorgegebene Sechstel kleiner ist als das Drittel. Da hier aber beide Kuchenstücke (Teil) gleich groß sind, muss der Kuchen (das Ganze) insgesamt zum Anteil 1/6 größer sein. Damit variiert er sehr flexibel die Einteilung des Ganzen und dessen Konsequenzen für die Größe des Teils sowie die Konsequenz des Beibehaltens des Teils bei unterschiedlichen Anteilen für das Ganze (vgl. Abb. 8-2 für die Konsequenzen des Veränderns vom Teil bzw. vom Ganzen).

Für diese Argumentation lassen sich als Grundlage die Verteilungssituationen vermuten, die die beiden Jungen im Unterricht kennen gelernt haben (beim Anteil 1/3 bekommt man mehr als beim Anteil 1/6, wenn das Ganze gleich groß ist). Diese Argumentation führt Simon später auch explizit in der hier nicht abgedruckten Zeile 61 aus. Gleichzeitig aktiviert er aber auch scheinbar eine Vorstellung von einer „variablen" Kuchengröße (*„Also der Kuchen ist dann einfach nur vergrößert"*, Z. 16) zur Erklärung des in dieser Situation von den üblichen Verteilungssituationen abweichenden Phänomens. Akins Aussage in Zeile 17, in der er Simon widerspricht, ist nicht zu deuten.

Simons Erläuterung

Auf den Einwand von Akin hin erklärt Simon genauer, was er meint: Er bezieht sich auf die Bearbeitung der Aufgabe zum Ergänzen zum Ganzen von Akin und stellt eine Verbindung zu Merves Bearbeitung der Aufgabe her. Hier betrachtet er die Aufgabe aus der anderen Perspektive: Während er zuvor vermutlich von einem Ganzen ausgegangen ist, von dem die Größe der einzelnen Stücke abhängt, scheint er hier die Abhängigkeit des Ganzen von den Stücken zu fokussieren.

An dieser Stelle seiner Argumentation zeigt sich eine sprachliche Schwierigkeit, die sich aus der Wahl des Kuchenkontextes ergibt: Simon redet von Kuchen und Stücken, wobei beide Begriffe im Alltag auch durchaus in bestimmten Situationen als synonym verwendet werden können. So zeigt er in Z. 18 auf das Ganze, nutzt aber das Wort Stück. Die oben ausgeführte Deutung seiner Erklärung bestätigt sich dabei im weiteren Verlauf des Interviews (vergleiche Z. 21-27).

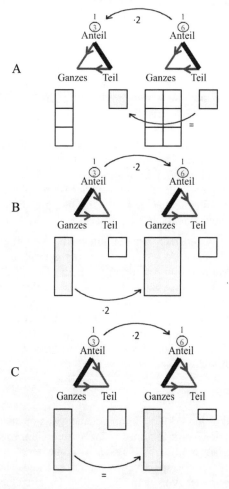

Abb. 8-2: Verschiedene Möglichkeiten gleichzeitiger operativer Veränderungen

8.2 Simon und Akin bearbeiten Merves Problem

Zeile 21-27: Präzisierung der Lösung

21	I	Was wäre denn jetzt der Kuchen? Kannst du das noch mal erklären? Was der Kuchen und was die Stücke sind und was größer werden muss? ...
22	S	Wenn das der Kuchen ist *[zeigt auf das Ganze aus drei Stücken, das Merve gezeichnet hat]...*
23	I	...ja...
24	S	...und das ist ja 1/3 *[zeigt auf das einzelne Quadrat, das für 1/3 steht]* und hier unten der des Sechstel *[zeigt über das Ganze aus sechs Stücken (von Merve)]*, dann sind entweder die Stücke kleiner oder der Kuchen muss kleiner werden, damit die Stücke genau - äh der Stück, der Kuchen muss dann <u>größer</u> werden, damit die Kästchen genauso groß sind.
25	I	Mhm
26	A	Ja - haben Sie das jetzt verstanden?
27	S	Oder immer noch nicht?

Da die Verwendung der Begriffe „Stück" und „Kuchen" grundsätzlich mehrdeutig ist, fragt die Interviewerin noch einmal nach, was in Simons Argumentation der Kuchen, was die Stücke sind und was größer werden muss (Z. 21). Sie fordert damit eine genauere Bezugnahme bzw. Verbindung zwischen dem Kuchenkontext und der zeichnerischen Darstellung ein. Simon erklärt daraufhin mit explizitem Bezug auf die Zeichnung seine Idee, wobei er „Kuchen" diesmal mit dem Ganzen gleichsetzt (Z. 22).

Zwei Sichtweisen einnehmen

Simon argumentiert hier beide Sichtweisen aus: Entweder müssen die Stücke bei 1/6 kleiner werden (Sicht auf ein Ganzes) oder der Kuchen muss größer werden, damit die Stücke gleich groß sind (Sicht auf zwei verschiedene Ganze; vgl. Z. 24). Dabei geht er in beiden Fällen von dem Ganzen zu 1/3 als Vergleichsbasis aus. An diesem Beispiel lässt sich erkennen, dass die wechselseitige Beziehung zwischen Teil, Anteil und Ganzem gar nicht so einfach zu durchschauen ist: Simon irrt sich hier auch zunächst im Hinblick auf die Richtung der Veränderung, die für die gleiche Stückgröße sorgt, indem er zunächst meint, dass der Kuchen kleiner werden müsste, damit bei einem kleineren Anteil die Kuchenstücke genauso groß sind (Z. 24). An dieser Stelle korrigiert er sich allerdings direkt selbst und stellt die richtige Größenvariation fest, die hier entgegengesetzt ist: Wenn die Stücke für den kleineren Anteil genauso groß sein sollen wie für den größeren Anteil, dann muss das Ganze selbst größer werden.

Zeile 28-84 Reden über Merves Lösung

Die Größenbeziehung zwischen Teil und Ganzem ist geklärt; der Rest der hier nicht mehr abgedruckten Szene beschäftigt sich nun mit der Erklärung von Merves Lösung. Das Ziel der Interviewerin ist hier eine Bewertung dieser Lösung und eine Erklärung, was sich Merve bei der Aufgabe gedacht haben könnte. Dabei ist die Beantwortung dieser beiden Fragen sehr dicht an der bisherigen Argumentation der Jungen, weshalb diese auch vermutlich die erneuten Fragen der Interviewerin als verwirrend empfinden. Als Ergebnis folgern die Jungen, Merve habe zwar richtig gedacht, aber falsch gezeichnet.

Zusammenfassung der Ergebnisse und Interpretation

Dieser Interviewausschnitt zeigt, wie komplex die Anforderung ist, zwischen verschiedenen Ganzen, Anteilen und Teilen, d. h. zwischen verschiedenen Konstellationen, zu wechseln: Die Jungen müssen dabei viele Dinge gleichzeitig berücksichtigen und beim Ändern einzelner Komponenten der Konstellation die dadurch zu Stande kommenden Konsequenzen für die anderen Komponenten immer im Blick behalten. Dies gelingt ihnen auch sehr gut.

Simons und Akins Weg zur Lösung der Aufgabe

Zunächst ist bemerkenswert, dass Simon und Akin hier selbst eine inhaltliche Deutung der Aufgabe vornehmen, die ihnen beim Argumentieren hilft. Diese Strategie haben sie auch zuvor bereits bei der Aufgabe zum Ergänzen zum Ganzen erfolgreich genutzt, um sich verschiedene Formen des Ganzen plausibel zu erklären (vgl. Abschnitt 7.6.2). In diesem Kontext können beide präzise darüber kommunizieren, was das Ganze und was der Teil ist.

Vor allem Simon nimmt direkt die Beziehung zwischen dem Teil und dem Ganzen in den Blick und erfasst damit den Kern der Aufgabe. So kann er sehr klar formulieren, wie die Beziehungen zwischen dem Ganzen, dem Anteil und dem Teil „funktionieren": Wenn der Teil gleich groß bleibt, so muss das Ganze zum kleineren Anteil größer werden (vgl. Z. 24). Umgekehrt bedeutet das Teilen eines Ganzen, dass bei größerem Nenner (in der Kuchen-Welt: wenn sich mehr Leute einen Kuchen teilen; Z. 61; hier nicht abgedruckt) die Teile kleiner werden. Insbesondere Simon kann damit flexibel zwischen verschiedenen Sichtweisen wechseln und mit ihnen argumentieren. Dabei aktiviert er zwischenzeitlich zwar auch die Vorstellung einer hier nicht tragfähigen proportionalen Beziehung zwischen dem Anteil und dem Ganzen: Wenn der Anteil kleiner wird, muss auch der ganze Kuchen kleiner werden, damit die Stücke gleich groß sind (vgl. Z. 24). Hier kann er sich jedoch selbständig korrigieren.

8.2 Simon und Akin bearbeiten Merves Problem

Chancen und Hürden

Bemerkenswert ist der Kontrast zwischen Simons und Akins Bearbeitungsprozess zu dieser Aufgabe und wenig später zur Aufgabe zum Ergänzen zum Ganzen mit einem *Nicht-Stammbruch und diskretem Teil* (*Bonbonaufgabe II*; vgl. Abschnitt 7.3.2): Beim Bestimmen des Ganzen zum Teil 6 und Anteil 2/3 stellt die richtige Deutung des Zählers eine Hürde im Bearbeitungsprozess der Jungen dar. Obgleich Simon hier zum Kuchen erfolgreich das Ganze, den Teil und den Anteil miteinander in Beziehung setzen und variieren kann, haben er und auch Akin Schwierigkeiten, die 2 in die Berechnung des Ganzen im Bonbonkontext einzubeziehen: Akin berechnet das Ganze zum Stammbruch und Simon verdoppelt dieses sogar. Erst im weiteren Verlauf des Interviews können strukturierende Bilder bei der Bestimmung des Ganzen helfen. Der Grund für diesen Unterschied im Bearbeitungserfolg kann auf verschiedenen Ebenen vermutet werden:

Es gibt Anzeichen dafür, dass Akin den Anteil für die Bonbonaufgabe nicht als Relativen Anteil deutet, sondern als die *Beschreibung eines Verteilungskontextes* mit mehreren kontinuierlichen Ganzen: 2/3 bedeutet „zwei Pizzen werden auf drei Leute verteilt". Daher kann die 2 im Zähler nicht mit der Bonbonanzahl 6 verbunden werden. Hiermit hängt auch die veränderte Qualität des Ganzen zusammen: Der Kuchen stellt ein zusammenhängendes Ganzes dar; die Bonbons sind unverbunden und damit diskret. Letztendlich ist auch ein *Nicht-Stammbruch* zu einem Ganzen zu ergänzen. Damit fällt der Weg der direkten mehrfachen Reproduktion des Teils bzw. des gleichmäßigen Einteilens des Ganzen als Strategie weg. Bei dem Nicht-Stammbruch müssen neue Einheiten gebildet werden: Zwei Drittel zusammen ergeben eine neue Einheit, mit der operiert werden muss.

Offen bleibt hier die Frage, ob die Jungen beim Bestimmen des Ganzen zu einem Nicht-Stammbruch und einem kontinuierlichen Teil und dem entsprechenden Ausargumentieren von Zusammenhängen dieselben Schwierigkeiten (beim Strukturieren) gehabt hätten wie beim Anteil 2/3 und dem Teil 6 (vgl. Abschnitt 7.3.2). Aufgrund der Tatsache, dass sie einen Stammbruch im diskreten Kontext zur Rekonstruktion des Ganzen erfolgreich nutzen können, lassen sich ihre Schwierigkeiten dort eher auf dieser Ebene vermuten.

Insgesamt zeigt sich an dem vorliegenden Prozess, dass das Argumentieren über die Zusammenhänge von Teil, Anteil und Ganzem zunächst keine einfache und selbstverständliche Kompetenz ist. Simon und Akin nehmen hier beide Sichtweisen auf das Ganze selbständig ein und können über die vertraute Verteilungssituation, bei der das Ganze als Ausgangsbasis für den Teil gesetzt wird, auch das Ganze als Vereinigung seiner Teile deuten. Damit kann das Ganze auch in einer Situation als variabel angenommen werden und die Relation zwischen Teil und Ganzem rückt in den Vordergrund. Diese Relation und die Richtung von Veränderungen richtig zu deuten, stellt dabei jedoch eine Herausforderung dar, denn spontane Assoziationen wie z. B. „bei gleichbleibendem Teil bedeutet ein kleinerer Anteil ein kleineres Ganzes" stimmen nicht.

Die Bearbeitungen in anderen Interviews und im schriftlichen Test sind nicht immer so erfolgreich wie der hier dargestellte Interviewausschnitt. Im Folgenden werden beispielhaft Lösungen von Lernenden aus der schriftlichen Erhebung vorgestellt, um die Vielfalt der Argumentationen, aber auch der damit verbundenen Schwierigkeiten zu illustrieren.

8.3 Analyse einiger Beispiele aus dem schriftlichen Test

In der schriftlichen Erhebung, für die die Aufgabe im Haupttest noch einmal überarbeitet und in den von Simon und Akin genutzten Kuchen-Kontext verlegt wurde (vgl. Abb. 8-3), fällt die vollständige Argumentation einigen Lernenden schwer. Das liegt unter anderem wohl auch daran, dass manche Lernende in der Aufgabe, vermutlich aufgrund der vielen angesprochenen Aspekte, nicht das Problem erkennen oder sich nur auf einen der beiden Fälle (unterschiedlich große Ganze bzw. gleich große Ganze) beziehen.

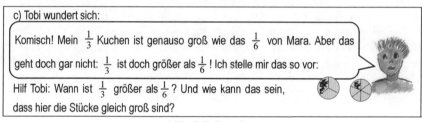

Abb. 8-3: Item 3c

Einige Antworten, die die Lernenden in der schriftlichen Erhebung gegeben haben, konnten nicht interpretiert werden: So sind die Formulierungen z. T. mehrdeutig bzw. es würde unter Umständen zu viel in die Antworten der Lernenden hineingedeutet werden. So deutet die Antwort von Frederike (GeS_103; vgl. Abb. 8-4) auf eine variable Sichtweise des Ganzen hin, lässt aber keinen Schluss dazu zu, welcher Art die Zusammenhänge zwischen Teil, Anteil und Ganzem nun genau sind. Zu dieser Schwierigkeit kommt z. T. eine sprachliche Unschärfe hinzu, die durch den genutzten Kontext verursacht wird („Kuchen" als ganzer Kuchen bzw. als Stück von einem größeren Kuchen – als pars pro toto). Daher wurde von einer vollständigen Codierung und Bewertung durch Kategorisierung hinsichtlich der Tragfähigkeit abgesehen. Jedoch haben einige Lernende die Größe des Ganzen zumindest angesprochen.

8.3 Analyse einiger Beispiele aus dem schriftlichen Test

Im Folgenden werden einzelne beispielhafte Bearbeitungen des Haupttests und eines nachgelagerten Tests analysiert. Bei den hier ausgewählten Lösungen handelt es sich um solche, die mindestens einen der Aspekte, die in der Aufgabe angesprochen werden, tragfähig behandeln. Die Auswahl erfolgt aufgrund der Tatsache, dass diese Lösungen interpretierbare Umsetzungen mit unterschiedlicher Schwerpunktsetzung in Bezug auf den Zusammenhang zwischen Teil, Anteil und Ganzem sind. Bei vorsichtiger Quantifizierung haben ca. 13 Lernende (d. h. weniger als 10 %) die Aufgabe in allen Aspekten richtig gelöst.

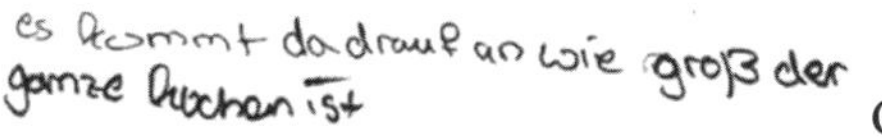

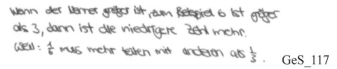

GeS_103

Abb. 8-4: Frederikes (GeS_103) Bearbeitung der Aufgabe

Warum 1/6 kleiner als 1/3 ist

Janine (GeS_117, vgl. Abb. 8-5) bezieht sich in ihrer Argumentation – ohne dies ganz explizit zu schreiben – ausschließlich auf den Fall, dass sich beide Anteile auf dasselbe Ganze beziehen. Dabei nutzt sie für ihre Argumentation stark Zahlbeziehungen, indem sie die Nenner der Anteile vergleicht. Allerdings spricht sie hier auch eine inhaltliche Vorstellung für den Größenvergleich an: Sie argumentiert vermutlich in der „Welt der Verteilungssituationen", indem sie den Anteil als Teil eines Ganzen oder mehrerer Ganzer (sie vergleicht im ersten Teil nur die Nenner miteinander, aber macht keine Aussage dazu, welche Zähler die Anteile haben) deutet: *„1/6 mus[s] mehr teilen mit anderen als 1/3 ".*

GeS_117

Abb. 8-5: Janines (GeS_117) Bearbeitung der Aufgabe

1/6 ist manchmal größer als 1/3

Die Lösung von Maik (GeS_81; vgl. Abb. 8-6) deutet auf eine Vorstellung hin, bei der beide Sichtweisen auf das Ganze (gleich große Ganze versus verschieden große Ganze) eingenommen werden können: Maik unterscheidet ganz deutlich zwischen zwei Situationen: 1/3 ist größer als 1/6 und 1/6 ist größer als 1/3. Er zeichnet zwei verschieden große Kreise, die möglicherweise für verschiedene Ganze stehen. Dabei ist bei seiner Zeichnung nicht ganz deutlich, ob er sie nur ausgemalt oder durchgestrichen hat.

Dass 1/3 *immer* das größere Stück ist, kann darauf hindeuten, dass für Maik die Sichtweise mit gleich großen Ganzen die geläufigere oder vertrautere ist. Er schreibt dies zwar an keiner Stelle explizit auf, dennoch verweist die Annahme, 1/3 sei der größere Anteil, aus fachlicher Perspektive auf ein gemeinsam angenommenes Ganzes für beide Anteile. So könnte es sein, dass er sich hier bei der Argumentation auf die Kreisbilder in der Aufgabe bezieht.

Eine Einschränkung für die Aussage „1/3 ist größer als 1/6" gibt Maik im Anschluss: Wenn der Anteil 1/6 von einem größeren Kuchen genommen wird als 1/3, kann der 1/6 entsprechende Teil größer sein. Diese Aussage schränkt er ebenfalls direkt wieder ein, indem er *„(manchmal)"* hinzufügt. Das könnte darauf hindeuten, dass die erste Sichtweise für ihn die häufigere bzw. gewohntere zu sein scheint. So könnte es sein, dass er diese Perspektive bisher noch nicht für sich in Betracht gezogen hat und nun zunächst eine Vermutung über die Beziehung zwischen Teil und Ganzem abgibt. Diese könnte er z. B. an dem konkreten Beispiel festmachen, aber noch nicht als allgemeine Struktur erfasst haben.

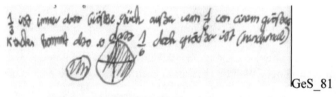

Abb. 8-6: Maiks (GeS_81) Bearbeitung der Aufgabe

Wann 1/3 größer ist und warum es hier gleich groß ist

Nele (NT_2; vgl. Abb. 8-7) argumentiert in einem Nachtest beide Sichtweisen auf das Ganze (gleich oder verschieden) aus. Dazu nutzt sie die Größenbeziehung zwischen den beiden Anteilen: Weil Maras Kuchen (zum Anteil 1/6) doppelt so groß wie Tobis Kuchen war, haben beide im Ergebnis ein gleich großes Kuchenstück bekommen. Damit würde Nele beide Situationen ausgehend vom Ganzen und nicht vom Teil betrachten: Das Ganze bestimmt die Größe des Teils.

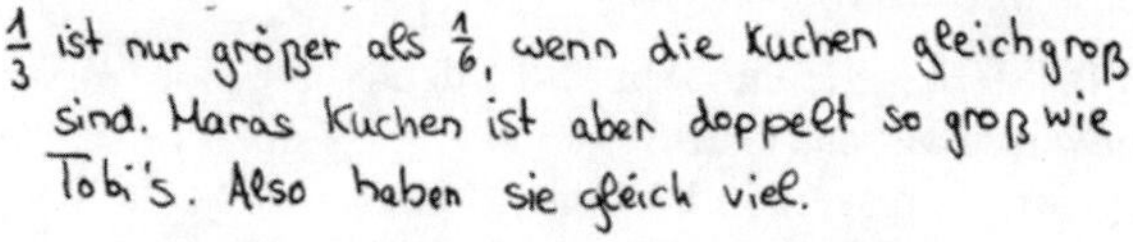

Abb. 8-7: Neles (NT_2) Bearbeitung der Aufgabe

8.3 Analyse einiger Beispiele aus dem schriftlichen Test

Wann 1/3 größer und wann es gleich groß ist

Florian (NT_3; vgl. Abb. 8-8) scheint ebenfalls beide Sichtweisen zu aktivieren. Dabei geht er anders als Nele von einem beliebigen Verhältnis zwischen den beiden Anteilen aus (Nele beschränkt ihre Antwort auf die Verdopplung von Anteilen). Mit dieser Argumentation löst sich Florian ein Stück von der konkreten Aufgabenstellung und scheint die Konstellationen auf einer allgemeineren Stufe zu betrachten. Seine Argumentation weist Ähnlichkeiten mit der von Maik (GeS_81) auf, wobei er beide Sichtweisen noch detaillierter argumentiert.

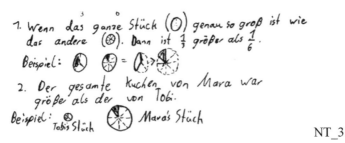

Abb. 8-8: Florians (NT_3) Bearbeitung der Aufgabe

Wann 1/3 allgemein größer als 1/6 ist und wann nicht

Marko (NT_4; vgl. Abb. 8-9) verändert zur Lösung der Aufgabe die Qualität des Ganzen: Anstatt mit Flächen oder Kuchen zu argumentieren, wählt er durch Zahlen repräsentierte (diskrete) Ganze. Mit diesen Ganzen argumentiert er in beide Richtungen korrekt, indem er sich zunächst mit beiden Anteilen auf dasselbe Ganze und schließlich den Anteil 1/6 auf ein größeres Ganzes als das für 1/3 bezieht. Dabei gibt er lediglich nicht explizit ein Beispiel für den in der Aufgabenstellung angesprochenen Fall, dass beide Teile gleich groß sind. Seine Argumentation weist allerdings insgesamt darauf hin, dass er diesen Fall mit zu erfassen scheint.

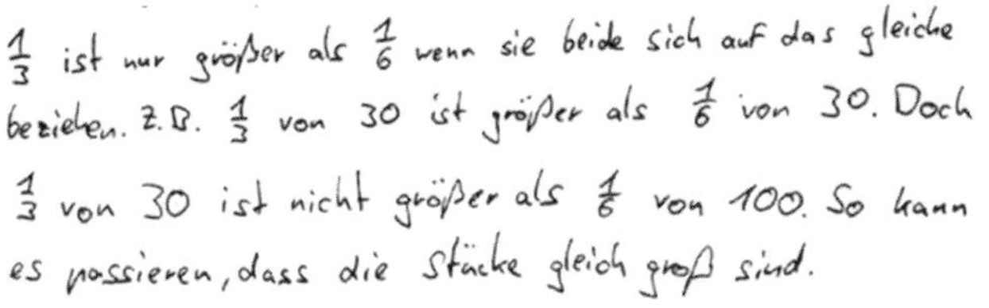

Abb. 8-9: Markos (NT_4) Bearbeitung der Aufgabe

Ausblick

Die hier aufgezeigten Beispiele offenbaren die potenzielle Vielfalt möglicher Argumentationen. So können eine oder beide Sichtweisen betrachtet und ausargumentiert werden, strukturelle Zusammenhänge entdeckt und genutzt werden oder es kann allgemein über das Beispiel hinausgehend begründet werden. Dabei können sowohl der Kuchenkontext als auch eigene Beispiele zur Erläuterung herangezogen werden. Allerdings stellt die Aufgabe auch viele Fragen gleichzeitig, so dass u. U. nicht alle Lernenden das Problem direkt durchschauen und daher nur zu einem Teil Stellung nehmen können. Die Vielfalt der Antworten zeigt aber, dass einige Lernende potenziell unterschiedliche Standpunkte zu diesem Problem einnehmen und den Zusammenhang von Teil, Anteil und Ganzem in eigenen Worten und Bildern beschreiben können.

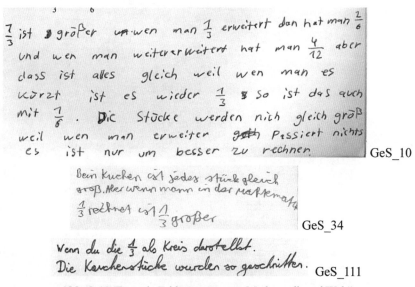

Abb. 8-10: Formale Erklärung versus „Mathematik und Welt"

Neben den tragfähigen Argumentationen gibt es allerdings auch andere, die für die Grundlage der Beurteilung von Zusammenhängen zwischen Teil und Ganzem z. B. nicht Strukturen heranzuziehen scheinen, sondern andere Kriterien nutzen oder aber formal (implizit) mit einem Ganzen argumentieren. So geben die Bearbeitungen mancher Lernender Hinweise darauf, dass als Grund für das von Tobi festgestellte Phänomen z. B. die Differenz zwischen der Welt der Mathematik und der Alltagswelt angenommen werden kann (s. Abb. 8-10).

8.4 Diskussion der empirischen Befunde

Die Beantwortung der Forschungsfragen unterliegt der Beschränkung, dass nur ausgewählte Lösungen interpretiert werden konnten.

**Erste konkretisierte Forschungsfrage:
Wie stellen Lernende Zusammenhänge zwischen Konstellationen her?**

a) Welche Vorstellungen zu den Zusammenhängen zwischen Teil, Anteil und Ganzem aktivieren die Lernenden beim Umgang mit verschiedenen Konstellationen?

b) Worauf stützen die Lernenden ihre Argumentation?

Zu a): Welche Vorstellungen zu den Zusammenhängen zwischen Teil, Anteil und Ganzem aktivieren die Lernenden beim Umgang mit verschiedenen Konstellationen?

Die in diesem Kapitel untersuchte Inter-Perspektive in Bezug auf Konstellationen, bei der strukturelle Zusammenhänge von Teil, Anteil und Ganzem konstellationsübergreifend hergestellt werden müssen, und ihre Realisierungen durch Lernende sind ein bisher nicht systematisch beforschter Aspekt des Umgangs mit Brüchen. Die empirischen Daten ermöglichen dabei Einblicke in die Vielfalt individueller Strukturierungen und Vorstellungen.

Die Analysen der Interviewszene und der schriftlichen Dokumente zeigen die potenzielle Vielfalt möglicher Ansätze und Argumentationen. Für die Begründung greifen Lernende auf unterschiedliche Art und Weise auf Strukturen zurück: So wandeln sie z. B. für ihre Argumentation im Sinne operativer Vorgehensweisen das Ganze oder den Teil ab.

Dabei lassen sich grob zwei Sichtweisen unterscheiden: Die Abhängigkeit des Ganzen vom Teil (des Kuchens von der Stückgröße) und die Abhängigkeit des Teils vom Ganzen (des Kuchenstücks vom Kuchen). Im ersten Fall wird dabei das Ganze aus mehreren Teilen zusammengesetzt. Aus dieser Perspektive kann das Ganze für unterschiedliche Anteile und gleich große Stücke als verschieden angenommen werden. Diese Sichtweise kann aber u. U. auch dazu führen, dass aus der Verkleinerung des Anteils für den Teil die Verkleinerung des Ganzen angenommen wird (so wie es Simon kurzfristig in Abschnitt 8.2, Zeile 24 anzunehmen scheint und in umgekehrter Richtung bei der *Bonbonaufgabe II* in Abschnitt 7.3.2, Z. 34-36 nutzt).

Die beiden Sichtweisen können getrennt auftreten, aber auch miteinander in Beziehung gebracht werden. Während Simon (vgl. Zeile 18 des Transkriptausschnitts) eher von gleich großen Stücken ausgeht und das Verhalten des Kuchens davon ableitet, geht Marko (vgl. Abb. 8-9) von verschiedenen Ganzen aus und leitet davon die Größe des Teils ab.

Es lassen sich in den Dokumenten Hinweise dafür finden, dass für manche Lernende die Variabilität des Ganzen nicht im Fokus steht: Diese Lernenden argumentieren in beiden Kuchensituationen mit demselben Ganzen und unterscheiden damit nicht zwischen zwei Konstellationen, die sich in zwei Komponenten unterscheiden können (Ganzes und Anteil), sondern lediglich in einer Komponente (Anteil; vgl. Abb. 8-5).

Neben dieser Position lässt sich eine Stufung weiterer Vorstellungen von Zusammenhängen feststellen: So scheinen manche Lernende zumindest potenziell den Anteil 1/3 und 1/6 auf verschiedene Ganze bezogen zu sehen, auch wenn ihnen diese Sichtweise vielleicht ungewohnt erscheint (vgl. Abb. 8-6). Manche Lernende argumentieren eher beispielgebunden über die konkreten Zusammenhänge, manche auch allgemeiner (vgl. Abb. 8-8 und 8-9).

Neben den richtigen Argumentationen lassen sich auch weniger erfolgreiche finden (siehe z. B. Abb. 8-10). Insgesamt muss jedoch berücksichtigt werden, dass die hier untersuchte Aufgabe auch sehr komplex gestellt ist.

Zu b): Worauf stützen die Lernenden ihre Argumentation?

Lernende stützen ihre Argumentation sowohl auf den vorgegeben Kontext als auch auf eigene Beispiele. Das Interview mit Simon und Akin hat gezeigt, dass den beiden Jungen der Kontext des Kuchens bei der Bearbeitung geholfen hat: Bereits bei der Aufgabe zum Ergänzen eines Quadrats zum Ganzen (vgl. Abschnitt 7.6.2) haben sie selbständig diesen Kontext gewählt.

In der schriftlichen Erhebung wurde der Kuchenkontext nicht von allen Lernenden gewählt. Es scheint so (allerdings bedürfte es hier einer genaueren Quantifizierung), dass Lernende, die die Unveränderlichkeit des Ganzen annehmen, eher mit einem formalen Argument argumentieren (z. B. über Erweitern) oder Verteilungskontexte heranziehen, mit denen sie über die Anzahl der erhaltenen Stücke argumentieren können (siehe z. B. Abb. 8-5 und 8-10 oben).

Ein weiterer Unterschied besteht in der Art der Repräsentation des Ganzen, derer sich die Lernenden zur Erklärung bedienen. So nutzt Marko (Abb. 8-9) ganze Zahlen (diskrete Ganze) zur Argumentation, während Judith (vgl. Abb. 8-2) bei den vorgegebenen kontinuierlichen Kreisganzen bleibt.

Auch der Grad der Allgemeinheit der Argumentation ist z. T. unterschiedlich: Manche Lernende bleiben bei dem vorgegebenen Kontext, in dem die Anteile sich durch Verdopplung bzw. Halbieren auseinander ergeben wie Nele (Abb. 8-7), die über die Verdopplung des Kuchens argumentiert. Andere Lernende

8.4 Diskussion der empirischen Befunde

variieren das Ganze allgemeiner – wie Florian (Abb. 8-8) oder Marko (Abb. 8-9), der sich sogar bei seiner Argumentation völlig vom Kuchenkontext löst und mit Anteilen von Zahlwerten begründet.

Zweite konkretisierte Forschungsfrage:
Wie können Schwierigkeiten und Hürden von Lernenden im Zusammenhang mit dem Herstellen von Zusammenhängen zwischen verschiedenen Konstellationen überwunden werden?

Eine erste Hürde kann für Lernende darin bestehen, die Gleichzeitigkeit bzw. Existenz zweier verschiedener Konstellationen zu identifizieren. So zeigen die Beispiele der schriftlichen Erhebung (s. Abschnitt 8.3), dass Lernende an verschiedenen Stellen ansetzen: Manche erkennen, dass es in der Aufgabe um zwei verschiedene Ganze geht und argumentieren beide Sichtweisen aus bzw. beschreiben, was sich im Vergleich von der einen zur anderen Konstellation ändert. Diese Lernenden erklären sowohl warum der Teil zu 1/3 bei demselben Ganzen größer ist als zu 1/6 als auch dass die Größe des Ganzen einen Einfluss auf die Größe des Teils hat (siehe Nele, Florian und Marko, Abb. 8-7 bis 8-9). Manche Lernende wiederum argumentieren nur eine der beiden Sichtweisen aus, so wie Janine (Abb. 8-5).

Aus dieser hier eingenommenen, oftmals ungewohnteren Perspektive, in der die Beziehung zwischen verschiedenen Ganzen und verschiedenen Teilen betrachtet wird, kann über manche Selbstverständlichkeiten reflektiert werden – wie z. B. Sechstel sind immer kleiner als Drittel – und das Ganze rückt in den Fokus. Dabei können sich vielfältige Fragen ergeben: Reicht es nicht aus, wenn ich einmal EIN Ganzes habe? Darf der Kuchen wachsen oder nicht? Es können sich aber auch vielfältige weitere Fragen stellen: Was macht eigentlich ein Sechstel aus? Was sind wesentliche Unterschiede zu anderen Anteilen? Warum müssen Sechstel nicht immer gleich aussehen? usw.

Einige Schülerinnen und Schüler scheinen die Möglichkeit, dass 1/6 auch größer sein kann als 1/3 (nämlich dann, wenn diese Anteile sich auf unterschiedliche Ganze beziehen), wenn nicht als unmöglich, so doch zumindest z. T. als ungewohnt zu empfinden (vgl. den Zusatz „(manchmal)" in Maiks Lösung, Abb. 8-6): Die geläufigere Sichtweise scheint die des gleichen Ganzen zu sein, wobei eine Nichtbearbeitung der zweiten Sichtweise auch u. U. auf die Aufgabenstellung zurückzuführen ist. So kann es sein, dass manche Lernende eine der Fragen überlesen haben.

Mit Unterstützung kann die Aufgabe allerdings ein Anlass zum Argumentieren sein, denn es kann nach Darstellungen und Beispielen gesucht werden, um die Sichtweise von Tobi in der Aufgabenstellung (und auch die eigene) zu erweitern.

So kann sie ein Anlass sein, um über grundsätzliche Beziehungen zwischen Teil, Anteil und Ganzem zu argumentieren.

Somit zeigen Aufgaben, die die gewohnten Sichtweisen durch neue austauschen oder die die gewohnten Sichtweisen umkehren, und Aufgaben zum Variieren aus diagnostischer Perspektive, dass die Konstruktion des Ganzen und der Umgang mit einem einmal konstruierten / angenommenen Ganzen ein durchaus komplexer Prozess sein kann: Es gibt Überzeugungen, die erworben werden, die aus dieser Perspektive nicht stimmen können. Es besteht die Vermutung, dass durch das Auseinandersetzen mit solchen Aufgaben für die Wahl des Ganzen z. B. im Zusammenhang mit dem Anteil-(vom-Anteil-)Nehmen sensibilisiert werden kann.

9 Diskussion der Ergebnisse

In diesem Kapitel wird in Abschnitt 9.1 zunächst eine Zusammenschau der empirischen Ergebnisse der Kapitel 4 bis 8 gegeben. Daran schließt sich in den Abschnitten 9.2 und 9.3 die Reflexion der Konsequenzen der Ergebnisse sowohl für die Fachliche Klärung als auch die Didaktische Strukturierung an.

9.1 Zusammenschau der Kapitel 4 bis 8

In den Kapiteln 4 bis 8 wurden individuelle Strukturierungen der Zusammenhänge zwischen Teil, Anteil und Ganzem in verschiedenen Konstellationen mit Hilfe konkretisierter Forschungsfragen untersucht. In diesem Abschnitt sollen die bislang auf Konstellationen bezogenen Ergebnisse übergreifend auf den flexiblen Umgang mit Brüchen hin systematisiert werden. Hierzu werden im Folgenden die beiden eingangs formulierten übergeordneten Forschungsfragen herangezogen, die mit zunehmendem Grad an Detailliertheit beantwortet werden:

1. *Wie gehen Lernende in unterschiedlichen Konstellationen mit Teil, Anteil und Ganzem um?*

    a) Wie strukturieren Lernende in unterschiedlichen Konstellationen Zusammenhänge zwischen Teil, Anteil und Ganzem?

    b) Welche Vorstellungen vom Ganzen aktivieren Lernende und inwiefern haben diese einen Einfluss auf die Strukturierung der Konstellationen?

2. *Wie können Schwierigkeiten und Hürden von Lernenden beim Umgang mit Brüchen überwunden werden?*

1. Forschungsfrage:
Wie gehen Lernende in unterschiedlichen Konstellationen mit Teil, Anteil und Ganzem um?

Zu a): Wie strukturieren Lernende in unterschiedlichen Konstellationen Zusammenhänge zwischen Teil, Anteil und Ganzem?

Hier lassen sich folgende Aussagen treffen:

> *1. Insgesamt waren viele Lernende relativ erfolgreich im Test. Dabei scheint die Qualität des Ganzen einen größeren Einfluss auf die Lösungshäufigkeiten zu haben, als die Art der Konstellation.*

2. *Die Bearbeitungen der Lernenden zeichnen sich durch vielfältige Zugänge aus, wobei sich operative Strategien als besonders reichhaltig erweisen.*

Zu 1.: *Insgesamt waren viele Lernende relativ erfolgreich im Test. Dabei scheint die Qualität des Ganzen einen größeren Einfluss auf die Lösungshäufigkeiten zu haben, als die Art der Konstellation.*

Die Hauptstudie zeigt, dass fast die Hälfte der 153 am Test teilnehmenden Lernenden bei Nichtberücksichtigung der Rechenwege und Bilder zu Aufgabe 2 mehr als die Hälfte der Punkte erreicht hat (s. Kapitel 4). Die quantitativen Ergebnisse deuten dabei darauf hin, dass die Aufgabe 2 mit einem diskreten Ganzen den Lernenden am schwersten gefallen zu sein scheint. Aufgabe 3 und 4 zum zeichnerischen Ergänzen eines geometrischen Teils zum Ganzen (sowohl Quadrat als auch Dreieck) fallen in dieser Erhebung hingegen am besten aus. Die quantitative Auswertung deutet damit – zumindest in der hier untersuchten Stichprobe – darauf hin, dass die Qualität des Ganzen bzw. des Teils einen größeren Einfluss auf die Lösung der Aufgaben zu haben scheint, als die Konstellation an sich.

Insbesondere die Identifikation des Ganzen scheint eine zentrale Hürde für Lernende zu sein: In Konstellationen, in denen das Ganze vorgegeben und bereits strukturiert ist (wie in Aufgabe 1 der in 12 Segmente unterteilte Kreis), stellten seine Identifizierung und der Umgang mit ihm für manche Lernende echte Herausforderungen dar (s. Abschnitt 5.2 und Kapitel 6; diese Beobachtung deckt sich mit anderen Untersuchungen, z. B. Wartha 2007; Hasemann 1981, 1986a).

Zu 2.: *Die Bearbeitungen der Lernenden zeichnen sich durch vielfältige Zugänge aus, wobei sich operative Strategien als besonders reichhaltig erweisen.*

Die Bearbeitungswege der Lernenden sind über alle Testitems hinweg vielfältig. Das gilt sowohl für die zeichnerischen als auch für die rechnerischen Lösungen sowie für die tragfähigen und die nicht tragfähigen (s. Kapitel 5 bis 7 für die vertieften Analysen der schriftlichen Produkte).

Die Bearbeitungsprozesse der Interviews ergänzen die Perspektive auf die Produkte, denn sie zeigten die komplexen Strukturierungsleistungen (s. Kapitel 7 und 8). Damit können die Analysen der Bearbeitungsprozesse z. T. auch helfen, schriftliche Produkte in ihrem Entstehen besser zu begreifen, während umgekehrt die schriftlichen Bearbeitungen die Prozesse in einen größeren Zusammenhang stellen lassen.

Es zeigte sich, dass manche Lernende erfolgreich operative Vorgehensweisen nutzen, um die Zusammenhänge zwischen Teil, Anteil und Ganzem zu erkunden. Die in den hier vertieft analysierten Episoden (z. B. in Abschnitt 8.2 und 7.3.4) zu Tage tretenden komplexen Strukturierungen sowie vielfältigen und reichhalti-

9.1 Zusammenschau der Kapitel 4 bis 8

gen Interpretationen sind Ausdruck eines im Sinne der vorliegenden Arbeit verstandenen flexiblen Umgangs mit Brüchen: Die interviewten Lernenden bearbeiteten die ihnen gestellten Probleme in beeindruckender Weise, indem sie in der Auseinandersetzung mit den situativen Gegebenheiten operativ-probierend und kreativ aus verschiedenen Perspektiven argumentierten. So zeigten sie z. T. eine erstaunliche Flexibilität darin, die ihnen gestellten Probleme umzustrukturieren, indem sie sie z. B. auf bereits bearbeitete Aufgaben zurückführten und strukturelle Gemeinsamkeiten, aber auch Unterschiede herausfanden und thematisierten (z. B. Laura und Melanie in 7.3.4), selbst wenn sie dabei auch auf Denkhürden stießen.

In diesen nichtstandardisierten Zugängen und Strukturierungen scheint damit ein hohes didaktisches Potenzial zu liegen: Die Lernenden, die an den Interviews teilgenommen haben, ließen sich nicht direkt entmutigen, wenn ihnen die Lösung des Problems nicht im ersten Ansatz gelang; sie schienen sich nicht alleine auf den Kalkül zu verlassen, sondern nutzten auch inhaltliches Denken zur Lösung und Argumentation (so z. B. Laura in 7.3.4, die nach Erhalt einer Lösung zunächst das Ergebnis auf einem weiteren Weg überprüft). Damit scheinen so argumentierende Lernende potenziell eine größere Chance zu haben, ein größeres Repertoire an strategischem Handwerkszeug zu erwerben, um komplexe Sachverhalte zu erschließen und damit auch neue Problemstellungen zu erarbeiten, als Lernende, die sich lediglich auf den Kalkül verlassen.

Diese Strukturierungsleistungen waren dennoch nicht für alle Lernende selbstverständlich und schienen z. T. auch von der Qualität des Ganzen oder des Anteils, d. h. situativen Bedingungen der jeweiligen Konstellation, abzuhängen: So argumentieren Simon und Akin zwar erfolgreich im Kuchenkontext (kontinuierliches Ganzes) über die Zusammenhänge zwischen Stück und Kuchen (Abschnitt 8.2), aber im diskreten Kontext mit einem Nichtstammbruch fiel ihnen das Strukturieren deutlich schwerer (Abschnitt 7.3.2).

Der Test liefert Hinweise darauf, dass auch nach der systematischen Behandlung der Bruchrechnung im Unterricht das Herstellen von Strukturen – besonders im diskreten Kontext – für manche Lernende Schwierigkeiten mit sich bringen kann (s. Abschnitt 7.2).

Zu b): Welche Vorstellungen vom Ganzen aktivieren Lernende und inwiefern haben diese einen Einfluss auf die Strukturierung der Konstellationen?

Die Interpretation des Ganzen stellt einen besonderen Aspekt des Umgangs mit Brüchen dar, da die Interpretation eines speziellen Bruches jeweils auf ein spezielles Ganzes, die Bezugsgröße, bezogen ist. Im Hinblick auf Vorstellungen zum Ganzen lassen sich folgende Ergebnisse festhalten:

1. *Die Qualität des Ganzen scheint einen Einfluss auf die Bearbeitungswege von Lernenden zu haben: Die Identifizierung und Interpretation des Ganzen hängt (unter anderem) von seiner Qualität ab.*
2. *Vorstellungen vom Ganzen werden durch individuelle (Alltags-)Vorstellungen von Lernenden beeinflusst.*

<u>Zu 1.</u>: *Die Qualität des Ganzen scheint einen Einfluss auf die Bearbeitungswege von Lernenden zu haben: Die Identifizierung und Interpretation des Ganzen hängt (unter anderem) von seiner Qualität ab.*

Die Interpretation des Ganzen scheint unter anderem mit der jeweiligen Interpretation des Bruches zusammen zu hängen (für die Betrachtung verschiedener Ganzer s. a. Lamon 1996 und Abschnitt 1.5 der vorliegenden Arbeit): So kann z. B. die Interpretation eines in Stücke strukturierten Ganzen Schwierigkeiten bereiten, wenn die Anzahl dieser Stücke größer als die Zahl im Nenner des Anteils ist.

Die Arbeit liefert Hinweise darauf, dass bestimmte Qualitäten des Ganzen (z. B. diskret oder kontinuierlich) und deren Interpretation bestimmte Lösungswege nahelegen bzw. umgekehrt aber auch versperren können. So zeigte sich im schriftlichen Test, dass manche Lernende den Anteil beim Einzeichnen nicht relativ auf ein strukturiertes kontinuierliches Ganzes anwenden konnten (vielleicht, da sie für den Anteil nicht über eine spontan abrufbare mentale Repräsentation verfügten wie z. B. für 1/4; vgl. Abschnitt 5.2). Das Ablesen des gefärbten Anteils aus einem strukturierten Ganzen (einem in 12 Teile geteilten Kreis; vgl. Aufgabe 1, Kapitel 6) gelang den teilnehmenden Lernenden hingegen überwiegend korrekt. Dabei lasen auch Lernende den Anteil richtig ab, wenn sie ihn zuvor falsch eingezeichnet hatten (*Code r_ab*; Kapitel 6). Dieses Ergebnis, dass das Ablesen in der Regel gut gelingt, findet sich auch in anderen Studien (z. B. Wartha 2007).

In der vorliegenden Studie finden sich Hinweise darauf, dass das vorgegebene Ganze beim Bestimmen des Teils bei den oben beschriebenen Schwierigkeiten z. T. auf die Mächtigkeit des Nenners reduziert wird (*Code ENKG*; Abschnitt 5.2). Der Anteil wird damit nur auf einen Teil des Ganzen angewendet, wodurch wieder die Interpretation des Anteils auf die Zahl im Nenner bezogen möglich wird: 1/4 von 12 Kreisteilen wird auf „1/4 von 4 Teilen (eines in 12 Teile geteilten Ganzen)" reduziert.

So scheint die Präsenz und Strukturierung des Ganzen einen Einfluss auf die Auswahl von Lösungswegen zu haben. Dazu passt die Beobachtung, dass umgekehrt das Ablesen eines Anteils aus dem Kreisganzen wieder der Mehrheit der Schülerinnen und Schüler leichter zu fallen schien (Abschnitt 5.2 bzw. Kapitel

9.1 Zusammenschau der Kapitel 4 bis 8

4): Hier ist das Ganze explizit gegeben und muss nicht erst in die Strukturen hineingedeutet werden, obgleich auch hier prinzipiell Umstrukturierungen vorgenommen wurden (z. B. *Code ENKG*, Kapitel 6).

Die Bedeutung der Qualität des Ganzen für die Bearbeitungen von Lernenden äußerte sich auch in den von ihnen angefertigten Bildern: Es zeigte sich, dass eine Schwierigkeit bei der bildlichen Darstellung darin besteht, den Anteil mit dem Ganzen in Verbindung zu bringen.

<u>Zu 2.</u>: *Vorstellungen vom Ganzen werden durch individuelle (Alltags-)Vorstellungen von Lernenden beeinflusst.*

Die konkrete Gestalt des Ganzen im geometrischen Kontext (vgl. z. B. Aufgabe 3 und 4 zum zeichnerischen Ergänzen eines flächigen Teils zum Ganzen) kann ebenfalls einen Einfluss auf den Lösungsweg von Lernenden haben: Lernende stellen an das Ganze Anforderungen, die z. T. über die fachlich notwendigen – wie z. B. die Erhaltung der richtigen Größe für das Gesamtganze – hinausgehen können. Dadurch können bei der Bearbeitung Schwierigkeiten auftreten.

Dabei waren die Lernenden unterschiedlich flexibel, was die Deutung solcher „unvollständigen" Formen angeht: Während einige selbst nach weiteren Alternativen suchten und einzelne Aspekte wie z. B. Anzahl oder Anordnung der Teile abzuwandeln versuchten (z. B. *Code MGD*; vgl. Abschnitt 7.5.4), schien für andere die „glatte" Form das entscheidende Kriterium zu sein (Codes, die der Kategorie *vermutlich tragfähig* zugerechnet wurden; vgl. Abschnitt 7.5.4).

Einige wenige Fälle aus Interviews und Test lassen die Vermutung zu, dass für manche Lernende das Variieren einer der drei Komponenten Teil, Anteil und Ganzes eine schwierige Aufgabe darstellte: So gibt es Hinweise darauf, dass wenn bereits ein Ganzes für einen vorgegebenen Teil gefunden wurde, dieses Ganze auch bei sich änderndem Anteil konstant bleiben muss (bei den zeichnerisch zu bestimmenden Ganzen z. B. in Kapitel 7, *Code AG*). Diese Annahme kann sowohl in der Vorstellung des Ganzen liegen (das Ganze als eine universelle Größe) als auch in der Unsicherheit der Interpretation der Zahlen im Anteil. Das gilt sowohl für die zeichnerische Bestimmung des Ganzen als auch für die rechnerische (für die rechnerische Bestimmung vgl. ebenfalls *Code AG* in Abschnitt 7.2.2).

So zeigten sich in der vorliegenden Untersuchung insgesamt die Relevanz des Ganzen und die Bedeutung seiner Qualität sowohl für eine erfolgreiche Interpretation als auch Nutzung struktureller Zusammenhänge (s. a. Lamon 1994 und Mack 2000, die generell die Bedeutung des Ganzen herausstellen).

2. Forschungsfrage:
Wie können Schwierigkeiten und Hürden von Lernenden beim Umgang mit Brüchen überwunden werden?

Hier lassen sich folgende Befunde festhalten:

1. *Der Blick auf Teil, Anteil und Ganzes sensibilisiert für die Komplexität der Strukturierungen und Interpretationen, die Lernende vornehmen müssen.*

   Dabei ergeben sich folgende Kernbereiche:

   a) Uminterpretation des Ganzen bzw. Nutzung eines falschen Ganzen,

   b) Schwierigkeiten mit der Deutung des Zählers,

   c) fehlende relative Betrachtung; Arbeiten mit absoluten Zahlen

   d) nicht tragfähige Interpretationen von Operationen.

2. *Lernende fokussieren bei der Lösung von Aufgaben unterschiedliche (strukturelle) Aspekte. Das Reden über, Erkunden und Bewusstmachen von relevanten und nicht relevanten Strukturen kann einen Ansatz bieten, Lernprozesse zu unterstützen.*

<u>Zu 1.</u>: *Der Blick auf Teil, Anteil und Ganzes sensibilisiert für die Komplexität der Strukturierungen und Interpretationen, die Lernende vornehmen müssen*

Für Lernende können sich im Zusammenhang mit dem Umgehen mit Brüchen vielfältige Schwierigkeiten ergeben. Diese beziehen sich auf das Herstellen von Zusammenhängen zwischen Teil, Anteil und Ganzem und betreffen in der vorliegenden Arbeit zum einen *Strukturierungen* von Zusammenhängen (vgl. Forschungsfrage 1a), zum anderen die *Interpretationen* des Ganzen (vgl. Forschungsfrage 1b).

Tabelle 9-1 gibt einen Überblick über den schriftlichen Test, wobei die Bilder zu den *Items 2a bis 2c* (Bestimmen des Teils bzw. des Ganzen im diskreten Bonbonkontext) nicht berücksichtigt wurden: Die erste Spalte führt alle Codes auf, die sich auf die vier bereits angesprochenen Aspekte im Zusammenhang mit dem Umgang mit Brüchen beziehen: Schwierigkeiten mit dem Ganzen (d. h. es wird ein falsches Ganzes ausgewählt oder erzeugt), Schwierigkeiten bei der Deutung des Zählers des Anteils (d. h. der Zähler wird strukturell in der Konstellation nicht tragfähig gedeutet), fehlende relative Betrachtung (d. h. es wird mit „absoluten" natürlichen Zahlen argumentiert; die Betrachtung des Ganzen fehlt) und nicht tragfähige Interpretation von Operationen. Dabei hängen verschiedene Schwierigkeiten auch miteinander zusammen, wenn z. B. die Division als ungeeignete Operation die Umdeutung des Ganzen bewirkt.

9.1 Zusammenschau der Kapitel 4 bis 8

Die dunkel schraffierten Felder der Tabelle enthalten die Häufigkeiten der als *im Ansatz tragfähig* eingestuften Codes, die dunklen die als *nicht tragfähig* eingestuften. Die Zahlen in den Tabellen geben dabei immer, wenn nichts anderes vermerkt ist, die Häufigkeiten des jeweiligen Codes pro Item an.

Die letzte Zeile der Tabelle verdeutlicht die Aussagekraft der Perspektive auf die Strukturierung von Zusammenhängen zwischen Teil, Anteil und Ganzem: Sie gibt den Prozentsatz der Items von den jeweils insgesamt als im Ansatz bzw. nicht tragfähig eingeschätzten Antworten pro Item an. So wird deutlich, dass eine große Zahl nicht tragfähiger Bearbeitungen dieser Erhebung auf diesen Aspekt zurückgeführt werden kann. Gleichzeitig wird auch die Vielfalt potenzieller Schwierigkeiten und alternativer Deutungen in diesem Zusammenhang deutlich.

Codes / Items	1a	1b	1c	2a	2b	2c	3a	3b	4a	4b
Uminterpretation des Ganzen bzw. Nutzung eines falschen Ganzen										
AG (anderes Ganzes)					2			4		5
aget / gget (anders / gerecht geteilt)							15 / 3	8 / 10	14 / 3	14
ENKG (Einschränkung des Nenners auf kleineres Ganzes)	7	7	1							
MG / MGD (mehr als das Ganze / ~ Dreieck)							5	6	5	4 / 4
nD (neues Drittel)						9	2			
T·A (Teil mal Anteil)					6	6				
WG (weniger als das Ganze)							1	3	6	9
VH (Verhältnis)			6							
1S (1 Stück)	5	13								
Σ	12	20	7	0	8	15	26	31	28	36
Schwierigkeiten mit der Deutung des Zählers										
GG (Stammbruch-Ganzes verdoppeln)							2			
Y („Teil mal Nenner plus Zähler" / „Teil mal Nenner plus Zähler minus Teil")					5	5				
NN (Nur Nenner)				2						

Codes / Items	1a	1b	1c	2a	2b	2c	3a	3b	4a	4b
Σ	0	0	0	2	5	7	0	0	0	0
fehlende relative Betrachtung; Arbeiten mit absoluten Zahlen										
abs (**abs**olut: natürliche Zahlen)			5							
N=S (Nenner **entspricht** Anzahl der **St**ücke)	33	49	15							
G-Z (Ganzes **minus** Zähler)				1						
G-A (Ganzes **minus** Anteil)				1						
Z+N (Zähler **plus** Nenner)				1						
Σ	33	49	20	3	0	0	0	0	0	0
nicht tragfähige Interpretationen von Operationen										
G:A (Ganzes **durch** Anteil)				2						
Σ	0	0	0	2	0	0	0	0	0	0
Σ(Σ)	45	69	27	7	13	22	26	31	28	36
alle nicht tragfähigen / im Ansatz tragfähigen	47	76	51	13	19	35	29	34	34	42
Prozentsatz der Lösungen, die auf Schwierigkeiten beim Strukturieren verweisen, an allen nicht / im Ansatz tragfähigen Lösungen	96	91	53	54	68	63	90	91	82	86

Tabelle 9-1: Codes, die auf Schwierigkeiten beim Strukturieren verweisen (absolute Häufigkeiten; n = 153)

Es zeigt sich, dass die genannten Schwierigkeiten im Hinblick auf das Strukturieren über alle Konstellationen hinweg vertreten (vgl. die Gruppierung der Items nach Konstellationen über die Schraffierung der ersten Tabellenzeile), aber unterschiedlich stark verbreitet sind. Die Uminterpretation des Ganzen ist in allen Konstellationen und bei allen im Test untersuchten Qualitäten des Ganzen anzutreffen, so dass sich hier die Schwierigkeit der Strukturierung des Ganzen bzw. seiner Identifikation zu bestätigen scheint.

9.1 Zusammenschau der Kapitel 4 bis 8

<u>Zu 2.</u>: *Lernende fokussieren bei der Lösung von Aufgaben unterschiedliche (strukturelle) Aspekte. Das Reden über, Erkunden und Bewusstmachen von relevanten und nicht relevanten Strukturen kann einen Ansatz bieten, Lernprozesse zu unterstützen.*

Der Blick auf die Strukturierungen, die Lernende vornehmen, insbesondere die Strukturierung und (individuelle) Interpretation des Ganzen, bietet eine mögliche Perspektive auf das Verstehen und für das Erklären von Fehlern sowie überhaupt für eine Sensibilisierung für nicht tragfähige Lösungen (s. a. Tab. 9-1).

Manche oft rein syntaktischen Fehler können so manchmal auch auf inhaltliche Schwierigkeiten zurückgeführt werden wie etwa das komponentenweise Zusammenzählen von Zähler und Nenner beim Addieren (siehe auch Malle 2004, Hasemann 1981, Wartha 2007). Hier kann das Wissen um mögliche inhaltliche Hintergründe dieser Fehler dazu beitragen, dass nicht (lediglich) auf der syntaktischen Ebene argumentiert wird, sondern dass auf die notwendige Strukturierung z. B. des Ganzen eingegangen wird, um Einsichten in die Operation zu erlangen.

In den schriftlichen Produkten, aber vor allem in den Bearbeitungsprozessen der Interviews zeigt sich, dass die wechselseitigen Zusammenhänge von Anteil, Teil und Ganzem für Lernende nicht selbsterklärend sind. So kann sich in mancher Lösung, die zunächst als falsche oder unvollständige Anwendung einer Rechenregel erscheinen mag, auch eine nicht tragfähige inhaltliche Interpretation der Zusammenhänge äußern. Die Verdopplung des Ganzen zum Anteil 1/3 und Teil 6, um das Ganze zum Anteil 2/3 und Teil 6 zu finden, ist hierfür ebenso ein Beispiel wie die Nichtbeachtung des Zählers für dasselbe Problem (vgl. Abschnitt 7.3.2). Damit können strukturelle Zusammenhänge für Lernende Anlässe darstellen, selbst über operative Vorgehensweisen zu forschen und Einsichten in Zusammenhänge zu gewinnen: „Wenn der Teil vergrößert wird und das Ganze gleich bleibt, was bedeutet das für den Anteil?" etc. sind nicht-triviale Fragen, deren Beantwortung durch die Schülerinnen und Schüler einen Einfluss auf deren Strategieentwicklung zur Bewältigung von Problemen haben kann.

Hier können auch Bilder einen Ansatz liefern, um über Zusammenhänge zu argumentieren: Das gezielte Identifizieren und Nutzen von Strukturen kann für Lernende eine wichtige Strategie darstellen, Zusammenhänge zwischen Teil, Anteil und Ganzem zu erarbeiten. Darüberhinaus ist eine wichtige Erkenntnis, die sich in der vorliegenden Studie zeigte, dass die Tätigkeiten des Ablesens und Einzeichnens des Anteils keine direkten Umkehroperationen voneinander sind: Durch die triadische Beziehung zwischen Teil, Anteil und Ganzem unterscheiden sich beide Tätigkeiten darin, wie das Ganze genutzt und interpretiert werden muss. Diese Erkenntnis sollte für die Gestaltung von Lernumgebungen genutzt werden.

Die vorliegende Arbeit hat vor allem im Hinblick auf die Bearbeitungsprozesse gezeigt, dass der Begriff des Ganzen für Lernende mit vielfältigen Assoziationen und Deutungen verbunden sein kann (s. a. Forschungsfrage 1b und Kapitel 7). Das Wissen um diese alternativen Deutungen bietet die Chance, über diese Vorstellungen mit Lernenden ins Gespräch zu kommen und ihre mathematische Angemessenheit zu diskutieren und zu untersuchen. So kann ausgehend von Alltagsvorstellungen zu mathematisch notwendigen Kriterien übergegangen werden.

Nicht zuletzt ist eine wichtige Erkenntnis, dass Alltagsbezüge für das Ganze Schülerinnen und Schülern zum einen bei der Argumentation über Zusammenhänge helfen können: Z. B. argumentieren Simon und Akin erfolgreich im selbstgewählten Kuchenkontext über die strukturellen Zusammenhänge von Teil, Anteil und Ganzem in Form von Kuchenstück und Kuchen (Abschnitt 8.2). Zum anderen können aus bestimmten Assoziationen aber auch Schwierigkeiten erwachsen. So fällt es Simon und Akin zunächst schwer, den „Haken" aus drei Quadraten als Ganzes für das Quadrat und den Anteil 1/3 zu akzeptieren, da „ein kleines Quadrat zu einem vollen großen Quadrat fehlt" (s. Abschnitt 7.6.2). Hier muss dann auf strukturelle Argumente zurückgegriffen werden, wie es Laura und Melanie beim Ergänzen zum Ganzen machen (s. Abschnitt 7.6.3).

Letztendlich bietet der Fokus auf den Umgang mit Teil, Anteil und Ganzem auch die Chance für Lernende, implizit als selbstverständlich angenommene Zusammenhänge zu „entlarven" und damit zur Diskussion und Reflexion zu bringen: Die Bearbeitungen zu Item 3c (Warum kann 1/3 genauso groß wie 1/6 sein?) zeigen, dass einige Lernende nur mit einem (prototypischen) Ganzen argumentieren und eine Variation gar nicht unbedingt in den Blick nehmen. Diese Sichtweise ist allerdings beschränkt und hilft nicht, bestimmte Phänomene zu erklären.

9.2 Konsequenzen für die Fachliche Klärung

Die vorliegende Arbeit hat sich in ihrem Vorgehen in den Forschungsrahmen der Didaktischen Rekonstruktion eingebettet (vgl. Abschnitt 1.1 und 2.2). Im Folgenden werden aus den Ergebnissen dieser Studie Konsequenzen für die Fachliche Klärung gezogen:

Im Zentrum der Untersuchung standen die strukturellen Zusammenhänge zwischen Teil, Anteil und Ganzem vor dem Hintergrund eines flexiblen Umgangs mit Brüchen. Dabei bezog sich die Studie auf die vor allem in der englischsprachigen Literatur thematisierte unit-Diskussion (siehe z. B. Mack 2001, Alexander 1997).

Die Arbeit hat gezeigt, dass in der Dreiheit der Komponenten Teil, Anteil, Ganzes eine für Lernende große Komplexität liegt. Der Blick auf die Konstellationen der drei Komponenten hat deutlich gemacht, dass diese jeweils mit anderen Anforderungen an die Interpretation der Zusammenhänge verbunden sind: So stellen z. B. Ablesen und Einzeichnen von Anteilen keine direkten Umkehroperationen voneinander dar, sondern stellen je eigene Anforderungen an die Interpretation der Strukturen, unter anderem des Ganzen. Damit erweist sich die Schwierigkeit des Herstellens von Zusammenhängen über die Aktivierung geeigneter Grundvorstellungen hinaus als mögliche kognitive Hürde für Lernende.

Neben der Bewusstheit für die Relevanz des Ganzen an sich (vgl. Kapitel 3) rückt auch die Qualität des Ganzen in den Vordergrund: Die Hauptstudie gibt Hinweise darauf, dass die Qualität des Ganzen – d. h. diskret oder kontinuierlich bzw. weitere (individuelle) Mischformen – einen Einfluss auf die für Lernende verfügbaren Lösungsstrategien und Interpretationen hat. Dabei wird deutlich, dass das Konzept des Ganzen für Lernende Schwierigkeiten erzeugen kann, die sich sowohl auf dessen Identifikation als auch dessen notwendige Eigenschaften beziehen. So zeigt die vorliegende Studie, dass Lernende neben dem aus mathematischer Sicht notwendigen strukturellen Bezug noch weitere Aspekte fokussieren, die sie beim tragfähigen Umgehen mit Brüchen behindern können. Hierzu gehören z. B. alltagsweltliche Interpretationen dessen, was als ein Ganzes gelten kann oder individuelle (geometrische) gestalterische Kriterien.

Für die Fachliche Klärung ergibt sich damit die wichtige Erkenntnis, dass das Ganze selbst ein zu klärendes Konzept für Lernende darstellt, das thematisiert werden muss. Aber auch das Erfassen der strukturellen Zusammenhänge kann eine Hürde für Lernende darstellen, denn sie werden z. T. intuitiv umgedeutet. Hier muss eine Didaktische Strukturierung diese intuitiven Vorstellungen der Lernenden aufgreifen und noch gezielter in die Gestaltung von Lernumgebungen integrieren.

9.3 Konsequenzen für die Didaktische Strukturierung

Die vorliegende Arbeit ist im Forschungsrahmen des langfristig angelegten Forschungs- und Entwicklungsprojektes *KOSIMA* (*Kontexte für sinnstiftendes Mathematiklernen*; vgl. Hußmann et al. 2011) entstanden. Dabei ergaben sich wechselseitige Berührungspunkte, die in Prediger / Link (2012) ausführlicher dargestellt sind: Für die Autorin ergab sich zum einen die Möglichkeit, in KOSIMA-Klassen wertvolle Erfahrungen zu Lernendenvorstellungen im Rahmen der unterrichtsbegleitenden Evaluation der Lernumgebungen zu sammeln und auf Ressourcen des Projektes zurückzugreifen. Die Schülerinnen und Schüler der Interviewstudie arbeiteten z. B. im Unterricht mit einer Lernumgebung zu Brüchen aus diesem Projekt. Zum anderen sind Erkenntnisse dieser Arbeit in die Entwicklung zweier Lernumgebungen zu Brüchen im Rahmen des Projektes eingeflossen: Die Thematisierung der richtigen Bezugsgröße wurde zentraler Einstieg für eine Lernumgebung zur Multiplikation von Brüchen als Anteil-vom-Anteil-Nehmen im Schulbuch *mathewerkstatt*. Im Kontext der Interpretation von statistischen Daten und Gruppenzugehörigkeiten werden Schülerinnen und Schüler dafür sensibilisiert, dass die Wahl des Ganzen für einen Anteil nicht beliebig ist und dass man sich Situationen zunächst geeignet strukturieren muss (Ergebnis der Fachlichen Klärung; s. Prediger et al. 2013, bzw. Abb. 9-1).

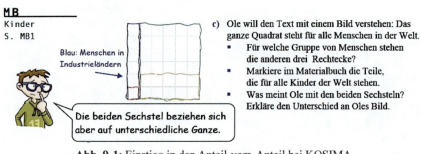

Abb. 9-1: Einstieg in den Anteil-vom-Anteil bei KOSIMA aus Erprobungsfassung zu Prediger et al. 2013 © Cornelsen-Verlag

Dem Strukturieren und Herstellen von Zusammenhängen zwischen Teil, Anteil und Ganzem wird allerdings auch bereits vor der Multiplikation Bedeutung beigemessen: So werden in der *mathewerkstatt* beim Aufbau der Vorstellung des Bruchs als Teil eines Ganzen operative Veränderungen und strukturelle Zusammenhänge von Teil, Anteil und Ganzem immer wieder aufgegriffen, so z. B. mit einer variierten Form der Aufgabe zum zeichnerischen Ergänzen zum Ganzen (s. Barzel et al. 2012; vgl. auch die Abschnitte 7.5-7.7 und Kapitel 8 der vorliegenden Arbeit).

In diesem Sinne ist die Didaktische Strukturierung als Teil der Didaktischen Rekonstruktion zwar nicht unmittelbarer Bestandteil der vorliegenden Arbeit, sie findet dennoch im übergeordneten Forschungskontext ihre Berücksichtigung.

10 Zusammenfassung und Ausblick

„Ich verstehe eigentlich die ganzen Aufgaben nich wo der Zähler größer ist als eins" (Kommentar von Lars [GeS_26, 2009] zu Testitem 2c)

Lars´ (GeS_26) Kommentar bezieht sich auf Schwierigkeiten beim Umgang mit Brüchen im Bereich von *Strukturen*: Der Hinweis auf den Zähler deutet darauf hin, dass Lars die Art des Zählers, also eine strukturelle Eigenschaft, als ein Kriterium für das Rechnen – bzw. allgemeiner – den Umgang mit Brüchen sieht. Sein Kommentar verweist auf einen zentralen Aspekt, der Kern dieser Arbeit ist: Das *Strukturieren und Herstellen von Zusammenhängen zwischen Teil, Anteil und Ganzem*.

Das Herstellen und Nutzen von Strukturen verortet sich unterhalb der Grundvorstellungsebene und ist in dem hier entwickelten Verständnis Ausdruck eines flexiblen Umgangs mit Brüchen: Wenn Lernende mit Brüchen flexibel umgehen sollen, so müssen sie diese Zusammenhänge und Bedingungen verstehen und angemessen inhaltlich interpretieren. Erst dann kann eine geeignete Grundvorstellung entwickelt bzw. ausgewählt werden, um das gestellte Problem angemessen zu lösen.

Der Begriff des *flexiblen Umgangs mit Brüchen* umfasst dabei in der hier vorgestellten Form folgende Aspekte:

1. Das Bearbeiten unterschiedlicher Konstellationen (z. B. „Das Ganze und der Anteil sind gegeben, der Teil ist gesucht") als Einnehmen verschiedener Perspektiven auf Teil, Anteil und Ganzes. Mit diesen unterschiedlichen Blickwinkeln auf Zusammenhänge expliziert die vorliegende Arbeit drei mögliche Konstellationen, die erst zusammen eine facettenreiche Grundvorstellung ergeben.

2. Das operative Vorgehen beim Herstellen von Zusammenhängen zwischen Teil, Anteil und Ganzem: Die Möglichkeit der Einnahme dieser drei angesprochenen Perspektiven wird durch einen weiteren Aspekt ergänzt: Es können sowohl Zusammenhänge innerhalb einer Konstellation als auch zwischen Konstellationen hergestellt werden. Zum Herstellen und Erkunden dieser strukturellen Zusammenhänge können operative Vorgehensweisen genutzt werden.

3. Die Beachtung der Qualität des Ganzen, d. h. seiner konkreten Realisierung z. B. als diskrete Menge oder kontinuierliche Fläche: An die Qualität des Ganzen (und damit verbunden auch des Teils) erscheinen aus em-

pirischer Sicht bestimmte Bearbeitungsstrategien und Vorstellungen der Lernenden gebunden.

4. *Das Bilden und Umbilden von Einheiten als das Interpretieren von Strukturen: Unter dem Bilden von Einheiten wird die Strukturierung eines Ganzen in Teilmengen oder –stücke verstanden, die zu anderen Teilen in Beziehung gesetzt und somit wiederum selbst zu neuen Einheiten zusammengefasst werden können. Diese Einheiten erzeugen eine Zerlegung des Ganzen und ermöglichen somit seine Strukturierung bzw. Beschreibung auf vielfältige Art und Weise. Die Identifikation eines geeigneten Bezugsganzen (innerhalb einer Qualität des Ganzen) ist Voraussetzung für die Interpretation von und das Umgehen mit Brüchen (z. B. im Zusammenhang mit wechselnden Ganzen).*

In diesem Kapitel wird ein Fazit aus der vorliegenden Studie gezogen (Abschnitt 10.1). Es folgt die Darstellung der forschungsmethodischen Grenzen (Abschnitt 10.2) sowie die Reflexion möglicher Anschlussfragen (Abschnitt 10.3).

10.1 Fazit

Die vorliegende Arbeit leistet einen Beitrag zur Didaktischen Rekonstruktion des Umgangs mit Brüchen, indem sie für die vielfältigen Strukturierungen der Beziehung von Teil, Anteil und Ganzem durch Lernende jenseits der Grundvorstellungen sensibilisiert: Sie untersucht und analysiert damit explizit die in verschiedenen Studien zwar bereits z. T. auftauchenden, jedoch häufig nicht systematisch untersuchten Schwierigkeiten von Lernenden im Zusammenhang flexibler Strukturierungen. Als Ergebnis dieser Arbeit lassen sich folgende Kernaussagen formulieren:

1. *Die in den Grundvorstellungen angelegte Komplexität äußert sich in vielfältigen strukturellen Zusammenhängen zwischen Teil, Anteil und Ganzem,* die Lernende erfassen und deuten müssen, um mit Brüchen umgehen zu können.

2. *Der Fokus auf die Zusammenhänge zwischen Teil, Anteil und Ganzem liefert Einblicke in und Möglichkeiten der Beschreibung von komplexe(n) Strukturierungen von Lernenden:* So zeigt sich, dass Lernende für manche Aufgaben gleiche Ergebnisse generieren, dass sich aber ihre Begründungen und Deutungen auf ganz unterschiedlichen Ebenen verorten können.

3. *Das Hineinsehen und Interpretieren von Strukturen und Zusammenhängen (z. B. in Bildern) erweist sich als zentral für einen (flexiblen) Umgang mit Brüchen:* Lernende interpretieren die ihnen vorgegebenen Strukturen

und Zusammenhänge und deuten diese dabei auch um. Wichtig ist dabei, dass die Umstrukturierungen noch mit der vorgegebenen Konstellation kompatibel sind. In der Beachtung struktureller Zusammenhänge wird der didaktische Wert der hauptsächlich anglo-amerikanischen unit-Diskussion deutlich.

4. Es gibt Hinweise dazu, dass ein Verständnis für Zusammenhänge durch *operative Vorgehensweisen* angebahnt bzw. unterstützt werden kann. Dabei zeichnen sich diese nicht-standardisierten Zugänge durch ihre Reichhaltigkeit, Vielfältigkeit und Flexibilität aus.

5. *Das Ganze spielt für die Interpretation und Strukturierung eine zentrale Rolle:*
   o Mit dem Begriff „Ganzes" sind bereits viele außermathematische Assoziationen verbunden, die in seine Interpretation mit hineinspielen.
   o Bestimmte Strategien und Vorgehensweisen scheinen an bestimmte Qualitäten des Ganzen gebunden zu sein.

6. *Der Fokus auf die Konstellationen sensibilisiert dafür, dass es beim Umgang mit Brüchen um triadische (und nicht dyadische) Zusammenhänge geht: Konstellation I (Bestimmen des Teils)* und *Konstellation II (Bestimmen des Anteils)* stellen z. B. ganz unterschiedliche Anforderungen dar, so dass beim Bestimmen des Teils bzw. des Anteils Strukturen jeweils anders gedeutet werden müssen: So müssen z. B. zunächst Strukturen in das Ganze hinein gelesen werden, bzw. es muss überhaupt das richtige Ganze identifiziert werden. Damit ist stets die gleichzeitige Berücksichtigung aller drei Komponenten (Teil, Anteil und Ganzes) notwendig.

Letztendlich zeigt sich in den empirischen Daten, dass Lernende z. T. ganz andere Vorstellungen vom Ganzen aktivieren, als dies aus fachlicher Sicht notwendig und tragfähig wäre. Diese Vorstellungen können ihnen z. T. helfen, komplexe Einsichten in Strukturen zu gewinnen, z. T. können sie aber auch hinderlich sein. Hier ist das Wissen um solche Interpretationen hilfreich, um Bearbeitungen von Lernenden richtig zu deuten und didaktisch angemessen handeln zu können.

10.2 Forschungsmethodische Grenzen

Mit dem hier gewählten Zugriff auf den flexiblen Umgang mit Brüchen konnten wichtige Erkenntnisse im Hinblick auf die Forschungsfragen gewonnen werden. Dabei ergaben sich jedoch auch forschungsmethodische Grenzen:

Die in dieser Studie untersuchten Lernendengruppen setzen sich aufgrund der angestrebten Tiefenanalyse von Prozessen und individuellen Strukturierungen notwendigerweise aus einer eher begrenzten Anzahl von Schülerinnen und Schülern zusammen. Auch die klassenspezifischen Lerngelegenheiten zu Brüchen konnten – außer für die Interviewstudie – nicht für alle Schülerinnen und Schüler erfasst werden, jedoch kann für die Paper-Pencil-Test-Studie der Kernlehrplan ebenso wie die Befragung der Lehrenden zumindest eine Orientierung bieten. Letztendlich dient der Test gerade dazu, auch verpasste Lernchancen von Lernenden zu identifizieren.

Die Wahl verschiedener Lernendengruppen für die Interviews und die schriftliche Erhebung bietet sich hier aufgrund der verfolgten Prozess- und Lernstandsperspektive vor bzw. nach der systematischen Erarbeitung der entsprechenden Inhalte zu denselben bzw. zu inhaltlich ähnlichen Aufgaben an. Gleichwohl kann damit keine Aussage über Lernprozesse und –verläufe getroffen werden (die hier allerdings auch nicht angestrebt wird).

Im Hinblick auf die Aufgaben zeigte sich in der schriftlichen Erhebung, dass diese teilweise auch nach mehrfacher Überarbeitung z. T. noch informativer und zugänglicher formuliert werden können.

Manche Lösungen, die Lernende in der schriftlichen Erhebung gaben, verbleiben mit einer größeren interpretativen Unschärfe: So gibt es z. T. einige Bearbeitungen, die keinem inhaltlichen Code zugeordnet werden konnten (sonstige) oder aber aufgrund möglicher Zeichenungenauigkeiten einen ambivalenten Status erhielten (Kategorie vermutlich tragfähig für Aufgabe 4). Im Ganzen überwiegen jedoch die interpretierbaren Lösungen.

Letztendlich wären noch weiterführende Fragestellungen im Kontext des flexiblen Umgangs mit Brüchen denkbar gewesen, deren Untersuchung allerdings im Rahmen der vorliegenden Arbeit nicht mehr zu leisten ist.

10.3 Reflexion möglicher Anschlussfragen

Die vorliegende Arbeit liefert aufschlussreiche empirische Einblicke in die Vielfalt und Bedeutung (flexibler) Strukturierungen und Zusammenhänge, die Lernende beim Umgehen mit Brüchen herstellen. Dabei wurden auch potenzielle Schwierigkeiten und (epistemologische) Hürden dargestellt, die sie hierbei erfahren.

In diesem Abschnitt werden mögliche Anschlussfragen an die vorliegende Studie formuliert, die zwei Fragenkomplexen zugeordnet werden können:

10.3 Reflexion möglicher Anschlussfragen

Fragenkomplex 1:
Systematische Variation der Qualität des Ganzen und der Konstellationen

Die empirischen Daten verweisen darauf, dass die Strukturierungen, die Lernende vornehmen, durch die Qualität des Ganzen und die Art der Konstellation beeinflusst werden können. Hier sind systematische Untersuchungen denkbar, die gezielt die einzelnen Konstellationen zusammen mit der Qualität des Ganzen im Sinne einer Kreuztabelle variieren, um noch systematischere Einblicke z. B. in die Bedingungen für das Gelingen oder Gründe für das Scheitern von Strukturierungen (auch mit *unechten Brüchen*) zu erhalten:

- *Welche Vorgehensweisen beim Strukturieren* werden mit welchen Kombinationen der Qualität des Ganzen und der Konstellationen (besonders / weniger erfolgreich) genutzt?

- *Welche Faktoren (sowohl auf die mathematischen Strukturen als auch auf individuelle Lernendenperspektiven bezogen)* haben einen Einfluss darauf, dass manchen Lernenden das Strukturieren gut gelingt, es für andere jedoch eine Hürde darstellt?

Fragenkomplex 2:
Systematische Untersuchung der Inter-Perspektive

In der vorliegenden Arbeit wurde im Zusammenhang mit den verschiedenen Konstellationen die Inter-Perspektive (Zusammenhänge zwischen verschiedenen Konstellationen) dargestellt. Sie ist mit einem Item vertieft analysiert worden. In weiteren Arbeiten wäre eine systematische Analyse dieser Perspektive im Hinblick auf ihre Bedeutung für die (Weiter-)Entwicklung von Wissen über Strukturen und über Zusammenhänge von Teil, Anteil und Ganzem aufschlussreich.

An diese beiden Fragenkomplexe lassen sich schließlich weiterführende Fragestellungen zu gezielten Fördermaßnahmen im Hinblick auf Strukturierungen anschließen.

Schluss

Die vorliegende Arbeit soll für die komplexen Strukturierungsleistungen aber auch kognitiven Hürden sensibilisieren, die sich hinter einem flexiblen Umgang mit Brüchen für Lernende verbergen: Die hier befragten Schülerinnen und Schüler haben gezeigt, wie vielfältig diese Zusammenhänge hergestellt werden können. Gleichzeitig haben sie auch gezeigt, dass sie z. T. ganz andere Vorstellungen von diesen Zusammenhängen haben bzw. entwickeln und dass sie auch z. T. ganz andere Kriterien und Eigenschaften fokussieren, als wir es vielleicht erwarten würden.

Mit der Untersuchung der hier beschriebenen Strukturierungen und Interpretationen leistet die vorliegende Arbeit damit einen Beitrag zur Grundlagenforschung zum (flexiblen) Umgang mit Brüchen.

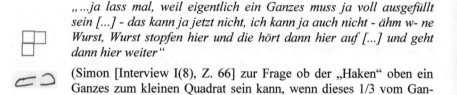

„*...ja lass mal, weil eigentlich ein Ganzes muss ja voll ausgefüllt sein [...] - das kann ja jetzt nicht, ich kann ja auch nicht - ähm w- ne Wurst, Wurst stopfen hier und die hört dann hier auf [...] und geht dann hier weiter*"

(Simon [Interview I(8), Z. 66] zur Frage ob der „Haken" oben ein Ganzes zum kleinen Quadrat sein kann, wenn dieses 1/3 vom Ganzen ist)

Literatur

Aebli, Hans (1985): Das operative Prinzip. In: Mathematik lehren 11, S. 4-6.

Aebli, Hans (1998): Zwölf Grundformen des Lehrens. Eine allgemeine Didaktik auf psychologischer Grundlage. Medien und Inhalte didaktischer Kommunikation, der Lernzyklus, Klett, Stuttgart.

Affolter, Walter / Amstad, Heinz / Doebeli, Monika / Wieland, Gregor (2004) (Hrsg.): Das Zahlenbuch 6, Klett und Balmer, Zug.

Aksu, Meral (1997): Student performance in dealing with fractions. In: The Journal of Educational Research 90(6), S. 375-380.

Alexander, Nancy Sutton (1997): The role of the unit as a cognitive bridge between additive and multiplicative structures. Dissertation. Louisiana State University. Zitiert aus der Online-Fassung aus Proquest Dissertations and Theses Database, UMI Number 9803578, Homepage der Datenbank http://www.proquest.co.uk/en-UK/ (letzter Abruf: 04.06.2011)

Barash, Aviva / Klein, Ronith (1996): Seventh grades students´ algorithmic, intuitive and formal knowledge of multiplication and division of non negative rational numbers. In: Puig, Luis / Gutiérrez, Angel (Hrsg.): Proceedings of the 20th Conference of the International Group for the Psychology of Mathematics Education, University of Valencia, Valencia, S. 2-35 - 2-42.

Barzel, Bärbel / Hußmann, Stephan / Schneider, Claudia / Streit, Christine (2012): Essen und Trinken – Teilen und Zusammenfügen. In: Barzel, Bärbel / Hußmann, Stephan / Leuders, Timo / Prediger, Susanne (Hrsg.): mathewerkstatt 5, Cornelsen, Berlin.

Beck, Christian / Maier, Hermann (1993): Das Interview in der mathematikdidaktischen Forschung. In: Journal für Mathematikdidaktik 14(2), S. 147-179.

Beck, Christian / Maier, Hermann (1994): Zu Methoden der Textinterpretation in der empirischen mathematikdidaktischen Forschung. In: Maier, Hermann / Voigt, Jörg (Hrsg.): Verstehen und Verständigung, Arbeiten zur interpretativen Unterrichtsforschung, IDM-Reihe, Untersuchungen zum Mathematikunterricht, Band 19, Aulis Verlag Deubner, Köln, S. 43-76.

Behr, Merlyn J. / Harel, Guershon / Post, Thomas / Lesh, Richard (1992): Rational Number, Ratio, and Proportion. In: Grouws, Douglas A. (Hrsg.): Handbook of Research on Mathematics Teaching and Learning, Macmillan, New York, S. 296-333.

Bell, Alan / Swan, Malcolm / Taylor, Glenda (1981): Choice of operation in verbal problems with decimal numbers. In: Educational Studies in Mathematics 12(4), S. 399-420.

Bell, Alan / Fischbein, Efraim / Greer, Brian (1984): Choice of Operation in Verbal Arithmetic Problems: The Effects of Number Size, Problem Structure and Context. In: Educational Studies in Mathematics 15(2), S. 129-147.

Bell, Alan / Greer, Brian / Grimison, Lindsay, Mangan, Clare (1989). Children's performance on multiplicative word problems: Elements of a descriptive theory. In: Journal for Research in Mathematics Education, 20(5), 434-449.

Bender, Peter (1991): Ausbildung von Grundvorstellungen und Grundverständnissen – ein tragendes didaktisches Konzept für den Mathematikunterricht – erläutert an Beispielen der Sekundarstufen. In: Postel, Helmut / Kirsch, Arnold / Blum, Werner (Hrsg.): Mathematik lehren und lernen, Festschrift für Heinz Griesel, Schroedel, Hannover, S.48-60.

Blum, Werner / Kirsch, Arnold (1979): Zur Konzeption des Analysisunterrichts in Grundkursen. In: Der Mathematikunterricht 25(3), S. 6-24.

Borneleit, Peter / Danckwerts, Rainer / Henn, Hans-Wolfgang / Weigand, Hans-Georg (2001): Expertise zum Mathematikunterricht in der gymnasialen Oberstufe. In: Journal für Mathematikdidaktik 22(1), S.73-90.

Bortz, Jürgen / Döring, Nicola (2006): Forschungsmethoden und Evaluation für Human- und Sozialwissenschaftler, Springer, Berlin, Heidelberg. Zitiert aus der E-Book-Fassung unter http://www.springerlink.com/ (letzter Abruf: 17.12.2011).

Burzan, Nicole (2005): Quantitative Methoden der Kulturwissenschaften. Eine Einführung, UVK Verlagsgesellschaft, Konstanz.

Cobb, Paul / Confrey, Jere / diSessa, Andrea A. / Lehrer, Richard / Schauble, Leona (2003): Design Experiments in Educational Research. In: Educational Researcher 32(1), S. 9-13.

Confrey, Jere (1990): A Review of the Research on Student Conceptions in Mathematics, Science, and Programming. In: Review of research in education 16(1), S. 3-56.

Cramer, Kathleen / Behr, Merlyn / Post, Thomas / Lesh, Richard (2009): Rational Number Project: Initial Fraction Ideas. Online abrufbar unter: http://www.cehd.umn.edu/rationalnumberproject/rnp1-09.html (letzter Abruf: 05.11.2011).

Di Gennaro, M. / Picciarelli, V. / Rienzi, M. (1990): The role of cognitive level, cognitive style and information processing abilities in children's understanding of fractions as part-whole. In: International Journal of Mathematical Education in Science and Technology 21(5), S. 747 - 757.

diSessa, Andrea A. (1993): Towards an epistemology of physics. In: Cognition and Instruction, 10(2/3), S. 105- 225.

Duit, Reinders (1995): Zur Rolle der konstruktivistischen Sichtweise in der naturwissenschaftsdidaktischen Lehr- und Lernforschung. In: Zeitschrift für Pädagogik 41(6), S. 905-923.

Duit, Reinders (1996): Lernen als Konzeptwechsel im naturwissenschaftlichen Unterricht. In: Duit, Reinders / von Rhöneck, Christoph (Hrsg.): Lernen in den Naturwissenschaften. Beiträge zu einem Workshop an der Pädagogischen Hochschule Ludwigsburg. Institut für Pädagogik der Naturwissenschaften an der Universität Kiel, Kiel, S. 145-162.

Fischbein, Efraim (1989): Tacit Models and Mathematical Reasoning. In: For the Learning of Mathematics 9(2), S. 9-14.

Fischbein, Efraim / Deri, Maria / Nello, Maria Sainati / Marino, Maria Sciolis (1985): The role of implicit models in solving verbal problems in multiplication and division. In: Journal for Research in Mathematics Education 16(1), S. 3-17.

Flick, Uwe (1999): Qualitative Forschung. Theorie, Methoden, Anwendung in Psychologie und Sozialwissenschaften, Rowohlt Taschenbuch Verlag, Reinbek bei Hamburg.

Flick, Uwe (2009): Qualitative Sozialforschung. Eine Einführung, Rowohlt Taschenbuch Verlag, Reinbek bei Hamburg.

Freudenthal, Hans (1991): Revisiting Mathematics Education. China Lectures, Kluwer, Dordrecht.

Fritz, Annemarie / Ricken, Gabi / Balzer, Lars (2009): Warum fällt manchen Kindern das Rechnen schwer? In: Fritz, Annemarie / Schmidt, Siegbert (Hrsg.): Fördernder Mathematikunterricht in der Sek. I. Rechenschwierigkeiten erkennen und überwinden. Beltz, Weinheim et al., S. 12-28.

Grassmann, Marianne (1993a): Inhaltliches Verständnis als Leitgedanke des Arithmetikunterrichts. In: Mathematik in der Schule 31(3), S. 130-134.

Grassmann, Marianne (1993b): Klasse 4: 3-7 = -4 oder 3-7 nicht lösbar? Brüche und negative Zahlen bereits vor Klasse 5 im Unterricht? In: Mathematik in der Schule 31(3), S. 135-141.

Grassmann, Marianne (1993c): Auf das inhaltliche Verständnis kommt es an! Zum Arbeiten mit gebrochenen Zahlen in den Klassenstufen 5 und 6. In: Mathematik in der Schule 31(4), S. 198-208.

Gravemeijer, Koeno / Cobb, Paul (2006): Design research from the learning design perspective. In Van den Akker, Jan / Gravemeijer, Koeno / McKenney, Susan / Nieveen, Nienke (Hrsg.): Educational Design Research, Routledge, London, S. 17-51.

Greer, Brian (1987). Nonconservation of multiplication and division problems involving decimals. In: Journal for Research in Mathematics Education 18(1), S. 37-45.

Greer, Brian (1992): Multiplication and Division as Models of Situations. In: Grouws, Douglas A. (Hrsg.): Handbook of Research on Mathematics Teaching and Learning, Macmillan, New York, S. 276-295.

Greer, Brian (1994): Extending the meaning of multiplication and division. In: Harel, Guershon / Confrey, Jere (Hrsg.): The development of multiplicative reasoning in the learning of mathematics, SUNY Press, Albany, S. 61-85.

Griesel, Heinz (1973): Die Neue Mathematik für Lehrer und Studenten. Band 2. Größen, Bruchzahlen, Sachrechnen, Hermann Schroedel, Hannover.

Gropengießer, Harald (2001): Didaktische Rekonstruktion des Sehens. Wissenschaftliche Theorien und die Sicht der Schüler in der Perspektive der Vermittlung, Didaktisches Zentrum Carl von Ossietzky Universität Oldenburg, Oldenburg.

Gropengießer, Harald (2008): Wie man Vorstellungen der Lerner verstehen kann. Lebenswelten, Denkwelten, Sprechwelten, Didaktisches Zentrum Carl von Ossietzky Universität Oldenburg, Oldenburg.

Hahn, Steffen (2008): Bestand und Änderung. Beiträge zur Didaktischen Rekonstruktion 21, Didaktisches Zentrum Carl von Ossietzky Universität Oldenburg, Oldenburg.

Hahn, Steffen / Prediger, Susanne (2008): Bestand und Änderung - Ein Beitrag zur Didaktischen Rekonstruktion der Analysis. In: Journal für Mathematikdidaktik 29(3/4), S. 163-198.

Harel, Guershon / Behr, Merlyn / Post, Thomas / Lesh, Richard (1994): The impact of the number type on the solution of multiplication and division problems: Further investigations. In: Harel, Guershon / Confrey, Jere (Hrsg.): The development of multiplicative reasoning in the learning of mathematics, State Univerity of New York Press, Albany, NY, S. 365-384.

Hart, Kathleen (1978): The understanding of fractions in the secondary school. In: Cohors-Fresenborg, Elmar / Wachsmuth, Ipke (Hrsg.): Proceedings of the Second International Conference for the Psychology of Mathematics Education, Universität Osnabrück, Osnabrück, S. 1-177 - 1-183.

Hasemann, Klaus (1981): On difficulties with fractions. In: Educational studies in mathematics 12(1), S. 71-87.

Hasemann, Klaus (1986a): Mathematische Lernprozesse. Analysen mit kognitionstheoretischen Modellen, Vieweg, Braunschweig.

Hasemann, Klaus (1986b). Bruchvorstellungen und die Addition von Bruchzahlen. In: Mathematik lehren 16 , S. 16-19.

Hasemann, Klaus (1993): Mißverständnisse beim Bruchrechnen - Missverständnisse der Division. In: Mathematik in der Schule 31(2) , S. 70-78.

Hasemann, Klaus (1995): Individuelle Unterschiede. In: Mathematik lehren 73, S. 12-16.

Hasemann, Klaus / Mangel, Hans-Peter / Marcus, Antje (1997): Individuelle Denkprozesse - Ergebnisse der Erprobung eines Bruchrechenlehrganges für das 6. Schuljahr. Abschlussbericht, Osnabrücker Schriften zur Mathematik. Reihe D. Mathematisch-Didaktische Manuskripte, Bd. 14, Universität Osnabrück, Osnabrück.

Hefendehl-Hebeker, Lisa (1996): Brüche haben viele Gesichter. In: Mathematik lehren 78, S. 20-48.

Hussy, Walter / Schreier, Margrit / Echterhoff, Gerald (2010): Forschungsmethoden in Psychologie und Sozialwissenschaften für Bachelor, Springer, Berlin, Heidelberg. Zitiert aus der E-Book-Fassung unter http://www.springerlink.com/ (letzter Abruf: 17.12.2011).

Hußmann, Stephan (2001): Konstruktivistisches Lernen an Intentionalen Problemen. Theoretische und empirische Studie zu den Auswirkungen konstruktivistischer, computerorientierter Lernarrangements im Mathematikunterricht der Sekundarstufe II auf die Begriffsbildung und das Problemlöseverhalten. Online unter: http://miless.uni-essen.de/dissOnline/fb06/2001/hussmann.stephan (letzter Abruf: 20.05.2011).

Hußmann, Stephan (2003): Mathematik entdecken und erforschen - Theorie und Praxis des Selbstlernens in der Sekundarstufe II, Cornelsen, Berlin.

Hußmann, Stephan / Prediger, Susanne / Barzel, Bärbel / Leuders, Timo (2011): Kontexte für sinnstiftendes Mathematiklernen (KOSIMA) – ein fachdidaktisches Forschungs- und Entwicklungsprojekt. In: Beiträge zum Mathematikunterricht 2011, WTM Verlag, Münster, S. 419-422.

Jungwirth, Helga (2003): Interpretative Forschung in der Mathematikdidaktik – ein Überblick für Irrgäste, Teilzieher und Standvögel. In: Zentralblatt für Didaktik der Mathematik 35(5), S. 189-200.

Kattmann, Ulrich / Gropengießer, Harald (1996): Modellierung der Didaktischen Rekonstruktion. In: Duit, Reinders / von Rhöneck, Christoph (Hrsg.): Lernen in den Naturwissenschaften. Beiträge zu einem Workshop an der Pädagogischen Hochschule Ludwigsburg, Institut für Pädagogik der Naturwissenschaften an der Universität Kiel, Kiel, S. 180-204.

Kattmann, Ulrich / Duit, Reinders / Gropengießer, Harald / Komorek (1997): Das Modell der Didaktischen Rekonstruktion – Ein Rahmen für naturwissenschaftsdidaktische Forschung und Entwicklung. In: Zeitschrift für Didaktik der Naturwissenschaften 3(3), S. 3-18.

Kerslake, Daphne (1986): Fractions: children's strategies and errors. A report of the strategies and errors in secondary mathematics project, Nfer-Nelson, Berkshire.

Kieren, Thomas (1976): On the mathematical, cognitive, and instructional foundations of rational numbers. In: Lesh, Richard / Bradbard, David (Hrsg.): Number and measurement. Papers from a Research workshop, ERIC Information Analysis Center for Science, Mathematics, and Environmental Education, Columbus, S. 101-144.

Kieren, Thomas (1993): Rational and fractional numbers: from quotient fields to recursive understanding. In: Carpenter, Thomas P. / Fennema, Elizabeth / Romberg, Thomas A. (Hrsg.): Rational numbers: An integration of research, Erlbaum, Hillsdale, New York, S. 49-84.

Konold, Clifford (1989): Informal conceptions on probability. In: Cognition and Instruction 6(1), S. 59-98.

Krauthausen, Günther / Scherer, Petra (2003): Einführung in die Mathematikdidaktik, Spektrum, Heidelberg.

Krüger, Katja (2000): Erziehung zum funktionalen Denken. Zur Begriffsgeschichte eines didaktischen Prinzips, Logos, Berlin.

Krüger, Katja (2002): Funktionales Denken – „alte" Ideen und „neue" Medien. In: Medien verbreiten Mathematik. Bericht über die 19. Arbeitstagung des Arbeitskreises „Mathematikunterricht und Informatik" in der GDM, Franzbecker, Hildesheim, S. 120-127.

Lamnek, Siegfried (2005): Qualitative Sozialforschung. Lehrbuch, Beltz, Weinheim et al..

Lamon, Susan J. (1994): Ratio and proportion: Cognitive Foundations in Unitizing and Norming. In: Harel, Guershon / Confrey, Jere (Hrsg.): The development of multiplicative reasoning in the learning of mathematics, SUNY Press, Albany, S. 89-120.

Lamon, Susan J. (1996): The Development of Unitizing: Its role in children's partitioning strategies. In: Journal for Research in Mathematics Education, 27(2), S. 170-193.

Lamon, Susan J. (2007): Rational Numbers and Proportional Reasoning. Toward a Theoretical Framework for Research. In: Lester, Frank K. Jr. (Hrsg.): Second Handbook of Research on Mathematics Teaching and Learning, Information Age Publishing, Charlotte, NC, S. 629-667.

Lengnink, Katja / Prediger, Susanne / Weber, Christof (2011): Lernende abholen, wo sie stehen – Individuelle Vorstellungen aktivieren und nutzen. In: Praxis der Mathematik in der Schule 53(40), S. 2-7.

Lesh, Richard (1979): Mathematical learning disabilities. In: Lesh, Richard / Mierkiewicz, Diane / Kantowski, Mary (Hrsg.): Applied mathematical problem solving, Information Reference Center, The Ohio State University, Columbus, Ohio, S. 111-180.

Mack, Nancy K. (1990): Learning fractions with understanding: Building on informal knowledge. In: Journal for Research in Mathematics Education 21(1), S. 16-32.

Mack, Nancy K. (1993): Learning rational numbers with understanding: The case of informal knowledge. In: Carpenter, Thomas P. / Fennema, Elizabeth / Romberg, Thomas A. (Hrsg.): Rational numbers: An integration of research, Erlbaum, Hillsdale, New York,, S. 85-105.

Mack, Nancy K. (1995): Confounding Whole-Number and fraction concepts when building on informal knowledge. In: Journal for Research in Mathematics Education 26(5), S. 422-441.

Mack, Nancy K. (2000): Long-term effects of building on informal knowledge in a complex content domain: the case of multiplication of fractions. In: Journal of Mathematical Behavior 19(3), S. 307-332.

Mack, Nancy K. (2001): Building on informal knowledge through instruction in a Complex Content domain: Partitioning, units, and understanding multiplication of fractions. In: Journal for Research in Mathematics Education 32(3), S. 267-295.

Malle, Günther (2004): Grundvorstellungen zu Bruchzahlen. In: Mathematik lehren 123, S. 4-8.

Malle, Günther / Huber, Sylvia (2004): Schülervorstellungen zu Bruchzahlen und deren Rechenoperationen. In: Mathematik lehren 123, S. 20-22, 39-40.

Marxer, Michael / Wittmann, Gerald (2011): Förderung des Zahlenblicks – Mit Brüchen rechnen, um ihre Eigenschaften zu verstehen. In: Der Mathematikunterricht 57(3), S. 25-34.

Mason, John / Waywood, Andrew (1996): The role of theory in mathematics education and research. In: Bishop, Alan J. / Clements, Ken / Keitel, Christine / Kilpatrick, Jeremy / Laborde, Colette (Hrsg.): International Handbook of Mathematics Education, Kluwer Academic Publishers, Dordrecht, S. 1055–1089.

Mietzel, Gerd (2001): Pädagogische Psychologie des Lernens und Lehrens, Hogrefe, Göttingen.

Ministerium für Schule, Jugend und Kinder des Landes Nordrhein-Westfalen (2004) (Hrsg.): Kernlehrplan für die Gesamtschule – Sekundarstufe I in Nordrhein-Westfalen. Mathematik, Ritterbach, Frechen.

Neubert, Kurt / Wölpert, Heinrich (1980): Mathematik Denken und Rechnen 6 NRW. Lehrerband, Westermann, Braunschweig.

Neumann, Rainer (1997): Probleme von Gesamtschülern bei ausgewählten Teilaspekten des Bruchzahlbegriffs: eine empirische Untersuchung, Lage, Jacobs.

Niedderer, Hans (1996): Überblick über Lernprozessstudien in Physik. In: Duit, Reinders / von Rhöneck, Christoph (Hrsg.): Lernen in den Naturwissenschaften. Beiträge zu einem Workshop an der Pädagogischen Hochschule Ludwigsburg, Institut für Pädagogik der Naturwissenschaften an der Universität Kiel, Kiel, S. 119-144.

Nunes, Terezinha / Bryant, Peter (1996): Children doing mathematics, Blackwell Publishers, Oxford.

Padberg, Friedhelm (1983): Über Schülerfehler im Bereich der Bruchrechnung. In: Vollrath, Hans-Joachim (Hrsg.): Zahlbereiche. Didaktische Materialien für die Hauptschule, Klett, Stuttgart, S. 45-57.

Padberg, Friedhelm (1986): Über typische Schülerfehler in der Bruchrechnung – Bestandsaufnahme und Konsequenzen. In: Der Mathematikunterricht 32(3), S. 58-77.

Padberg, Friedhelm (2009): Didaktik der Bruchrechnung für Lehrerausbildung und Lehrerfortbildung, Spektrum, Heidelberg.

Payne, Joseph N. (1986): Über Schülerschwierigkeiten beim Bruchzahlbegriff, beim Erweitern, Kürzen und Ordnen von Brüchen. In: Der Mathematikunterricht 32(3), S. 53-57.

Peck, Donald M. / Jencks, Stanley M. (1981): Conceptual Issues in the Teaching and Learning of Fractions. In: Journal for Research in Mathematics Education 12(5), S. 339-348.

Peter-Koop, Andrea / Specht, Birte (2011): Problemfall Bruchrechnung. Diagnostisches Interview als Fördergrundlage. In: Mathematik lehren 166, S. 15-19.

Piaget, Jean (1974): Der Aufbau der Wirklichkeit beim Kinde, Klett, Stuttgart.

Pólya, Georg (1967): Schule des Denkens. Vom Lösen mathematischer Probleme, Francke, Bern.

Prediger, Susanne (2005): „Auch will ich Lernprozesse beobachten, um besser Mathematik zu verstehen." Didaktische Rekonstruktion als mathematikdidaktischer Forschungsansatz zur Restrukturierung von Mathematik. In: Mathematica Didactica 28(2), S. 23-47.

Prediger, Susanne (2008a): The relevance of didactic categories for analysing obstacles in conceptual change: Revisiting the case of multiplication of fractions. In: Learning and Instruction 18(1), S. 3-17.

Prediger, Susanne (2008b): Discontinuities for mental models - A source for difficulties with the multiplication of fractions. In: De Bock, Dirk / Søndergaard, Bettina D. / Gómez, Bernardo. A. / Cheng, Chun Chor L. (Hrsg.): Proceedings of ICME-11 – Topic Study Group 10, Research and Development of Number Systems and Arithmetic, Mexico, Monterrey, S. 29-37.

Prediger, Susanne (2008c): Do you want me to do it with probability or with my normal thinking? Horizontal and vertical views on the formation of stochastic conceptions. In: International Electronic Journal of Mathematics Education 3(3), S. 126-154. Online abrufbar unter http://www.iejme.com (letzter Abruf: 03.06.2011)

Prediger, Susanne (2009a): "Because 'of' is always minus..." - Students explaining their choice of operations in multiplicative word problems with fractions. In: Tzekaki, Marianna / Kaldrimidou, Maria / Sakonidis, Haralambos (Hrsg.): Proceedings of the 33rd Conference of the International Group for the Psychology of Mathematics Education, PME 2009, Thessaloniki, S. 4-401 – 4-408.

Prediger, Susanne (2009b): Inhaltliches Denken vor Kalkül. Ein didaktisches Prinzip zur Vorbeugung und Förderung bei Rechenschwierigkeiten. In: Fritz, Annemarie / Schmidt, Siegbert (Hrsg.): Fördernder Mathematikunterricht in der Sek. I. Rechenschwierigkeiten erkennen und überwinden, Beltz, Weinheim et al., S. 213-234.

Prediger, Susanne (2010): Über das Verhältnis von Theorien und wissenschaftlichen Praktiken – am Beispiel von Schwierigkeiten mit Textaufgaben. In: Journal für Mathematik-Didaktik 31(2), S. 167–195.

Prediger, Susanne (2011a): Vorstellungsentwicklungsprozesse initiieren und untersuchen. Einblicke in einen Forschungsansatz am Beispiel Vergleich und Gleichwertigkeit von Brüchen in der Streifentafel. In: Der Mathematikunterricht 57(3), S. 5-14.

Prediger, Susanne (2011b): Why Johnny can't apply multiplication: Revisiting the choice of operations with fractions. In: International Electronic Journal of Mathematics Education 6(2), S. 65-88. Online abrufbar unter http://www.iejme.com (letzter Abruf: 10.12.2011)

Prediger, Susanne / Matull, Ina (2008): Vorstellungen und Mathematisierungskompetenzen zur Multiplikation von Brüchen, Abschließender Forschungsbericht, IEEM Dortmund.

Prediger, Susanne / Schink, Andrea (2009): Three eights of which whole? - Dealing with changing referent wholes as a key to the part-of-part-model for the multiplication of fractions. In: Tzekaki, Marianna / Kaldrimidou, Maria / Sakonidis, Haralambos (Hrsg.): Proceedings of the 33rd Conference of the International Group for the Psychology of Mathematics Education, PME 2009, Thessaloniki, S. 4-409 - 4-416.

Prediger, Susanne / Schnell, Susanne (2011): Individual pathways in the development of students' conceptions of patterns of chance. In: Pytlak, Marta / Rowland, Tim / Swoboda, Ewa (Hrsg.): Proceedings of the Seventh Congress of the European Society for Research in Mathematics Education. University of Rzeszow, Rzeszow, S. 885-895.

Prediger, Susanne / Link, Michael (2012): Fachdidaktische Entwicklungsforschung – Ein lernprozessfokussierendes Forschungsprogramm mit Verschränkung fachdidaktischer Arbeitsbereiche. In: Bayrhuber, Horst / Harms, Ute / Muszynski, Bernhard / Ralle, Bernd / Rothgangel, Martin / Schön, Lutz-Helmut / Vollmer, Helmut J. / Weigand, Hans-Georg (Hrsg.): Formate Fachdidaktischer Forschung. Empirische Projekte – historische Analysen – theoretische Grundlegungen. Fachdidaktische Forschungen, Band 2.,Waxmann, Münster et al.., S. 29-46.

Prediger, Susanne / Schink, Andrea / Schneider, Claudia / Verschraegen, Jan (2013, im Druck): Kinder weltweit – Anteile in Statistiken. Erscheint in: Prediger, Susanne / Barzel, Bärbel / Hußmann, Stephan / Leuders, Timo (Hrsg.): mathewerkstatt 6, Cornelsen, Berlin.

Przyborski, Aglaja / Wohlrab-Sahr, Monika (2010): Qualitative Sozialforschung. Ein Arbeitsbuch, Oldenbourg, München.

Ramful, Ajay / Olive, John (2008): Reversibility of thought: An instance in multiplicative tasks. In: The Journal of Mathematical Behavior 27(2), S. 138-151.

Rathgeb-Schnierer, Elisabeth (2010): Entwicklung flexibler Rechenkompetenzen bei Grundschulkindern des 2. Schuljahrs. In: Journal für Mathematik-Didaktik 31(2), S. 257-283.

Reinmann, Gabi / Mandl, Heinz (2006): Unterrichten und Lernumgebungen gestalten. In: Krapp, Andreas / Weidenmann, Bernd (Hrsg.): Pädagogische Psychologie. Ein Lehrbuch, Beltz, Weinheim, Basel, S. 613-658.

Schink, Andrea (2008): Vom Falten zum Anteil vom Anteil – Untersuchungen zu einem Zugang zur Multiplikation von Brüchen. In: Beiträge zum Mathematikunterricht 2008, WTM Verlag, Münster, S. 697-700.

Schink, Andrea (2009): Und was ist jetzt das Ganze?! - Vom Umgang mit der Bezugsgröße bei Brüchen. In: Beiträge zum Mathematikunterricht 2009, WTM Verlag, Münster, S. 839-842.

Schink, Andrea (2011): Vom flexiblen Umgang mit dem Ganzen – Eine Studie zu Vorstellungen von Brüchen. In: Beiträge zum Mathematikunterricht 2011, WTM Verlag, Münster, S. 743-746.

Schoenfeld, Alan H. (1992): Learning to Think mathematically: Problem Solving, Metacognition, and sense making in mathematics. In: Grouws, Douglas A. (Hrsg.): Handbook on Research of Mathematics Teaching and Learning, Macmillan, New York, S. 334-370.

Schoenfeld, Alan H. (2007): Method. In: Lester, Frank K. Jr. (Hrsg.): Second Handbook of Research on Mathematics Teaching and Learning, Information Age Publishing, Charlotte, NC, S. 69-107.

Selter, Christoph (2009): Creativity, flexibility, adaptivity, and strategy use in mathematics. In: ZDM – The International Journal on Mathematics Education 41(5), S. 619-625.

Selter, Christoph / Spiegel, Hartmut (1997): Wie Kinder rechnen. Klett, Leipzig, Stuttgart.

Singer, Janice Ann / Resnick, Lauren B. (1992): Representations of proportional relationships: Are children part-part or part-whole reasoners? In: Educational Studies in Mathematics 23(3), S. 231-246.

Sinicrope, Rose / Mick, Harold (1992): Multiplication of fractions through paper folding. In: Arithmetic Teacher 2, S. 116-121.

Smith, John P. / diSessa, Andrea A. / Roschelle, Jeremy (1993): Misconceptions Reconceived: A Constructivist Analysis of Knowledge in Transition. In: The Journal of the Learning Sciences 3(2), S. 115-163.

Stafylidou, Stamatia / Vosniadou, Stella (2004). The development of students' understanding of the numerical value of fractions. In: Learning and Instruction, 14(5), S. 503-518.

Steffe, Leslie P. (1988): Children´s Construction of Number Sequences and Multiplying Schemes. In: Hiebert, James / Behr, Merlyn (Hrsg.): Number Concepts and Operations in the Middle Grades. Volume 2, NCTM, Virginia, S. 119-140.

Steffe, Leslie P. (1994): Childrens multiplying Schemes. In: Harel, Guershon / Confrey, Jere (Hrsg.): The Development of Multiplicative Reasoning in the Learning of Mathematics, SUNY, New York, S. 3-39.

Steiner, Gerhard (2006): Lernen und Wissenserwerb. In: Krapp, Andreas / Weidenmann, Bernd (Hrsg.): Pädagogische Psychologie. Ein Lehrbuch, Beltz, Weinheim et al., S. 137-202.

Steinke, Ines (2000): Gütekriterien qualitativer Forschung. In: Flick, Uwe / von Kardoff, Ernst / Steinke, Ines (Hrsg.): Qualitative Forschung. Ein Handbuch, Rowohlt Taschenbuch Verlag, Frankfurt, S. 319-331.

Streefland, Leen (1984): Unmasking N-distractors as a source of failures in learning fractions. In: Southwell, Beth / Eyland, Roger / Cooper, Martin / Conroy, John / Collis, Kevin (Hrsg.): Proceedings of the eighth international conference for the psychology of mathematics educations, PME 1984, Sydney, S. 142-152.

Streefland, Leen (1986): Pizzas - Anregungen, ja schon für die Grundschule. In: Mathematik lehren 16, S. 8-11.

Streefland, Leen (1991): Fractions in Realistic Mathematics Education. A Paradigm of Developmental Research, Kluwer, Dordrecht.

Sundermann, Beate / Selter, Christoph (2006): Beurteilen und Fördern im Mathematikunterricht, Cornelsen Scriptor, Berlin.

Swan, Malcolm (2001): Dealing with misconceptions in mathematics. In: Gates, Peter (Hrsg.): Issues in mathematics teaching, Routhledge Falmer, London, S. 147-165.

Threlfall, John (2009): Strategies and flexibility in mental calculation. In: ZDM – The International Journal on Mathematics Education 41(5), S. 541-555.

Tichá, Marie (2007): Zu der Analyse von Fehlern und Fehlvorstellungen in den Texten von Schülerinnen und Schülern. In: Beiträge zum Mathematikunterricht 2007, Franzbecker, Hildesheim, S. 179-182.

Tobinski, David / Fritz, Annemarie (2010): Lerntheorien und pädagogisches Handeln. In: Fritz, Annemarie / Hussy, Walter / Tobinski, David (Hrsg.): Pädagogische Psychologie, UTB / Reinhardt, München et al., S. 222-246.

Treffers, Adry (1983): Fortschreitende Schematisierung. Ein natürlicher Weg zur schriftlichen Multiplikation und Division im 3. und 4. Schuljahr. In: Mathematik lehren 1, S. 16-20.

Treffers, Adry (1987): Three Dimensions. A Model of Goal and Theory Description in Mathematics Instruction – The Wiskobas Project, Reidel, Dordrecht.

Usiskin, Zalman (1991): Building mathematics curricula with applications and modelling. In: Niss, Mogens / Blum, Werner / Huntley, Ian (Hrsg.): Teaching of mathematical modelling and applications, Horwood, Chichester, UK, S. 30-45.

Usiskin, Zalman (2008): The Arithmetic Curriculum and the Real World. In: De Bock, Dirk / Søndergaard, Bettina D. / Gómez, Bernardo A. / Cheng, Chun Chor L. (Hrsg.): Proceedings of ICME-11 – Topic Study Group 10, Research and Development of Number Systems and Arithmetic, Mexico, Monterrey, S. 9-16.

Vamvakoussi, Xenia / Vosniadou, Stella (2004): Understanding the structure of the set of rational numbers: A conceptual change approach. In: Learning and Instruction 14, S. 453-467.

van Galen, Frans / Feijs, Els / Figueiredo, Nisa / Gravemeijer, Koeno / van Herpen, Els / Keijzer, Ronald (2008): Fractions, Percentages, Decimals and Proportions. A Learning-Teaching Trajectory for Grade 4, 5 and 6, SensePublishers, Rotterdam, Taipei.

Vergnaud, Gérard (1994): Multiplicative Conceptual field: What and why? In: Harel, Guershon / Confrey, Jere (Hrsg.): The Development of Multiplicative Reasoning in the Learning of Mathematics, SUNY, New York, S. 41-59.

Verschaffel, Lieven / De Corte, Erik (1996): Number and Arithmetic. In: Bishop, Alan J. / Clements, Ken / Keitel, Christine / Kilpatrick, Jeremy / Laborde, Colette (Hrsg.): International Handbook of Mathematics Education, Kluwer Academic Publishers, Dordrecht, S. 99-137.

Verschaffel, Lieven / Greer, Brian / De Corte, Erik (2007): Whole number concepts and operations. In: Lester, Frank K. Jr. (Hrsg.): Second Handbook of Research on Mathematics Teaching and Learning, Information Age Publishing, Charlotte, NC, S. 557-628.

Verschaffel, Lieven / Luwel, Koen / Torbeyns, Joke / van Dooren, Wim (2009): Conceptualizing, investigating, and enhancing adaptive expertise in elementary mathematics education. In: European Journal of Psychology of Education XXIV (3), S. 335-359.

Vollrath, Hans-Joachim (1989): Funktionales Denken. In: Journal für Mathematikdidaktik 10(1), S.3-37.

Vollrath, Hans-Joachim / Weigand, Hans-Georg (2007): Algebra in der Sekundarstufe, Spektrum, München.

vom Hofe, Rudolf (1992): Grundvorstellungen mathematischer Inhalte als didaktisches Modell. In: Journal für Mathematikdidaktik 13(4), S.345-364.

vom Hofe, Rudolf (1995): Grundvorstellungen mathematischer Inhalte. Spektrum, Heidelberg.

vom Hofe, Rudolf (1996): Grundvorstellungen – Basis für inhaltliches Denken. In: Mathematik lehren 78, S. 4-8.

vom Hofe, Rudolf (2003): Grundbildung durch Grundvorstellungen. In: Mathematik lehren 118, S. 4-8.

Vom Hofe, Rudolf / Wartha, Sebastian (2004): Grundvorstellungsumbrüche als Erklärungsmodell für die Fehleranfälligkeit in der Zahlbegriffsentwicklung. In: Beiträge zum Mathematikunterricht 2004, Franzbecker, Hildesheim, S. 593-596.

vom Hofe, Rudolf / Kleine, Michael / Blum, Werner / Pekrun, Reinhard (2006): The effect of mental models ("Grundvorstellungen") for the development of mathematical competencies. First results of the longitudinal study PALMA. In: Bosch, Marianna (Hrsg.): Proceedings of the CERME 4, S. 142-151, online abrufbar unter http://ermeweb.free.fr/CERME4/CERME4_WG1.pdf (letzter Abruf: 12.10.2011).

Wartha, Sebastian (2007): Längsschnittliche Untersuchungen zur Entwicklung des Bruchzahlbegriffs, Franzbecker, Hildesheim.

Wartha, Sebastian / Wittmann, Gerald (2009): Lernschwierigkeiten im Bereich der Bruchrechnung und des Bruchzahlbegriffs. In: Fritz, Annemarie / Schmidt, Siegbert (Hrsg.): Fördernder Mathematikunterricht in der Sek. I. Rechenschwierigkeiten erkennen und überwinden. Beltz, Weinheim et al., S. 73-108.

Weißhaupt, Steffi / Peucker, Sabine (2009): Entwicklung arithmetischen Vorwissens. In: Fritz, Annemarie / Ricken, Gabi / Schmidt, Siegbert (Hrsg.): Handbuch Rechenschwäche. Beltz, Weinheim et al., S. 52-76.

Wild, Klaus-Peter / Krapp, Andreas (2006): Pädagogisch-psychologische Diagnostik. In: Krapp, Andreas / Weidenmann, Bernd (Hrsg.): Pädagogische Psychologie. Ein Lehrbuch, Beltz, Weinheim et al., S. 525-574.

Winter, Heinrich (1999): Mehr Sinnstiftung, mehr Einsicht, mehr Leistungsfähigkeit, dargestellt am Beispiel der Bruchrechnung, Manuskript, im Netz abrufbar unter http://blk.mat.uni-bayreuth.de/material/db/37/bruchrechnung.pdf (letzter Abruf: 02.04.2011).

Wittmann, Erich C. (1985): Objekte - Operationen - Wirkungen: Das operative Prinzip in der Mathematikdidaktik. In: Mathematik lehren 11, S. 7-11.

Online-Datenbank:

Duits Datenbank zu Lernendenvorstellungen ist abrufbar unter
http://www.ipn.uni-kiel.de/aktuell/stcse/stcse.html (letzter Abruf: 28.04.2011)

Dortmunder Beiträge zur Entwicklung und Erforschung des Mathematikunterrichts

Herausgeber: Prof. Dr. Hans-Wolfgang Henn,
Prof. Dr. Stephan Hußmann, Prof. Dr. Marcus Nührenbörger,
Prof. Dr. Susanne Prediger, Prof. Dr. Christoph Selter

Kathrin Akinwunmi
Zur Entwicklung von Variablenkonzepten beim Verallgemeinern mathematischer Muster
2012. XXV, 313 S. mit 104 Abb. u. 13 Tab.
Br. EUR 69,95
ISBN 978-3-8348-2544-5

Michael Link
Grundschulkinder beschreiben operative Zahlenmuster
2012. XXII, 308 S. mit 88 Abb. u. 77 Tab.
Br. EUR 69,95
ISBN 978-3-8348-2416-5

Sabrina Hunke
Überschlagsrechnen in der Grundschule
Lösungsverhalten von Kindern bei direkten und indirekten Überschlagsfragen
2012. XVI, 314 S. mit 30 Abb. u. 35 Tab.
Br. EUR 69,95
ISBN 978-3-8348-2518-6

Julia Voßmeier
Schriftliche Standortbestimmungen im Arithmetikunterricht
2012. XI, 548 S. mit 253 Abb. u. 75 Tab.
Br. EUR 79,95
ISBN 978-3-8348-2404-2

Juliane Leuders
Förderung der Zahlbegriffsentwicklung bei sehenden und blinden Kindern
Empirische Grundlagen und didaktische Konzepte
2012. XIV, 384 S. mit 51 Abb. u. 3 Tab.
Br. EUR 69,95
ISBN 978-3-8348-2548-3

Stand: Oktober 2012. Änderungen vorbehalten.
Erhältlich im Buchhandel oder beim Verlag.

Abraham-Lincoln-Straße 46
D-65189 Wiesbaden
Tel. +49 (0)6221. 345 - 4301
www.springer-spektrum.de

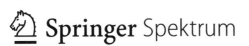

Printed by Printforce, the Netherlands